中国石油勘探开发研究院出版物

# 油藏工程：
# 基础、数值模拟及油藏管理

［美］ Abdus Satter　　Ghulam M. Iqbal 著

魏晨吉　王宇赫　李保柱

李　勇　郑　洁　熊礼晖　译

石 油 工 业 出 版 社

## 内 容 提 要

本书着重于常规油藏和非常规油藏的相关基本知识，以及如何将这些知识应用于石油天然气工业，以满足经济发展需要和技术挑战。本书通过易于理解的语言，提供了当今油藏工程研究所使用的工具和技术的有价值信息，并解释了油藏管理和开发方法的最佳实践。本书结合关键油藏工程基础于当前工程应用；关联常规油藏工程方法于非常规油藏，并阐述之间不同；提供油田生产实例和工作流程图以帮助油藏工程师和相关从业人员提升针对常规油藏和非常规油藏的管理技能。

本书可供高等院校石油工程专业学生及油藏工程师参考使用。

### 图书在版编目（CIP）数据

油藏工程：基础、数值模拟及油藏管理 /（美）阿卜杜斯·萨特（Abdus Satter），（美）古拉姆·马·伊克贝尔（Ghulam M. Iqbal）著；魏晨吉，王宇赫等译. —北京：石油工业出版社，2017.10

书名原文：Reservoir Engineering：The Fundamentals，Simulation，and Management of Conventional and Unconventional Recoveries

ISBN 978-7-5183-1939-8

Ⅰ.①油… Ⅱ.①阿… ②古… ③魏… ④王… Ⅲ.①油藏工程 Ⅳ.①TE34

中国版本图书馆 CIP 数据核字（2017）第 107467 号

*Reservoir Engineering：The Fundamentals，Simulation，and Management of Conventional and Unconventional Recoveries*
*Abdus Satter，Ghulam M. Iqbal*
ISBN：978-0-12-800219-3
Copyright © 2016 by Elsevier Inc. All rights reserved.
Authorized Simplified Chinese translation edition published by Elsevier (Singapore) Pte Ltd and Petroleum Industry Press.

Copyright © 2017 by Elsevier (Singapore) Pte Ltd.
All rights reserved.

### 注 意

本译本由 Elsevier (Singapore) Pte Ltd. 和石油工业出版社完成。相关从业及研究人员必须凭借其自身经验和知识对文中描述的信息数据、方法策略、搭配组合、实验操作进行评估和使用。在法律允许的最大范围内，爱思唯尔、译文的原文作者、原文编辑及原文内容提供者均不对译文或因产品责任、疏忽或其他操作造成的人身及/或财产伤害及/或损失承担责任，亦不对由于使用文中提到的方法、产品、说明或思想而导致的人身及/或财产伤害及/或损失承担责任。

Published in China by Petroleum Industry Press under special arrangement with Elsevier (Singapore) Pte Ltd.. This edition is authorized for sale in China only, excluding Hong Kong, Macau and Taiwan. Unauthorized export of this edition is a violation of the Copyright Act. Violation of this Law is subject to Civil and Criminal Penalties.

本书简体中文版由 Elsevier (Singapore) Pte Ltd. 授予石油工业出版社有限公司在中国大陆地区（不包括香港、澳门以及台湾地区）出版与发行。未经许可之出口，视为违反著作权法，将受法律之制裁。

本书封底贴有 Elsevier 防伪标签，无标签者不得销售。

北京市版权局著作权合同登记号：01-2017-7218

出版发行：石油工业出版社
  （北京安定门外安华里 2 区 1 号 100011）
  网 址：www.petropub.com
  编辑部：(010) 64253017 图书营销中心：(010) 64523633
经 销：全国新华书店
印 刷：北京中石油彩色印刷有限责任公司

2017 年 10 月第 1 版 2017 年 10 月第 1 次印刷
787×1092 毫米 开本：1/16 印张：21
字数：540 千字

定价：150.00 元
（如出现印装质量问题，我社图书营销中心负责调换）
版权所有，翻印必究

# 译 者 的 话

  油藏工程是一门高度综合且实用性较强的技术学科。它以油层物理和渗流力学为基础，研究油田开发过程中油、气、水的运动规律和驱替机理；设计拟定工程方案，以求合理地优化油田管理并提高采收率。为了掌握流体在储层内的运动规律并预测油田采收率，油藏工程师需要调查、分析和编辑大量的数据和属性。油藏工程同时又是一门方法性很强的科学。经过近一个世纪的发展，对于常规油藏来说，现已有许多成熟可靠的分析方法。然而，当前油藏工程师的工作内容正在转变至新兴的非常规油藏。因此，一本能够关联贯通常规和非常规油藏的油藏工程参考书籍显得十分必要。

  《油藏工程：基础、数值模拟及油藏管理》一书从常规和非常规油藏的最新进展出发，在第 1 至 2 章引入对油藏工程的基础介绍。第 3 至 6 章简明扼要地回顾了油藏工程计算所需的储层岩石物性和流体物性以及常规油藏和非常规油藏的表征。第 7 至 8 章简述了油田开发周期和管理流程。第 9 至 10 章给出了相关渗流力学基础及压力动态分析。第 11 至 14 章着重介绍常规油藏与非常规油藏一次开发相关的储量评估、产量递减曲线和物质平衡计算。由于当前大多数油藏工程决策已基于油藏数值模拟技术，本书于第 15 章对其进行了清晰易懂的介绍。第 16 至 18 章介绍了二次采油、三次采油方法和水平井技术。第 19 章介绍了低渗透油藏和非常规油藏的开发方法。第 20 章介绍了产量衰竭油田的改造。第 21 至 23 章介绍了非常规油藏及常规和非常规油气储量的定义和全球展望。最后于第 24 章概述了油田管理中涉及的经济、风险和不确定性计算和评估。

  本书可提升油藏工程师处理复杂高风险油藏问题的业务水平。作者用清晰易懂的语言贯穿整书，每章、每节目标明确，章后附带启发式思考题，帮助读者检验和升华学习效果。书中呈现的各种油藏工作流程图为满足油藏工程师的需要提供了明确的指导方向。作者引入相当数量的油田现场实例分析，使得本书成为油藏工程师和相关从业人员十分有价值的学习参考资料，可助其在油藏分析、模拟和经济计算的基础上设计和执行全面的油田开发方案，进行持续的油藏监测，评估油田产能，必要时采取纠正措施。本书结合了关键油藏工程基本概念于当今工程应用，关联了常规油藏工程方法于非常规油藏，并阐述之间不同；使用实例解释了油田开发和管理方法的最佳实践，以帮助油藏工程师和相关从业人员提升针对常规和非常规油藏的业务技能。

  本书的译者是魏晨吉、王宇赫、李保柱、李勇、郑洁和熊礼晖。此外，孙乾、张娜也参与了译稿校正工作。在此对大家的精诚合作表示深深地感谢！

  由于译者水平有限，译文中难免存在不足之处，敬请读者批评指正。

译者

2017 年 5 月于北京

# 作者简介

　　Abdus Satter 博士于 1998 年以高级研究顾问的职务从其已服务 30 余年的德士古石油公司（Texaco）退休。之后，Satter 博士成立了自己的工程咨询和培训公司。此外，他还曾任职于阿莫科石油公司（Amoco）、Frank Cole 工程公司，并执教于加拿大西安大略大学和孟加拉工程技术大学。Satter 博士在油藏工程、油藏数值模拟器开发及应用、水驱和提高采收率方面拥有 40 余年的经验，他已在国际上开授多门油藏课程并已出版四部专著和发表多篇期刊文章。Satter 博士是美国石油工程师协会（SPE）的杰出会员和终身荣誉会员，他获有达卡大学机械工程本科学位、科罗拉多矿业大学石油工程硕士学位和俄克拉何马大学工程科学博士学位。

　　Ghulam M. Iqbal 博士目前是位于华盛顿特区的独立咨询顾问。在任职于扎库姆油田公司（阿布扎比国家石油公司下属油田）期间，Iqbal 博士团队进行了多分支水平井的先驱应用。他此外还参与了日产量超 50 万桶的中东某巨型油田的管理工作。Iqbal 博士在美国国际开发署下组织过多个油藏工程、油田管理和油气盆地模拟的实用专题国际研讨会。他获有俄克拉何马大学的石油工程硕士和博士学位。

# 目　　录

第1章　油藏工程介绍：常规油气藏和非常规油气藏研究进展 …………………（1）

1.1　引言 ………………………………………………………………………（1）

1.2　油藏科技的发展 …………………………………………………………（1）

1.3　油气藏的分类 ……………………………………………………………（2）

1.4　油藏工程的作用 …………………………………………………………（4）

1.5　各章节简介 ………………………………………………………………（6）

第2章　常规油气藏和非常规油气藏要素 ……………………………………（8）

2.1　引言 ………………………………………………………………………（8）

2.2　油藏岩石类型和石油产量 ………………………………………………（8）

2.3　石油成因 …………………………………………………………………（9）

2.4　石油的产生 ………………………………………………………………（13）

2.5　油气系统 …………………………………………………………………（16）

2.6　总结 ………………………………………………………………………（18）

2.7　问题和练习 ………………………………………………………………（20）

第3章　储层岩石物性 …………………………………………………………（21）

3.1　引言 ………………………………………………………………………（21）

3.2　常规储层和非常规储层的岩石物性 ……………………………………（21）

3.3　岩石孔隙度 ………………………………………………………………（22）

3.4　渗透率 ……………………………………………………………………（25）

3.5　表面张力和界面张力 ……………………………………………………（35）

3.6　存储性和传播性 …………………………………………………………（46）

3.7　储层质量指数 ……………………………………………………………（46）

3.8　测井：简要介绍 …………………………………………………………（47）

3.9　油藏非均质性 ……………………………………………………………（48）

3.10　总结 ………………………………………………………………………（52）

3.11　问题和练习 ………………………………………………………………（53）

第4章　储层流体性质 …………………………………………………………（56）

4.1　引言 ………………………………………………………………………（56）

4.2　储层流体性质的数据应用 ………………………………………………（56）

4.3　地层油的性质 ……………………………………………………………（57）

4.4　天然气的性质 ……………………………………………………………（64）

4.5　地层水的性质 ……………………………………………………………（68）

4.6　油藏压力 …………………………………………………………………（69）

4.7　油藏温度 …………………………………………………………………（71）

　　4.8　储层流体组分 ·················································· (71)

　　4.9　总结 ························································· (72)

　　4.10　问题和练习 ·················································· (73)

**第5章　油气藏烃类流体的相态特征** ··································· (75)

　　5.1　引言 ························································· (75)

　　5.2　相图 ························································· (75)

　　5.3　油气藏类型与采收率 ············································ (77)

　　5.4　凝析气藏生产动态研究 ··········································· (79)

　　5.5　油气采收率优化 ················································ (79)

　　5.6　总结 ························································· (80)

　　5.7　问题和练习 ··················································· (80)

**第6章　常规油气藏和非常规油气藏的储层表征** ························· (82)

　　6.1　引言 ························································· (82)

　　6.2　目标 ························································· (82)

　　6.3　总结 ························································· (87)

　　6.4　问题和练习 ··················································· (88)

**第7章　油藏的生命周期与行业专家的作用** ····························· (90)

　　7.1　引言 ························································· (90)

　　7.2　油藏的生命周期 ················································ (90)

　　7.3　专家们的作用 ·················································· (94)

　　7.4　总结 ························································· (95)

　　7.5　问题和练习 ··················································· (96)

**第8章　油藏管理过程** ············································· (98)

　　8.1　引言 ························································· (98)

　　8.2　制订计划 ····················································· (101)

　　8.3　实施 ························································· (104)

　　8.4　油藏监测 ····················································· (104)

　　8.5　动态评价 ····················································· (104)

　　8.6　计划和方案的调整 ·············································· (105)

　　8.7　废弃 ························································· (105)

　　8.8　总结 ························································· (107)

　　8.9　问题和练习 ··················································· (109)

**第9章　多孔介质中流体流动的基础原理** ······························ (110)

　　9.1　引言 ························································· (110)

　　9.2　流体状态和流动特征 ············································ (112)

　　9.3　多相流：流体的非混相驱替 ······································· (119)

　　9.4　总结 ························································· (121)

　　9.5　问题和练习 ··················································· (121)

**第10章　油气井不稳定压力分析** ····································· (123)

　　10.1　引言 ························································ (123)

10.2　典型曲线分析　·····················································（131）

10.3　总结　·····························································（131）

10.4　问题和练习　·····················································（132）

**第 11 章　一次采油机理与采收率**　·····································（133）

11.1　引言　·····························································（133）

11.2　一次采油的驱动机理　·············································（133）

11.3　油藏　·····························································（134）

11.4　干气藏和湿气藏　·················································（136）

11.5　总结　·····························································（137）

11.6　问题和练习　·····················································（137）

**第 12 章　常规油气藏和非常规油气藏储量的确定**　·····················（139）

12.1　引言　·····························································（139）

12.2　原始原油地质储量　···············································（140）

12.3　气体原始地质储量　···············································（141）

12.4　总结　·····························································（149）

12.5　问题和练习　·····················································（149）

**第 13 章　常规油气藏和非常规油气藏的递减曲线分析**　·················（151）

13.1　引言　·····························································（151）

13.2　递减曲线分析：优点和局限性　·····································（151）

13.3　递减曲线模型　···················································（153）

13.4　判别方法　·······················································（156）

13.5　多段递减分析模型　···············································（162）

13.6　页岩气藏估算 EUR 的一般建议　···································（163）

13.7　递减曲线分析工作流程　···········································（163）

13.8　煤层气藏的递减曲线分析　·········································（164）

13.9　典型曲线分析：综述　·············································（164）

13.10　总结　····························································（165）

13.11　问题和练习　·····················································（165）

**第 14 章　油藏动态分析——经典的物质平衡方法**　·····················（167）

14.1　引言　·····························································（167）

14.2　假设条件和局限性　···············································（169）

14.3　油藏：估算原始原油储量、气顶比、水侵量和采收率　···············（170）

14.4　气藏：估算原始天然气储量和水侵量　·····························（171）

14.5　凝析气藏：估算湿气储量　·········································（172）

14.6　总结　·····························································（173）

14.7　问题和练习　·····················································（174）

**第 15 章　油藏数值模拟：入门**　·······································（176）

15.1　引言　·····························································（176）

15.2　生产历史拟合　···················································（196）

15.3　油藏数值模拟结果　···············································（197）

15.4　总结 ……………………………………………………………………………（202）

15.5　问题和练习 ………………………………………………………………（204）

**第 16 章　注水与注水监测** …………………………………………………（206）

16.1　引言 …………………………………………………………………………（206）

16.2　注水的历史 ………………………………………………………………（206）

16.3　注水设计 ……………………………………………………………………（207）

16.4　注水的实践 ………………………………………………………………（207）

16.5　注水的应用 ………………………………………………………………（207）

16.6　注水监测 ……………………………………………………………………（216）

16.7　总结 …………………………………………………………………………（219）

16.8　问题和练习 ………………………………………………………………（221）

**第 17 章　提高采收率：热采、化学驱、混相驱** ……………………（223）

17.1　引言 …………………………………………………………………………（223）

17.2　热采 …………………………………………………………………………（226）

17.3　混相驱 ………………………………………………………………………（229）

17.4　氮气和烟气驱 ………………………………………………………………（232）

17.5　聚合物驱和化学方法 ……………………………………………………（232）

17.6　EOR 方案的设计要素 ……………………………………………………（234）

17.7　EOR 方法选择指南 ………………………………………………………（235）

17.8　提高采收率工作流程 ……………………………………………………（237）

17.9　总结 …………………………………………………………………………（238）

17.10　问题和练习 ………………………………………………………………（240）

**第 18 章　水平井技术与生产动态** …………………………………………（242）

18.1　引言 …………………………………………………………………………（242）

18.2　水平井的历史 ………………………………………………………………（242）

18.3　水平井部署指南 ……………………………………………………………（247）

18.4　水平井产能分析 ……………………………………………………………（247）

18.5　水平井产能问题 ……………………………………………………………（249）

18.6　总结 …………………………………………………………………………（250）

18.7　问题和练习 ………………………………………………………………（252）

**第 19 章　低渗透油气藏和非常规油气藏的油气开采方法** ……………（253）

19.1　引言 …………………………………………………………………………（253）

19.2　低渗透油气藏开发的策略 ………………………………………………（253）

19.3　致密气和非常规气 …………………………………………………………（255）

19.4　低渗透油气藏的开发：工具、技术和选择标准 ……………………（255）

19.5　总结 …………………………………………………………………………（258）

19.6　问题和练习 ………………………………………………………………（259）

**第 20 章　产量衰减油藏的改造** ……………………………………………（261）

20.1　引言 …………………………………………………………………………（261）

20.2　老油田再开发的主要策略 ………………………………………………（261）

20.3 恢复效果 ……………………………………………………………………… (262)

20.4 总结 ………………………………………………………………………… (264)

20.5 问题和练习 ………………………………………………………………… (265)

**第 21 章 非常规油藏** ………………………………………………………… (266)

21.1 引言 ………………………………………………………………………… (266)

21.2 非常规油藏特征 …………………………………………………………… (267)

21.3 总结 ………………………………………………………………………… (274)

21.4 问题和练习 ………………………………………………………………… (275)

**第 22 章 非常规气藏** ………………………………………………………… (277)

22.1 引言 ………………………………………………………………………… (277)

22.2 非常规天然气的类型和估算储量 ……………………………………… (277)

22.3 页岩气生产建模和模拟研究 …………………………………………… (290)

22.4 其他的非常规气资源 …………………………………………………… (298)

22.5 总结 ………………………………………………………………………… (298)

22.6 问题和练习 ………………………………………………………………… (301)

**第 23 章 常规油气储量和非常规油气储量的定义及世界展望** ………… (304)

23.1 引言 ………………………………………………………………………… (304)

23.2 油气储量和资源 …………………………………………………………… (304)

23.3 常规储量和非常规储量的对比 ………………………………………… (305)

23.4 油气储量的分类 …………………………………………………………… (305)

23.5 核算油气储量的方法 …………………………………………………… (306)

23.6 油气成藏和资源 …………………………………………………………… (306)

23.7 储量评价方法 ……………………………………………………………… (306)

23.8 油气储量的可能分布 …………………………………………………… (307)

23.9 不确定性来源 ……………………………………………………………… (308)

23.10 蒙特卡罗模拟法 ………………………………………………………… (308)

23.11 储量评价中的误差来源 ………………………………………………… (309)

23.12 油气储量校正 …………………………………………………………… (309)

23.13 全球展望 ………………………………………………………………… (310)

23.14 总结 ……………………………………………………………………… (310)

23.15 问题和练习 ……………………………………………………………… (311)

**第 24 章 油藏管理经济学、风险和不确定性** …………………………… (312)

24.1 引言 ………………………………………………………………………… (312)

24.2 经济分析的目标 …………………………………………………………… (312)

24.3 综合经济模型 ……………………………………………………………… (313)

24.4 石油工业中的风险和不确定性 ………………………………………… (314)

24.5 总结 ………………………………………………………………………… (319)

24.6 问题和练习 ………………………………………………………………… (320)

**附录 单位换算表** …………………………………………………………… (322)

# 第1章 油藏工程介绍：常规油气藏和非常规油气藏研究进展

## 1.1 引言

作为石油工程的核心，油藏工程是指采取一定的技术手段，经济且高效地管理油气藏的一门学科。20世纪初期，它作为独立的学科逐渐发展起来，起初油藏工程的目的便是油气产量最大化。根据油藏模拟及经济分析，油藏工程团队通过建立、实施油藏综合开发方案，可以实时监测油藏动态、评估油藏生产状况，并在有需要的情况下采取修正措施。随着世界范围内新的油气资源不断被发现，油藏工程自身也在不断发展以应对不同的挑战。油藏工程师期望以创新的技术与策略，尽可能地实现油气资源高效、安全、经济的开采。

现代油藏工程的研究、方案、实践是在团队合作和综合理论方法的基础上进行的。油藏工程需要结合地质、地球物理、地球化学、油藏物理、钻井、采油、计算机油藏模拟等其他学科才能进行完整的研究。此外，还涉及管理、经济及环境方面的内容。油藏工程及其相关研究的最终目的是油气生产最优化及油气藏经济价值最大化。

本书将重点介绍油藏工程的基本概念，以及如何将这些概念应用到油气工业当中去面对技术领域的挑战。本书还给出了油藏工程和数值模拟等技术在常规油气藏、非常规油气藏中的现场应用。本质上讲，本书致力于让读者始终为求职做好准备，并提供更多关于目前先进工具、技术、科技等方面的知识。

## 1.2 油藏科技的发展

20世纪早期，原油的生产主要在那些易于管理的陆上油田进行。然而，这些油田的最终采收率很低，很大一部分油气仍留在地下。近几十年来油藏工程有了快速的发展，以应对这些新发现油气资源带来的挑战。一些顶尖的工具和技术包括：地下钻取长达数英里的单分支或多分支水平井、多级水力压裂（多年前被视为不可能实现的技术）、具有复杂地质环境的油气藏通过注入流体来提高采收率、不流动油砂的热采、利用地震监测裂缝扩展以及流体前缘、利用油藏模拟技术来优化油气开采等。

在那些原来被认为无法进行油气生产的复杂地质条件区域内，现在有大量的油气井实现了经济有效的开发。这些区域包括深水油气藏、超致密地层及经过一次采油后还有大量剩余原油的成熟油田。随着技术的不断提高，大量的油气从那些几十年前被忽视的油气藏中开发出来。

近些年来，油藏工程以及相关领域的先进技术包括以下几个方面：

（1）水平井。

水平井钻井技术是石油工业中一项颠覆性的技术，它使在地质条件不利的陆上、海上区域开发油气资源成为可能。一些水平井的水平段长达7mile。水平井可以穿过产层的各种非均质区域（包括断层及断块），这些是直井或斜井无法实现的。由于井筒和地层接触面积扩大，水平井使得致密地层的油气产量达到商业产值，这是进行非常规油气资源开发的关键。当钻取一口水平井，工程人员通过一些随钻工具和技术可以获得详细的岩石性质参数资料。水平井在地面所占面积比直井小得多，即一口水平井可以达到数口直井才能达到的产量水平。

（2）多级压裂。

多级水力压裂技术给页岩气开采带来变革。非常规页岩油气藏范围可横跨数百英里，客观地下储量且探井发现储层的概率要大于常规油气藏。在几十年前，人们认为这类超致密油藏储层不具有商业开采价值，而水平井多级水力压裂技术使这种不可能成为可能。经过水力压裂的水平井可以形成复杂的裂缝网络，连接并沟通原有的天然裂缝，流体在这种半渗透地层中更容易流动。这项技术改变了美国的能源地位，且其影响迅速传播到全世界。一些最近的先进技术如微地震研究，可以对压裂裂缝实现可视化识别。

（3）油砂提取。

几十年前，重油及超重油被认为无法大量开采出来。水平井注蒸汽技术引领了油砂（沥青矿）的开发新时代。一些技术已得到广泛的应用，例如双水平井，在其处于高处的井注入蒸汽，在低处井进行轻质油的生产，这项技术被称为重力辅助蒸汽驱。因为被加热的原油黏度降低，在重力的作用下流向生产井。此外，炼油技术的发展使得该类原油的品质可以达到市场标准。

（4）油藏模拟和综合研究。

油田开发项目通常需要大量的资本投入。在数字时代，事实上所有的重要决策都是依据油藏模拟来制订的。油藏模拟利用数学模型来模拟真实情况下油藏的开发状态。精确的油藏模型由数百万个网格构成。通过生成不同的假设模型，模拟油藏在不同开发条件下的生产动态。油藏综合研究是基于地球科学和工程技术等方面的油藏信息，将油气工业中各学科专家组成团队一起对油气藏进行开发。

# 1.3　油气藏的分类

油藏工程研究的对象是油气藏。油气藏可以按照不同方式进行分类。油气藏的分类有助于油气藏开发管理方案的制定。油藏的主要分类如下：

## 1.3.1　根据油层流体类型分类

（1）油藏（轻质，中质，重、超重油）。
（2）干气藏（在整个生产过程中气体中无液烃析出）。
（3）凝析气藏（气体中含有相对重质烃类，在压力低于露点压力时会有凝析液析出）。

## 1.3.2　根据开发技术分类

（1）常规油气藏：运用传统工具和技术进行开发的油气藏；岩石和流体性质有利于进行商业规模的开发。

（2）非常规油气藏：由于种种不利条件，需要创新的方法和新型技术才可以经济开发的油藏；非常规油气藏的特征包括超致密地层、超稠油、埋藏深度极深等。

随着开发非常规油气的技术不断成熟，非常规油气藏也会被视为常规油气藏。

### 1.3.3 根据储层岩石岩性分类

（1）砂岩油气藏。

（2）碳酸盐岩油气藏。

（3）页岩、黏土、粉砂油气藏。

（4）煤层气藏。

（4）盐丘油气藏。

（6）上述油气藏的结合。

### 1.3.4 根据岩石性质分类

（1）烃源岩岩石（油气从其产生的地方被开采出来）。

（2）油藏岩石（油气从烃源岩处运移、分离，最终被开采）。

### 1.3.5 根据岩石特征分类

（1）疏松油气藏。

（2）紧密油气藏。

（3）超致密油气藏。

### 1.3.6 根据地质复杂程度分类

（1）单层油气藏。

（2）多层或分层（连通、部分连通、不连通）油气藏。

（3）裂缝油气藏。

（4）断层（封闭、部分封闭、不封闭）油气藏。

（5）断块油气藏。

（6）致密（油气传导性差）油气藏。

（7）强非均质性（岩石性质占主要）油气藏。

### 1.3.7 根据位置分类

（1）陆上油气藏。

（2）海上油气藏，包括深水油气藏。

（3）浅层油气藏，包括油砂油气藏。

（4）深层油气藏，包括盆地中心油气藏。

### 1.3.8 根据油藏压力分类

（1）饱和压力油气藏。

（2）未饱和压力油气藏。

### 1.3.9 根据驱动能量分类

（1）衰竭油气藏。

（2）气顶驱油气藏。

（3）流体和岩石膨胀驱油气藏。

（4）重力驱油气藏。

（5）水驱油气藏。

（6）岩石压缩油气藏。

（7）外部流体注入，包括注水和化学驱油气藏。

（8）热采油气藏。

### 1.3.10　根据油藏边界性质分类

（1）封闭油气藏。

（2）边水驱油气藏。

（3）底水驱油气藏。

### 1.3.11　根据油藏倾斜分类

倾斜油气藏（倾斜方向指明了井的位置）。

### 1.3.12　根据生产模式分类

（1）一次采油（依靠天然能量生产）。

（2）二次采油（依靠水驱提高采收率）。

（3）三次采油（依靠注化学试剂、泡沫及热采进行生产）。

### 1.3.13　根据生产特征分类

（1）单相流（油或气）。

（2）多相流（油和气，油和水，气和水）。

（3）高含水。

（4）高气油比。

### 1.3.14　根据油藏时期分类

（1）生产早期。

（2）生产高峰期。

（3）产量下降期。

（4）成熟期。

## 1.4　油藏工程的作用

没有两个油藏的性质是完全一样的。每种类型的油气藏都需要独特的开发及生产方法，这通常包括油藏资料的验证、解释及再解释，地质复杂性的表征，流体流动过程的可视化，基于解析法或计算机的流体流动模型等。典型的油藏工程任务包括但不限于以下几种：

（1）详尽了解油藏，包括油藏岩石性质、流体流动特征的概念化和可视化，以及油藏开发机理；同时对开发非常规油气藏提出了新的挑战。

（2）整合地球物理、地质、油藏物理、生产信息等数据，建立油藏概念模型。

（3）根据多种方法评价原始油气储量，这些方法包括体积法、产量递减分析、物质平衡法及油藏数值模拟。

（4）评估油气可采储量，并给出相关可能性。

（5）以优化生产为目的，完成对生产井和注入井的设计、部署、完井等工作。

（6）设计、实施并监测注水及提采方案。

（7）对成熟油田实施提采措施。

（8）应对生产中的挑战，如井产能的下降、水气过早突破、油藏非均质性、操作问题、经济问题、环境影响及法律法规等。

（9）基于数值模拟技术预测油藏开发动态。

（10）依靠油藏生产监测提高对油藏的认知，绘制未来开发动态曲线。

（11）与一个跨学科团队共同工作，高效管理油藏。

（12）在油藏工程及管理中坚持实践。

以下给出了两个工作流程。第一个工作流程是油藏工程团队在管理常规油气藏中的责任与义务。第二个工作流程更加具体化，主要凸显了非常规页岩气藏的开发过程（图1.1、图1.2）。

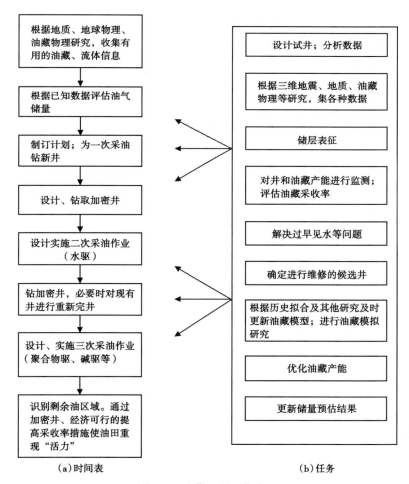

（a）时间表      （b）任务

图1.1　油藏工程工作流程

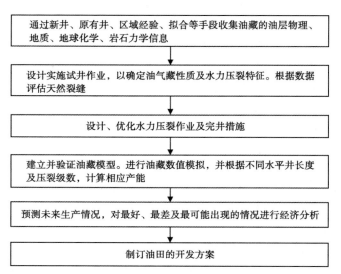

通过新井、原有井、区域经验、拟合等手段收集油藏的油层物理、地质、地球化学、岩石力学信息

设计实施试井作业，以确定油气藏性质及水力压裂特征。根据数据评估天然裂缝

设计、优化水力压裂作业及完井措施

建立并验证油藏模型。进行油藏数值模拟，并根据不同水平井长度及压裂级数，计算相应产能

预测未来生产情况，对最好、最差及最可能出现的情况进行经济分析

制订油田的开发方案

图 1.2　非常规页岩气藏开发的工作流程

## 1.5　各章节简介

1.4 中提到的工作流程表明了在管理常规油气藏、非常规油气藏中需要各种技术。以下简要介绍了本书中各章节的主要内容。

第 2 章的主要内容是石油的起源。为了深入理解油藏特征及油藏地质复杂性，则需要了解油藏在过去是如何形成。本章主要介绍了最终影响油气生产的沉积环境。近些年来，随着一些非常规油气资源的成功开发，本章的相关内容对石油工程师来说越来越重要，例如从石油生成的地方（烃源岩）直接进行开采等。

第 3 章、第 4 章、第 5 章的主要内容是岩石和流体性质及油藏流体的相态特征。油藏工程的基础是油藏流体和岩石的性质，包括流体的相态变化特征，这些决定了油藏如何开发与管理，这包括井位井距的确定、水驱和提高采收率措施的设计、评价可采储量及油藏整体的运营管理。对于非常规油气藏如页岩气藏，地球化学及岩石力学性质的研究占据重要地位。储层物性评价有助于开发这类油藏。

第 6 章的主要内容是油藏表征。任何油藏的开发工作都是从“了解你的油气藏”开始的。一个油藏必须根据地质复杂性和微观宏观岩石性质去进行表征工作，并确定这些性质对流体流动及油藏产能的影响。油藏表征工作涉及多学科、多领域。

第 7 章的主要内容是油藏生命周期。所有的油藏都要经历一个完整的生命周期，从勘探到开发，再到最终废弃。整个油藏生命周期包括油藏描述、钻井开发、一次采油、二次采油、三次采油等。随着油藏开发的不断进行，工程师及地球科学家的角色根据管理油藏所需技术的变化在改变。

第 8 章的主要内容是油藏管理。有效的油藏管理需要对井位部署进行设计、实施、监测及回顾经验教训。必要时需实施补救措施。本章通过一个实例分析说明了整个管理过程。例子中的油田区块通过实施创新性的技术成功地商业开发了数十年。

第 9 章的主要内容是流体在多孔介质中的流动机理。深刻理解流体在多孔介质中的流动是建立油藏动态模型的基础。通过使用解析公式和模型来预测不同流动形态及油藏边界条件下流体的产量、压力和饱和度。

第 10 章的主要内容是不稳定压力试井。评估油气藏及油井的有效方法之一便是瞬态压力测试，也称为试井。在油井处创造一个压力脉冲，经过一段时间后接收信号的反馈。根据井的条件、岩石性质、流体性质，通过这些反馈信号可以得到许多有价值的信息。

第 11 章的主要内容是一次采油机理。生产初期，大多数油气藏都会需要利用天然能量来进行生产。能量的来源包括压力、流体的膨胀、邻近水体的水侵、重力等。一次采油机理根据能量来源进行划分。

第 12 章、第 13 章、第 14 章的主要内容是体积法，递减曲线法和物质平衡法。油藏工程师的核心任务是评价油气原始地质储量以及可采储量，其可以利用多种方法完成该任务。体积法以地质和地球物理研究为基础，即以静态数据为基础；而递减曲线法和物质平衡法则需要动态数据，包括生产速率和产量数据。

第 15 章的主要内容是油气藏数值模拟。油藏数值模拟在油藏工程的重要决策中起着至关重要的作用。油藏工程师建立综合的油藏模型，用来模拟不同方案下油藏未来的开发动态。方案涉及井位、井数、水驱、提高采收率措施等。

第 16 章、第 17 章的主要内容是提高采收率方法。提高采收率方法常被用在常规油藏中以提高油藏的采收率。当油藏的天然能量衰竭时，就需要通过注水或注其他流体来提供额外的能量。热采方法主要用于稠油的开发，它可以有效提高稠油的流动能力。

第 18 章的主要内容是水平井。水平井钻井技术随着石油工业的发展在全世界得到了越来越广泛的应用。近几十年来这项技术使得油气采收率极大提高。水平井可以接触到更大的油藏区域，尤其适用于致密地层的开发，如页岩气藏、断块油气藏等。

第 19 章的主要内容是油气开采方法。石油的开采通常在各种复杂地质条件下进行，包括强非均质性的地层及超低渗透率地层。当大井距的井出现产量下降时，可以采用加密井等方法改善产量。在致密油气藏中，水平井钻井是提高产能的主要措施。

第 20 章的主要内容是成熟油藏的再开发。随着开发的进行，油藏产能会不可避免地出现下降。但是，油藏工程师尝试将那些还埋藏在地下的原油开采出来，从而使老油藏焕发活力。为了达到这个目的，通常利用三维地震、油藏数值模拟等各种工具及技术。

第 21 章、第 22 章的主要内容是非常规油气。随着新技术的出现，近些年来非常规油气产量快速增长，已逐步成为世界油气的主要来源。在页岩气、页岩油的开发中用到的创新技术主要是水平井多级水力压裂。在开发油砂中使用的热采方法是另一个重要的创新技术。

第 23 章的主要内容是评价储量。如前所述，油藏工程师需要评价油气储量。储量报告可以在一定程度上评价一个公司的资产状况，此外在大多数石油生产国，向官方提交储量报告是强制的法律规定。由于石油形成的不确定性，储量可以根据可能性分为探明储量、潜在储量、预测储量。

第 24 章的主要内容是油藏经济管理。每一个油藏项目都必须经过经济评价。除了专业方面的工作，油藏工程师还需要定期对油藏开展经济分析。油田开发项目的价值依赖于各种经济标准，如净现值、回收期及内部收益率等。

# 第 2 章　常规油气藏和非常规油气藏要素

## 2.1　引言

对于油藏工程专业技术人员来说，准确地认识理解油气藏的基本构成要素及本质是十分重要的，这些要素一直影响着油气藏的形成和发展。充分了解油气在地层中的形成、运移、成藏等过程对于评价油藏性质、形态及潜在生产能力都十分重要。这些有价值的信息可以用于确定油气储层；本章讨论了一个有关上述内容的实例。此外，对油气藏的深刻理解有助于解释各种地质事件、区域性地质趋势、油藏范围，估算烃类体积，分析地下压力异常等。目前，由于烃源岩在非常规油气藏开发中起着重要作用，因此石油起源成为新的研究焦点。无论地质及其他条件是否有利，都可以在烃源岩处直接钻井进行油气生产。

本章油藏要素的研究会涉及以下问题：

（1）油气藏如何形成？

（2）石油和天然气何时、何地、如何形成？

（3）油藏岩石种类有哪些？

（4）流体如何被累积、圈闭在油藏中？

（5）与储存、生产流体密切相关的油藏岩石基本性质是什么？

（6）油藏流体的形成和开采是在同一地点发生的吗？

（7）什么是油气系统？包括哪些要素？

（8）常规油气藏与非常规油气藏要素是否有不同？

（9）在石油开发生产中，计算机模型如何起到辅助作用？

以上问题的答案在油藏、岩石相关的研究中可以找到，这些研究包括但不限于地质、地球化学、油层物理、地球物理、流体力学、地热学等学科；岩石的有机质也是研究的重点。这些研究中用到的技术与工具范围极广，可从基础的油田观测到复杂的油藏模拟。

## 2.2　油藏岩石类型和石油产量

页岩是沉积盆地中主要的岩石类型，在许多地区占据岩石总体积的 80% 甚至更多。然而，常规油气藏中，砂岩、碳酸盐岩是主要的储层类型，其中常含有页岩隔夹层。碳酸盐岩油气藏产量高，占世界石油产量的 60%；砂岩油气藏大约占世界石油产量的 30%。近年来，页岩等非常规储层的油气产量快速增长。目前美国天然气产量中很大一部分来自非常规页岩气油藏。非常规油藏的油气是由某些变质岩、火成岩产生的。然而，石油的主要来源还是页岩为主的沉积岩，然后一些石油也会运移至上述岩石中。

砂岩主要由长石和石英矿物颗粒组成，这些矿物在史前时代的沙漠、河流或沿海环境形成。这些颗粒的大小范围从微米级到毫米级，颗粒之间由二氧化硅进行胶结。碳酸盐岩

（石灰岩或白云岩）主要由浅海环境的生物骨骼和贝壳生物体形成。碳酸盐岩也有无机成因，例如方解石在水中溶解。某些石灰岩在后沉积过程中可以转变为白云岩，后沉积过程主要包括海水蒸发、碳酸钙转化为碳酸镁的转变过程及重结晶。作为数量最大的岩石类型，页岩主要由黏土和淤泥颗粒组成。一个油藏由以上提到的各类岩石构成是十分常见的事。比如，一个页岩含量较高的砂岩油藏，其岩性可能为泥质砂岩。

## 2.3  石油成因

几十年来，科学家提出了各种石油成因学说，包括有机成因、非生物成因、宇宙成因等。根据现场观察、实验室研究、数值模拟等分析研究，目前有机成因说被大多数人所接受。下面将简要讨论油气藏的形成要素。

### 2.3.1  沉积物、有机质的堆积：过程的开始

在海洋、浅海、三角洲、湖、沼泽、沙漠等环境下，受风、水、冰、重力等自然力作用，发生了漫长的沉积和运移过程，石油就是在这些过程中逐渐形成的。表 2.1 给出了与沉积物有关的各种岩石类型特征。图 2.1 给出了一个包含高山、陆地、大陆架的典型沉积过程。

表 2.1　沉积岩特征[1]

| 岩石类型 | 沉积物 | 运移和积聚 | 说明 |
|---|---|---|---|
| 砂岩 | 砂 | 沙漠沙丘（风作用）、河道（河流作用）、低谷（冲积作用）、三角洲、沿海及浅海 | 浅褐色、棕褐色；有时为深棕色和铁红色。由石英长石颗粒组成，颗粒之间通过二氧化硅胶结 |
| 砾岩 | 碎石、砂砾 | 河道、冲积扇、风作用强的海岸线 | 砂岩及砾岩都来自于原有的岩石和矿物 |
| 石灰岩（碳酸钙）和白云岩（碳酸钙镁） | 动物贝壳、藻类、珊瑚；方解石沉淀 | 温暖的浅海 | 通常为浅灰、深灰色；上有化石图案；有较大的溶蚀孔洞 |
| 白垩岩（碳酸钙） | 海洋浮游生物 | 深海 | 纹理较细 |
| 页岩 | 黏土、泥土 | 湖（湖泊沉积）、潮滩、河流平原、三角洲、深海 | 深棕色、黑色；有时为深绿色；由极细粒的黏土构成；水平分层 |
| 煤岩 | 主要为草本植物 | 沼泽 | |
| 燧石 | 海中浮游生物 | 深海 | |
| 岩盐 | 盐 | 咸水湖或近海 | |

这种沉积过程贯穿整个史前时代。与沉积物共同沉积的还有一些有机物，如海洋生物、木本植物的残余物等。这些有机物经过数百万年甚至几亿年后，最终形成了现在的油气。

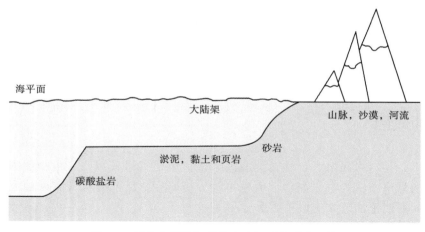

图 2.1　浅海和深海沉积物和有机质的形成环境

砂、页岩、淤泥、黏土和碳酸盐的聚集量取决于位置，有效能量和其他自然过程

## 2.3.2　沉积物类型

沉积物来源主要有碎屑物质、生物化学物质、化学物质：

（1）碎屑岩如砂岩、粉砂岩等，是早已存在岩石中经风化作用形成的。

（2）石灰岩和白云岩通常被称为碳酸盐岩，其成因为生物化学成因。它们是由生活在浅海环境中的贝壳类动物的残骸形成的。在海水蒸发、碳酸钙转为碳酸镁、重结晶等后沉积过程的影响下，一些石灰岩可能会转变为白云岩。

（3）化学沉积物指的是水中的矿物沉淀形成的沉积物，如石膏和方解石。

## 2.3.3　地质盆地及石油的出现：概述

沉积物的沉积、埋藏及后续的压实等过程在地质时间尺度上持续相当长的一段时间后，最终形成沉积盆地。地质时间尺度在表 2.2 中给出。许多油气盆地范围极广，厚度可达数千英尺。一些盆地朝中心方向有明显的凹面，在盆地边缘则有断层发育（图 2.2）；有些盆地则呈轻微倾斜状。

表 2.2　地质年代表[2,3]

| 宙 | 代 | 纪 | 世 | 距今（Ma） |
|---|---|---|---|---|
| 显生宙 | 新生代 | 第四纪 | 全新世 | 0.01 |
| | | | 更新世 | 2.6 |
| | | 新近纪 | 上新世 | 5.3 |
| | | | 中新世 | 23.7 |
| | | 古近纪 | 渐新世 | 36.6 |
| | | | 始新世 | 57.8 |
| | | | 古新世 | 66 |
| | 中生代 | 白垩纪 | 晚白垩世 | 100 |
| | | | 早白垩世 | 145 |

| 宙 | 代 | 纪 | 世 | 距今（Ma） |
|---|---|---|---|---|
| 显生宙 | 中生代 | 侏罗纪 | 晚侏罗世 | 164 |
| | | | 中侏罗世 | 174 |
| | | | 早侏罗世 | 201 |
| | | 三叠纪 | 晚三叠世 | 237 |
| | | | 中三叠世 | 247 |
| | | | 早三叠世 | 252 |
| | 古生代 | 二叠纪 | | 299 |
| | | 宾夕法尼亚纪 | | 323 |
| | | 密西西比纪 | | 359 |
| | | 泥盆纪 | | 419 |
| | | 志留纪 | | 444 |
| | | 奥陶纪 | | 485 |
| | | 寒武纪 | | 541 |
| 元古宙 | 新元古代 | | | 1000 |
| | 中元古代 | | | 1600 |
| | 古元古代 | | | 2500 |
| 太古宙 | 新太古代 | | | 2800 |
| | 中太古代 | | | 3200 |
| | 古太古代 | | | 2600 |
| | 始太古代 | | | 4000 |

世界范围有大约 600 个大型盆地，其中 26 个盆地为油气主产区[4]。据估计，65% 的世界石油储量来自于地处沉积盆地的大型油田。

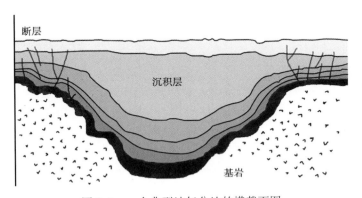

图 2.2　一个典型油气盆地的横截面图

图中显示了多重沉积序列及因边缘应力作用产生的裂缝。盆地中的多个地层因各种机理聚集了大量的油气资源

## 2.3.4　地质时间尺度

表 2.2 中给出的数据都是估算值，由于来源的不同，这些数据可能存在差异。根据 1991 年的一项研究，世界上超过 50% 的油气藏形成时代均可以追溯到白垩纪和侏罗纪时期。

盆地的形成与板块运动导致的各种地质事件有关。有趣的是，在地球这个巨型实验室中，与石油形成有关的沉积等地质过程持续到了今天。

## 2.3.5 地层层序

典型的沉积盆地是由不同岩层按照一定层序排列沉积而成。砂岩、页岩和碳酸盐岩的地层层序如图2.3所示。这些地层中某些部分可能储存有大量的石油和天然气。需要指出的是，地层在沉积过程中受到一系列地质活动的影响，包括褶皱、断层、裂缝、隆起、剥蚀等。这些地质活动影响了油藏的几何特征与非均质性，这就需要各种油藏工程策略更加有效地开发油气藏。

| 系 | 统 | 厚度（m） | 地层剖面图 |
|---|---|---|---|
| 侏罗系 | 中 | 600~2800 | |
| | 下 | 200~900 | |
| 三叠系 | 上 | 250~3000 | |
| | 中 | 900~1700 | |
| | 下 | | |
| 二叠系 | 上 | 200~500 | |
| | 下 | 200~500 | |
| 石炭系 | 中 | 0~90 | |
| 志留系 | | 0~1500 | |
| 奥陶系 | | 0~600 | |
| 寒武系 | | 0~2500 | |
| 震旦系 | 上 | 200~1100 | |
| | 下 | 0~400 | |

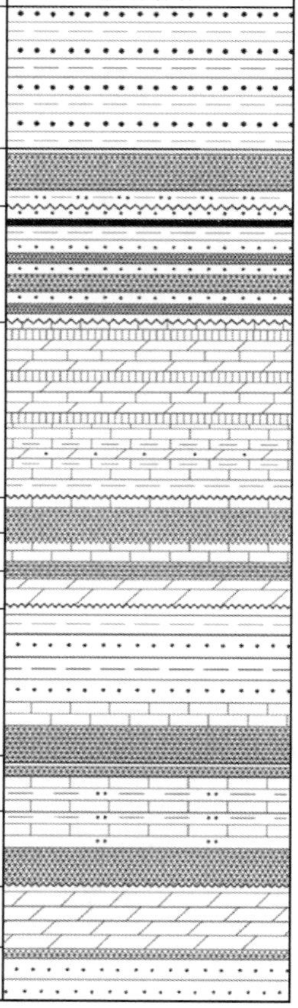

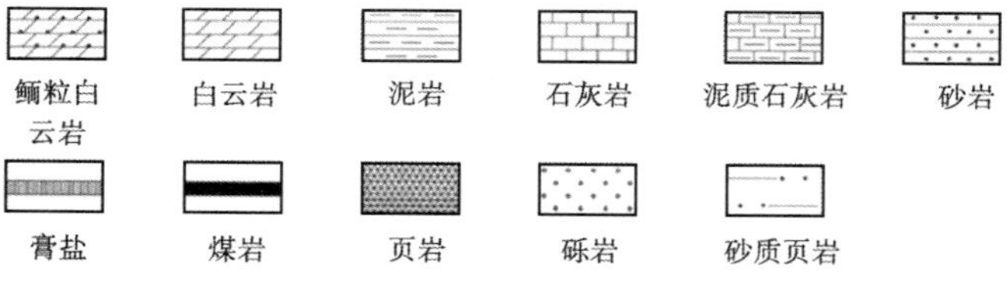

鲕粒白云岩　白云岩　泥岩　石灰岩　泥质石灰岩　砂岩

膏盐　煤岩　页岩　砾岩　砂质页岩

图2.3　砂岩、页岩、碳酸盐岩岩层在较长地质时期形成的层序

12

### 2.3.6 岩石地球化学：干酪根的形成

随着沉积物不断沉积，在以下过程的不断作用下，形成了黑色蜡状物质——干酪根，即油气的前身：

（1）在长时间水流冲积作用下，河水中的大量沉积物不断沉积、覆盖，使得沉积厚度不断增加。

（2）这些不坚固的沉积物在成岩作用下被压实，达到较高的胶结程度。压实作用源自经历数百万年沉积过程形成上覆岩层所产生的巨大压力。

（3）胶结过程则主要依靠某些沉积物在水中沉淀出的矿物质，如二氧化硅和方解石。这些矿物质使得岩石颗粒结合得更加紧密。

（4）石油和天然气都是碳氢化合物，都被视为由埋藏在地下的有机物形成。在缺氧、高压、高温环境下，岩石中的有机质转变为干酪根，不溶于普通溶剂。

干酪根根据不同的性质及相关沉积环境划分见表2.3。

**表2.3 干酪根种类及性质**

| 干酪根 | 类型Ⅰ—腐泥型 | 类型Ⅱ—浮游生物型 | 类型Ⅲ—腐殖型 |
|---|---|---|---|
| 来源 | 经细菌及微生物作用的藻类 | 经细菌作用的浮游生物 | 木本植物 |
| 转化 | 油 | 油和气 | 气和煤 |
| H/C比值 | >1.25 | <1.25 | <1.0 |
| O/C比值 | <0.15 | 0.03~0.18 | 0.03~0.3 |
| 沉积环境 | 湖相沉积及海相 | 中深度海相（还原环境） | 陆相、浅海、深海 |

此外，还有一种干酪根的C/H值很小，这种干酪根不产生油气（图2.4）。

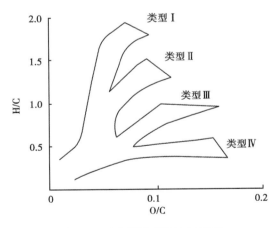

图2.4 干酪根类型取决于元素

干酪根类型以氧碳比、氢碳比为坐标给出

## 2.4 石油的产生

在地层条件下，岩石中有机质的形成与热量有关。在最初地层条件下，形成了干酪根，此外，还形成了少量沥青。随着埋藏深度的不断增加，干酪根暴露在更多的热量下，最终被

13

热裂解形成油气。由于热量加剧及岩石热成熟作用，开采出的碳氢化合物具有相对较低的相对分子质量且成分复杂。

岩石的热成熟度通常由镜质组反射率表示，是评价非常规油气藏烃源岩的重要参数。镜质组反射率概念将在第 3 章给出。表 2.4 中给出了岩石的热成熟有关的过程，包括成岩作用、深成热解作用、变质作用等。

表 2.4　岩石热成熟过程

| 过程 | 成岩 | 深成热解 | 变质 |
|---|---|---|---|
| 温度范围（℉） | <125 | 125~275 | 225~400 |
| 产物 | 干酪根、沥青 | 油气 | 干气 |
| 镜质组反射率（%） |  | 0.5~1.5 | 1.5~3.0 |
| 说明 | 低温条件下，由于细菌的作用会产生气体，即生物成因气 | 产生油气的最佳温度范围 | 最终当超过一定的温度范围，干酪根减少到石墨 |

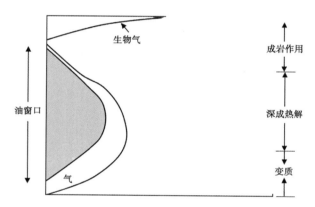

图 2.5　以地下温度为 $y$ 轴的油气窗口示意图

## 2.4.1　石油和天然气产生的深度

由于地下温度与埋藏深度有关，因此油气都产生于特定的地层深度，这里的温度有利于油气生成。在油气盆地中，稠油通常在较浅的地层中形成，这里的温度相对较低。轻质油则通常在高温的深层中产生。油窗口指的是在地层温度作用下可以生成油气的深度区间，通常在数千英尺到一万英尺之间（图 2.5）。在更深的地层，温度也就越高，只能产生天然气。在 15000 ft 以下通常很难形成任何烃类，这与热强度有关。需要指出的是岩石中产生的气体也可以是生物成因气，这可能由岩石中的细菌在浅层低温环境下的作用形成的（表 2.5）。

表 2.5　油气的产生

| 类型 | 温度（℉） | 典型深度（ft） | 说　　明 |
|---|---|---|---|
| 油窗口 | 125~275 | 5000~10000 | 油窗口顶部附近产生稠油，底部产生轻质油 |
| 气窗口 | 225~400 | 7000~15000 | 凝析气和湿气在气窗口顶部附近形成 |
| 生物气 | <125 | 地表附近 |  |

注：温度及深度值均为估计值。

## 2.4.2　烃源岩、油藏岩石及石油的运移

含有干酪根的岩石是指生成石油的烃源岩。这些岩石通常由致密的页岩、泥岩及黏土组成；一些碳酸盐岩也被看作是烃源岩。

烃源岩中产生的石油在压力的作用下运移到油藏岩石中，然后在一定的密封和圈闭条件下完成聚集（图 2.6）；不渗透或半渗透盖层可以提供密封的环境；以上是常规油气藏的重要要素。岩石中必须存在连续的路径如孔隙通道、微裂缝、断层等，才有可能发生油气的流动。地质研究表明油气的运移可以发生在水平方向或垂直方向，在某些地区其运移距离可达数百千米。

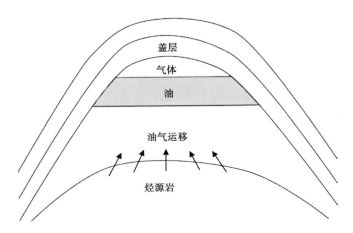

图 2.6　常规油气藏的油气垂向运移和聚集
水平运移也很普遍。对某些非常规油气藏，烃源岩可看做油藏岩石

　　石油的运移可以被分为一次运移和二次运移。油气从烃源岩运移到油藏岩石的边缘被称为一次运移；该过程的驱动力来自上覆烃源岩的压力。这一过程导致了孔隙流体的排驱。一次运移的机理还包括扩散和溶解，扩散是指油从高浓度区流向低浓度区的过程。石油中的甲烷、乙烷等轻质组分可以溶解态在水中进行运移。由于形成油气的烃源岩在压实作用下孔隙体积变小，一次运移的机理还存在一些争议。

　　二次运移则发生在油藏岩石内部，主要指油在浮力的作用下向上运移。由于油比地层水密度小，所以会有浮力产生。但是油相需要克服毛细管力才能驱替岩石孔隙中的水。由于油水互不相溶，在油水接触处形成毛细管力，因此油需要多一个力来驱动水。实质上，重力和毛细管力在油驱水的过程中互相抵消。二次运移的机理较一次运移更好理解。当缺乏有效的密封条件时，油气甚至可以流动到地表，这在某些文献中被称为三次运移。据估计，烃源岩产生的石油中仅有 10% 运移到了油藏圈闭中。

　　常规油气藏和非常规油气藏的一个重要差异就是烃源岩所起到的作用。非常规油气藏的油气资源在现代技术条件下可以被开采出来，其油气形成的烃源岩就是油藏岩石。在非常规油气藏中几乎不存在油气的大规模运移。

## 2.4.3　常规油气藏的圈闭

　　常规油气藏的油气资源是油气从烃源岩运移至油藏岩石，在一定圈闭条件下聚集形成的。圈闭可以被分为构造圈闭、地层圈闭或二者的结合。构造圈闭由地层构造运动产生的褶曲和断层形成。一类常见的构造圈闭就是背斜型或穹顶型（图 2.7）。此外，当不渗透断层出现时也可能使油气聚集。地层圈闭是由于岩相变化或地层不整合形成的，成为油气流动的屏障。

圈闭通常被一个不渗透的盖层岩石覆盖以避免油气向上逸散。某些情况下，岩石相改变可以充当盖层。

常规油气藏和非常规油气藏在油气如何在地层中存储上也有很大不同。

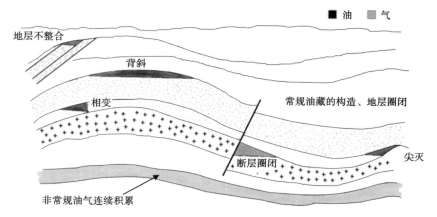

图2.7　常规油气藏中使油气聚集的构造圈闭和地层圈闭
给出了非常规气在页岩层中的积累过程

## 2.5　油气系统

石油工业中的专业人员将生烃、运移、累积，以及在这些过程中起作用的地质要素看成一个整体的油气系统。该系统包含各种元素、各种过程，这些过程可以追溯到远古时期，从石油盆地的形成期到油气的聚集期。值得注意的是，一个大型油气盆地通常包括多个油气系统。在一个盆地的各个区域，烃源岩形成、油气运移及不同油藏的圈闭形成可能相隔数百万年。

常规油气藏油气系统中的基本元素包括[5]：

（1）烃源岩：在一定的温度压力下，油气来源于岩石中的有机质。

（2）运移路径：包括孔道、微裂缝、断层等，这为石油从烃源岩运移到油藏岩石提供通道；主要的驱动力为压力和浮力。

（3）油藏岩石：储存油气，后续进行油气的生产。

（4）盖层：不渗透地质层，以避免油气从油藏逸散。

（5）圈闭：一个地质特征，可以是构造圈闭、地层圈闭或二者的结合，为油气的储存提供场所；但是在非常规油气藏中没有圈闭这一概念。

（6）上覆岩石：提供足够的压力使富含有机质的沉积物和地层能够压实。

油气系统中的过程主要包括：

（1）产生：在适宜的温度压力条件下，经过长时间的演变最终在烃源岩中生成了石油。

（2）运移：在水动力等作用下，石油以一定的压力从烃源岩中排出，最终运移到油藏岩石中。油气运移这一概念主要与常规油气藏相关。

（3）累积：在一定的圈闭条件下，石油在现今所谓的油气藏中进行累积，其中盖层起到了重要作用。

表2.6是一个与油气系统相关的事件、过程地质时间表。

表 2.6　油气系统[5]

| 发生的事件 | 百万年前 | | | | | | |
|---|---|---|---|---|---|---|---|
| | 50 | 100 | 150 | 250 | 300 | 350 | 400 |
| 烃源岩沉积 | | | | | | | ■ |
| 油藏岩石 | | | | | | ■ | |
| 盖层 | | | | | | ■ | |
| 上覆岩石 | | | | ■ | ■ | ■ | |
| 形成地质圈闭 | | | | | ■ | | |
| 产生，运移，累积 | | | | ■ | | | |
| 形成油气藏 | ■ | ■ | ■ | ■ | | | |

注：烃源岩和油藏岩石在非常规油气藏中概念一致；油气运移在非常规油气藏中不会发生。

## 2.5.1　常规油气藏与非常规油气藏的差异：来源、运移、累积

尽管在常规油气藏中油气系统所包括的各种元素和过程都可以找到，但是一些关键的元素在非常规油气藏中却是不存在的。在非常规油气藏，例如页岩气藏，石油的聚集是大范围连续的，其中没有圈闭这一概念。在非常规油气藏中，烃源岩和油藏岩石在同一地层中分布，油气运移距离很短。在页岩油气藏中，油气运移过程甚至不会发生。此外，油气运移还受扩散影响。与常规油气藏相比，由于岩石基质渗透率很低，非常规油气藏流体的流动能力很差。渗透率表示流体在岩石中流动的能力，是岩石的重要性质相关概念将在第 3 章具体介绍。

常规油气藏和非常规油气藏的比较在表 2.7[6]中有详细介绍。表 2.7 中以页岩气藏作为非常规油气藏的一个例子。

表 2.7　常规油气藏与非常规油气藏的比较[7]

| 元素/过程 | 页岩气藏（非常规） | 常规油气藏 |
|---|---|---|
| 与成熟烃源岩距离 | 近 | 近或远 |
| 石油运移 | 气体存储的区域 | 运移距离较长 |
| 油藏圈闭 | 无明显圈闭 | 存在构造、岩性或混合圈闭 |
| 烃类分布区域 | 在较大区域连续分布 | 相对较小的分布区域 |
| 原始储量 | 大 | 相对较小 |
| 流体在岩石中流动能力 | 极低 | 高几个数量级 |
| 采收率 | 相对较低 | 中等 |
| 气水接触关系 | 不明确 | 明确 |
| 水存在情况 | 在烃类上部 | 在烃类下方 |
| 油藏压力异常 | 通常为异常高压 | 压力异常情况较少 |

## 2.5.2　油藏非均质性

油藏岩石在组成和性质上的非均质性是油藏工程师们研究的重点之一。油气藏产能受到地层各类非均质性的影响。在油气盆地中，通常会出现页岩、砂岩、碳酸盐岩交替沉积的现

象，这是由于古代海水重复侵入陆地所造成的；这种周期性的现象会持续相当长的时间，从而导致不同类型地层的形成。这种地层岩性在垂向上的变化显示了海进—海退旋回。海侵与沉积在地质床上部的细粒物质有关。相反地，海退与海退位置上方沉积的粗粒沉积物有关。

当组成地层的岩石从一种变为另一种时就会造成地层的岩相变化。例如，许多油藏中的砂岩地层在横向上变为了以页岩为主。相变通常标志着沉积环境的改变。一般认为砂岩颗粒在浅水或海岸环境中沉积，而黏土及淤泥是在湖水或较深的河流沉积；另外，海洋生物在深海环境中沉积。地层中的相变化可以确定流体流动的边界，同时也会影响油气藏的产能。

在运移过程中，小颗粒的沉积物移动距离较远，会在低能量环境中沉积，例如在深海中沉积。对于岩石中分选性好的颗粒，说明沉积物在水流作用下运移了较长距离。油藏岩石颗粒的大小及分选程度对岩石性质有重要影响，包括岩石的孔隙度、渗透率等，同时也会反过来影响石油的存储和流动能力。岩石的一些性质如孔隙度、渗透率将在第3章中重点讨论。

**实例分析：阿拉斯加油气盆地及石油体系模型[6]**

石油工业中已经发展了许多强大的计算机模型，通过模拟史前时代沉积盆地的形成、烃源岩的成熟和油气运移过程，发现可能的含油气区域。这些模型还可以用来预测烃类聚集的地点及估计油气储量。大体上，这些模型在地质时间尺度上可以模拟油气系统的各个方面，包括沉积物的沉积、埋藏、压力和温度的影响，干酪根的形成，油气的产生、运移和积聚。其目标是降低油气勘探的高风险，这是由于油气勘探的成本高昂。20世纪80年代初，开发人员在阿拉斯加的Mukluk油田钻了一个勘探井，该井是当时工业界最昂贵的井。钻屑显示有大量的油存在，但实际上却没有商业性储量。最后的结论是，地质构造中确实存在有相当数量的石油，但由于无效的封闭条件及某些地质事件造成的构造倾斜，使油气从该构造中逸散[6]。本质上讲，在该决策过程中缺乏对油气系统一些重要元素的认识。

此后的几年中，在阿拉斯加北坡油田区域进行了一项计算机模型研究[6]。该模型利用从106000 mile$^2$区域上400口井采集到的地质、地球物理和测井信息进行模拟。根据模拟分析，该区块地质环境复杂，存在5种烃源岩和多个石油体系。上覆岩层的计算机辅助分析促进了埋藏历史可视化及烃源岩成熟过程的研究。研究人员通过收集与烃源岩相关的各种数据，包括床层厚度、总有机碳含量和氢指数等，来估算在较长地质时间内转化成石油的干酪根百分比。基于与埋藏压力、热成熟度和流体流动相关的可用数据，模型模拟了流体从烃源岩中排出及随后的运移和聚集过程。运移路径可以预测未来石油被发现的地点；该研究预测的地点可以作为后续的勘探目标。

# 2.6 总结

清楚了解沉积环境及不同地质时期的地质事件是十分重要的。沉积岩类型、构造及地层特征、油藏非均质性都受各种地质过程的影响。用于储存油气的油藏岩石和烃源岩包括：砂岩、白云岩和石灰岩（属于碳酸盐岩）及页岩。

油藏岩石类型的研究表明常规油气藏储层主要由砂岩和碳酸盐岩（包括石灰岩和白云岩）组成。地层中通常有页岩的隔夹层分布，页岩是沉积盆地中含量最高的岩石类型。世界上60%的石油从碳酸盐岩地层中采出，砂岩地层贡献了大约30%的产量。近些年来，随着水平井及多级水力压裂等新技术的快速发展，越来越多的油气从非常规油气藏中被采出。世界范围内共计约有600个沉积盆地，其中26个是主要的油气产地。

根据石油的有机成因论，油气的形成可以追溯到海洋生物和木本植物，它们与沉积物一起在海洋、浅海洋、三角洲、潟湖、沼泽、沙漠等环境中沉积，这种沉积过程可持续数千万年。沉积环境及有机质来源决定了岩石的类型。在高能量环境中如沙漠和三角洲，通常为大颗粒沉积物，易形成砂岩地层。而在低能量地区如湖和深海环境则为较小的颗粒沉积，易形成页岩地层。在温暖的浅海环境，动物贝壳和藻类的沉积最终形成石灰岩。木本植物在沼泽环境沉积可以形成煤岩。

在长期的埋藏和压实过程中，沉积物还要经受高温、高压的影响，结果这些沉积物在压缩、热作用下形成了岩石。岩石的孔隙中包含了随沉积物一起沉积的有机物质，这些有机物质转化为了干酪根并最终形成了油气藏中的石油和天然气。干酪根是一种黑色蜡状物质，是石油和天然气的前身。烃源岩中的干酪根可以根据氢碳比（H/C）分为三个类型。Ⅰ型干酪根主要由细菌和微生物作用的藻类植物转化而成，其氢碳比不小于1.25，主要生成石油，其沉积环境主要为湖和深海环境。Ⅱ型干酪根氢碳比不大于1.25，其主要由细菌作用的浮游生物转化而成，主要生成石油和天然气。Ⅲ型干酪根源自大陆和海洋环境中的木本植物，其主要生成天然气和煤，其氢碳比不大于1。

根据热能强度，烃类由以下三种过程之一形成：

（1）成岩作用：在低于125 ℉的环境下形成干酪根和沥青。在低温环境下，通过细菌作用也可形成生物气。

（2）深成作用：在125~275 ℉环境中产生油气。

（3）热裂解作用：在225~400 ℉之间产生干气。

上述的温度范围数据仅作为参考。世界范围内发现的石油及其对应的沉积温度区间和地热梯度，表明存在"油窗口"这一概念，即油气藏最可能存在的深度范围。据统计，大量油藏处在深度为5000~10000 ft之间的地层中；但是，一些稠油油藏的深度很浅。尽管位于极深地层中的干酪根也可以形成石油并向上运移，但是在12000 ft以下的地层中很难发现油气藏。由于生成作用发生的温度范围，通常干气藏的深度要深于油藏的深度。在15000 ft以下，温度极高，这种环境显然不适合油气的生成。

地球物理学家及其他研究人员将石油产生、运移、积聚及圈闭成藏等视为油气系统的一个完整过程。只有在下列油气系统的所有必要元素都存在时才可能发现油气藏：

（1）石油烃源岩：在高温、高压环境下，经埋藏和压实作用，油气生成的来源。

（2）运移路径：在压力和浮力的作用下，石油流体通过孔道、裂缝、不整合面等通道流向油藏。

（3）油藏岩石：油气最终聚集在油藏岩石中。

（4）盖层：一个地质不渗透层，阻止油气逸散。

（5）圈闭：构造圈闭或地层圈闭，或其他地质特征形成的圈闭，用来储存石油。

油气系统中的过程包括石油形成、运移及聚集。但是，非常规油气藏的油气系统与常规油气藏存在一定差异。对于页岩气藏，不存在油气运移这一过程，油气直接从烃源岩中开采出来。另外，非常规油气藏中没有明显的圈闭机理。常规油气藏通常有界，受到诸如地质结构或水动力边界的限制。页岩气在广袤的低渗透页岩地层中连续分布。除此之外还有一些不同之处，通常在常规油气藏中可以找到明显的油水界面或气水界面，但在页岩气藏中却很难确定这些界面。常规油气藏的勘探工作需要耗费大量的资源。一旦发现有效储层，便可以用传统方法进行生产。而对于世界范围内的许多非常规油气藏，其位置分布是已知的，但是对其进行商业生产则是一项艰巨的挑战。

本章还给出了一个模拟阿拉斯加某石油系统的例子。该模型中利用了从 $106000\,mile^2$ 范围内 400 口探井获取的地质、地球物理及测井数据。通过模型对多个方面进行了模拟，包括产生、运移及可能位置处的油气量；模拟的目的是帮助油气勘探工作。在世界一些油田区域，由于气候、适用性等因素，勘探工作的成本是极其高昂的。该研究是在钻取了一口极高成本的井后进行的。在钻井时，钻屑显示有较多的原油储量，但是最终却没有发现商业性油藏，推测是在一些区域性作用力下油气运移到了其他地区。因此，充分把握油气系统中所涉及的各个过程在石油的勘探和生产中是至关重要的。

## 2.7　问题和练习

（1）石油和天然气是如何产生的？试讨论导致油气藏形成的自然过程。

（2）为何油藏岩石、构造、地层的研究十分重要？

（3）不同类型的岩石可以在同一沉积环境中沉积吗？如何区分不同的岩石？

（4）为何非常规页岩气藏在现在才可以进行商业化生产？

（5）油藏成藏年代是什么时候？油藏有可能经历构造和性质改变吗？

（6）描述油窗口在石油勘探中的重要性。

（7）油和气在产生机理上有什么不同？

（8）什么是油气系统？当油气系统中任一重要元素缺失将会发生什么？

（9）常规油气藏和非常规油气藏在形成机理上有什么差异吗？

（10）根据文献资料，试描述一个海上油田的产生、形成的详细过程。油藏的起源会影响其后续的勘探开发生产吗？

**参 考 文 献**

［1］ Reservoir rocks and source rock types，classification，properties and symbols. Availablefrom：http：//info-host. nmt. edu/~petro/faculty/Adam%20H. %20571/PETR%20571-Wek3notes. pdf［accessed 14. 06. 13］.

［2］ Petroleum systems，source，generation and migration；2008. Available from：http：//www. ogs. ou. edu/pdf/PetSystemsA. pdf.

［3］ GSA geologic time scale. Geologic Society of America. Available from：http：//www. geosociety. org/science/timescale/timescl. pdf［accessed 10. 12. 13］.

［4］ Encyclopedia Britannica. Available from：http：//www. britannica. com［accessed 20. 01. 14］.

［5］ Schlumberger. Basin and petroleum system modeling. Available from：https：//www. slb. com/~/media/Files/resources/oilfield_ review/ors09/sum09/basin_ petroleum. ashx［accessed 05. 01. 14］.

［6］ The Bakken-an unconventional petroleum and reservoir system. Final Scientific/Technical Report. Colorado School of Mines，2012.

［7］ Zou C. Unconventional petroleum geology. Elsevier，2012.

# 第 3 章  储层岩石物性

## 3.1  引言

储层岩石物性、流体物性及油藏特征是分析与研究整个油田开发开采周期的基础。油藏工程师从大量的数据源如地质、岩石物理、地球物理、地球化学、测井、钻井、试井和生产数据中，定期收集和分析有关岩石属性的数据；同时借助基于油藏动态的油藏模拟来分析岩石特征。总体目标是收集详细资料、建立油藏综合概念模型，形成油田最优的生产策略。在油田生产初期由于钻井数少，获得的岩石和油藏信息非常有限，此时油藏工程师主要依靠区域地质趋势和相似油藏的开发经验。随着钻井、取心和测井数量的增加，关于岩石物性和影响油藏动态的非均质性的信息得到的也越来越多。

本章对油藏工程中至关重要的岩石物性进行描述，并回答以下问题：

（1）油藏工程师必须熟悉的主要岩石物性有哪些？

（2）岩石物性是如何影响储层特征的？

（3）岩石物性最初是如何形成的？以后还会改变吗？

（4）岩石特征由沉积环境、岩石类型决定吗？

（5）在同一个地质构造中，岩石性质会随位置改变而发生显著变化吗？油藏是否具有内在非均质性？

（6）岩石的非均质性是在什么尺度上？

（7）岩石属性是否受孔隙内流体的影响？

（8）测量岩石属性的常见方法有哪些？

（9）岩石属性相关数据在储层分析中是如何使用的？是否需要交叉学科提供帮助？

本章就北美地区一些盆地的油井生产趋势对岩石和储层特征进行了实例分析。

## 3.2  常规储层和非常规储层的岩石物性

油气储层的岩石物性广义上分为静态物性和动态物性[1]。静态物性是在古代的沉积环境和沉积后时期发生的各类地质事件中形成的。沉积环境对岩石类型和特征的影响参见第 2 章内容。静态岩石物性包括：孔隙度、孔隙大小和分布、孔喉直径、渗透率及岩石压缩系数。

孔隙度和渗透率（在下文有详细描述）这两个基本特征分别表征了岩石对原油的储存能力和生产能力。孔隙度表征岩石聚集油气的微观孔隙空间。渗透率表征储层流体在岩石内连续通道中流动的能力。

动态岩石物性受油藏中岩石和流体之间的相互作用的影响，油藏工程师比较关注的有：相对渗透率、流体饱和度、毛细管压力及润湿性。

动态岩石物性如油藏某一位置的油相相对渗透率会随着生产过程的流体饱和度变化而发生显著变化。需要利用流体饱和度来估计油藏中原油和天然气的储量。

对于某些致密岩形成的非常规油藏，岩石的地球化学性质和力学性质也至关重要。地球化学性质表征烃源岩的含烃量和成熟度，最重要的属性是总有机碳（TOC）及镜质组反射率（VR）。

岩石力学性质表征通过低渗透地层的天然裂缝和人工裂缝网的水力压裂效果，包括杨氏模量、泊松比及断裂应力。

## 3.3  岩石孔隙度

典型的储集岩具有储存油藏流体的微观孔隙网。岩石孔隙度定义为岩石中孔隙体积占岩石总体积的百分比。岩石的总体积由孔隙体积和基质体积（固相颗粒体积）所组成。

$$岩石孔隙度 = \frac{岩石中孔隙体积}{岩石总体积} \times 100\% \qquad (3.1)$$

如果一个岩石的总体积为 $1.0\,\text{ft}^3$，孔隙体积为 $0.12\,\text{ft}^3$，那么岩石孔隙度为 12%，颗粒体积为 $1.0-0.12=0.88\,\text{ft}^3$。孔隙度用于估算油藏中石油和天然气的总量。

### 3.3.1  绝对孔隙度和有效孔隙度

储层岩石中并非所有的孔隙都是彼此相互连通的，因此产生有效孔隙度的概念。它与绝对孔隙度的区别如下：

$$绝对孔隙度 = \frac{岩石总孔隙体积}{岩石总体积} \times 100\% \qquad (3.2)$$

$$有效孔隙度 = \frac{岩石中有效孔隙体积}{岩石总体积} \times 100\% \qquad (3.3)$$

有效孔隙度比绝对孔隙度小，这是因为有效孔隙度仅计算连通的孔隙体积。由于原油和天然气只能在彼此连通的孔隙网中流动，而不连通的孔隙中的流体对产量没有任何贡献，因此有效孔隙度这一参数至关重要。

### 3.3.2  原生孔隙和次生孔隙

岩石孔隙可进一步分为原生孔隙和次生孔隙。原生孔隙指的是岩石中最初便有的孔隙。次生孔隙指的是沉积过程中由于各种地质和地球化学作用而形成的孔隙。形成次生孔隙的沉积后事件主要包括：（1）碳酸盐岩由于某些化学溶蚀作用而发生的浸出和白云石化；（2）岩穴或溶洞的形成；（3）微观裂纹裂缝发育。

尽管一些砂岩中也存在次生孔隙，但主要存在于碳酸盐岩中；许多石油储层在白云岩地层中发现。岩石中的次生孔隙会增加油藏非均质性，并且在储层分析中增加不确定性。图3.1 展示了颗粒大小和分选等因素对岩石孔隙和次生孔隙发育的影响。

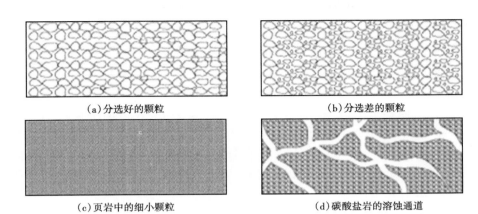

图 3.1　储集岩种类微观图

### 3.3.3　油藏的孔隙度范围

　　常规油气储层中的孔隙度通常介于 5%～25% 之间。岩石颗粒越大，相应的孔隙度也越大。一般砂岩的原生孔隙度比碳酸盐岩的高。然而，在一些次生孔隙中发育明显的碳酸盐岩油藏，孔隙度接近 30% 甚至更高。虽然部分气藏孔隙度略低，却能实现商业化生产。一般来说，孔隙度越高的储层流动性越好，也能储存更多的石油和天然气。

　　页岩等非常规储层的岩石孔隙度相对来说更低。大多数页岩气油藏的孔隙度较低，通常在 2%～6% 之间。但在一些案例中也存在孔隙度高达 10% 的页岩。页岩的孔喉直径通常可达到纳米级，远小于常规油气藏的。

　　孔隙度很低（通常个位数）的"致密"砂岩和碳酸盐岩油藏被视为非常规储层，需要非常规方法来实现商业化生产。

### 3.3.4　截止孔隙度和净地层厚度

　　当石油储层的孔隙度（渗透率）低于某下限值，石油生产不能带来显著的经济效益。这是因为孔隙度低的岩石中存储的油量有限，而且孔隙度低导致渗透率过低，从而不利于流体流动；这个下限值被称作截止孔隙度。常规油藏的截止孔隙度大约为 5%。因此，储层产能预测中只有孔隙度高于这个值的地层才予以考虑。这意味着孔隙度越高的地层，渗透率越高。这里值得一提的是，许多低孔隙度的致密油藏和非常规油藏常常通过天然裂缝和人工裂缝构成的裂缝网络来进行生产。

　　净厚度不同于地层总厚度，它用于估算石油和天然气的储量。净厚比代表可进行常规生产、孔隙度相对较高的含油储层所占比例。净厚比的参考范围是 0.65～0.85。

### 3.3.5　裂缝孔隙度

　　包括石油储层在内的一些地质构造在地质时期受到各种力的作用，从而在岩石上形成裂缝、裂纹和接缝。含油气的岩石裂缝孔隙度通常很低。通过查阅大量文献资料，发现石油储层的岩石裂缝孔隙度范围在 1%～3% 之间，甚至更低。常规储层和非常规的裂缝性储层由于裂缝的高导流能力都有可观的油气产量。

### 3.3.6　孔隙度测量

包括孔隙度在内的岩石物性，在油藏中随着位置的变化而改变。同一个构造中，不同地质层的相同种类型岩石的孔隙度值由于沉积环境随着地质年代的改变也是不同的。不同井位的孔隙度值通过基于测井和岩心分析的岩石物性研究测得。相对均质的地层可以用平均孔隙度来分析油藏。然而在精细储层研究中，当缺乏数据时用数学算法来计算不同位置的孔隙度。

石油天然气行业使用很多方法和工具来测量储层岩石的孔隙度和其他重要物性。传统方法包括取心和测井；随着技术进步，随钻测量（MWD）和核磁共振（NMR）等方法也被引入分析物性的方法中。

### 3.3.7　基于岩心样品的孔隙度

在实验室里，岩心样品的绝对或总孔隙度可以通过两步获得。首先测得原始样品总体积，然后碾碎岩心测得基质或颗粒体积。计算两者差值从而求得样品总孔隙体积和孔隙度，用方程式表达：

$$绝对孔隙度 = \frac{总体积 - 岩心样品颗粒体积（碾碎后）}{岩心样品总体积} \times 100\% \qquad (3.4)$$

有效孔隙度通过在干燥岩心样品中填充已知密度的流体来测得。用充满流体的岩心质量增加值和流体密度来计算填入岩心的流体总体积。由于流体只能进入岩石中的连通孔隙，岩心的有效孔隙度通过流体体积与岩心体积的比值来计算。因此，相应的样品有效孔隙度的方程式可以表达为：

$$有效孔隙度 = \frac{岩心中的连通孔隙体积}{岩心样品总体积} \times 100\% \qquad (3.5)$$

岩心样品的总体积和颗粒体积也可以通过排水法测得，先将岩心样品浸入水中，然后计算排出的水量（图 3.2）。

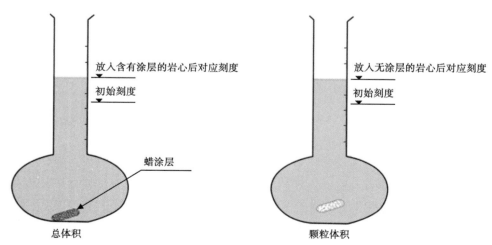

图 3.2　排水法测岩心总体积和颗粒体积

岩心的有效孔隙度也可以用孔隙度测定仪（图3.3）来测得。将干燥岩心样本放入真空室，然后往真空室注惰性气体（如氦）。气体体积的增加量即样品连通孔隙体积。气体体积通过真空室的压力增加值和波义耳定律来计算。

氦比重瓶可以用来测孔喉直径极小甚至达到纳米级（$10^{-9}$m）的页岩孔隙度。

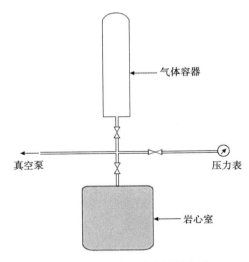

图 3.3 有效孔隙度测量方法

### 3.3.8 测井

广泛用于测量孔隙度的测井工具包括声波、密度孔隙度和中子孔隙度。放入钻孔中测量不同岩石属性的井下工具通常包含一个源和一个或多个接收器。源向地层发射出某种能量，如声音、电或核能，然后接收器收到基于储层岩石物性和流体饱和度的反弹信号。

声音或音速测井的操作依据是对比在相同岩性的岩石中的传播速度，声波在饱和流体的岩石中的传播速度更慢。

密度测井工具发射出的伽马射线与岩石及其孔隙中流体的电子发生冲突，从而测出地下储层的电子密度。电子密度与饱和流体的岩石总密度成正比。已知砂岩、石灰岩、白云岩和水的密度，测得储层总密度来估算整个储层的孔隙度。

同样，中子孔隙度测量工具向地下储层发射高能中子，与储层物质的核子发生碰撞后速度减慢。发射的中子与孔隙流体（油和水）的氢原子碰撞过程中能量损耗很大。因为天然气的密度小于氢，需要通过天然气填充孔隙来对孔隙度解释进行校正。此外，如果地层中存在页岩，也需要校正孔隙度，因为页岩中的石油很难采出。

### 3.3.9 核磁共振

核磁共振（NMR）技术基于 NMR 信号与岩石孔隙中流体所含氢原子量成正比的理论。NMR 工具收到的信号表明地层流体氢原子与颗粒表面的碰撞程度；孔隙越大，碰撞的频率越低。

### 3.3.10 随钻测井

随钻测井（LWD）在 20 世纪 80 年代末被用于油藏物性测量。钻井的同时，组装各种工具和传感器下入井孔，包括声波和中子等测量孔隙度的工具。LWD 与其他方法相比的优势是在钻井液未侵入地层造成伤害时，就能获得实时数据。

## 3.4 渗透率

岩石渗透率表明油藏流体在孔隙网中流动的能力。一般而言，油藏的岩石渗透率越高，表明井的生产能力和采收率越高。然而在非常规油藏中，岩石的基质渗透率极低，导致传统

25

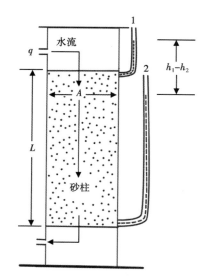

图 3.4 渗透系数测量装置
（与达西试验装置类似）示意图

的生产方法失效。技术创新使得石油和天然气在非常规资源恢复商业价值，天然裂缝和人工裂缝起着十分重要的作用。

### 3.4.1 达西定律

渗透率的定义基于法国工程师 Henry Darcy 建立的经验关系式[2]。1856 年，达西进行了水通过已知水头的砂柱的实验（图 3.4）。实验发现水的流速与水头成正比，比例系数即为孔隙介质的渗透率。

用数学公式表示点 1 和点 2 之间孔隙介质的渗透率如下：

$$q = \frac{KA\Delta h}{L} \tag{3.6}$$

式中　$q$——流量，$m^3/s$；

　　　$K$——多孔介质的渗透系数（砂柱），$m/s$；

　　　$A$——流动截面积，$m^2$；

　　　$\Delta h$——点 1 点和点 2 之间的水头，m；

　　　$L$——点 1 和点 2 之间孔隙介质的长度，m。

式（3.6）适用于均匀介质中的稳态层流，意味着包括水力传导系数在内的孔隙介质属性是均匀的，但地层是非均质的。此外，油藏中关井或重开井会造成非稳态流体流动。第 9 章中对稳态流和非稳态流进行了描述。

将式（3.6）扩展到黏性流体，则达西定律对石油、天然气和地层水等流体都适用。因此，考虑流体黏度对流速的影响，式（3.6）可以修改为如下形式：

$$v = \frac{q}{A} = -\left(\frac{K}{\mu}\right)\left(\frac{\delta p}{\delta L}\right) \tag{3.7}$$

式中　$v$——流体速度，$cm/s$；

　　　$K$——岩石平均渗透率，D；

　　　$\mu$——流体黏度，$mPa \cdot s$；

　　　$\delta p/\delta L$——驱替流体的压力梯度，$atm/cm$。

式（3.7）表明多孔介质的渗透率是关于流体流量、多孔介质长度、横截面积和压力梯度的函数。流动方向与压力增加方向相反，因此表达式中有负号。在斜面中，方程式修改如下：

$$v = \frac{q}{A} = -\left(\frac{K}{\mu}\right)\left(\frac{\delta p}{\delta L} - 0.433y\cos\alpha\right) \tag{3.8}$$

式中　$y$——流体相对密度（水的相对密度是 1.0）；

　　　$\alpha$——从垂直方向上测量的倾斜度。

由式（3.8）可以得到以下要点：

（1）所有其他因素保持不变，岩石渗透率越高，油藏流量（产量）越大。

（2）多孔介质中加快流体流速可以增大水头或压差。

（3）水的黏度比原油小，在油藏中更易流动。

（4）天然气的黏度更低，比原油的流速更快。

（5）值得注意的是，孔隙度项在达西定律中没有明确表示。

## 3.4.2 渗透率单位

当流体黏度为 1mPa·s，压力梯度为 1atm/cm，多孔介质横截面积为 1cm²，通过多孔介质的流体流量为 1cm³ 时，那么该多孔介质的渗透率为 1D。D 是表示渗透率的相当大的单位，较小的渗透率单位有 mD、μD 和 nD。表 3.1 介绍了常规油藏和非常规油藏的渗透率范围。

表 3.1 常规油藏和非常规油藏的渗透率范围

| 渗透率 | 符号 | 换算 | 说　明 |
|---|---|---|---|
| 达西 | D | | 常规储层：某些具有裂缝、岩穴和溶洞等明显次生孔隙的碳酸盐岩储层的渗透率很高。此外，一些砂岩储层的渗透率也很高 |
| 毫达西 | mD | $10^{-3}$ D | 常规储层：渗透率范围从几毫达西到几百毫达西；<br>致密储层：渗透率只有零点几毫达西；<br>非常规储层：典型的煤层气储层渗透率在 1~100μD 之间 |
| 微达西 | μD | $10^{-6}$ D | 非常规储层：致密天然气砂岩油藏渗透率为微达西级，页岩储层的基质渗透率多为几百微达西 |
| 纳达西 | nD | $10^{-9}$ D | |
| 兆达西 | pD | $10^{-12}$ D | 几乎不渗透 |

在油田单位制下，达西定律可以表达为：

$$q = 1.127 \times 10^{-3} \frac{KA}{\mu L} \Delta p \tag{3.9}$$

式中　$q$——流量，bbl/d；

　　　$K$——渗透率，mD；

　　　$\Delta p$——压力，psi；

　　　$A$——流动截面积，ft²；

　　　$L$——孔隙介质的长度，ft；

　　　$\mu$——流体黏度，mPa·s。

## 3.4.3 径向渗透率

流体在垂直井中的流动模式主要是径向流（图 3.5）。因此，可以基于井尺寸、油藏特征和压力计算径向渗透率。以上过程可以通过在一个大面积的油藏中进行瞬态试井来实现。试井得到的径向渗透率，而不是岩心渗透率，它受油藏非均质性和多相流的影响。下面是径向渗透率的计算公式：

$$q = 7.08 \times 10^{-3} \left[ \frac{Kh(p_e - p_w)}{\mu B_o \ln(r_e/r_w)} \right] \tag{3.10}$$

式中　$q$——井流量，bbl/d；

$K$——平均渗透率，mD；

　　　$p_e$——泄油区外边界的储层压力，psi；

　　　$p_w$——井筒压力，psi；

　　　$r_e$——泄油区外边界直径，ft；

　　　$r_w$——井筒直径，ft；

　　　$B_o$——原油体积系数，rb❶/STB❷。

油体积系数用来表征生产时油的体积变化，这将在第 4 章进一步讨论。

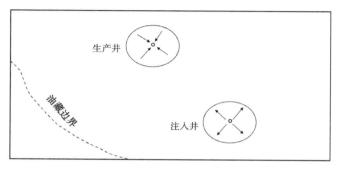

图 3.5　油藏中生产井和注水井周围的径向流

　　式（3.9）在径向坐标系下可以推导出如下公式：

$$q = \frac{KA}{\mu(\delta p / \delta r)} \qquad (3.11)$$

　　式（3.11）可以计算 $p_e$ 和 $p_w$、$r_e$ 和 $r_w$ 之间的径向流速度。由于流体的压力随着 $r$ 值的减少而降低，公式中的负号可以去掉。

### 3.4.4　渗透率的测量

　　由于式（3.9）和式（3.10）中只涉及一种流体，计算得到的多孔介质渗透率被称为绝对渗透率。最常见的测量绝对渗透率的方法是：在实验室环境下，向岩心样品注单相流体（盐水、石油或天然气）直到达到稳态流状态；岩心被流体完全饱和。岩心首先被清洗，干燥后置于真空室排空孔隙内所有空气，确保没有任何污染。当岩心入口和出口端的流体流动速度一致时，流动为稳态流；此时流体的压降为常数。重复调整流体的流动速度和入口端压力，实验结果可以绘出一条直线，直线斜率是关于岩心渗透率的函数。已知岩心尺寸和流体黏度，可以求出岩心渗透率（图 3.6）。

　　岩心的气测渗透率（$K_{air}$）公式如下：

$$K_{air} = \frac{q_a p_a \mu L}{p_m \Delta p A} \qquad (3.12)$$

式中　$q_a$——气体通过岩心的流速，$cm^3/s$；

　　　$p_a$——大气压，atm；

---

❶　rb：reservoir barrel，表示石油在油藏条件下的体积。

❷　STB：standard tank barrel，表示石油在标准状况下的体积。

$p_\mathrm{m}$——$(p_1+p_2)/2$，atm；

$p_1$，$p_2$——岩心两端的压力，atm。

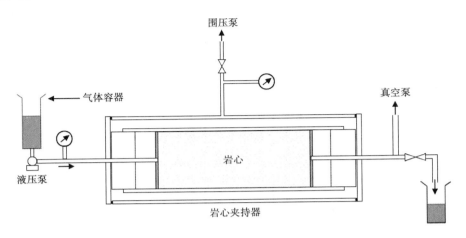

图 3.6  岩心绝对渗透率的测量

必须强调，实验室测得的渗透率容易受到各种因素影响，包括油藏和实验室环境差异，换句话说就是受压力、温度、取心完整性及岩心从油田到实验室的处理过程的影响。例如，取心过程中或者是岩心处理过程中受到伤害会形成微裂缝，对岩心渗透率有显著影响。

确定岩心渗透率有许多方法，每一种方法测得的岩心渗透率的尺度可能有所不同；例如在岩心分析中单位是英寸，试井中可能是几千英尺。

## 3.4.5  压力衰减法测超低渗透率

页岩油藏的超低渗透率在实验室中采用压力衰减法测量[3]。将渗透率达到纳达西级的岩石压碎到特定大小，由于粉碎后的球形颗粒具有较大的表面积，利用气体扩散将这些颗粒放入密封筒，并对一段施加压力。随着气体的扩散，压力逐渐减小。实验结果用来测量岩心的孔隙度和渗透率，这个过程的优点是岩心中的微裂缝不会影响最终结果。但是需要对压力衰减的过程有深入理解，测量结果还需要用其他方法测量相似岩心得到的渗透率来校正。

## 3.4.6  克林肯伯格效应

通过气体在岩心中流动来计算岩心渗透率时，会发现不同气体得到的渗透率不同。此外，气体得到的渗透率比液体的高。这种现象是由于气体滑脱造成的，即克林肯伯格效应[4]。液体渗透率（$K_\mathrm{liquid}$）与气体渗透率（$K_\mathrm{gas}$）的关系式如下：

$$K_\mathrm{liquid} = \frac{K_\mathrm{gas}}{1 + b/p_\mathrm{m}} \tag{3.13}$$

式中  $b$——克林肯伯格因子；

$p_\mathrm{m}$——平均流动压力，atm。

克林肯伯格效应在煤层气（一种非常规天然气资源）生产中很明显。随着天然气从煤层中产出，地应力增加，煤层封堵，基质渗透率降低。然而，随着储层压力进一步下降，在克林肯伯格效应与煤基质收缩效应的共同作用下，渗透率升高，这部分将在第22章讨论。

### 3.4.7 非达西流

多孔介质内的流体流动不都服从达西定律。一个常见的例子是气井近井区域的流体流动，气体流速高，出现湍流，结果显示近井区域的压降大于达西公式预测出的压降；因此，这一流动被称为非达西流。非达西流的影响取决于气体流速。因此，引入代表额外压降的非线性项来对达西定律公式（3.7）进行修正。Forchheimer[5]将流量作为压力梯度的函数并提出了以下方程：

$$-\left(\frac{\mathrm{d}p}{\mathrm{d}L}\right) = \left(\frac{\mu_g}{K}\right)\left(\frac{q_g}{A}\right) + \beta\rho_g\left(\frac{q_g}{A}\right)^2 \tag{3.14}$$

式中　$\mathrm{d}p/\mathrm{d}L$——压力梯度，atm/cm；

　　　$\mu_g$——天然气黏度，mPa·s；

　　　$q_g$——流速，$cm^3/s$；

　　　$\rho_g$——气体密度，$g/cm^3$；

　　　$K$——多孔介质渗透率，D；

　　　$\beta$——非达西流动系数，$atm·s^2/g$。

非达西流系数在不同油藏是不同的。该系数可通过实验室岩心实验或由已知关系式来得到。某些研究表明，非达西流系数与孔隙度和渗透率成反比，呈非线性关系。

### 3.4.8 裂缝渗透率

许多常规和非常规油藏的岩石基质渗透率很低甚至超低，主要依靠裂缝网产油。裂缝渗透率比基质渗透率高好几个数量级，可从数百毫达西到几个达西。裂缝渗透率（$K_{fracture}$）和裂缝宽度（$h$）的关系式如下：

$$K_{fracture} = \frac{h^2}{12} \tag{3.15}$$

该公式适用于所有相容单位，例如裂缝宽度单位为 m，裂缝渗透率单位为 $m^2$。通常裂缝渗透率由试井测得。

### 3.4.9 双重孔隙油藏

具有裂缝和高导流通道的油藏被称为双重孔隙或双孔、双渗系统。这是由于裂缝孔隙度和渗透率与基质的差别很大。除了常规裂缝性油藏，双重孔隙在非常规储层中非常普遍，包括页岩气和煤层气藏。与单一孔隙油藏系统相比，两者产量等油藏动态有着显著不同。

### 3.4.10 孔隙度和渗透率的相关性

许多砂岩油藏的颗粒分选好，杂质少，孔隙度和渗透率之间具有良好的相关性。渗透率的对数函数和孔隙度之间具有以下线性关系：

$$\lg K = m(\phi) + c \tag{3.16}$$

式中　$m$——直线斜率；

　　　$c$——$y$ 轴的截距。

应该注意 $m$、$c$ 的值在不同油藏是不同的。在许多情况下，沉积环境相同的同一油藏的不同地质储层所对应的 $m$、$c$ 的值也是不同的。

如图 3.7（a）所示，在相同的孔隙度范围下，岩石颗粒越粗，渗透率越高。然而，在次生孔隙和裂缝显著发育的碳酸盐岩储层中，相同孔隙度下渗透率变化很大，没有明显的趋势。在非常规页岩油藏中，基质渗透率超低，要精确测量渗透率和确定孔隙度与渗透率的相关关系是十分困难的。

图 3.7（b）绘制了加利福尼亚南部 Cortes 海岸地区不同地质年代下各类地层的孔隙度和渗透率关系图。

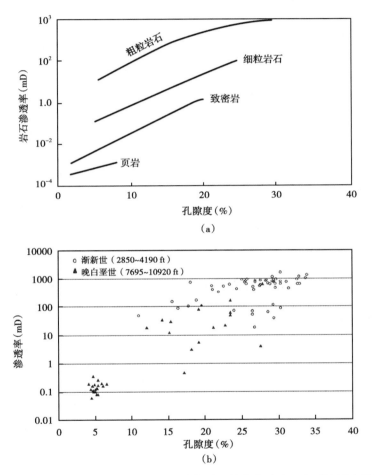

图 3.7 （a）不同地质储层的孔隙度和渗透率关系趋势图。给定孔隙度，岩石渗透率受颗粒大小等因素影响下，变化范围很大。（b）加州南部海上油田不同深度砂岩储层的孔渗关系图。地质年代差异明显，数据由单井获得。值得注意的是渗透率的变化高达几个数量级[13]

### 3.4.11 渗透率各向异性

垂直方向上的渗透率通常低于水平方向上的，有时相差一个或多个数量级。这是由于风、水流等影响了岩石颗粒在沉积过程中的排列。颗粒呈薄片状，沉积物呈现分层。在地质年代产生的多个沉积序列也造成了水平渗透率和垂向渗透率的差异（图 3.8）。水平渗透率与垂向渗透率之比是研究油藏油井水锥的重要因素。垂向渗透率高可能导致严重水锥和过早的见水，也可能导致水驱时出现水下滑，造成原油采收率低。

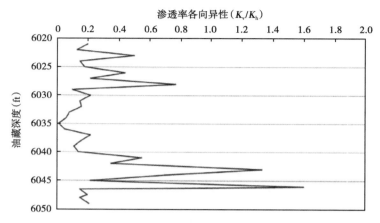

图 3.8　非均质地层中垂向渗透率与水平渗透率的比随深度变化图

30 ft 内 $K_v/K_h$ 变化范围为 0~1.6

　　研究进一步发现，油藏中的岩石渗透率具有方向性。根据沉积期间波浪的方向或风向，颗粒物会朝某一特定方向沉积。例如，东南方向上测量的渗透率和西北方向的会有所不同。这些油藏渗透率都具有方向性，沉积过程发生的主导条件导致颗粒物按照某一特定方向排列，从而影响岩石物性。因此，最大渗透率也在那个方向。最终的结果是，储层流体在某一优势方向流动，这可能导致位于流动路径上的井过早见水，地下残留大量剩余油。

　　上述现象被称为渗透率各向异性，当注入外部流体以提高采收率时可能发挥重要作用。

### 3.4.12　高渗透通道

　　另一种常见的油藏非均质性是高渗透通道（图 3.9）。具有高导流能力的地质薄层在井

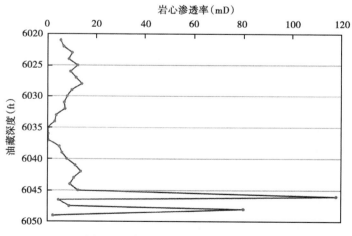

图 3.9　非均质油藏的渗透率剖面图

注意：6036 ft 处的页岩隔层将油藏分为两层；另外，怀疑底层有高渗透通道

间横向延伸。向油藏注水时，高渗透通道容易导致过早见水，严重降低提高采收率的效果（图 3.10）。

根据有限的油藏非均质性信息预测油藏动态是不够的，这些信息只能够作为分析油藏的出发点。

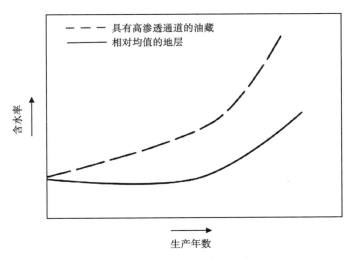

图 3.10 均质油藏和非均质油藏动态对比
当油藏中存在高渗透通道时，含水率上升更快

### 3.4.13 影响岩石渗透率和孔隙度的因素

与其他因素相比，颗粒的分选和排序、孔喉大小、孔隙通道曲折度、颗粒之间的胶结程度和杂质等因素对岩石渗透率的形成起着至关重要的作用。上述因素也决定了岩石的孔隙度大小。表 3.2 汇总了对岩石孔隙度和渗透率的影响因素。

油藏中岩石渗透率的变化比孔隙度更显著。微裂缝、溶洞和其他非均质因素的存在增加了渗透率多样性。在非均质地层，岩石渗透率的变化达到一个或多个数量级，对油藏动态有显著影响。

### 3.4.14 油藏深度的影响

通过对三个盆地的不同煤层气藏的研究，对深度变化从 100 ft 以下到 10000 ft 的研究中，发现渗透率随着储层深度的增加而降低的明显趋势。这些煤层气藏的深度介于 100~10000 ft 之间。在 500 ft 或更浅的储层，储层渗透率很高，介于 100~1000 mD 之间。然而，在深度小于 4000 ft 的地层，渗透率迅速降低到 1 mD 以下。对于更深的地层，受地应力的影响，渗透率降低。

然而，对二叠盆地和墨西哥湾的研究表明，储层渗透率一般随深度增加，岩石孔隙度随着深度减小。包括孔隙度和渗透率在内的岩石物性取决于岩石形成时的沉积环境。因此，岩石物性和深度的相关性难以确定。

表 3.2　岩石孔隙度和渗透率的影响因素

| 因素 | 孔隙度 | 渗透率 | 说明 |
|---|---|---|---|
| 颗粒大小 | 理想情况下，岩石颗粒大小均一时对孔隙度没有影响 | 颗粒越小孔隙通道越狭窄，导致渗透率降低 | 砾岩颗粒粗，然后是砂岩、泥岩和页岩，颗粒越来越小。砂岩颗粒范围从非常粗（1～2mm）到很细（1/8～1/16mm）。页岩颗粒非常细，颗粒尺寸小于1/256mm。颗粒越小，孔隙大小和孔喉尺寸也越小 |
| 颗粒分选 | 在颗粒分选差的岩石中，大孔被小颗粒填充，导致孔隙度变低 | 孔道小，弯曲度高，导致渗透率低 | 干净和分选好的砂岩具有比较高的孔隙度和渗透率 |
| 胶结程度 | 胶结程度越高，孔隙度越小 | 同样，岩石胶结程度越高，渗透率越低 | |
| 孔喉直径 | 岩石孔喉越小，孔隙度相对越低 | 孔隙度相同的情况下，细孔喉导致渗透率呈数量级减小 | 范围从常规砂岩油藏的2mm到致密油层的零点几毫米。在超致密页岩中，范围非常小，从微米级到纳米级 |
| 溶蚀和浸出作用 | 碳酸盐岩的沉积后过程浸出作用造成岩石次生孔隙 | 岩石渗透率增加 | 溶蚀作用大多发生在碳酸盐岩油藏中。然而，砂岩也可能存在 |
| 裂缝的存在 | 裂缝孔隙度小于基质孔隙度 | 裂缝渗透率比基质渗透率高几个数量级 | 油藏呈现双孔、双渗特征 |

## 3.4.15　地层压缩系数

地层压缩系数指的是随着地层压力的变化时孔隙体积的变化率。随着油层中流体的采出，地层压力不断下降；在上覆岩石巨大压力作用下岩石孔隙体积不断缩小。岩石通常是微可压缩的；因此，孔隙体积的减少量非常小。相比其他油藏，疏松砂岩和一些油藏的岩石可压缩性较高。

在储层分析中，地层压缩系数是重要参数，原因如下：

（1）在油藏生产初期，孔隙体积的减少和地层流体的膨胀是驱动能量。

（2）由于地层可压缩性，当油藏压力降低时孔隙体积发生变化，从而影响了油气储量的评估。

（3）随着油气生产，地层压力降低，可压缩岩石中的流体流动会明显减少。这是岩石孔隙度和渗透率降低所导致的。

地层压缩系数数学表达式如下：

$$c_f = -\frac{1}{v_\phi}\left(\frac{\delta V_\phi}{\delta p}\right)_T \tag{3.17}$$

式中　$c_f$——地层压缩系数，1/psi 或 psi$^{-1}$；

　　　$V_\phi$——岩石孔隙体积，ft$^3$；

　　　$p$——地层压力，psi；

　　　下标 $T$——孔隙体积随压力的变化是在等温条件下发生的。

34

地层压缩系数的单位是 lb/ft²。砂岩和碳酸盐岩的压缩系数范围通常为（3~12）×10⁻⁶ psi⁻¹。

根据实验室的研究结果，可以用关系式来估算砂岩和石灰岩的压缩系数[6]。地层压缩系数与孔隙度成反比，呈非线性。

砂岩：

$$c_f = \frac{97.32 \times 10^{-6}}{(1 + 55.8721\phi)^{1.42859}} \tag{3.18}$$

石灰岩：

$$c_f = \frac{0.853531}{(1 + 2.47664 \times 10^6 \phi)^{0.9299}} \tag{3.19}$$

以上关系式在孔隙度 2%~33% 的范围内有效，砂岩最大误差为 2.6%，石灰岩最大误差为 11.8%。

### 3.4.16 岩石压缩系数和体积压缩系数

岩石基质和孔隙体积都受压力变化的影响。岩石基质压缩系数 $c_r$ 和岩石体积压缩系数 $c_b$ 的定义方法相似。岩石基质压缩系数简称岩石压缩系数，并不等于孔隙压缩系数或地层压缩系数。

### 3.4.17 压缩性导致的岩石孔隙度变化

由于储层岩石具有可压缩性，孔隙压力降低导致孔隙度减小。由以下公式估算孔隙度的变化：

$$\phi = \phi_0 \exp[c_f(p - p_0)] \tag{3.20}$$

式中　$p_0$——原始压力，psi；
　　　$\phi_0$——原始孔隙度。

## 3.5　表面张力和界面张力

在多孔介质中，由于液体之间的不互溶性，石油、天然气和水作为不同流体共存。油分子之间的引力不同于水或气体的。在不互溶的两相流体界面或边界上，由于每种流体的分子力不同，产生界面张力，从而形成一个薄层。研究结果表明界面层的厚度为 10⁻⁷mm。文献中将液体和不互溶的气体或空气接触面上的作用力称为表面张力。岩石孔隙中的界面张力或表面张力对流体流动特征有以下影响：（1）多孔介质中流体的流动速度；（2）各相流体压力；（3）油藏中一种流体沿其他相流动的难易程度。

表面张力和界面张力的影响最终反映在油藏动态上。界面张力也会影响岩石的其他动态特征，包括润湿性、毛细管力，以及岩石对石油、天然气和水的相对渗透率，在后面章节将对此进行说明。

### 3.5.1　流体饱和度

大部分油藏工程师需要对地层原油、天然气和水的饱和度进行分析，主要有以下几点：

（1）油藏中流体饱和度在不同位置之间的变化；（2）生产过程中，饱和度随时间的变化；（3）外部流体注入对储层流体饱和度的影响。

含油饱和度是储层岩石孔隙中所含原油的体积百分比；剩余孔隙中有气、水或两者都有。同样，含气饱和度是储层岩石孔隙中所含气体的百分比。文献中流体饱和度用百分比表示。很明显被流体饱和的孔隙中所有流体的饱和度总和是100%。

常规油藏中，原油饱和度的范围是65%~85%。一些具有气顶的油藏具有可测量的含气饱和度。干气藏通常具有很高的气体饱和度，即甲烷、乙烷和重质组分。不同油藏的油、气和水的饱和度见表3.3。

**表3.3 油藏中原油、天然气和水饱和度的例子**

| 油藏类型 | 含油饱和度 $S_o$（%） | 含气饱和度 $S_g$（%） | 凝析气饱和度 $S_{gc}$（%） | 束缚水饱和度 $S_w$（%） |
|---|---|---|---|---|
| 不含气顶油藏 | 65~85 | 0 | 0 | 15~35 |
| 含气顶油藏 | 60~70 | 5~15 | 0 | 20~30 |
| 干气藏 | 0 | 70~85 | 0 | 15~30 |
| 凝析气藏 | 0 | 40~60 | 20~40 | 20 |

注：表中提供数据为近似值，只能作为参考。

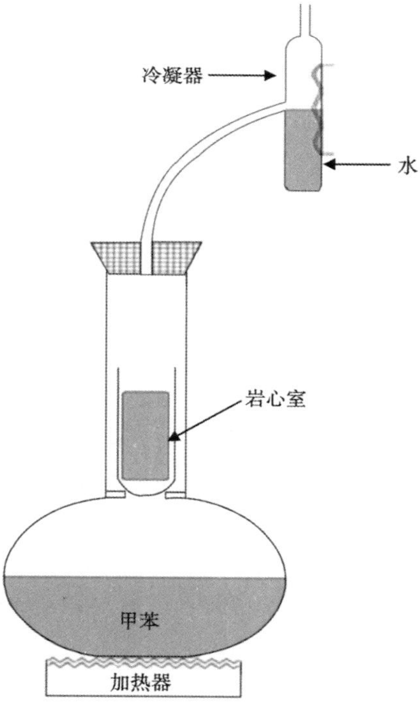

图3.11 Dean-Stark方法测量流体饱和度

岩心的流体饱和度可以通过实验测得。通过直接加热蒸发岩心中的流体，用刻度管冷凝并测量蒸汽量，从而得到岩心内流体饱和度。该方法被称作Dean-Stark方法。热量通过蒸发的甲苯来传递（图3.11）。由于油水不互溶，在试管中分离，然后测量水量来计算岩心的含水饱和度。一旦已知实验前后岩心的含水量及质量变化，可以计算出岩心原始含油量。

地层中流体饱和度通常由随钻电阻率测井获得，本章后面的内容对电阻率测井有详细介绍。

### 3.5.2 束缚水饱和度和可动油饱和度

在油藏生命周期中，并不是所有的原油都能被产出。因此，工程师主要对一次采油和各种提高采收率措施下的可动油饱和度进行评估。下文将对提高采收率措施进行详述。油藏废弃时的残余油饱和度用于表征剩下的原油体积。因此，可动油饱和度表达式如下：

$$S_{om} = S_{oi} - S_{or} \tag{3.21}$$

在非均质性强的油藏中，一次采油和二次采油后剩余的原油量是巨大的。随着新技术的出现，努力识别地层中残余油饱和度高的区域并通过打新井或再完井来实现进一步生产（第20章内容）。然而，由于润湿性和界面张力的影响，仍有一些原油无法从油藏中生产出来。多孔介质中残留的原油最小饱和度可通过实验室实验来估算。润湿性和界面张力将在本章后面内容中进行介绍。

岩石的油气水饱和度严重影响了其他特征，包括各个流体的流动特征，下文将详述。

### 3.5.3 吸附作用

在常规油藏中，油和气在岩石孔隙呈游离状态。然而，在煤层和页岩等非常规油藏中，气体可能在极小的孔隙中以吸附状态存在；因此，吸附作用是评估非常规油藏的一项重要参数。吸附气体总量取决于孔隙大小、有机质类型、矿物组成和岩石的热成熟度。研究表明，页岩中15%~80%的气体可能以吸附状态存在。然而，在煤层中几乎所有的甲烷都以吸附状态存在。

随着储层压力下降，岩石中的气体解吸，然后气体通过裂缝网流向井筒。解吸气体总量可通过实验进行估算。实验中将岩心放入筒内，降低压力，测量相应的饱和度，从而推导出解析气体总量。气体吸附过程可以通过第12章和第22章中介绍的Langmuir等温线来模拟。

### 3.5.4 储层岩石润湿性

岩石润湿性用于在一种非混相流体中，另一种非混相流体沿着岩石表面流散的趋势。油和水在岩石表面的散布和吸附是不同的（图3.12）。流体的润湿程度由液滴与固体表面的接触角来确定。当岩石亲水时，水滴在岩石表面铺展开，导致接触角小于90°；然而，岩石亲油的话接触角大于90°；有一些油藏，存在中性润湿或混合润湿，接触角大约是90°。

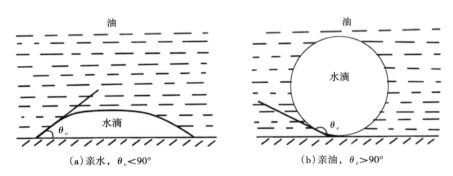

图 3.12　水湿（a）和油湿（b）示意图
根据润湿特征，油水与固体表面的接触角不同，决定了液体对固体的选择性润湿

岩石润湿性具有以下特征：

（1）润湿性是关于孔隙中不同流体间界面张力的函数；也是关于流体与孔隙表面之间界面张力的函数。

（2）润湿性受岩石基质中矿物质类型、岩石孔隙中流体组成的影响。

（3）一旦接触到注入水，储层岩石的润湿性可能会改变。某些化合物与注入水混合，使岩石由亲油变为亲水，油容易被驱走，从而提高采收率。

大多数油藏岩石是亲水的，这意味着孔隙表面上主要覆盖着水而不是油。在油还未运移到油藏时，地层水充满孔隙，由于岩石的亲水特征，水吸附在孔隙表面，迁移的油不能完全将孔隙中的水驱替出去。亲油油藏和中性润湿油藏也很常见。

### 3.5.5　岩石润湿性和水驱效果

油藏通过注水提高原油采收率的依据是岩石的润湿性。在亲水油藏中，注入水驱替原油效率高是因为原油不易吸附在孔隙表面。但在亲油油藏中，注水效果差强人意。这是由于岩石的亲油性，大量原油仍然残留在地层。各种实验室分析和油田开发经验证实了这一现象。

### 3.5.6　润湿性测定方法

确定岩石润湿性最简单的方法是，将岩石浸入油中，在岩石表面滴一滴水，然后测量水和岩石的接触角（图 3.12）。修正的方法是，使用两块平行板，将油滴在两板之间，水还能够在两边间流动，然后测量接触角。这个过程与油藏中水驱油类似。润湿性也可以由 Amott 法和美国统计局的 Mines 法测定。Amott 法以自吸驱替法为依据，将驱出的油、水与自动吸入的油、水比较。美国 Mines 法利用离心法使岩心中一种流体驱替另一种流体，用测得的压力和饱和度值来确定岩心的润湿指数。

### 3.5.7　毛细管压力

两种非混相流体（如油和水），在多孔介质中同时存在时两相流体间存在的压力差被称为毛细管压力。

广义上来说，毛细管压力指的是多孔介质中润湿相和非润湿相之间的压力差。

多孔介质中的毛细管压力大小与流体饱和度、两相流体间界面张力和孔喉直径等因素有关。

$$p_c = p_{nw} - p_w \tag{3.22}$$

式中　$p_{nw}$——非润湿相压力，psi；

　　　$p_w$——润湿相压力，psi。

在油水系统中，通常水是润湿相，油是非润湿相。因此，油水之间的毛细管压力可以用下式表达：

$$p_{c,wo} = p_o - p_w \tag{3.23}$$

式中　$p_{c,wo}$——油水界面毛细管压力，psi；

　　　$p_o$——油相施加压力，psi；

　　　$p_w$——水相施加压力，psi。

此外，在气水系统中，水是润湿相。因此，气水之间的毛细管压力可以用下式表达：

$$p_{c,gw} = p_g - p_w \tag{3.24}$$

式中　$p_{c,gw}$——气水界面毛细管压力，psi；

　　　$p_g$——气相压力，psi。

### 3.5.8　驱替和渗吸

对岩心进行驱替实验时，采用非润湿相对润湿相进行驱替。在亲水岩石中（图 3.13），随着驱替过程的进行，含水饱和度降低，非润湿相（油）的饱和度增加。这个过程可看作是润湿相在多孔介质中的去饱和过程。

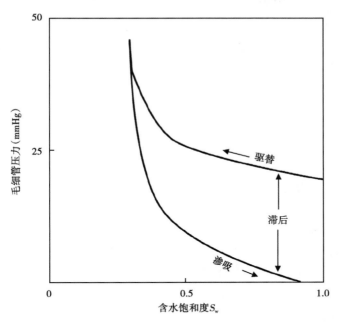

图 3.13　毛细管压力是含水饱和度的函数

如图所示，驱替和渗吸过程之间存在滞后现象。为了说明两个过程之间的

毛细管压力差异，图中毛细管压力值被放大

相反，渗吸过程中润湿相饱和度增加。由于在渗吸过程中，润湿相被吸入岩心孔隙，饱和度随之增加。

### 3.5.9　滞后效应

滞后效应反映出多孔介质中的毛细管压力受饱和度历史变化的影响。研究油藏毛细管压力时，除了流体饱和度，还需要知道流体饱和度是升高还是下降。

### 3.5.10　测量方法

测量毛细管压力有许多方法，如离心法、多孔隔板法、压汞法和 Leverett 法。下面对其中一些方法进行概述。

在离心法中，将饱和原油的岩心放入离心机中，离心机以一定的角速度旋转，油被甩出岩心。岩石孔隙一开始被油相填充，之后被气体取代。在离心力的作用下所有油都被甩出来，重复几次，根据孔隙体积和甩出的原油体积计算原油饱和度。根据原油和气的密度、离心旋转速度、轴长和岩心直径计算毛细管压力。

多孔隔板法中，润湿相在压差作用下通过半渗透隔板。将饱和盐水的岩心放在半渗透隔板上，隔板的渗透性远低于岩心。在压差作用下，一种流体驱走岩心中流体。随着压差增大，最终驱替压力与毛细管压力平衡时，测量被驱替液的总量。

压汞法是快速测定岩心毛细管力的一种方法。适合测量不规则形状的岩心毛细管力，也可以用于分析岩石的孔隙大小分布。然而，样品不能重复使用。

### 3.5.11　毛细管数

毛细管数表明黏滞力的大小。毛细管数可以用流体黏度乘以特征剪切速率，再除以表面张力或界面张力表示，是一个无量纲量。毛细管数可以用水的有效渗透率、岩石孔隙度和界面张力表示如下：

$$N_{ca} = \left( \frac{cK_w \Delta p}{\phi \sigma_{ow} L} \right) \tag{3.25}$$

式中　$N_{ca}$——毛细管数；

　　　$c$——常数；

　　　$K_w$——水的有效渗透率；

　　　$\phi$——岩石孔隙度；

　　　$\sigma_{ow}$——油水界面张力。

在提高采收率措施中，毛细管数是一项重要考虑因素。毛细管数高的地方，黏滞力起主导作用，孔隙中流体间的界面张力影响降低，从而提高采收率。在典型的油藏条件下，毛细管数在 $10^{-8} \sim 10^{-2}$ 之间变化。在下文将会对水的有效渗透率进行介绍。

### 3.5.12　有效渗透率

有效渗透率是指当两种以上流体通过岩石时，所测出的某一相流体（油、气或水）的渗透率。例如油的有效渗透率是指油水两相流时油的渗透率；在某些情况下，是指油气水三相时油的渗透率。有效渗透率的定义同样适用于气，在有油、水或两种共存时，气的有效渗透率反映了气体的流动能力。液体的有效渗透率和岩石的绝对渗透率不同。绝对渗透率反映了岩石被单相流体 100% 饱和，而液体的有效渗透率是基于孔隙介质中两种或三种流体共存时的情况。在实验研究中，可以将油和水一起通过岩心来测量各相的有效渗透率。

有效渗透率的概念基于流体饱和度。考虑一个刚刚通过注水增加产量的油藏。根据流体流动的动态特征可以观察到以下几点：

（1）油相有效渗透率一开始是最大的。束缚水不能移动，因此，水的有效渗透率是 0。

（2）然而，随着水的注入和油的产出，油相饱和度逐渐降低至残余油饱和度，油的有效渗透率最终降至 0。

（3）最后的阶段，水的有效渗透率达到最大。

此外，应注意以下几点：

（1）由于表面张力、界面张力、润湿性等因素的影响，并不是所有岩石孔隙中的油都可以被生产出来。

（2）由于液体相间界面张力的影响，油水有效渗透率的总和低于岩石绝对渗透率。

（3）生产过程中，油藏某一位置的油水饱和度随着时间改变，油和水的有效渗透率也随着时间改变；气藏同样如此。

### 3.5.13　相对渗透率

油藏流体（油、气、水）的相对渗透率是各自的有效渗透率与岩石绝对渗透率的比值。

$$油相相对渗透率 = \frac{油相有效渗透率}{岩石绝对渗透率} \tag{3.26}$$

$$气相相对渗透率 = \frac{气相有效渗透率}{岩石绝对渗透率} \tag{3.27}$$

$$水相相对渗透率 = \frac{水相有效渗透率}{岩石绝对渗透率} \tag{3.28}$$

用符号表示：

$$K_{ro} = \frac{K_o}{K} \tag{3.29}$$

$$K_{rg} = \frac{K_g}{K} \tag{3.30}$$

$$K_{rw} = \frac{K_w}{K} \tag{3.31}$$

式中  $K_{ro}$——油相相对渗透率；

$K_o$——油相有效渗透率，mD；

$K$——岩石绝对渗透率，mD；

下标 o，g，w——油、气和水。

注意，相对渗透率是两种渗透率的比值，没有单位。

当油藏中有两种以上的流体流动时，相对渗透率是控制产量的最重要因素。相对渗透率在以下几方面具有重要作用：

（1）常规油藏的一次采油采气。

（2）二次采油和注水开发。

（3）三次采油和化学驱。

（4）有水存储在缝隙的煤层气一次开采。

一次采油、二次采油和三次采油将在第 16 章和第 17 章中详述。煤层气等非常规油藏的开采将在第 22 章中详述。

为了计算相对渗透率，首先在实验室测定有效渗透率和绝对渗透率。文献中也有估算油、气、水相对渗透率的相关式。相对渗透率的一般范围是 0~1。因此，不管油藏的渗透率大小，此范围是普遍标准。当计划实施二次采油和提高采收率措施时，油藏工程师需要通过相对渗透率来预测产能。这些措施包括注水注气驱油。为了建立真实的油藏模型，从不同井位和地层取岩心，计算相对渗透率。在相对渗透率曲线图中，每条曲线代表一种流体，如油、气、水（图 3.14）。

图 3.14 所举例子是典型的相对渗透率曲线，反映了以下几个特征：

（1）相对渗透率和饱和度呈非线性关系。

（2）油相相对渗透率为 0 的点所对应的油相饱和度最小，此时孔隙中的油不能流动。这个油相饱和度最小值被称为残余油饱和度。

（3）水相的饱和度最小值被称为束缚水饱和度，此时水无法流动。

（4）$K_{ro}$ 和 $K_{rw}$ 介于 0 和 1 之间，表示油水两相同时流动。

（5）当 $K_{ro} = 0$ 时，只有油相流动；当 $K_{rw} = 1$ 时，只有水相流动。

表 3.4 给出了在水驱且无游离气的油藏中，相对渗透率和流体饱和度之间的关系。

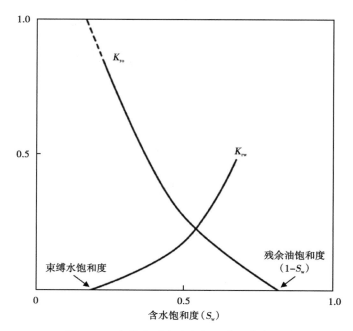

图 3.14　多孔介质中油水相对渗透率曲线

图中所绘的是油水相对渗透率，当 $K_{ro} = 0$ 时，$S_{or} = 1 - S_w$

表 3.4 中 $S_{oi}$ 即注水开始时的初始含油饱和度；$S_{or}$ 即注水结束时的残余油饱和度；$S_{w,irr}$ 即注水开始时的束缚水饱和度。

$S_{w,irr}$ 和 $S_{oi}$ 是油藏工程师确定油藏最终采收潜力的重要因素。在油藏未来开发方案设计和经济性分析中也是至关重要。这两个饱和度可以用一种相对简单的方法确定，无需计算相对渗透率和毛细管压力。

表 3.4　相对渗透率和饱和度之间的关系

| 注水阶段 | 油相饱和度 $S_{or}$ | 油相相对渗透率 $K_{ro}$ | 水相饱和度 $S_w$ | 水相相对渗透率 $K_{rw}$ |
|---|---|---|---|---|
| 注水刚开始 | $S_{oi}$ | 1 | $S_{w,irr}$ * | 0 |
| 注水期 | $S_{oi} < S_o < S_{or}$ | $0 < K_{ro} < 1$ | $S_{w,irr} < S_w < 1 - S_{or}$ | $0 < K_{rw} < 1$ |
| 注水结束时 | $S_{or}$ * | 0 | $1 - S_{or}$ | 1 |

注：＊表示端点饱和度。

### 3.5.14　亲油、各向异性和非常规储层

相对渗透率曲线的形状取决于润湿性、非均质性和其他岩石属性。油水相对渗透率特征受岩石润湿性的影响。在亲水岩石中，水相容易吸附到孔隙壁；因此，束缚水饱和度高。然而，在亲油岩石中，油相比水相容易吸附，因此，束缚水饱和度较低。与亲水岩石的相对渗透率曲线相比，亲油岩石中水相的相对渗透率曲线向右偏移。同样地，亲油岩石中残余油饱和度稍高，油相相对渗透率曲线向左偏移。具有高渗透条带的非均质地层和裂缝地层，水的相对渗透率曲线可能会出现急剧升高，这表明生产井中的水过早突破。

岩石的相对渗透率特征不仅对常规油藏的注水注气二次采油至关重要，对非常规煤层气藏的一次采油也同样重要[7]。图 3.15 给出了煤层气生产时，气水两相的典型相对渗透率曲线。

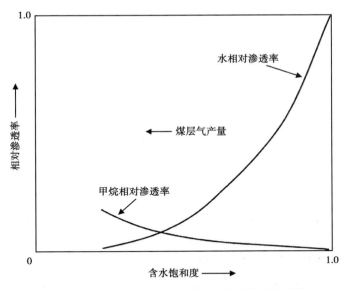

图 3.15　煤层气一次生产时的气水相对渗透率曲线

除了在实验室直接测量，文献中存在各种相对渗透率的关系式。这些关系式是利用流体饱和度来计算常规储层的相对渗透率。在缺乏油田数据时，油藏模拟经常采用这些关系式对相对渗透率进行估算。以下列举出一些广泛使用的关系式[8]：

分选好的砂岩（疏松砂岩）：

（1）油—水相对渗透率：

$$K_{ro} = 1 - S^* \tag{3.32}$$

$$K_{rw} = (S^*)^3 \tag{3.33}$$

（2）气—油相对渗透率：

$$K_{ro} = (S^*)^3 \tag{3.34}$$

$$K_{rg} = (1 - S^*)^3 \tag{3.35}$$

分选差的砂岩（疏松砂岩）：

（1）油—水相对渗透率：

$$K_{ro} = (1 - S^*)^2 [1 - (S)^{*1.5}] \tag{3.36}$$

$$K_{rw} = (S^*)^{3.5} \tag{3.37}$$

（2）气—油相对渗透率：

$$K_{ro} = (S^*)^{3.5} \tag{3.38}$$

$$K_{rg} = (1 - S^*)^2 [1 - (S)^{*1.5}] \tag{3.39}$$

固结砂岩、石灰岩和含晶簇的岩石：

（1）油—水相对渗透率：

$$K_{\mathrm{ro}} = (1 - S^*)^2[1 - (S)^{*2}] \qquad (3.40)$$

$$K_{\mathrm{rw}} = (S^*)^4 \qquad (3.41)$$

（2）气—油相对渗透率：

$$K_{\mathrm{ro}} = (S^*)^4 \qquad (3.42)$$

$$K_{\mathrm{rg}} = (1 - S^*)^2[1 - (S)^{*2}] \qquad (3.43)$$

其中，

$$S^* = \frac{S_{\mathrm{o}}}{1 - S_{\mathrm{wc}}}，\ 气油系统 \qquad (3.44)$$

$$S^* = \frac{S_{\mathrm{w}} - S_{\mathrm{wc}}}{1 - S_{\mathrm{wc}}}，\ 油水系统 \qquad (3.45)$$

式中 $S_{\mathrm{wc}}$——原生水或束缚水饱和度。

### 3.5.15 相对渗透率的实验室测量法

两相相对渗透率由非稳态法或稳态法获得。在非稳态法中，岩心最初饱和盐水并测得岩心的绝对渗透率，然后进行油驱水。最终，岩心中的盐水被油代替，除了束缚水。实验过程与地层中油的移动类似。在这一点上，岩心中的流体饱和度反映了油气在油藏中的最初饱和度。接下来，以预定的速度向岩心中注水驱油；记录压力和产油量随时间的变化。实验过程类似于油藏的注水过程。流体流动过程中各处的相对渗透率可利用 Buckley-Leverett 公式来计算。第 9 章对 Buckley-Leverett 公式有详述。

稳态流方法是以预定的速度恒速向岩心注入油水两相流体，直到达到稳态流状态。此时压力梯度和各相流体的生产速率恒定，不随时间变化。通过称重或测量岩心的电阻率来测量各相流体的饱和度。测量岩心中流体饱和度的现代技术包括计算机辅助断层扫描、核磁共振扫描和 X 射线。将两种流体以不同的注入速度重复注入几次。测量结果可以发现流体饱和度与最初注入所占比例不同。基于稳态流来测量相对渗透率的方法有 Penn State 方法、Hassler 方法、Hafford 方法和分散馈入法（图 3.16）。一些渗透率测量设备可以模拟地层压力和温度。

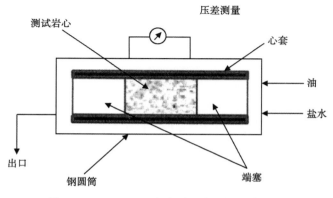

图 3.16 Penn State 方法测量岩心相对渗透率

将测试岩心放入橡胶套，置于钢室中，两端接上其他岩心，这样可以使端点效应最小化

## 3.5.16　岩石地球化学性质

了解烃源岩的各种属性有利于评价油气生产，包括 TOC 和 $R_o$（镜质组反射率）。TOC 范围在 2%~10% 的岩石具有生烃的能力。页岩的 TOC 含量一般情况下比碳酸盐岩高。TOC 值高于 5.0 的页岩、TOC 值高于 2.0 的碳酸盐岩被认为是生烃的优质烃源岩。VR 是烃源岩热成熟度的一个指标，即岩石生烃承受热能或温度的范围。烃源岩含有丰富的镜质组，是源自植物细胞壁和木质。VR 值范围在 0.6~1.1 之间表示岩石中有油生成；但是，VR 值高于 1.1 表示岩石具有强烈的热量且有天然气生成，而无原油生成。$R_o$ 值高于 3.0 表示只生成了石墨。岩石的上述特征通常用于各种非常规油藏的判别（表 3.5）。

表 3.5　总有机质丰度 TOC 和干酪根质量[9]

| TOC（质量分数，%） | 干酪根质量 |
| --- | --- |
| <0.5 | 很差 |
| 0.5~1.0 | 比较差 |
| 1.0~2.0 | 一般 |
| 2.0~4.0 | 比较好 |
| 4.0~12.0 | 很好 |
| >12.0 | 非常好 |

## 3.5.17　岩石的地质属性

在某些非常规储层，包括页岩气藏，良好的压裂特征对生产效益具有重要作用。除了天然裂缝，致密岩必须具有足够的脆性来产生人工裂缝。此外，裂缝必须长期保持张开状态，井才能持续生产。下面简要讨论致密页岩油藏模拟和生产中最重要的岩石地质属性。

## 3.5.18　杨氏模量

杨氏模量定义为材料（包括岩石）应力与应变的比值。应力是指单位面积上材料受的力，应变是指外力作用下的相对形变。杨氏模量用以下公式表示：

$$E = \frac{\sigma}{\varepsilon} \tag{3.46}$$

$$E = \frac{F/A}{\Delta V/V_o} \tag{3.47}$$

式中　$E$——杨氏模量，psi；

　　　$\sigma$——应力，psi；

　　　$\varepsilon$——应变；

　　　$F$——材料受的力，lbf；

　　　$A$——受力面积，$in^2$；

　　　$V_o$——材料初始体积，$in^3$；

　　　$\Delta V$——体积变化量，$in^3$。

胡克定律指出，应力与应变成比例。当绘出材料应力和应变的关系曲线，可以得到一条直线，直线的斜率就是杨氏模量。

杨氏模量值相对较高说明岩石抵抗变形，具有脆性，因此压裂特征良好。另一方面，值相对较低意味着材料具有韧性，容易变形。通常，具有良好的压裂性的页岩，其杨氏模量数量级一般在 $10^6$ psi。测量杨氏模量的方法有偶极子声波测井和微震法。

### 3.5.19 泊松比

泊松比是横向正应变与轴向正应变的比值，是材料受力的结果。考虑一个实心圆柱体受到横向或纵向上的力，影响为横向上增加圆柱体直径和纵向上增加圆柱体长度。

泊松比可以用数学公式表示如下：

$$v = \frac{\Delta d / d_o}{\Delta L / L_o} \qquad (3.48)$$

式中　$v$——泊松比；

$\Delta d$——圆柱直径的变化，in；

$d_o$——初始直径，in；

$\Delta L$——圆柱长度的变化，in；

$L_o$——初始长度，in。

页岩的泊松比数量级为 $10^{-1}$。泊松比相对较低表示容易压裂。

### 3.5.20 地应力

地应力是了解裂缝延伸及裂缝方向等特征的基础。水平井钻井时，井要横穿岩石的主应力方向，这样能使得流入井筒的流量最大化。

## 3.6 存储性和传播性

油藏岩石的存储性和传播性分别用于评价储层流体的存储和流动潜力。这两个参数是岩石和流体的各种属性的组合，有：存储性＝孔隙度×总压缩系数×厚度、传播性＝渗透率×厚度/流体黏度。

存储性表明油藏单位压降下从多孔介质中排出的流体总量。存储性的单位是磅力每平方英寸。岩石存储性与有效孔隙度、净厚度和总压缩系数成正比。这三个属性值越大，石油存储能力越大。传播性与油藏渗透率和净厚度成正比，与流体黏度成反比。渗透性的单位是 $mD \cdot ft/(mPa \cdot s)$。岩石渗透率高、储层厚度大、流体黏度相对较低，最终通过油井生产的流体流量也会更大。相反，油藏低渗透率和黏性油会降低岩石的传播性，不利于生产。

## 3.7 储层质量指数

储层质量指数通过岩石孔隙度和渗透率计算得到，用于预测存储在地层中的油气量和能否顺利产出。储层质量指数定义如下：

$$RQI = 0.0314 \times \left(\frac{K}{\phi}\right)^{1/2} \qquad (3.49)$$

广义上看，储层质量通过岩石属性和相关地质特征来评价，例如横向连续性、流体流动单元数量等。在第 11 章提到的油藏驱动机制对储层质量也有贡献。大多非常规油藏的储层质量差，导致开发此类油藏面临着技术和管理挑战，需要采用新的工具和创新技术，还需要更多的投资。第 6 章将对储层质量进行讨论。

## 3.8　测井：简要介绍

在石油工业中，测井用于识别油气层段，并通过在钻孔中放置的不同类型传感器来量化储层岩石的性质。岩石特征包括但不仅限于：岩性、地质构造、孔隙度、流体饱和度、钻井液侵入程度。传感器向地层发送并接收电、电磁、声、中子、伽马射线等信号。根据各种岩石性质和钻孔周围的条件，发出的信号转化成字符并有强弱变化，然后通过传感器捕获。然后分析这些信号，评估含油气储层的地层性质。此外，井径测井可以确定钻孔尺寸。

某些测井和成像工具为油藏表征提供了裂缝和断层信息。井下成像工具有多种用途，例如检测岩石裂隙和高渗透漏失带。在判断井的生产状况和未来钻井方案方面，测井是非常有用的技术手段。

测井大致可分为裸眼测井和套管测井。裸眼测井是通过新钻井的裸眼测量各种岩石性质，这其中包括油气段的识别和饱和度测定。一旦套管被设置在钻孔中，就采用套管测井。套管测井的主要用途之一是确定套管的完整性和识别套管的损伤。当钻好后，将一套测井装置串放入井下，用于收集井下数据。传感器可置于井下，通过存储模式记录下接收到的信息；也可置于地表，对信息进行实时传输。20 世纪 70 年代，随钻测量技术得到发展并成功用于商业化生产。该技术可测量钻头孔底信息，并通过钻井液脉冲技术将信息即刻传送到地表。

20 世纪的前半叶，将测井技术归功于斯伦贝谢兄弟创立的公司。测井工具最初用于探测金属矿床的，后来才被用于石油和天然气工业。1927 年，电阻率测井首次在法国阿尔萨斯进行了井下工作。几年后，自然电位测井被用于识别含油层。1939 年，Well Surveys 公司把伽马射线测井引入到测井中来。伽马测井通过测量地层的天然放射性强度来识别地层。该测井方法特别适用于页岩层识别和套管工程。在 20 世纪 40 年代末，感应测井得到发展，该方法是在绝缘油基钻井液的环境下工作。

工业上常用的测井技术手段包括以下内容：

（1）电阻率测井：水比石油和天然气的导电性更好，石油流体比具有一定盐度的地层水的电阻率更高强；以上两条即为电阻率测井的工作原理。电阻率仪由两个电极组成。第一电极将电流发送到充满流体的地层，然后电流回到位于工具另一端的第二电极，从而形成一个电路。根据地层流体的导电性，随着测井工具慢慢向地面移动，电流强度也随之变化。油气层通常显示的电阻率相对较高。常见的电阻率工具包括但不限于，双侧向测井和微球聚焦测井。此外，双感应测井也被用于确定流体的类型和饱和度，并配备感应线圈来测量电导率。

（2）自然电位测井：自然电位测井是行业中最早的测井仪器之一。该测井方法通过放入钻孔的电极和地表的参考电极，测量钻孔和地面之间的电位差。对于可渗透的地层，在测井时电化学电位会发生显著偏移。偏移程度取决于地层黏土含量和水盐度。

（3）密度测井：密度测井仪用于测量地层的体积密度。该技术属于有源放射测井。随着仪器进入地层，伽马射线源放射出射线，与岩石作用产生康普顿散射或光电效应，密度测井即测量散射的伽马射线，以确定岩石的体积密度。利用光电效应的密度测井还可用于测量地层孔隙度。

（4）声波测井：声波测井是以声波在岩石中的传播时间为基础提出的一种测井方法，而影响声波在岩石中传播的因素有岩石孔隙度、岩性、纹理等。测井工具具有发射机和接收器，发射声发射声波，接收器接收声波信号，其间间隔时间为声波时差，声波时差被记录下来，用于推测地层岩性。

（5）伽马射线测井：伽马射线测井是基于测量地层天然放射性的一种测井方面。砂岩层主要由非放射性的石英颗粒；而页岩层中含有放射性钾黏土，页岩还含有吸附态的铀和钍。

（6）井径测井：井径测井用于获取井眼剖面，包括钻孔直径和形状。该工具由两个井径臂构成，井径臂与地面的电位器相连，随着测井仪器向上提升，井径臂末端会紧贴井壁。井径臂会由于井径的变化而发生张缩，经电位器转化为电阻的变化并被记录下来。

（7）光谱噪声测井：该声波测井仪用于确定井身完整性，识别生产或注水层段等。它是在井内测定地下系统中流体流动所产生的噪音（包括任何泄漏）。

（8）地层倾角测井：该测井方法用于描述油藏特征。地层倾角测井仪用于确定地质层倾向，同时成像技术用于识别断层和裂缝的方向。

（9）随钻测量：随着新技术的出现，随钻测量于20世纪70年代被用于钻井行业，并能从地层发送实时信息，包括岩石孔隙度、密度、流体压力、井眼轨迹等。随钻测量包含一整套的测井工具，包括电测井和声波测井，放射源也包括在内。信息是通过钻井液脉冲遥测传至地面。泥浆脉冲遥测是基于钻井液脉冲传输技术。在钻水平井时，随钻测量可以提供关于水平段位置和方向的实时信息。

## 3.9 油藏非均质性

储层非均质性可以是微观尺度、宏观尺度或者肉眼可见的，这说明岩石属性跨越了从微观尺度到油田尺度的多个尺度。微观非均质性的常见例子有孔隙尺寸和孔喉直径的变化、颗粒分选、杂质的存在和岩石中微小通道的曲折性，这些微观非均质性的差异导致岩心之间渗透率的巨大差异。油田尺度的非均质性包括层内小层、地层厚度的变化、尖灭和相变化。在某些情况下，当非均质性只在微观层面存在时，整个油藏可以用一个等效均质模型代表。许多油藏模型和分析是基于地质构造均质、岩石属性各向同性的假设条件。表3.6列出了在含油气地层中常见的非均质性。

表 3.6　储层岩石的常见非均质性

| 岩石种类 | 岩石非均质性 | 可能的影响 |
| --- | --- | --- |
| 砂岩 | 颗粒分选差，存在杂质，杂质包括粉砂岩和泥岩、裂缝等 | 储层质量的退化；但裂缝通常会提高致密砂岩的生产力 |
| 碳酸盐岩 | 存在岩穴、通道、溶洞和裂缝 | 裂缝和通道可能会增加一次生产的产量；但常导致水驱时发生水窜 |
| 页岩 | 存在叠片和裂缝；不同地区的地球化学性质、地质和岩石物理性质存在巨大差异 | 不可预测的井动态，尽管井的位置可能在同一区域 |

然而，当大范围的非均质性存在时，包括多层、裂缝和隔夹层，需要对非均质性进行细致处理以确保分析和预测油藏动态的准确性。在两个极端尺度之间，岩石非均质性还存在井间尺度，它是指不能将两个相邻井之间的储层性质用于假设其他井。例如，一口生产井注水发生早期水窜，同一地区的其他生产井仍在进行无水采油。

　　油田范围的非均质性对油藏的影响有以下方面：

　　（1）预测油气位置的不确定性。

　　（2）预测石油储量的不确定性。

　　（3）识别储层边界的不确定性。

　　（4）油田开发的未知变量。

　　（5）油井产量出乎意料的递减。

　　（6）了解储层动力学的复杂性。

　　（7）注水和提高采收率过程中油气过早突破。

　　（8）优化油气采收率面临的挑战。

　　（9）储层流体性质的变化。

　　（10）不可预测的相邻水体的影响。

　　（11）未来布井的不确定性。

　　（12）相对较大的油井数量需求。

　　（13）规划注水方案的困难。

　　（14）选择提高采收率方法的困难。

　　（15）构建有意义的油藏模型的困难。

　　（16）重新完井和修井的需求。

　　（17）密集数据采集和严格分析的必要性。

　　一些油藏的非均质性比其他油藏更强，这取决于岩石类型、史前时期的沉积环境和沉积后时期的地质事件。大多数情况下，岩石属性在水平方向上和垂直方向上是变化的。油藏非均质性通常根据岩石孔隙度和渗透率的变化和储层整体结构组成来进行分析。当渗透率变化大、孔隙度和渗透率之间无明显的相关性时，储层被视为非均质的。在现实中，几乎所有的石油储层都呈现非均质特征，这意味着不同井、不同尺度下的岩石属性都不同。

　　一些常见的用来对储层非均质性进行识别和描述的工具和技术将在下面介绍。

　　本实例分析列举了美国多个油气藏存在的地层非均质性；第 6 章中对油藏特征进行了讨论。

## 实例分析一：油藏非均质性与井的性能

　　美国地质调查局（USGS）对大量油藏的地层特征和岩石非均质性进行了详细研究[10]。这项研究主要针对对油藏储量增加有影响的性质。该研究根据已知的非均质性，将不同油田的历史生产趋势联系起来。因为油藏的地质特征对以下内容有着决定作用，所以这项研究是十分重要的：

　　（1）随着油藏生产的进行，剩余储量及更新。

　　（2）外围井的数量和位置。

　　（3）储层边界描述。

　　（4）加密钻井潜力。

　　（5）天然驱动能量不足时提高采收率方法的选择。

（6）同一个油藏中油井生产趋势的变化。

（7）影响油井生产速度和产液类型的流体动力学。

（8）地质地层的连续性。

（9）相的变化对油藏生产的影响。

石油盆地研究对象包括：墨西哥湾、粉河盆地、丹佛盆地、沃思堡盆地、阿纳达科盆地、二叠盆地、中部盆地和皮申斯盆地。这些盆地包含常规油气资源和非常规油气资源，油藏特征见表3.7，给出了美国大量油气盆地孔隙度和渗透率的典型分布。根据岩石特征，对这些油藏进行了分类。这些岩石特征决定了油藏开发形式。

在这些地层研究中，二叠系埃伦伯格喀斯特地层孔隙度为2%~7%，渗透率范围是2~750mD，该地层的井产量变化最大。井产量变化范围大意味着油藏非均质程度高，未来储量的增加量难以预测。这些研究还强调了为了有效开发某些地层，需要适当的技术和进一步的调研。在所有被研究的盆地中，井数目最多和石油产量最大是在埃伦伯格喀斯特地层（表3.8）。

表3.7　识别和描述岩石及储层非均质性的工具和技术

| 非均质性尺度 | 工具和技术 | 注　　意 |
|---|---|---|
| 微观 | 岩心和薄片研究 | 在微观尺度上研究不同油藏的岩石属性需要做粗化处理 |
| 井间/宏观 | 测井；压力瞬态测试；示踪剂研究；微地震研究 | |
| 油田 | 地质和地球物理研究；压力瞬态测试 | 生产数据研究，储层监测，油藏模拟和其他广泛用于理解非均质油藏的方法 |

表3.8　美国不同油气盆地的储层特征[11]

| 盆地位置 | 地层 | 沉积环境 | 地质年代 | 岩性 | 最大深度（ft） | 孔隙度（%） | 渗透率 | 累计产油量（10^6 bbl） | 注意 |
|---|---|---|---|---|---|---|---|---|---|
| 墨西哥湾盆地 | Frio | 河流或三角洲浅海 | 渐新世 | 砂岩 | 15000 | 10~35 | 8~3500 mD | 534.4 | 在地层研究中至少是非均质的 |
| 墨西哥湾盆地 | Smackover | 海相碳酸盐岩 | 晚侏罗世 | | 1000 | 2~35 | <1mD 到几个达西 | | |
| 墨西哥湾盆地 | Norphlet | 风成砂 | 晚侏罗世 | 砂岩 | 100 | 陆上油藏高达20%，深海油藏为12% | 一样高；达到500mD | | |
| 阿纳达克和丹佛盆地 | Morrow | 河流或三角洲（浅海） | 宾夕法尼亚纪 | 砂岩 | 1500 | 4~22 | <1mD 到几个达西 | 74.7 | 非均质程度低到中等 |
| 粉河盆地 | Minnelusa | 风成砂 | 宾夕法尼亚纪—二叠纪 | 含有少量页岩的砂岩和碳酸盐岩 | 1200 | 12%~24%，一些案例中高达47% | 10~830mD，最高3200mD | 586 | 非均质程度相对强 |

| 盆地位置 | 地层 | 沉积环境 | 地质年代 | 岩性 | 最大深度（ft） | 孔隙度（%） | 渗透率 | 累计产油量（$10^6$ bbl） | 注意 |
|---|---|---|---|---|---|---|---|---|---|
| 沃斯堡盆地 | Barnett页岩 | 海相页岩 | 密西西比纪 | 含有碳酸盐岩的页岩 | 650 | <6 | 超致密，纳达西级 | | 非常规储层 |
| 威利斯顿盆地 | Bakken | 海相页岩 | 泥盆纪—密西西比纪 | 海相页岩、粉砂岩—砂岩 | 140 | 通常3%~10% | <0.1 mD到109 mD | | 非常规储层 |
| 二叠盆地 | Ellenburger | 海相碳酸盐岩 | 奥陶纪 | 白云石化泥岩 | 1500 | 1%~14% | <1 mD到750 mD | 1155.8（岩溶），65（斜坡） | Ellenburger组分为岩溶和斜坡，后者是发现的非均质性最强的地层 |
| 美德兰盆地 | Spraberry | 海底砂岩 | 二叠纪 | 含有少量黑页岩的砂岩（浊流岩），粉砂质白云岩和泥质粉砂岩 | 1000 | 通常5%~15%，最高18% | 通常很低，<1 mD到10mD | | |
| 犹他—皮申斯盆地（犹他州，科罗拉多州） | Wasatch | 非海洋河流三角洲 | 古新世—始新世 | 砂岩 | 5000 | 浅海区域（<4000 ft）高达15%，更深的地方小于10% | 非常低；一般小于0.1mD，某些案例中高达40 mD | 89.9 | 非均质程度相对高 |

## 实例分析二：非常规页岩气藏开发中岩石裂缝的作用[12]

这个题目展示了现代油藏工程的几个重要方面（以下引入的概念在本书的后续章节中有详细讨论）。如前所述，页岩的超低渗透率达到纳达西级，如果没有人工压裂构成的大型裂缝网络，不可能进行经济性生产。当裂缝网覆盖范围大、裂缝密度高、页岩中人工裂缝与天然裂缝相连通，且裂缝长期不闭合时，井的产量更高。

页岩气藏开发技术包括水平钻井结合多级压裂。在致密地层，水平井水平方向长度可达10000 ft，甚至更长，这使得井接触到的油藏范围尽可能大。然后，对井进行多级水力压裂，利于气体在高导流通道的流动。钻井、压裂和完井属于资本密集型，每口井花费数百万美元。管理者必须确保这些投资具有经济效益。因此，分析先从页岩气藏水平井多级压裂的生产建模开始。根据油藏描述、综合数据分析、流动方程等建立油藏模型，然后通过模型重演流体流动的相关过程和事件并预测油藏动态。油藏模型数值模拟、水平井、多级压裂和经济分析分别在第15章、第18章、第22章和第24章进行介绍。

研究目标包括但不仅限于以下方面：

（1）详细了解对生产潜力有直接影响的储层地质和岩石质量。

（2）地质筛查，指出最具潜能的井位。

（3）识别忽略的储量。

（4）优化水平井长度。

（5）优化井距。

（6）多级水力压裂的设计。

（7）完井。

（8）增加泄油面积和提高天然气采收率。

油藏的生产取决于岩石地质性质、地球化学性质和本章前面提到的岩土力学性质。在人工裂缝和天然裂缝都存在的情况下，模型可以模拟裂缝的横向延伸效果、裂缝间距、密度、连通性和产气的裂缝方向。作为生产井，气的减少导致油藏压力降低而产生的影响和裂缝闭合应力都要进行评估。为了验证该模型，在进行产量预测之前，模拟结果要与历史生产数据相吻合。通过微地震研究获得的裂缝数据也要与模型相结合，这些数据包括裂缝密度、强度和裂缝的复杂构造。

综合模型是基于三维地震研究、裂缝映射和建模、井的压力测试、生产历史拟合及钻井和地层评估构建的。

目标是优化井的设计，提高最终采收率和净现值。

# 3.10 总结

表3.9列举了常规和非常规油藏的岩石属性。

表 3.9　油气储集层岩石的重要岩石特性

| 岩石特性 | 定义 | 在油藏中的典型范围 | 注意事项 |
|---|---|---|---|
| 孔隙体积（ft³） | 岩石中的孔隙体积，包括岩石中的微观孔隙和喉道体积 | 占石油和天然气藏中所有岩石体积的5%~30% | |
| 颗粒体积（ft³） | 岩石基质体积或固体岩石部分 | | 岩心孔隙体积和颗粒体积加起来是总体积 |
| 孔隙度（%） | 孔隙体积与总体积的比例，即孔隙体积加上颗粒体积 | 5~35 | 岩石孔隙度可能低于5%，没有经济可采性 |
| 绝对孔隙度（%） | 岩石中孔隙体积与总体积的比值 | 5~35 | |
| 有效孔隙度（%） | 相互连通的孔隙体积与总体积的比值 | 5~35 | |
| 次生孔隙度（%） | 在最初岩石孔隙发展之后由于地球化学和其他过程产生的孔隙 | | 次生孔隙和洞穴、溶孔的存在在碳酸盐岩中显著存在 |
| 双重孔隙 | | 指的是裂缝地层中基质和裂缝两种不同的孔隙度 | |
| 渗透率（mD） | 衡量流体在多孔介质中流动的能力 | 纳达西级到几个达西 | 具有超低渗透率的油藏通过水平钻井和多级压裂进行生产 |

| 岩石特性 | 定义 | 在油藏中的典型范围 | 注意事项 |
|---|---|---|---|
| 有效渗透率（mD） | 衡量多孔介质中有其他流体共存时一种流体的通过能力 | | |
| 相对渗透率 | 有效渗透率与绝对渗透率的比值 | 0~1.0 | |
| 裂缝渗透率（mD） | 指的是岩石中裂缝的渗透率 | 达西级 | |
| 压缩系数（psi$^{-1}$） | 地层压缩系数指的是随着地层压力的变化，孔隙体积的变化率 | 大多数地层为 $10^{-5}$~$10^{-6}$ | |
| 岩石中油、气和水的饱和度（%） | 反映岩石孔隙体积中一种流体所占的比例 | 0~1.0 | |
| 界面张力 | 不互溶的两相流体界面上存在的力 | | |
| 表面张力 | 岩石孔隙表面和孔隙中流体之间存在的力 | | |
| 吸附作用（ft$^3$/t） | 煤和页岩微孔隙中捕获的气体变为近液态的过程。由于分子引力弱，吸附可以是物理吸附，也可以是化学吸附，由于化学键强作用 | 从几十到数百 | 由于吸附，相当数量的天然气被困在煤和页岩的微孔隙中 |
| 润湿性（°） | 反映有其他流体存在时，非混相流体沿着岩石表面流散的趋势 | 0~180 | |
| 毛细管压力（psi） | 指的是多孔介质中润湿相和非润湿相之间的压力差 | | |
| 总有机碳含量（%） | 衡量烃源岩中有机质含量 | 1~12 或更高 | |
| 镜质组反射率（%） | 反映烃源岩的热成熟度，即岩石生成原油所承受的热能大小和温度 | 0.6~2.5 | |
| 杨氏模量 | 材料（包括岩石）应力与应变的比值，应力是指单位面积上材料受的力，应变是指外力作用下的相对形变 | | |
| 泊松比 | 横向正应变与轴向正应变的比值，是材料受力的结果 | | |

# 3.11  问题和练习

（1）储层岩石最重要的两个性质是什么？如何通过它们表征油藏？

（2）说明岩石的动态特征和静态特征有何不同并举例。

（3）油藏工程师如何获取关于岩石属性的信息？列举不同类型的数据来源。

（4）绝对孔隙度和有效孔隙度的区别？估算可采储量需要哪种孔隙度值？

（5）什么是达西定律？达西定律用于油藏时需要的假设条件及局限性。它在描述流体在多孔介质中的流动方面有何重要意义？

（6）渗透率的单位是什么？如何定义？油藏渗透率的范围是多少？

（7）描述不同储层参数对流体流动特征的影响，包括岩石渗透率、流体黏度和压力梯度。

（8）除了达西流，多孔介质中还有哪些流动类型？非达西流的影响是什么？

（9）区分绝对渗透率、相对渗透率和有效渗透率，它们的单位各是什么？

（10）石油和天然气生产期间相对渗透率的意义是什么？举例说明。

（11）根据本章列出的关系式，画出分选好和分选差的砂岩油水相对渗透率图。为何两种砂岩的相对渗透率曲线不同？

（12）原生水、束缚水、可动油和残余油饱和度的定义。这些饱和度值是如何确定的？

（13）什么是端点饱和度？为什么端点饱和度很重要？描述不同流体饱和度对储层性能的影响。

（14）什么是润湿性？岩石润湿性是如何影响油藏动态的？

（15）什么是毛细管压力？解释驱替和渗吸过程。这两种过程中的毛细管压力值一样吗？

（16）毛细管压力对油水的流动有影响吗？解释一下。

（17）毛细管数是什么？为什么在油藏动态能时很重要？

（18）为什么进行油藏分析时界面张力很重要？受表面张力和界面张力影响的岩石属性有哪些？

（19）孔隙压缩系数和基质压缩系数的区别是什么？岩石压缩性对油藏有何影响？当储层岩石可压缩性强的时候对生产有什么影响？

（20）基于文献调研，描述三相相对渗透率关系式，并给出一幅三相相对渗透率图来展示各相的相对渗透率。

（21）什么类型的测井工具在石油工业中较常用？进行文献调研并绘制成表，列举各种测井技术在描述和开发油藏中的作用。

（22）存储、传播性和储层质量的定义。如何从油藏中获得这些属性？

（23）非常规储层开发中重要的岩石属性有哪些？

（24）非常规天然气的存储和常规天然气的存储有何区别？

（25）什么是油藏非均质性？油藏非均质性是如何影响油藏动态和资产的？基于文献调研，描述非均质油藏和开发这类油藏的考虑因素。

## 参 考 文 献

［1］ Satter A S, Iqbal G M, Buchwalter J L. Practical enhanced reservoir engineering assisted with simulation software. Tulsa, OK: Pennwell, 2008.

［2］ Darcy H. Les fontainespubliques de la ville de Dijon. Paris: Victor Dalmont, 1856.

［3］ Chertov M A, Suarez-Rivera R. Modeling pressure decay permeability for tight shale characterization, AGU Fall Meeting, 2011.

［4］ Klinkenberg L J. The permeability of porous media to liquids and gases. API Drilling and Production Practice, 1941.

［5］ Forchheimer P. Wasserbewegungdurchboden. ZeitVer Deutsch Ing 1901, 45: 1781-1788.

［6］ Newman G H. Pore-volume compressibility. J Petrol Technol 1973, 25（2）: 129-134.

［7］ McKee C R, Bumb A C, Bell G J. Effects of stress-dependent permeability on methane production from deep coalseams. Paper SPE 12858, presented at the Unconventional Gas Recovery Symposium, Pittsburgh, Pennsylvania, 1984.

[8] Coalbed methane: principles and practices, Halliburton, 2008. http://www.halliburton.com/public/pe/contents/Books_and_Catalogs/web/CBM/CBM_Book_Intro.pdf.

[9] Wyllie M R J, Gardner G H F. The generalized Kozney-Carmen equation - its applications to problems of multi-phase flow in porous media. World Oil, 1958.

[10] Boyer C, Kieschnick J, Suarez-Rivera R, et al. Producing gas from its source, Oilfield Review, 2006: 36.

[11] Fishman N S, Turner C E, Peterson F, et al. Geologic controls on the growth of petroleum reserves, USGS Bulletin 2172-1, 2008.

[12] Shale Field Development workflow, http://www.halliburton.com/public/solutions/contents/Shale/Presentations/FINAL_Ron%20Dusterhoft.pdf [accessed 08.12.14].

[13] Paul R G, Arnal R E, Baysinger J P, et al. Geological and operational summary, southern California deep stratigraphic test OCS-CAL No. 1, Cortes Bank area offshore southern California, Open-File Report 76-232, https://pubs.er.usgs.gov/publication/ofr76232 [accessed 15.06.14].

# 第4章　储层流体性质

## 4.1　引言

储层流体性质和上一章描述的岩石属性，决定了油藏如何开发、设计和管理。从世界各地开发的油藏看，流体范围从干气到重质油。天然存在的石油在黏度、密度、组分、相特征等各方面都不同。为了有效地开发和生产原油，需要有针对性地制订独特的开发策略。最常见的油藏分类基于存储和生产的油气类型。油藏分为干气气藏、湿气气藏、凝析气气藏、挥发油油藏、一般黑油油藏、重油油藏、特稠油油藏及沥青质油藏等类型。

干气气藏具有最轻的碳氢化合物，黏度最低。自然地，在多孔介质中流动性最强。一部分湿气在地面储罐中凝结。凝析气气藏与湿气气藏的区别是，在高压条件下一些烃组分仍然是气相，当储层压力降低时，凝析气凝结成液滴。

在轻质油油藏中，分子量较小的碳氢化合物所占比例很大。原油密度和黏度相对降低，在多孔介质中流动相对容易。轻质油的一个重要特征是随着储层压力降低，挥发性组分从液相散发为气相。在重质油油藏中，原油中重烃组分相对丰富。因此高分子量的碳氢化合物比例高，原油密度和黏度增大，原油流动性变差。特稠油和沥青质在多孔介质中很难流动，除非用热采或其他方法来降低原油黏度。

油、气和水是多孔介质中的三种流体。本章描述储层流体的重要特征，主要解决以下问题：

（1）油藏工程中重要的流体特征有哪些？

（2）影响储层流体特征的因素？

（3）如何利用流体特征分析油藏？

（4）如何根据流体特征进行储层分类？油田开发采用什么策略？

## 4.2　储层流体性质的数据应用

大多数流体性质随着压力和温度在一定范围内变化并相互关联。因此，这些特征也被称为 $pVT$ 属性，$p$、$V$、$T$ 分别代表压力、体积和温度。对黏度、密度、组分和相特征等储层流体性质的认识有利于油藏工程师理解以下知识：

（1）在操作压力下油藏流体容易流向井筒吗？

（2）流体性质如何影响井的开采速度？

（3）如何设计和操作井以达到最大生产力？

（4）一旦到达地面，油和气的体积会变化多大？

（5）地层中不同流体间是如何达到平衡的？

（6）随着油藏压力下降，流体相是否发生变化（由液相变为气相，或相反）？

（7）流体性质和流体相变如何影响最终采收率？

几乎在油藏工程的各个方面都需要研究流体性质。油藏工程中，流体性质在以下方面有重要作用：

（1）石油和天然气地质储量估算。

（2）经典物质平衡分析。

（3）了解储层驱动机制。

（4）井的生产速度。

（5）油藏模拟和油藏动态预测。

（6）确定合适的提高采收率措施。

## 4.3  地层油的性质

油藏工程师关注的原油性质为相对密度、黏度、压缩性、泡点压力、溶解气油比、生产气油比和累积气油比、油的地层体积系数及两相地层体积系数。

石油的相特征将在下一章中讨论。流体相态包括从液相到气相或相反的改变。流体相态取决于流体的组分和油藏压力温度。

对于不连通的地质层，流体性质不同。在某些油藏边缘会遇到高黏性沥青垫。

### 4.3.1  油的相对密度和 API 度

原油相对密度是指在相同的温度和压力下，油密度与水密度之比。相对密度测量温度通常为 60°F。相对密度是两个密度的比值，因此没有单位。一般情况下，油的相对密度用 API 度表示。根据美国石油协会对 API 的定义，可由以下公式计算得到：

$$\text{API} = \left(\frac{141.5}{\gamma_\text{o}}\right) - 131.5 \tag{4.1}$$

式中  $\gamma_\text{o}$——油的相对密度。

API 度与流体的相对密度成反比。越重的原油相对密度越高，API 度越低。API 度的范围大约从轻质油的 40°API 到重质油的 10°API。公式（4.1）表明，当 API 度小于 10°时，原油会沉入水中，这是超稠油和沥青质的特征。

表 4.1 给出了世界销售市场上买卖的原油 API 值。表 4.1 按照相对密度增加（API 度减小）的顺序排列。

表 4.1  商用原油 API 值

| 原油 | 重度（°API） |
| --- | --- |
| 西得克萨斯中质原油 | 39.6 |
| 布伦特（北海） | 38 |
| 尼日利亚邦尼轻质油 | 35~37 |
| 沙特轻质油 | 33.3 |
| 俄罗斯出口混合油 | 32 |
| 迪拜原油 | 31 |

当油藏中油、气、水三相同时存在时，由于三者密度不同，在地层中分成三个层。天然气密度最小分布在地层的最顶部分；原油在天然气下面；最后，由于地层水比石油和天然气都重，所以位于底部。石油、天然气和水的相对位置决定了钻井位置、完井方式和是否需要维持油藏压力以最大化地提高采收率。

根据岩石和流体的属性，气油和油水界面并不清晰，两相流体间存在一个过渡层（图4.1）。为了有效开发某些过渡带较长的油藏，充分了解过渡层是很重要的。

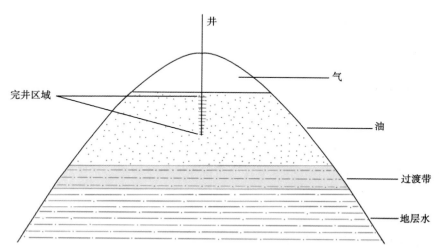

图 4.1  典型油藏纵向上达到平衡时油、气、水和油水过渡层
生产井在油层中完井，避免产水产气

## 4.3.2  油相黏度

油的黏度用于表示石油在油藏中流动的难易程度。黏度是对流动内部阻力大小的度量。通常用于油藏计算的黏度单位是毫帕·秒（mPa·s）。油藏中需要用黏度数据计算流体流速，黏度是油藏流体最重要的属性之一。油比水更黏稠；与油相比，水在多孔介质中更易流动。因此，油田管理中最普遍的问题之一是如何减少产水。值得注意的是，在一些油井中，由于气体黏度极低，可能会导致产出大量气体，这就需要用工程方法来解决降低气油比的问题。

与重质油相比，轻质油黏度低，更易在多孔介质中流动。根据第3章中的达西公式，当其他条件相同时，流体黏度越小，体积流量越大。黏性原油比低黏油需要更多的能量流向井筒。最稠最黏的烃沉积通常需要非常规方法来开采。表4.2中列出了不同种类石油的黏度和重度范围。

表 4.2  石油黏度、重度和开发方式

| 石油种类 | 黏度（mPa·s） | 重度（°API） | 开发方式 |
|---|---|---|---|
| 轻质油 | 0.7~5.0 | 38~42 | 常规方法 |
| 普通油 | 6~12 | 22~38 | 常规方法 |
| 重质油 | 12~100 | 18~22 | 常规方法 |
| 超稠油 | 100~10000 | <20 | 非常规方法 |
| 油砂/沥青质 | >10000 | 7~9 | 非常规方法 |

注：表中引用的石油黏度和重度范围为近似值，仅供参考。

58

如前所述，黏度、相对密度和油藏流体的其他 $pVT$ 属性取决于轻质烃组分或重质烃组分的相对丰度。黏度也是关于油藏压力和温度的函数。随着石油产出，油藏压力下降，只要没有天然气从液相分离，油的黏度就会稍微下降。然而，当压力进一步下降到泡点压力以下，轻质组分释放出来，原油黏性将增加。油藏流体的泡点压力将在本章后面内容中详述。图4.2给出了原油黏度随油藏压力变化的变化曲线。

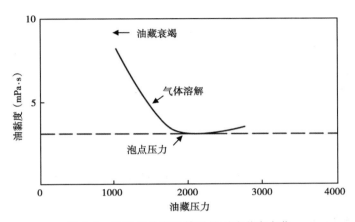

图 4.2　挥发组分变化前后的石油黏度变化

石油黏度随温度的升高而降低。因此，采用加热的方法来开发稠油和油砂，加热提高采油率的方法将在第 17 章中详述。

从油田获得的原油样品可以用不同的实验室方法测量其黏度值。通过文献调研，一些公式可用于估算石油黏度。

没有挥发性组分存在于液相的石油黏度称为重油黏度。当 API 度已知时，重油黏度可以由以下公式估算[1]：

$$\mu_{od} = C(T - 460)^{-3.444}\left[\lg(y_o)^a\right] \tag{4.2}$$

式中　$y_o$——油的重度，°API。

其中，$C = 3.141 \times 10^{10}$；$a = 10.313\left[\lg(T-460)\right] - 36.447$。

当溶解气油比已知时，处于泡点的"活"油黏度可以通过公式估算。处于泡点的"活"油含有处于溶解状态的挥发性烃。溶解气油比是每单位体积原油中所溶解的天然气量，将在本章后面内容中详述。Chew 和 Connally 提出了以下公式[2]：

$$\mu_{ob} = (10)^a (\mu_{od})^b \tag{4.3}$$

式中　$\mu_{ob}$——处于泡点压力下的油黏度，挥发性组分呈溶解状态，mPa·s。

其中，$a = R_s\left[2.2\left(10^{-7}\right)R_s - 7.4\left(10^{-4}\right)\right]$；$b = 0.68/10^c + 0.25/10^d + 0.062/10^e$；$c = 8.62\left(10^{-5}\right)R_s$；$d = 1.1\left(10^{-3}\right)R_s$；$e = 3.74\left(10^{-3}\right)R_s$。

如图 4.3 所示，原油黏度是重度和溶解气油比的函数。

处于泡点压力以上的原油，黏度可以用下式估算[3]：

$$\mu_o = \mu_{ob}\left(\frac{p}{p_b}\right)^m + 1 \tag{4.4}$$

式中　$p_b$——泡点压力，psia❶。

其中，$m = 2.6 p^{1.187} \exp (a)$；$a = -11.513 - 8.98 \times 10^{-5} p$。

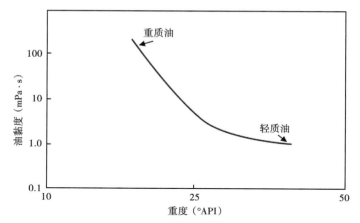

图 4.3　油的黏度是重度和气油比的函数（典型情况下）

### 4.3.3　等温压缩系数

原油压缩系数是对压力变化时体积变化量的度量。原油压缩系数的定义为单位压力变化下的原油体积变化率与原油体积的比值。给定压力和温度，压缩性可以用以下数学公式表示：

$$C = - \frac{1}{v} \left( \frac{\partial V}{\partial p} \right) \tag{4.5}$$

式中　$C$——流体压缩系数，$psi^{-1}$；

　　　$V$——原油体积，bbl；

　　　$p$——流体压力，psi。

注意公式（4.5）中的油压缩系数是在给定温度下测量的。

油是微可压缩的。随着地层压力下降，只要挥发性烃不从液相中分离出去，油的体积会有轻微膨胀。原油压缩系数的单位是磅力每平方英寸的倒数（$psi^{-1}$）。原油压缩系数的值通常范围为（5~12）$\times 10^{-6} psi^{-1}$ 或更高。如果油藏中有 $10^6$ bbl 原油，压缩系数是 $12 \times 10^{-6} psi^{-1}$，当油藏压力下降 100 psi 时，原油体积膨胀 1200 bbl。结果可以由以下公式计算得到：

原油体积变化量=原油初始体积×原油压缩系数×油藏压力变化　　　　（4.6）

### 4.3.4　总压缩系数和有效压缩系数

系统的总压缩系数包括系统中的流体压缩系数和地层压缩系数。因此，总压缩系数 $c_t$ 可以表达为：

$$c_t = c_f + c_o S_o + c_g S_g + c_w S_w \tag{4.7}$$

---

❶　psia：pound per square inch absolute，表示绝对压力；psig：pound per square inch gauge，表示表压力；psia=psig+外界大气压。

式中 $c_t$——总压缩系数，$\mathrm{psi}^{-1}$；

　　　$c_f$——地层压缩系数，$\mathrm{psi}^{-1}$；

　　　$c_o$——油相压缩系数，$\mathrm{psi}^{-1}$；

　　　$S_o$——油相饱和度；

　　　$c_g$——气相压缩系数，$\mathrm{psi}^{-1}$；

　　　$S_g$——气相饱和度；

　　　$c_w$——地层水压缩系数，$\mathrm{psi}^{-1}$；

　　　$S_w$——水相饱和度。

在存在游离气的油藏中，方程的气体压缩系数项可以去掉。

流体的有效压缩系数通过总压缩系数除以多孔介质中该流体的饱和度来获得。因此，在不含游离气的未饱和油藏中，油相的有效压缩系数可以用下式表示：

$$c_e = \frac{c_f + c_o S_o + c_w S_w}{1 - S_w} \tag{4.8}$$

石油和天然气的压缩系数对多孔介质中的流动特征有影响。此外，某些疏松地层具有明显的压缩性，会对原油采收率有影响。

## 4.3.5　泡点压力

油藏工程师发现地层油的泡点压力是一项重要的流体性质。简单来说，它是油中挥发性组分开始"冒泡"时的压力。轻烃组分开始起泡时的压力被称为流体系统的泡点压力。

当油藏在泡点压力以下生产时，井的油气生产速度等油藏动态会发生显著变化。考虑从一个没任何气顶存在的油藏，在泡点压力以上时，只有油和地层水存在于油藏中。然而，随着油藏的生产和压力下降，相开始发生变化，轻烃从油中释放出来。此后井筒中同时生产油和气，最终气可能占主导地位。许多油藏管理策略就包括通过注水将油藏压力保持在泡点压力以上，避免产气。

挥发油含有大量的轻烃组分，泡点压力相对较高。随着生产，气相发生变化相对较早。重油的泡点压力较低。通常，常规油藏的泡点压力范围在 1800～2600 psi。

Standing[4]提出了根据油和溶解气的性质来估算油相泡点压力的公式：

$$p_b = 18.2 \left[ \left( \frac{R_s}{\gamma_g} \right)^{0.83} (10)^a - 1.4 \right] \tag{4.9}$$

式中 $R_s$——泡点时气体的溶解度，scf❶/STB；

　　　$\gamma_g$——地面条件下的天然气密度；

　　　$T$——温度，°R；

　　　API——油的 API 重度。

其中，$a = 0.0091\,(T - 460) - 0.0125\,(°API)$。

注意，当有杂质存在时，以上公式有一些局限性。

液相的泡点压力也被称为饱和压力，因为在这个压力点上，液体完全被溶解气所饱和。

------

❶　scf：standard cubic feet，标准立方英尺。

### 4.3.6　溶解气油比

在油藏中，原油属于液相并溶解一定量的天然气。如前所述，当油藏压力随着生产逐渐下降，轻烃开始从溶解液析出，形成气相。

溶解气油比表征溶解在地层油中的气体总量。它是指在油藏温度和压力下，单位体积原油中溶解的天然气量；然而，在标准压力和温度条件下，石油和天然气的体积单位分别为 $ft^3$ 和 bbl。因此，溶解气油比可以表达如下：

$$R_s = \frac{油藏中原油溶解的气体体积（单位：scf）}{地面脱气原油体积（单位：STB）} \tag{4.10}$$

式中　$R_s$——溶解气油比，scf/STB。

原油具有高溶解气油比意味着挥发性组分含量高，泡点压力相对较高。

Marhoun[5]根据油藏压力、温度、原油和天然气的相对密度提出了以下溶解气油比的公式：

$$R_s = (a\gamma_g^b \gamma_o^c T^d p)^e \tag{4.11}$$

式中　$\gamma_g^b$——气的相对密度；

　　　$\gamma_o$——储油罐中油的相对密度；

　　　$T$——温度，°R。

其中，$a = 185.843208$；$b = 1.877840$；$c = -3.1437$；$d = -1.32657$；$e = 1.398441$。

### 4.3.7　生产气油比和累计气油比

井的气油比定义为：

$$气油比\ GOR = \frac{产气量（单位：scf）}{产油量（单位：STB）}$$

当油层存在气顶时，生产的气体总量包括从气顶中流出的游离气和原油中随着压力下降所释放的溶解气。因此，生产气油比大于溶解气油比。

累积气油比是油藏中累计产气量与累计产油量之比。随着油藏持续生产，累积气油比不断增加。

### 4.3.8　地层原油体积系数

地层原油体积系数是对油从地层到地面的体积变化的度量。地层中压力和温度明显比储油罐中高。随着油的生产，由于溶解气析出，原油体积收缩减小，这一现象在富有轻烃的高挥发性原油中更加显著。

地层原油体积系数定义如下：

$$B_o = \frac{地下温度和压力条件下原油和溶解气的体积（单位：rb）}{储油罐压力和温度下脱气原油的体积（单位：STB）} \tag{4.12}$$

根据挥发性组分的相对丰度，地层体积系数通常范围从高挥发性油的 5.0 到重油的 1.0 左右。地层原油体积系数为 2.0 表示生产时原油体积会下降一半。相反，重油具有相对低的地层体积系数，意味着原油在地面条件下体积不会显著下降（图 4.4）。图 4.5 给出了高挥

62

发性凝析液的地层体积系数，随着油藏压力下降地层体积系数会发生显著变化。

原油是微可压缩的。当油藏在泡点压力以上生产时，由于液相膨胀，地层原油体积系数随着油藏压力下降略微增加。然而，当达到泡点压力且生产压力低于泡点压力时，由于气相析出，原油体积减小。因此，地层原油体积系数随着油藏压力的降低而增加。

需要进一步指出的是，在泡点压力以上时，已知原油压缩系数和某些其他的流体属性，可以计算出地层体积系数，公式如下：

$$B_o = B_{ob} \exp\left[-c_o(p - p_b)\right] \quad (4.13)$$

式中　$B_{ob}$——泡点的地层体积系数，rb/STB；
　　　$p_b$——泡点压力，psia。

然而，在泡点压力以下时，液体膨胀对原油体积收缩影响相对较小。轻烃析出形成气相对原油体积收缩的影响较大。

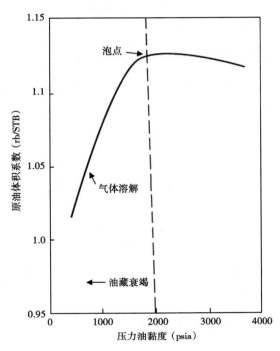

图 4.4　地层原油体积系数是压力的函数
当液相中不含挥发成分时值一致

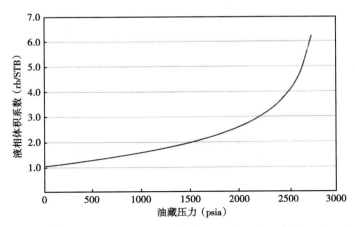

图 4.5　凝析液地层体积系数与油藏压力关系图（致谢：CMG）
由于高挥发性烃组分的存在，在油藏条件下地层体积系数很高

已知某些流体属性，地层体积系数可以根据以下 Petrosky-Farshad 关系式来估算：

$$B_o = 1.0113 + 7.2046 \times 10^{-5}\left[R_s^{0.3738}\left(\frac{\gamma_g^{0.2914}}{\gamma_o^{0.6265}}\right) + 0.24626(T - 460)^{0.5371}\right]^{3.0936} \quad (4.14)$$

式中　$R_s$——溶解气油比，scf/STB；
　　　$\gamma_g$——天然气相对密度；

$\gamma_o$——原油相对密度；

$T$——油藏温度，°R。

### 4.3.9　两相地层体积系数

两相地层体积系数考虑了地层原油体积系数和溶解气的体积系数，单位是 rb/STB。表达式如下：

$$B_t = B_o + (R_{si} - R_s)B_g \tag{4.15}$$

式中　$B_t$——两相地层体积系数，rb/STB；

$B_o$——地层原油体积系数，rb/STB；

$R_{si}$——原始溶解气油比，scf/STB；

$R_s$——溶解气油比，scf/STB；

$B_g$——天然气地层体积系数，rb/scf。

在泡点压力以上，只有油相存在，两相地层体积系数可简化为油的单相地层体积系数。然而在泡点压力以下，由于气体的膨胀，两相体积系数值会相对较高。

## 4.4　天然气的性质

与原油相比，天然气主要由轻烃组成。由于天然气的低黏性，从气藏和凝析气藏中开采天然气相对容易。对于具有气顶的油藏或在泡点压力下生产的油藏，在进行石油开采时，也会有伴生气产出。油藏工程师主要关心的是在不断变化的油藏压力下天然气的压缩膨胀、天然气与原油的流度比、随着油藏压力下降原油中气体量溶解度的变化等。本章所讨论的天然气属性如下：

（1）理想气体定律。

（2）真实气体定律。

（3）天然气压缩性和压缩因子。

（4）拟对比压力和温度。

（5）天然气的地层体积系数。

（6）天然气的黏度。

（7）天然气的密度。

### 4.4.1　理想气体定律

理想气体定律指出压力、温度和气体体积具有相关性。相应的关系式为：

$$pV = nRT \tag{4.16}$$

式中　$p$——气体的绝对压力，psia；

$V$——气体体积，ft³；

$n$——气体的摩尔数，lbm·mol；

$R$——理想气体常数，（psia·ft³）/（°R·lbm·mol）；

$T$——绝对温度，°R。

基于上述方程中所使用的单位，理想气体常数是 10.73。

方程（4.16）基于波义耳定律和查理定律，将理想气体体积变化量与压力和温度的变化分别联系起来。此外，方程（4.16）被称为理想气体状态方程。

## 4.4.2 真实气体定律

在典型油藏高温高压条件下，真实气体体积与理想气体可能存在显著差异。因此，通过引入气体压缩因子或气体偏差因子来修正理想气体定律，从而得到真实气体状态方程如下：

$$pV = znRT \tag{4.17}$$

式中　$z$——气体压缩因子，是温度和压力的函数。

气体压缩因子的表达式如下：

$$z = \frac{在特定压力和温度下的真实气体体积}{在相同压力和温度下由真实气体定律预测的气体体积} \tag{4.18}$$

需要注意的是压缩特征也依赖于气体组成。气体压缩因子 $z$ 可以利用公式由实验方法确定。Standing 和 Katz[6] 根据实验结果绘制了一张 $z$ 因子关于拟对比压力、拟对比温度的图版。只要已知拟对比压力和拟对比温度，就可利用图版计算天然气 $z$ 因子值，无需考虑其成分。拟对比压力和拟对比温度值可以通过烃组分处于临界点的压力和温度值来计算。纯物质处于临界点时的气相和液相是没有区别的。拟对比压力和温度的定义如下：

$$p_{pr} = \frac{p}{p_{pc}} \tag{4.19}$$

$$T_{pr} = \frac{T}{T_{pc}} \tag{4.20}$$

式中　$T$、$p$——计算 $z$ 因子的温度（°R）和压力（psia）；

$T_{pc}$、$p_{pc}$——烃组分的临界温度（°R）和临界压力（psia）。

在某些温度和压力条件下，$z$ 因子值明显偏离理想值（$z=1.0$）。下面的公式可以用来计算多组分混合物的临界温度和压力值，例如天然气：

$$p_{pc} = \sum yi_{pc,i} \tag{4.21}$$

$$T_{pc} = \sum yi_{Tc,i} \tag{4.22}$$

需要注意的是，根据以上公式计算的临界压力和温度值不能代表混合物真实的临界值。当然，可以用于估算气体的压缩因子。

关系式也可以用来计算某一特定组分的气体压缩系数。由 Dranchuk 和 Abou-Kassem[7] 提出了以下方程：

$$z = 1 + A \cdot \rho_r + B \cdot \rho_r^2 - C \cdot \rho_r^5 + D \cdot \exp(-0.721\rho_r^2) \tag{4.23}$$

其中，$\rho_r = 0.27P_r/(zT_r)$；$A = 0.3265 - 1.07/T_r - 0.5339/T_r^3 + 0.1569/T_r^4 - 0.05165/T_r^5$；$B = 0.5475 - 0.7361/T_r + 0.1844/T_r^2$；$C = 0.1056$（$-0.7361/T_r + 0.1844/T_r^2$）；$D = 0.6134$（$1 + 0.721\rho_r^2$）（$\rho_r^2/T_r^3$）。

由于压缩因子 $z$ 在公式（4.23）两边都存在，在给定 $p_r$ 和 $T_r$ 的条件下，采用迭代方法

计算 $z$ 的值。

在实际中，$z$ 因子值可通过行业软件计算得到，图 4.6 中给出一个例子。已知气体组分，绘制气体压缩因子与压力关系图。在这个特例中，压力范围在 3500~2400psia 时，$z$ 因子值随着压力的减小而减小，达到最低值后，随着压力降低到大气压，压缩因子开始增加，用于计算的数据如图 4.6 所示。

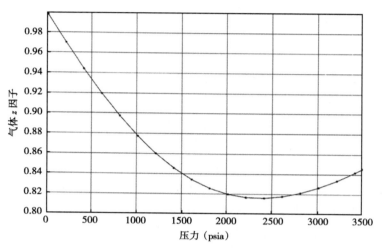

图 4.6　基于气体组分和油藏温度，天然气压缩因子的值是关于压力的函数（致谢：CMG）

### 4.4.3　天然气的黏度

黏度是对流动内部阻力的度量，黏度的单位是毫帕·秒（mPa·s）。由于气体的黏度低于原油，气体在多孔介质中的流速明显高于原油。图 4.7 给出了天然气黏度随压力的变化，气体组分和油藏温度与前面例子中的一样。

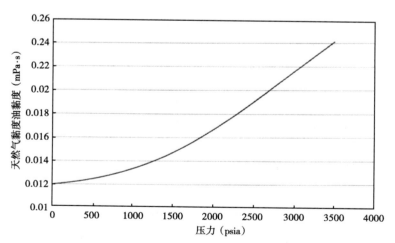

图 4.7　天然气黏度与压力关系图（致谢：CMG）

天然气黏度随着压力的降低呈非线性降低

### 4.4.4 气体地层体积系数

气体地层体积系数是指气体在地层条件下的体积与其在地面标准状态下的体积之比。标准立方英尺的天然气是指压力为 14.7 psi、温度为 60℉ 下的气体体积。

$$B_g = 5.021 \left( \frac{zT}{p} \right)_{res} \tag{4.24}$$

式中　$B_g$——气体地层压缩系数，rb/Mscf❶；

　　　$z$——气体压缩因子；

　　　$T$——油藏温度，℉R；

　　　$p$——油藏压力，psia。

上面的方程表明，气体的地层体积是压缩因子的函数，与地层压力成反比。由于气体地层体积是个很小的数，通常用 rb/Mscf 表达，而不是 rb/scf。

---

**例题 4.1**

计算压力为 2600 psig 时的地层压缩系数。使用表 4.3 中的气体成分和油藏参数。

油藏压力为 2614.7 psia，温度为 150℉，根据图 4.6，$z = 0.818$。

$B_g = 5.021 \times [0.818 \times (150+460) / 2614.7] = 0.9582$ rb/scf

---

**表 4.3　用于绘制天然气压缩因子的干气组分**

| 干气组分 | 百分比 |
|---|---|
| 甲烷 | 88.1 |
| 乙烷 | 6.0 |
| 丙烷 | 2.9 |
| 异丁烷 | 1.9 |
| 异戊烷 | 1.1 |

油藏温度为 150℉。

### 4.4.5 等温压缩系数

气体压缩系数是指等温条件下气体随压力变化的体积变化率。

### 4.4.6 凝析气的性质

凝析气包含一定量的中间烃和重烃组分，当油藏压力降低至露点压力时，多孔介质中的气相凝结成液滴。凝析气的地层体积系数定义如下：

$$B_{gc} = \frac{\text{天然气和凝析气的气相总体积（单位：rb）}}{\text{所产凝析油的液相体积（单位：STB）}} \tag{4.25}$$

可用文献［4］中的表和关系式，通过天然气和凝析气的相对密度来估算地层体积系数。重组分通常是指庚烷及以上（$C_{7+}$）组分。

---

❶ Mscf：thousand standard cubic feet，千标准立方英尺。

图 4.8 给出了一个关于气体压缩因子和气体所含凝析气比例的例子。凝析气的组分在表 4.4 中给出。如图 4.8 所示，当凝析气转变为液相时，压力在 2200~2300 psia 之间。

由于凝析油的易挥发性，在油藏条件下地层体积系数相当高（图 4.5）。

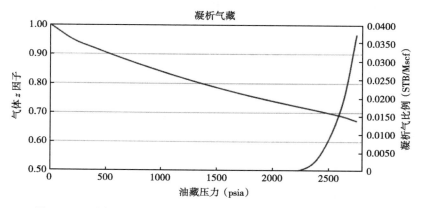

图 4.8 天然气压缩因子和天然气所含凝析气比例图（致谢：CMG）

表 4.4 凝析气组分

| 烃组分 | 百分比 |
| --- | --- |
| 甲烷 | 72.8 |
| 乙烷 | 10.1 |
| 丙烷 | 3.9 |
| 异丁烷 | 1.9 |
| 正丁烷 | 1.4 |
| 异戊烷 | 0.51 |
| 正戊烷 | 0.5 |
| 己烷 | 1.1 |
| 庚烷及其他 | 7.79 |

## 4.5 地层水的性质

除了原油和天然气的性质，不同油藏研究中还需要了解地层水的性质。地层水的属性通常依赖于油藏压力、温度和矿化物浓度。

### 4.5.1 地层水压缩系数

地层水的压缩系数是指等温条件下，地层水在压力改变一个单位时的体积变化量与地层水体积之比。

### 4.5.2　地层水黏度

地层水黏度依赖于油藏温度、压力和矿化度。地层水的黏度随着温度升高而降低，随着矿化度浓度增加而增加。当油藏温度为 140℉ 时，总矿化度从 0% 上升到 26%，地层水黏度从 0.46mPa·s 增至 0.9mPa·s。

### 4.5.3　溶解气水比

溶解气水比的定义为水中溶解气体积与水体积之比。天然气在水中溶解度有限。

### 4.5.4　地层体积系数

水的地层体积系数是油藏高温、高压状态下地层水和溶解气的体积与地面标准状态下水的体积之比。水的地层体积系数值非常低，在某些例子中接近 1.01。

### 4.5.5　实验室测量油藏流体属性

除了使用关系式，也可从地下收集流体样本进行分析研究来评估各种流体属性。从地面设施中获得的分离液和分离气也可进行实验室测量。在模拟的油藏条件下按照正确比例进行重组，重现流体样本。

通常测量的性质包括石油密度、黏度、压缩系数、泡点压力、溶解气油比、原油地层体积系数和天然气偏差系数。

利用 $pVT$ 仪的测量技术包括接触分离和微分分离。

在接触分离（闪蒸）中，蒸发气与液相一直保持在同一个封闭室中，整个过程类似于地面分离器的过程。闪蒸的目标包括确定泡点压力或饱和压力、饱和压力时体积、热膨胀系数和泡点压力以上液相的等温压缩系数。

在微分分离中，气态烃类一旦脱离溶解状态就分离出来。这个模拟了多孔介质中天然气脱离后迅速向井口移动的过程。测量结果有溶解气油比、相对原油体积、相对总体积、原油密度、天然气偏差因子、天然气地层体积系数、天然气密度增量和流体黏度。

### 4.5.6　影响储层流体性质的因素

如前所述，油藏压力、温度和流体组分是主要影响各种流体属性的因素，接下来有详述。

## 4.6　油藏压力

油藏压力是影响相变行为和储层流体属性的重要因素。随着油藏的生产和衰竭，根据油藏类型会存在以下问题：

（1）油藏中气相从油相中释放出来。

（2）由于原油微可压缩，原油体积会发生变化，更主要是因为气相的释放。

（3）天然气的膨胀。

（4）反凝析现象，在气相中形成油滴。

此外，达西定律表明，石油和天然气的生产速度依赖于油藏压力和井筒压力。

油藏压力在探测的时候就能确定，并根据油藏生产阶段定期对其进行更新；然后用油藏压力值来计算流体属性和分析油藏性能。

### 4.6.1 油藏压力估算

油藏压力通过油藏深度和压力随深度的变化来进行估算。油藏压力通常用表压力和绝对压力表示，表压力的单位是 psi；绝对压力 = 表压力 + 大气压（通常为 14.7psi），绝对压力的单位是 psia。纯水的压力梯度是 0.433psi/ft，因为密度为 62.4 lbm/ft³，面积单位 1ft² = 144 in²，重力加速度为 32.2 ft/s²，lbm 到 lbf 需要转换因子。

$$(62.4\ \text{lbm/ft}^3) \times (1\text{ft}^2/144\ \text{in}^2) \times (32.2\ \text{ft/s}^2)/[32.2\ \text{lbm} \cdot \text{ft}/(\text{lbf} \cdot \text{s}^2)] = 0.433(单位:\text{psi/ft})$$
$$(4.26)$$

压力梯度意味着纯水（相对密度 = 1.0）会施加深度值 0.433 ft⁻¹ 倍的压力。然而，由于含有固体矿物质，地层水比纯水重。地层水的相对密度高于 1.0。因此，在油藏中，地层水每英尺深度施加的压力更多，地层水的压力梯度可由下式计算得到：

$$地层水随深度的压力校正值（单位：\text{psi/ft}） = 0.433\gamma_w \qquad (4.27)$$

式中　$\gamma_w$——地层水的密度。

当油藏深度和地层水或原生水密度已知，油藏压力可由下式计算得到：

$$p(单位：\text{psia}) = 0.433\gamma_w D + 14.7 \qquad (4.28)$$

式中　$D$——油藏深度，ft。

### 4.6.2 异常压力储层

由于各种地质事件、结构异常和经年的水动力过程，一些石油和天然气储层存在比公式（4.28）计算结果更高或更低的压力，这些油藏被称为异常压力储层。已经发现一些气藏的压力梯度为 0.8 psi/ft。因此，修改公式（4.28）以适应异常压力储层条件：

$$p(单位：\text{psia}) = 0.433\gamma_w D + 14.7 + C \qquad (4.29)$$

式中　$C$——异常压力油藏校正因子。

某些具有超低渗透率的非常规页岩气藏为异常高压储层。

### 4.6.3 油藏压力的典型测量

在不同条件下测量的油藏压力，例如：

（1）岩石孔隙中的储层流体压力为油藏压力或地层压力。

（2）没有进行过生产时的油藏压力为初始压力。当没有注入水或水体支撑时，地层压力随着生产不断下降，储层流体属性随之变化，影响采收率。

（3）平均油藏压力指当所有注采活动停止，油藏达到平衡后的压力。

（4）废弃压力指当生产井随着产量下降达到经济极限时的压力。

（5）井底流动压力指开井生产原油和天然气时井底测量的压力。

（6）静态井底压力指井中没有任何流动，达到稳定状态时的压力，可以通过长时间关井实现静态。

（7）井口压力指在井口测得的压力，生产井的井口压力低于井底压力。

（8）破裂压力指地层能被注入液压裂的阈值压力。

（9）覆盖压力指由地层岩石和油藏流体共同施加的压力。

注意，对于不同深度的井所对应的油藏压力，需要利用已知的流体梯度校正到统一基准深度。基准深度通常取油水界面处。

## 4.7　油藏温度

和油藏压力一样，油藏温度也是影响相变行为和油藏流体性质的一个重要因素。

油藏温度依赖于油藏深度，可以由以下公式估算：

$$T = T_{\text{s}} + \frac{T_{\text{gradient}} \times D}{100} \tag{4.30}$$

式中　$T$——油藏温度，℉；

　　　$T_{\text{gradient}}$——温度梯度，℉/100ft；

　　　$T_{\text{s}}$——地面温度，℉。

温度随深度的变化可达（0.8~1.6）℉/100ft。（1.2~1.4）℉/100ft 通常假设为沉积盆地温度。由于地热过程，温度可能出现异常现象。

---

**例题 4.2**

估算新发现油藏的温度和压力，已知油藏深度为 6200ft，数据较少，需要进行必要的假设。

基于该地区获得的油藏数据，可以做出以下分析：

地层水密度：1.08，温度梯度：1.3℉/100ft，平均地面温度：62℉，根据地区数据进一步假设油藏覆盖压力为 200psi。

根据公式（4.28），油藏压力计算如下：

$p = 0.433$（1.08）（6200）+14.7+200 = 3114psia

根据公式（4.29），油藏温度计算如下：

$T = 62 +$（1.3/100）（6200）= 142.6℉

---

## 4.8　储层流体组分

原油和天然气由分子量各异的碳氢化合物组成。较轻和较简单的组分在地面分离后生成天然气，较重和较复杂的组分在储罐条件下生成了原油。表 4.5 中展示了从干气到黑油的石油液体组分的密度变化。

上述表明，随着石油液体的密度增加，庚烷和更重的组分比例越来越高。

表 4.5　石油、天然气的组分和属性

| 组分 | 干气气藏 | 湿气气藏 | 凝析气气藏 | 挥发油油藏 | 黑油油藏 |
|---|---|---|---|---|---|
| 甲烷 | 86.6 | 82.9 | 75.88 | 55.22 | 33.6 |
| 乙烷 | 5.4 | 6.6 | 8.3 | 7.1 | 4.01 |
| 丙烷 | 3.3 | 3.1 | 3.5 | 3.87 | 1.01 |
| 异丁烷 | 1.8 | 0.3 | 0.66 | 1.12 | 0.82 |
| 正丁烷 | 0.2 | 1.5 | 2.2 | 1.08 | 0.33 |
| 异戊烷 | 0.45 | 1.35 | 0.6 | 0.81 | 0.43 |
| 正戊烷 | 0.06 | 0.71 | 1.22 | 1.22 | 0.22 |
| 己烷 | 0.05 | 2.09 | 1.5 | 1.87 | 1.8 |
| 庚烷+ | | | 2.5 | 26.7 | 57.4 |
| $CO_2$ | 0.16 | 1.2 | 3.2 | 0.9 | 0.07 |
| $N_2$ | 1.98 | 0.25 | 0.44 | 0.11 | 0.31 |
| 总计 | 100 | 100 | 100 | 100 | 100 |
| 重度（°API） | | | 46 | 36 | 25 |
| 流体颜色 | | | 稻草黄 | 琥珀色 | 绿色至黑色 |
| 气油比（scf/STB） | | | >5000 | 1500 | 350 |

# 4.9　总结

　　流体和岩石属性是油藏工程的基础。流体性质是理解多孔介质中流体流动特征、设计井、开发油田、计划注水措施和最优化最终采收率的基本要素。

　　流体性质在油藏工程中的重要应用范围有：利用不同方法估算地质储量、分析流体流动速度和井的生产速度、油藏模拟研究和计算采收率。

　　油藏分类通常基于油藏主要生产储层的流体类型。下面按照密度和黏度升高的顺序对油藏进行分类：

　　（1）气藏：干气气藏、湿气气藏和凝析气气藏。

　　（2）油藏：轻油油藏、黑油油藏、重油油藏、致密油油藏和沥青油藏。

　　随着储层流体越来越黏稠，它们在多孔介质中的流动性逐渐减弱。黏度最低的天然气很容易采出，轻质和中质原油可通过常规开采方法生产。然而，超稠油和沥青完全不流动，需要用热采或非常规方法来实现经济开采。

　　本章讨论的石油和天然气属性见表 4.6 和表 4.7。

表 4.6　原油属性

| 属性 | 说明 | 典型范围 | 注意事项 |
|---|---|---|---|
| API 度 | 原油密度的常见单位，与相对密度成反比 | 见表 4.2 | 影响多孔介质中原油、天然气和水的纵向平衡 |
| 黏度 | 测量流体流动的难易程度 | 见表 4.2 | 气体黏度最小，最容易流动；由于黏度比原油低，水在孔隙中优先流动；超稠油和沥青太黏稠，需要用热采或非常规方法开采 |
| 压缩性 | 测量单位压力下的原油体积变化量 | | 影响多孔介质中的流体流动特征 |
| 泡点压力 | 随着油藏压力下降，天然气开始从液相中分离的压力 | 挥发性油较高、黑油较低；通常范围是 1800~2500 psi | 许多油藏为了避免产气，在泡点压力以上生产 |
| 溶解气油比 | 测量油藏条件下液相溶解的天然气量 | 挥发性油较高、黑油较低；通常范围是 250~1500 scf/STB | 早期释放的天然气量 |
| 原油地层体积系数 | 测量由于天然气的溶解，原油从地层条件到储罐条件体积的减少量 | 重油较低、挥发性油较高；通常范围是 1.0~5.0 | |
| 两相地层体积系数 | 原油地层体积系数和天然气地层体积系数之和 | 泡点压力以上与原油地层体积系数一样；泡点压力以下由于天然气的释放，迅速增加 | |

表 4.7　天然气属性

| 属性 | 说明 | 注意事项 |
|---|---|---|
| 天然气压缩系数（$z$ 因子） | 真实气体的实际体积与特定温度压力下的理想体积之比 | 是对真实气体非理想状态和压力、温度、组分的非线性函数的测量 |
| 天然气地层体积系数 | 天然气体积在油藏条件（bbl）和标准状态（scf）下的比值 | 计算天然气地质储量和可采储量的基础 |
| 天然气黏度 | 表 4.6 中有定义 | |

# 4.10　问题和练习

（1）为什么压力和温度对储层流体性质来说很重要？如何估算？
（2）干气、湿气、凝析气气藏、挥发性油和黑油油藏的主要特征是什么？
（3）油藏工程师对石油和天然气的哪些属性感兴趣？
（4）溶解气油比是如何影响原油生产的？

（5）为什么一些超稠油油藏被视为非常规油藏？与其他类型相比，世界上重油和沥青的存在有多广泛？

（6）为什么真实气体明显偏离理想气体定律？

（7）对理想气体定律作何修改以适用于真实气体特征？

（8）如何用拟对比压力和拟对比温度计算天然气偏差因子 $z$？

（9）有哪些实验室方法可测量储层流体性质？

（10）油藏工程中流体性质有哪些应用？

## 参 考 文 献

［1］ Glaso O. Generalized pressure-volume-temperaturecorrelations. J Petrol Technol，1980：785-795.

［2］ Chew J，Connally C A Jr. A viscosity correlation for gas saturated crude oils. Trans AIME 1959；216：270-275.

［3］ Vasquez M，Beggs D. Correlations for fluid physical properties prediction. J Petrol Technol 1980：32.

［4］ Standing M B. A pressure-volume-temperature correlation for mixtures of California oils and gases. Drilling and production practices. Washington DC：American Petroleum Institute；1947：285-287.

［5］ Marhoun M A. PVT correlation for Middle East crude oils. J Petrol Technol，1988：650-665.

［6］ Standing M B，Katz D L. Density of natural gases. Trans AIME，1942：146.

［7］ Dranchuk P M，Abou-Kassem J H. Calculation of zfactors for natural gases using equations of state. J Cdn Pet Tech，1975：34-36.

# 第 5 章　油气藏烃类流体的相态特征

## 5.1　引言

石油和天然气在从地下到地面的采出过程中，储层压力将会发生显著变化。这种压力的变化会导致储层流体的相态发生改变，例如原油中溶解的天然气会从原油中分离，而凝析气则会发生由气态转变为液态的反凝析现象。储层流体的相态变化对油藏动态特征有着重要影响，储层流体发生相态变化的主要原因是流体的化学组成及油藏压力的改变。储层中的石油和天然气主要由大量的烃类组分构成，每一类组分有着各自的露点线和泡点线。在常规油藏中，随着生产的进行原油从地层流向井筒，地层中压力不断下降。当地层压力降低到泡点压力时，轻质的挥发性性组分从原油中分离出来，形成游离气。由于气体的流动性远大于原油，会使得井筒内气油比值升高，从而对原油的开采产生不利的影响。在凝析气藏中，当地层压力降低到露点压力时，气相中的重烃组分便会发生凝析现象，在气藏中形成液烃（凝析油）。对于不同类型的油气藏，应该采取对应的技术方法进行石油与天然气的开发生产。

本章通过研究相图以及相关油藏的生产动态，描述了油藏储层流体的相态变化特征，并回答了以下问题：

（1）什么是流体相图？

（2）如何利用相图解释流体相态变化特征？

（3）为何研究油藏中流体的流动时需要研究相图？

（4）什么是油藏流体的相包络线、泡点线、露点线及临界点？

（5）储层流体的相态特征如何影响油气藏开发过程？

## 5.2　相图

相图能够将油藏中流体的相态特征用图示的方法直观表征出来[1,2]。图 5.1 是典型的多组分烃类体系相图，其中，$x$ 轴表示油藏温度，$y$ 轴表示油藏压力，液相和气相的相态特征由这个二维相图来表征。需要强调的是，对特定的油藏流体，由于其烃类组成及所含杂质的不同，具有独特的物化性质及相态特征，因此，一个油藏流体的相态变化特征只能由其自身的相图来表征。

相图具有如下重要特征：

（1）单相和两相区：相包络线将两个区域分开。在包络线内，烃类流体以气液两相状态存在；包络线外，所有流体都以单相存在，即液相或气相。

（2）等液量线：包络线内的一系列曲线代表等液量线，表示在给定压力温度条件下液相或气相的体积分数。同一条等液量线上，流体的气液相组成分数恒定。

（3）泡点线：构成相包络线左上角的曲线为泡点曲线，它是液相区和两相区的分界线，

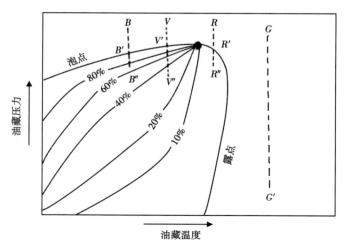

图 5.1　表征原油挥发和气体反凝析现象对油藏动态特征影响的典型相图

当流体压力位于泡点线上方时它只以液相形式存在。

（4）露点线：构成相包络线右下角的曲线为露点曲线，它是气相区和两相区的分界线，当流体压力位于露点线下方时它只以气相形式存在。

（5）临界点：泡点线和露点线的交汇点称为临界点 $C$，在该点处，液相和气相的所有内涵性质诸如密度、黏度等都相同。此外，液相和气相在该点处于平衡状态，两相界限消失。临界点随着烃类系统组成的改变而变化。

（6）临界凝析压力：体系中两相能共存的最高压力点，超过此压力流体只能以液相存在。

（7）临界凝析温度：体系中两相能共存的最高温度点，超过此温度流体只能以气相存在。

需要再次说明的是，相图的特征依赖于油气的组成。每一个原始油藏都有其各自的相图，不同流体相图的泡点线和露点线不同。挥发性原油与重质原油在相图形态特征上有较大区别，图 5.2 对比了轻质油和重质油的相图差异。任意一个油藏其流体的组成都不相同，因此其具有独特的相态特征。

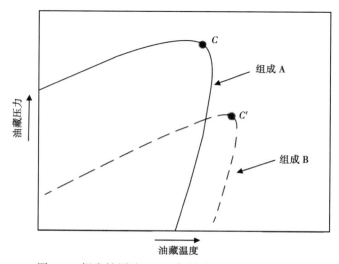

图 5.2　挥发性原油（A）与黑油（B）相图的对比

在油藏数值模拟及 *pVT* 研究中，相图通常由状态方程来给出。常用的状态方程包括 Peng-Robinson 方程及 Soave-Redlich-Kwon 方程等。图 5.3 是利用 Peng-Robinson 状态方程计算得到的黑油油藏相图，此黑油油藏的组成情况见表 5.1。

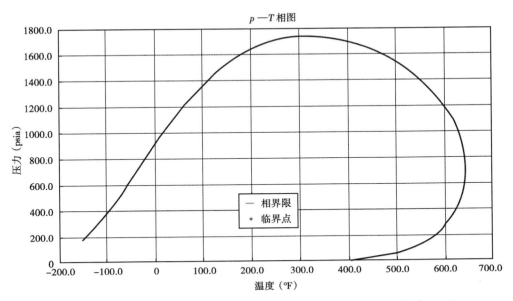

图 5.3　利用 Peng-Robinson 状态方程计算的黑油相图（油藏温度设定为 150℉）

表 5.1　黑油组成

| 组分 | 摩尔分数（%） |
|---|---|
| 甲烷 | 33.1 |
| 乙烷 | 3.9 |
| 丙烷 | 1.2 |
| 异丁烷 | 0.77 |
| 正丁烷 | 0.42 |
| 异戊烷 | 0.4 |
| 正戊烷 | 0.18 |
| 己烷 | 0.16 |
| 庚烷等 | 59.87 |
| 总计 | 100 |

## 5.3　油气藏类型与采收率

油气藏类型通常根据流体的组成进行分类。每种流体类型的相态特征由相应的相图给出。油藏生产动态由其流体类型、温度、压力状况决定。此外，还讨论了各类油气藏的采收率问题。

按照重烃组分依次增加的顺序，油气藏可以分为干气气藏、湿气气藏、凝析气藏、挥发性油藏、黑油油藏及重质油藏等类型。

（1）干气气藏：干气气藏只含有轻烃组分，在储层压力不断下降的生产过程中无液烃生成。图 5.1 中 *G—G'* 所代表的路径显示了干气气藏的压力变化特征，流体从地层条件到井筒，最后到分离器的过程均不经过两相区。干气气藏的开采机理主要是气体的膨胀能。在孔隙度、渗透率等物性较好的储层内，由于气体的黏度远小于原油和水，常规干气气藏的采收率可达到 70%～85% 的较高水平。而在页岩气气藏等非常规气藏中，由于岩石超低渗透率的影响，其采收率不到 10%。

（2）湿气气藏：湿气气藏的特征是在压力下降的过程中，烃类流体在油藏及井筒内均为气相，而在地面分离器条件下，体系处于两相区，会有一些重质烃类组分以液烃形式析出。

（3）凝析气藏：在凝析气藏中，气相中含有较多的重质组分，这些重质组分在压力下降的过程中有一部分会凝析出来形成凝析油。路径 *R—R'* 代表了凝析气藏在压力降低过程中经过等温反凝析区的过程。由于这部分凝析出来的液烃很难被开采出来，因此为了尽可能减少较重组分的凝析，凝析气藏的开发需要采用向油藏循环注气的方法保持地层压力。凝析气藏的采收率通常小于常规干气气藏和湿气气藏。

（4）饱和与未饱和油藏：油藏可以分为饱和与非饱和两种状态。原始温度、压力条件下，油藏地层压力大于泡点压力，此时油藏中为单一液相原油，称为未饱和油藏；随着压力下降，当压力低于泡点压力时，会有气泡从原油中分离出来，此时称为饱和油藏。未饱和的含义是指液相没有被气体所饱和，仍有能力溶解更多的天然气。从相图可以看出，未饱和油藏的初始点位于泡点线的上方，而饱和油藏的初始点位于泡点线下或相包络线内。

（5）挥发性油藏：挥发性油藏与黑油油藏相比有更多的轻质烃类组分，有更大的 API 重度（40°API 以上）。考虑饱和的情况，从相图中可以看出，挥发性油藏的路径比黑油油藏更靠近临界点，且被包络线分为两部分，两部分各自特征见表 5.2。

（6）黑油油藏：由于有更多的重质烃类组分，黑油油藏的挥发性很小。在相图中，*B—B'—B"* 代表了其典型的路径，可以看出黑油油藏压力温度变化距临界点较远。与挥发性油藏一样，黑油油藏在泡点线上方时主要依靠气体的膨胀能驱动，在泡点线下方时依靠的是溶解气驱动。由于黑油油藏黏度大于挥发性油藏，因此在其他条件一样的情况下，黑油油藏的采收率小于挥发性油藏。

**表 5.2　挥发性油藏相态特征**

| 路径 | 特征 | 驱动机理 | 采收率（%） |
|---|---|---|---|
| *V—V'* | 在没有外部能量如水体的补充下，压力持续下降。所有气体溶解在原油中，生产中只有液相原油产出 | 岩石以及流体的弹性膨胀能量驱动 | 仅为个位数，1～7 |
| *V'—V"* | 溶解在液相中的气体达到最大饱和度值，开始从原油中分离。分离的气体驱动原油流向井筒。气油比开始很低，随着生产进行，更多的气体分离出来，气油比逐渐升高，在大部分气体分离出后，气油比开始下降 | 溶解气驱 | 20～35 |

（7）重质油藏：重质油藏中含有大量重质烃类组分及一些复杂组分，因而其具有高黏度的特征，通常能够达到 10000 mPa·s 甚至更高。重油的挥发性很差。从相图可以看出，

其主要位于相图左部。重质油藏的采收率一般很低，因此生产上通常使用热采等措施以改善开发效果。

## 5.4　凝析气藏生产动态研究

凝析气藏生产动态研究中，定容衰竭实验的方法被广泛应用。实验重现了在生产过程中地层压力不断下降的过程。油藏流体样本被注入一个高压室；随着气体不断释放，体系压力不断下降，同时记录高压室内析出的液相体积。定容衰竭法是直接、可靠、有效的研究凝析气藏中流体相态变化的实验方法。气相的露点压力定义为压力降低过程中高压室内气相中凝结出第一批液滴时的压力点，此后，液相的体积大小可以视为是压力的函数（图 5.4）。除了露点压力，此实验还提供了许多有价值的资料数据，如气液相组成、烃类采收率、累计凝析液产量及压缩因子等参数随压力变化的特征。

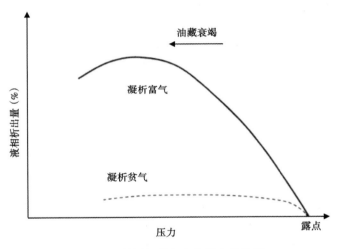

图 5.4　凝析气藏定容衰竭实验结果

## 5.5　油气采收率优化

在挥发性油藏及黑油油藏的开发中，保持压力始终高于泡点压力是优化开发的主要措施。由于从原油中析出的游离气会对原油的流动性产生影响，因此要尽量避免游离气体的产生。当油藏采取压力保持措施使挥发性组分尽可能以溶解状态存在于液相中时，其采收率将明显大于溶解气驱油藏的采收率。

对于凝析气藏，主要是通过井筒向地层循环注气的方式来保持地层压力，此外，下面将具体阐述一些其他方法。通过保持压力，使地层压力始终大于露点压力，保证了富烃类组分不会从气相中析出而留在地层中，有效提高了采收率。

**实例分析：凝析气藏开发动态回顾**

如上所述，与其他类型油气藏相比，正确认识流体性质及相态特征在凝析气藏的开发中异常重要。随着生产的进行，当压力降至露点压力以下时，在井附近会形成液滴，此时烃类体系中的重烃部分会吸附在地层中，造成重烃损失。在一些情况下，这种损失率可能会高达80%。对于一些合同规定每天有固定输气量的气井来说，这种损失便成为生产过程中的重要问题。以下为关于这个问题的文献综述[3]：

（1）析出液特征：在整个泄油区域内，根据油藏压力的变化情况可以分为三个区域。外部区域距离井最远，地层压力大于露点压力，此区域内流体以单相气体形式存在。距离油井越近，地层压力不断下降。在中间区域，压力低于露点压力，析出的重质液烃开始出现，然而由于此时的液烃饱和度低于临界流动饱和度，因此在孔道中这部分液烃不流动，故称为凝析油不可动区。在最内层区域，液体的饱和度大于临界值，其具有流动性，称为凝析油可动区。随着油气藏开发过程的不断进行，最外部单相区不断缩小，更多的区域内形成凝析油。析出的凝析油吸附在地层的孔隙中，将使烃类体系中最有价值的部分（重烃）沉积，造成重烃损失。

（2）井筒持液率：当井筒内气体和液体一起向上流动时，由于液体重力大于气体，一部分的液体会出现流动回落的现象，这就引出了井筒持液率的概念。由于井筒内压降很大，流体的流动出现非达西流的特征，一定程度上降低了地层的表观渗透率。

（3）地层渗透率的影响：凝析液带来的不利影响程度主要依赖于地层的地层系数（$Kh$）。在低渗透率储层中，凝析液的出现使开发需要更大的生产压差。相反在高渗透率储层中，凝析液的流动变得相对容易，此时重烃损失不太严重。

## 5.6 总结

油藏流体由多种复杂烃类组分构成，每个组分又有着不同的泡点、露点。随着生产的进行，油藏压力显著变化，就会导致轻质组分从原油中挥发及重质组分从气体中凝析。在油气藏初期开发过程中，这些流体的相态变化将会对油藏产能产生重大影响。

油气藏流体的相态特征可以用相图来直观表征，由于组成不同，每个油气藏流体的相图也是不同的。相图描绘了流体（单相或两相）在不同压力、温度下的状态变化；$y$轴表示压力，$x$轴为温度。相图最重要的特征之一是相包络线，在包络线内，流体为气液两相共存，而在包络线外，流体为单相液体或单相气体。相包络线还给出了系统的露点曲线和泡点曲线。当压力大于泡点压力时，所有的挥发性组分都溶解在原油中。同样的，在露点线以下，所有的较重烃类组分都呈气相。临界点是露点线和泡点线的交会点，在临界点液相和气相的所有内涵性质都相同，两相此时不可区分，处于平衡状态。在两相区内，处于等液量线上的体系气液相组成分数相同。

将油藏压力保持在泡点压力以上，能够避免气体从原油中的分离，这样就保证了原油的流动性不受游离气体的影响，可以有效提高油藏开发效率。凝析气藏开发中通常将采出的一部分气体重新注回井内以保持地层压力大于露点压力，保证了大量的较重烃类组分不会凝析出来，减少了重烃损失。

## 5.7 问题和练习

（1）描述不同类型油气藏流体的相态变化特征。
（2）相图是如何表征流体相态变化的？

（3）相图的主要特征是什么？什么是临界点？

（4）为什么凝析气藏地层中析出液滴称为反凝析现象？

（5）随着生产的进行，油藏流体的相图会发生改变吗？解释理由。

（6）轻质原油与较重原油在相图形态上有什么不同？

（7）相图是否对重质油藏的开发有至关重要的作用？为什么？

（8）绘制典型挥发性油藏的相图，并指出从地层至地面的变化路径，即其在单相区和两相区压力变化特征。在采取压力维持措施使油藏压力始终大于泡点压力时，如何修正相图满足这种情况？

（9）什么是定容衰竭实验？在凝析气藏的开发生产中，它是如何帮助提高油气采收率的？

（10）根据文献综述的内容，简述凝析气藏循环注气的概念，并说明它是如何提高采收率的。

## 参 考 文 献

［1］McCain，William D Jr. The properties of petroleum fluids. Tulsa，OK：Pennwell，1990.

［2］Satter A，Iqbal G M，Buchwalter J A. Practical enhanced reservoir engineering：assistedwith simulation software. Tulsa，OK：Pennwell，2008.

［3］Fan L，Harris B W，Jamaluddin A，et al. Understanding gas condensate reservoirs. World Oil；Winter 2005/2006.

# 第6章 常规油气藏和非常规油气藏的储层表征

## 6.1 引言

油气藏储层表征的本质是尽可能详细地描述、表征油气藏储层特征，以达到优化钻井、完井、压裂、注水和生产等工程方案实施的目的。储层表征的最终目标是提高油气的可采储量。这就需要了解储层的独特性，从而把开发过程中的风险降到最低。储层表征获得的数据资料可以使油藏数值模拟及产量预测的结果更加可靠准确。储层表征是开发与管理大型复杂油藏的关键因素。

本章主要讨论了储层表征的主要内容并回答了以下问题：

（1）储层表征的主要目标是什么？

（2）储层表征有哪些研究方法？

（3）什么是储层性质？它在油气藏开发中有什么作用？

（4）储层表征在油藏管理中有什么作用？

（5）储层表征可以获得什么油藏信息？

（6）储层表征和实现油藏高效开发的流程是什么？

## 6.2 目标

储层表征的目标包括增加油气产量，从而提高油气最终采收率。基于不同油藏的储层表征研究，油藏工程师们主要就以下内容展开工作：

（1）储层构造、岩性、岩石类型、沉积相变化及其他影响储层非均质性的因素。

（2）油藏中孔隙度、渗透率、流体饱和度、油气储集空间的分布情况及流体与流体的接触情况；收集建立油藏模型、定量描述油藏性质、确定产油层、进行钻井设计、提高采收率等方案实施所需要的所有数据资料；升级岩心数据到油藏尺度。

（3）储层的复杂性描述，如断层、裂缝、隔夹层、孔道的形态及岩相变化等对储层产能的影响因素。

（4）井眼长度、井眼轨迹及水平井段数目等优化钻井设计实施的资料。

（5）储层岩石的力学性质，包括杨氏模量、泊松比、体积模量、闭合应力及与优化压裂有关的数据资料。水平井多级压裂技术是提高致密油藏和非常规油藏开采效果的有效措施。

### 6.2.1 储层性质

储层表征的目标之一是评价储层性质。简单来说，储层性质代表了储层能够储存烃类流体的能力及将该类流体开采出来的难易程度。储层的孔隙度、渗透率、流体性质、流体饱和度分布、地质连续性、地层的非均质性、流动单元数、油藏驱动机理、油藏压力状况等都与评价储层性质相关。其中，影响储层性质的地质因素是储层表征研究的目标。开发储层性质较差的油藏时，会遇到不同的工程难题，此时常需要高投资及创新性的解决方案。

## 6.2.2　工具、技术和测量尺度

大多数油气藏储层原始状态下都是异常复杂的，且非均质性强。对于一些超低渗透率的非常规油气藏来说，储层的非均质程度很高。此类油藏的储层精确描述需要多套工具系统的配合使用。对于非均质性强的储层，表征描述工作依赖于各种先进的技术和工具获取的大量的数据资料，这些技术和工具的应用范围从千米级到纳米级。除了测量尺度的差异，不同工具所呈现的分辨率也是不同的。表 6.1 给出了一些储层表征中常用的工具。

表 6.1　油藏特征工具[1]

| 储层表征工具 | 储层尺度 |
| --- | --- |
| 地震测试 | 几米至几千米 |
| 不稳定试井 | 几米至几千米或更大 |
| 露头研究 | 一米至数百米 |
| 测井 | 一米至数百米 |
| 岩心分析 | 一毫米至一米或更大 |
| X 射线 CT 扫描仪 | 一毫米至几厘米 |
| 微型 CT 扫描仪 | 几微米至约一厘米 |
| 扫描电子显微镜 | 几纳米至不大于一毫米 |
| 氦比重仪测试 | 约一纳米至不大于一毫米 |

## 6.2.3　工作流程

总之，储层表征是整个油藏工程管理工作流程的重要一环（图 6.1）。一个完整的油藏工程工作流程概括为以下：

（1）以地质、地球物理、地球化学等学科手段为基础，构建该区域地质模型；包含对储层性质的描述及示意图。

（2）基于岩石和流体的性质，建立油藏动态模型；整合测井及岩心分析资料。

（3）在储层表征中检查、修正储层区域性变化。

（4）设计新井的参数：如水平井的主要设计参数包括水平井分支数、水平井段长度、水平段轨迹等。

（5）利用历史生产资料验证建立的油藏模型。

（6）对油藏模型进行模拟，预测未来产量。

（7）利用新的生产数据持续验证模型；根据需要随时更新模型。

但是，开展整个油藏范围的储层表征，是极其耗费时间与精力的。因此，在时间、费用等条件有限的情况下，应将具体井或特定区域作为储层表征的重点。

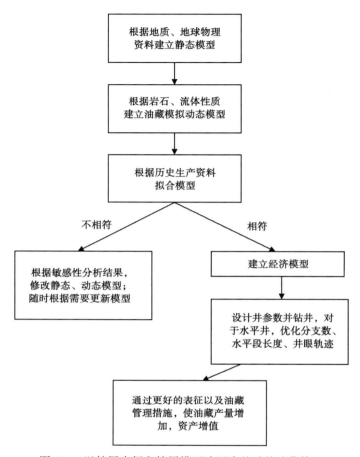

图 6.1 以储层表征和储层模型验证为基础的油藏管理

### 6.2.4 非常规油气藏

对于非常规油气藏比如页岩气藏来说，开发工作需要着重于岩石力学及地球化学性质、"甜点"的确定和优化水平井多级压裂等。Core Lab[2] 提供了描述、开发超低渗透页岩气藏的一系列具体步骤，概括如下（图6.2）：

（1）地质：研究沉积环境、沉积相、岩性、黏土含量、黏土类型、孔隙结构，以及宏观、微观尺度上天然裂缝的形态特征等。

（2）地球化学：研究总有机碳含量（TOC）、镜质组反射率、有机质类型及岩石热解性质。

（3）岩石物性：研究孔隙度、渗透率、流体饱和度（油、气和水）、含烃有效孔隙度及束缚水饱和度。

（4）岩石力学性质：研究杨氏模量、泊松比、体积模量及闭合应力；保持裂缝高导流能力的支撑剂同样需要研究。

（5）压裂模拟设计：岩石流体的相容性及压裂裂缝的导流能力。

（6）岩石物理模型：通过岩心标定裸眼井测井确定模拟的目标层。

（7）综合研究：整合岩心测试、测井资料及压裂模拟技术和产能试井的结果。

（8）区域性趋势：检查用于表征、开发非常规储层的有效区域性数据。

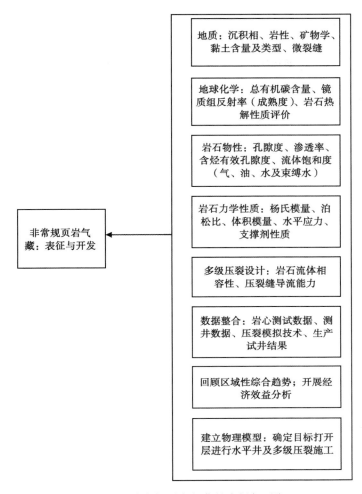

图 6.2 非常规页岩气藏的表征与开发

## 6.2.5 储层表征的不同情况

储层表征工作是以多种测试工具及技术手段为基础的，它常常需要跨学科的技术方法去整合各种有效的数据资料。比如在描述常规油藏的地层时，需要以测井、岩心分析、试井解释资料及生产历史数据为基础进行整合研究。对于具有高渗透率及高含水饱和度特征的地质薄隔层，准确描述其性质特征有助于确定是否在此薄隔层处进行完井作业。对于这种在隔层处完井进行生产的情况，储层表征则主要侧重于井位布置和完井等作业资料的整合。对非常规页岩气藏来说，储层表征工作可能还包括"甜点"区的确定，在"甜点"区常常进行水平井多级压裂以提高产量。"甜点"区内的页岩储层有良好的储层物性，其岩石物性、地球化学性质也十分利于开发。"甜点"区内页岩气富集，具有较高的经济开采价值。

**实例分析一：加拿大萨斯喀彻温省某低渗透油藏的储层表征[3]**

为了提高该低渗透砂岩油藏的生产潜力，研究人员开展了一项结合岩石物理测井及岩心测试实验的研究工作。此低渗透砂岩油藏位于加拿大萨斯喀彻温省的西南部。Shaunavon B

油藏上部由两个渗透率相差很大的不同岩相区域构成，其中低渗透区域的渗透率值在 0.1~10mD 之间，高渗透区域的渗透率值集中在 10~1000mD。后者虽然具有较高的渗透率，其含烃体积却十分有限。该油藏的预测采收率很低，只有不到 4%。为了更加经济、有效地进行开发，该低渗透区域采用非常规油藏的开发方案进行设计。生产的目标是以高渗透地层作为主要的开发区块，并最大限度地开发低渗透区块。该油藏采用多口水平井进行开发，为了进一步提高油藏采收率，也在该油藏广泛实施多级压裂技术。

该油藏储层表征研究以 177 口井的数据资料为基础，其主要内容为流动单元的确定、储层性质、层间连通性、油藏岩石含油饱和度程度及孔隙体积和生产历史。

利用示意图和容积法可以对油藏进行描述。收集每口井的孔隙度—厚度（$\phi H$）、渗透率—厚度（$Kh$）和生产泡点图（图 6.3）。将每口井的生产泡点图及孔隙度—厚度、渗透率—厚度图进行整合，可以看出孔隙体积与累计产油量存在一定的关系。

此外，同一岩相区域内或两个岩相区域内的生产历史数据也要进行分析和比较。通过分析比较，确定该油藏存在六个相系统，并确定其中五个拥有高孔、高渗的良好储层性质，具有经济开采价值。对于那些因为岩石低渗透率及强非均质性而大量未被开采出来的原油，在以后的工作中可以使用水平井多级压裂等技术进行后续开发。

### 实例分析二：识别马塞勒斯页岩的"甜点"区[4]

近些年来随着水平井钻井、完井及水力压裂等技术的进步，美国及很多国家的常规低渗透油气藏和非常规油气藏迎来了快速发展，其中最有影响力的便是页岩气在商业领域的成功。由于页岩的基质致密，其渗透率极低（几毫达西或更小），孔隙度极低（通常为个位数），因此如果生产井不是位于"甜点"区域，其初始产量通常不高且递减迅速。"甜点"区有良好的储层性质，利于压裂作业，具有商业开采价值。岩石的一些性质包括孔隙度、渗透率、TOC、热成熟度、脆性等对于压裂效果十分重要，岩石物性和地层厚度共同决定了页岩是否具有开采价值。

页岩气藏的分布范围较广。例如，马塞勒斯页岩在阿巴拉契亚盆地上延伸了几百英里，从纽约到弗吉尼亚都有分布，其天然气储量达 $500 \times 10^{12} \text{ft}^3$，足够全美国 20 年的能源需求。但是，基于目前的生产技术水平，不是油气田的所有部分都能够经济、有效地进行开采。马塞勒斯页岩被中间的石灰岩隔层分为上、下两个页岩层。

从绘制出的马塞勒斯页岩气藏的"甜点"区图中可以看出，在范围极广的页岩地层中，高孔隙度同时又有较高 TOC 值的区域作为"甜点"区比较合理。该气藏储层表征研究主要集中在以下几个方面：

（1）测井：来源于马塞勒斯页岩地层中数千口井的孔隙度和电阻率测井数据。

（2）地球化学数据：来源于马塞勒斯页岩地层中 90 多口井的 TOC 数据。

（3）岩石物性数据：页岩的孔隙度。

那些有较高孔隙度和较高 TOC 值的区域很可能成为"甜点"区。通过对"甜点"区附近范围内有效生产数据进行评估，从而来进一步验证这些区域是否为"甜点"区。

马塞勒斯页岩的 TOC 等值线图按照帕西方法进行绘制[5]。这个方法利用声波测井、密度测井、中子测井等技术手段得到电阻率测井、孔隙度测井数据资料，修正 TOC 值使其准确度提高。用 $\Delta \lg R$ 表示电阻率曲线与孔隙度曲线的差异程度，其差值越大，表示该页岩区域 TOC 含量就越高（图 6.4）。以上数据可用于绘制马塞勒斯页岩的 TOC 等值线图。

作为储层性质表征的重要研究内容，利用岩心分析实验可以获得实测 TOC 值。将计算修正过的 TOC 等值线与实测 TOC 值进行比较，可以发现二者有很好的相似性。

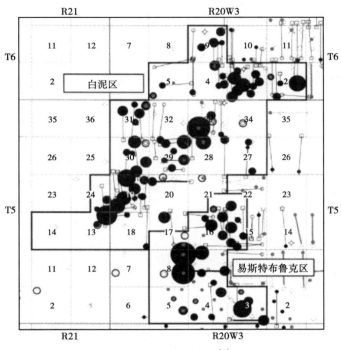

图 6.3　生产泡点图[3]

泡点表示累计产油量（泡越大代表井产量越高）

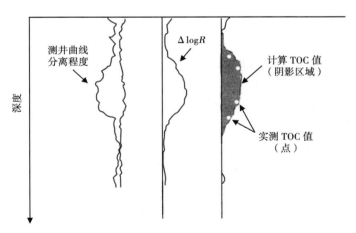

图 6.4　拥有高 TOC 值的页岩"甜点"区的确定

## 6.3　总结

储层表征的主要目的就是尽可能准确、详细地描述油气藏的性质，通过认识储层岩石的非均质性、构造特征、流动单元等来合理地进行油藏开发、生产管理，最终取得高的经济收益。孔隙度、渗透率、流体饱和度、含烃孔隙体积、流体接触关系等在储层范围内的分布、构造的不连续性和沉积相的改变都是储层表征研究的主要内容。对于页岩气气藏等非常规油气藏，岩石的地球化学组成及岩石力学性质同样十分重要。储层表征需要多学科综合研究，包括但不限于地震、地质、地球化学、地球物理及岩石力学的知识。多种不同应用尺度、不同分辨率的测试工具是储层表征工作中不可缺少的，其数据资料的获得范围大至几千米小至几纳米甚至更小。

油气藏开发包括从建立油气藏静态、动态模拟模型到进行历史拟合校正，而储层表征是这个油气藏开发管理工作流程的一部分。为了得到满意的拟合结果，迭代过程中，模型的参数需要根据分析结果进行调整更新。当拟合成功时，新井的优化设计要以合理的经济分析为指导。

非常规页岩气藏的储层表征研究内容包括但不限于以下因素：

（1）沉积环境、沉积相、岩性、黏土含量、黏土类型、孔隙结构。

（2）天然裂缝形态。

（3）TOC 值、镜质组反射率、有机质类型。

（4）孔隙度、渗透率、流体饱和度（油、气和水）、有效含烃孔隙度、束缚水饱和度。

（5）岩石杨氏模量、泊松比、体积模量、闭合应力及支撑剂性质。

（6）岩石—流体相容性及支撑剂裂缝导流能力。

（7）岩心实验标定测井，综合岩心、测井资料，压裂模拟技术及生产试井。

（8）油藏产量区域性变化特征。

在提高油藏产能、增加油藏采收率方面有两点内容是研究的重点是准确描述低渗透砂岩地层的性质以利用水平井技术提高产量，以及依靠测井与岩心测试技术识别确定马塞勒斯页岩的"甜点"区。

# 6.4　问题和练习

（1）什么是储层表征？储层表征的目标是什么？

（2）储层表征研究中目标是获得什么信息？

（3）为什么储层表征工作需要多学科知识综合研究？主要包括哪些学科？

（4）列出储层表征工作中用到的主要工具及技术手段。

（5）非常规油气藏开发水平井设计中，储层表征如何起到重要作用？请解释。

（6）在油藏开发生产过程中是否存在一个最佳时间点来进行储层表征工作？还是说储层表征应该是一个持续性的过程？给出一个具体的例子。

（7）储层表征如何在构建油藏数值模拟模型中起到作用？

（8）如何描述生油岩层？它与油藏储层岩石在表征中有什么不同？

（9）某家公司想要在某个新发现的白云岩油藏中钻 5 口水平井，油藏中有几条稳定的页岩夹层分布。列出对确定各井位置有重要影响的相关参数。

（10）最近有一项任务需要完成：在某个油藏内，有几口井近来含水率升高，其他井生产正常。现在要提高这几口井的产量，可采取什么步骤来进行储层表征并提出适当的解决方案？

# 参 考 文 献

［1］ Solano N A, Clarkson C R, Krause F F, et al. On the characterization of unconventional oil reservoirs. Availa-
ble from: http://csegrecorder.com/articles/view/on-the-characterization-of-unconventional-oil-reservoirs
［accessed 20.02.14］.

［2］ Tight oil reservoirs of the midland basin: reservoir characterization and productionproperties, 2014. Available
from: http://www.corelab.com/irs/studies/ tight-oil-reservoirsmidland-basin.

［3］ Fic J, Pedersen K. Reservoir characterization of a "tight" oil reservoir, the middle Jurassic Upper Shaunavon
member in the Whitemud and Eastbrook pools, SW Saskatchewan. Marine Petrol Geol, 2013, 44: 41-59.

［4］ Logs reveal Marcellus sweet spots, TGS. Available from: http:// www.tgs.com/ uploadedFiles/Corporate-
Website/Modules/Articles_ and _ Papers/Articles/0311-tgs-marcelluspetrophysical-analysis.pdf ［accessed
23.08.14］.

［5］ Passey Q R, Creaney S, Kulla J B, et al. A practical model for organicrichness from porosity and resistivity
logs. AAPG Bulletin 1990, 74/12: 1777-94.

# 第 7 章　油藏的生命周期与行业专家的作用

## 7.1　引言

在一个油藏的生命周期中会经历数个不同的阶段。一些油藏区块在维持商业化规模生产的基础上，已经生产了百年以上。油藏的生命周期主要包括勘探、发现、评价、描述、开发、生产与废弃。每个阶段的任务都极具挑战性。来自不同学科领域的专家们，包括地球科学家和石油工程师等，将共同致力于油藏的开发与生产。除了技术与经济性上的考虑，在油藏生命周期中各种法律规章与管理制度也将起到重要作用。在开发与管理大型海上油气田时，常常需要几十亿美元的巨额投资。因此，在油藏的生命周期中，可靠的油藏模拟模型就可以作为潜在的、可用于成功管理油藏的有效工具。在本章末将介绍一个开发海上油田的案例。

本章着重于常规与非常规油气藏生命周期，并回答了下列问题：

（1）为什么在油藏的生命周期中会划分不同阶段？

（2）油藏是如何勘探、开发、生产与废弃的？

（3）行业专家们在油藏各周期中的作用是什么？

（4）非常规油气藏的生命周期是否有所不同？

## 7.2　油藏的生命周期

典型的油藏生命周期如图 7.1 所示，包括勘探、发现、描述、开发与生产[1]。接下来将讨论油藏生命周期中的不同阶段。

### 7.2.1　勘探

石油工业是基于油气勘探地质资料，试图找到新的可以用于经济生产的储层的过程。早在 100 多年前，地质学家们就在相对埋深较浅的内陆油田中开展了基于地质与地球物理研究的勘探活动。随着诸如水平井与海上平台等技术的发展，石油勘探也逐步延伸到海上，并逐步从浅海区域发展到深海区域。近年来，随着多级水力压裂等行业革新型技术的出现，非常规油藏的勘探工作正如荼如火地进行着。勘探过程中，地质学家和地球物理学家主要进行油藏的表征工作。油藏表征包括深度、构造、区域地层、裂缝、断层、大小、含水层系及目标区块的位置；所需要的工具包括地质与地球物理评价、盆地分析等。在非常规储层如页岩气气藏中，较传统储层勘探而言，地球化学与地质力学的研究也会在勘探中起到重要的作用。

石油的勘探是从成藏区带开始的。成藏区带是一个具有显著特征的地质构造，在此构造中可能含有潜在的油气埋存和聚集地。如果石油与天然气在同一区域聚集就可以证明那里存在一个成藏区带。但在确定一个成藏区带时通常还伴随着相当大的不确定性和风险。当地质学家们收集到足够多的证据来证明该区域有较大经济性开采的可能性时，该成藏区带就可以被认为是一个潜力区块。勘探与风险共存，这些风险是基于储层岩石的性质而言的，其包括总有机质碳含量和成熟度、运移通道的存在、储层质量（孔隙度与渗透率）、盖层存在等。就常规的石油勘探而言，潜力区域是指在综合考虑地质构造（如背斜）、区域地层、储层岩石、盖层岩石、烃源岩、运移通道和区域有效性后，最有可能发现石油的区域。

但对一些非常规储层，如页岩油和页岩气则并非如此，在这些例子中，烃源岩就是储集岩。因此，在勘探石油沉积时，储层岩石与运移通道的存在与否不再是一个需要考虑的因素。

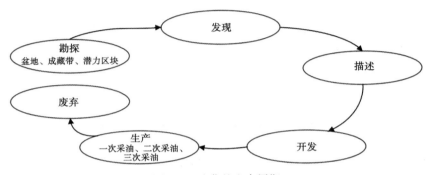

图 7.1　油藏的生命周期

## 7.2.2　发现

如果幸运的话，勘探期间钻井就能发现新的油田或气田。历史数据表明，在美国勘探井成功找到油气资源的概率是 30%。随着技术的进步，勘探找到油气的概率在 20 世纪下半叶有了进一步的提高。但需要注意的是，全球范围内大型盆地中具有较大规模的地质成藏区带都已经被勘探过了，已降低了再发现大规模油气田的可能性。

基于有限的地质资料，人们尝试去估计油气的原始地质储量和潜在储量。所使用的工具与技术包括但不局限于油层物理研究、随钻测量、随钻测井、钻柱测试、油藏模拟等。在此阶段，对于油藏表征的不确定性显得尤为突出。

在发现阶段，非常规储层与常规储层是有所区别的。如今，世界上许多地方都已经发现了大规模沉积的非常规油气资源。在非常规储层中，新井钻遇油气的概率十分惊人。页岩油气储层就是很好的例子。页岩地层通常能延伸几十甚至几百英里，并且在此区域钻井目标性明确。但是，要从此类储层中获取高采收率还存在技术和经济上的困难。

地质学家、钻井工程师、油层物理学家和油藏工程师的主要工作目标是定位可用于生产的地层。在确定该地层时需要考虑产层厚度、孔隙度、含油饱和度、油水接触面、储层压力和可能的产量等信息。

## 7.2.3　评估

钻探附加井（包括评估井）对正确认识油藏大小和性质具有重要作用。在此阶段，主要揭示油藏结构的复杂性。油藏所处的复杂地质结构，包括分层、断层、裂缝、隔层、岩相变化等，通常需要钻取一定数量的资料井和多学科的综合研究来进行的（图 7.2）。与储层地质结构和特性相关的不确定性，随着钻井数目的增加而减少。

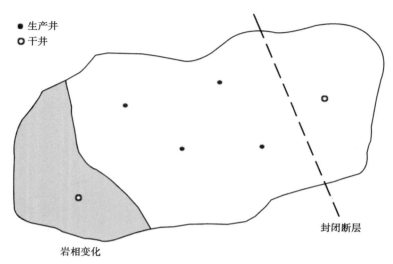

图 7.2　新钻的井为具有断层和岩相变化的储层描述提供了详细信息

此阶段仍然需要钻井工程师、岩石物理学家和油藏工程师共同参与，收集关于储层连续性和产层厚度、孔隙度、含油饱和度及油藏压力等数据。根据油藏的复杂性，可以对一口或多口井取心，通过室内实验研究岩心的孔隙度、绝对渗透率、相对渗透率和光谱特性。油、气、水的性质，例如气体溶解度、地层体积系数、压缩系数和黏度等，可通过采集油藏流体样本获得。

## 7.2.4　开发

在开发阶段需要油藏工程师、钻井工程师、管理工程师和装备工程师的通力协作，在此阶段，工程师们需要做的是钻得经济有效的井数并确定出合理的井距。油藏模拟将为油藏开发策略和未来补充钻井提供依据。所谓的油藏数值模拟就是针对油藏的不确定性、油藏井位的分布和油藏开采的设计，采取大量可能的方案进行模拟开发。其中，最优的开发方案将被实际应用到油田中去。致密储层的相对渗透率通常比较低，为获取经济产量，需要加大井网密度。随着水平井技术和其他技术的发展，以前不能获得高采收率且具有复杂地质条件的油藏，现在已可以进行有效的经济开发。

海上油田需要大量的资金来建造海上平台、海下装置等用来支持油气的生产、储备和运输。通常，在一个大型的海上开发平台框架内可同时开发多个油气田。海上油田钻井也常常被设计成水平井以增大和储层的接触面积来获取经济产量。在单一平台上所钻的多口井将通过井口槽后，最终经不同的方向到达一个或多个储层的不同位置。实际上，在开发海上油田时还需考虑平台上可使用的井架数量和井口槽数量。从资金投资的角度看，开发阶段是油藏生命周期中最重要的阶段。

在远距离、深海环境和高度复杂的地质背景中开发油气田可能会带来技术和经济方面巨大的挑战。

## 7.2.5　生产

从油藏开发的进程来看，油藏生产和油藏开发存在交叉，这是因为当一部分完钻的井在生产时，正在开钻一批新井。生产阶段通常可以划分为多个阶段。主要的划分有一次采油、二次采油、和三次采油（提高采收率）阶段。一次采油阶段是指通过油藏的天然能量获取油气资源的阶段。天然能量的类型包括岩石与流体的膨胀能、释放溶解气的能量、附近水源的水驱能量及重力能等。一次采油所获得油藏采收率程度不尽相同。一次采油中的油藏动态将在第 11 章中进行讨论。

二次采油是指通过注入流体来补充天然能量开采石油。二次采油主要有水驱、气驱或气液混驱等方式。提高采收率阶段包括热力采油、化学驱和混相驱。三次采油通过采取额外的能量形式来获取常规的一次采油和二次采油所不能获取的经济产量。二次采油和提高采收率都属于强化采收率的一部分。第 16 章中将会对水驱进行介绍，第 17 章将着重讨论提高采收率的内容。

每个油藏的最终采收率都不一样。但是，就世界范围来看大多数典型油田的采收率估计值见表 7.1。

表 7.1　常规油藏的采收率

| 生产阶段 | 典型采收率（%） | 备注 |
|---|---|---|
| 一次采油 | 5~15 | 生产由天然能量驱动 |
| 二次采油 | 25~45 | 主要是水驱和注气 |
| 三次采油 | 45~70 | 提高采收率方法 |

## 7.2.6　废弃

当不能继续经济地获取油气资源的时候，油气田就要被废弃了。在废弃一个油藏的时候，要综合考虑井的生产速度、油藏位置（陆上与海上）、管理花销、市场条件、环境及其他规定和一些其他因素的重要作用。通常来看，废弃的原因包括：

（1）油气产量递减到不能继续经济开采。

（2）生产井过大的水油比或气油比（图 7.3）。

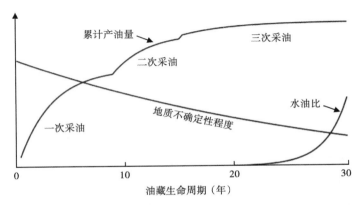

图 7.3　一个典型油藏生命周期中的油气产量、水油比和不确定性程度

93

（3）增强采收率措施不能经济地开采剩余油。

（4）运营和维持油田生产的开销高昂，且投资回报比率不理想。

## 7.2.7　油田再生产

要完整的谈论油田寿命史还得提到废弃或近乎废弃的油田的再生产，这在石油工业中是很常见的现象。随着油气井产量的递减，油藏的管理开始变得举步维艰。第 20 章将讲述关于生产末期油田的再生产技术的工业化实践。

## 7.2.8　非常规油藏的生命周期

在某种程度上，非常规油藏与常规油藏的生命周期有所不同。例如，在开发页岩气的时候，通常强调的是要找"甜点"区域来进行开发和生产，而不是关注于大规模存在的页岩分布。这种非常规储层是由聚集在页岩地层中的连续气相组成，其可能延伸至数百英里，但只能在一部分确定的"甜点"区域进行经济性开采。

# 7.3　专家们的作用

在表 7.2 和表 7.3 中所罗列了石油工业中专家们的作用与其作出的贡献。

表 7.2　多学科专家的作用

| 生命周期阶段 | 专家类型 |
|---|---|
| 油气田的勘探 | 地质学家、地球物理学家和地球化学家 |
| 发现 | 钻井工程师、油层物理学家和油藏工程师 |
| 评价 | 钻井工程师、油藏物理学家、地质学家、地球物理学家、地质化学家和油藏工程师 |
| 开发 | 油藏工程师、钻井工程师、管理工程师、装备工程师 |
| 生产 | 生产工程师、管理工程师、装备工程师、油藏工程师 |

表 7.3　专家们的贡献（团队工作）

| 专家 | 对油藏的贡献 |
|---|---|
| 地球物理学家 | 油藏深度、构造形状、断层、边界、油藏可视化 |
| 地质学家 | 碳烃化合物沉积的来源、运移、累积，岩石类型，矿物学，沉积环境，构造和地层学 |
| 地球化学家 | 有机质含量、烃源岩热成熟度 |
| 油层物理学家 | 产层厚度、小层厚度、岩石类型、岩石孔隙度、储层流体饱和度 |
| 工程师 | 岩石性质，流体性质，试井（储层压力、温度、井筒条件、断层、有效渗透率），注入与生产数据，物质平衡计算来确定原始碳烃化合物地质储量，递减曲线分析，气顶，水体大小和强度，一次采油驱动机理，生产与注入优化，油藏模拟，二次采油和三次采油设计，油藏管理等 |

**实例分析：在模型研究的基础上开发海上油气田**

大多数的海上油田与油藏都要进行大量的工程建设，这需要大量的资金投入。需要进行详细的研究来使风险最小化，并在面对多变的不确定风险和经济政策时能确保收益良好。在投资前，要对假设的开发方案进行细致的数学模拟研究。下面列举了一个包含多油田的海上项目的相关研究内容[2]：

（1）油气田的开发顺序，即先开发哪个油田。

（2）在一个时段内每个油田能产多少油气。

（3）油田中要钻的井的数量和所钻井的先后顺序。

（4）设计海上平台及其规模。

下面列举了大多数需要考虑的限制条件与不确定性：

（1）真实的油田概括，包括油气产量、水油比和气油比。

（2）各个油田中的油气储层。

（3）特定油田在限制条件下可获取的钻井井架数。

（4）平台上可获取的井口槽数量。

（5）只有在油田安装好必要设备后才可进行特定油田的开发。

（6）财政考虑与相对的不确定性。

（7）油价与市场条件。

（8）长期计划与未来潜在的扩展计划。

该模型基于使整个项目的净现值最大化进行模拟的。这个模型预测了初始开钻井数量及所需要建设的海上平台数量和其他建设的需求。一旦有几口井完钻后，关于初始井产量和石油储量的不确定性就会减少，因此能够确保这个模型能更为精准地预测后续年限的情况（图 7.4）。

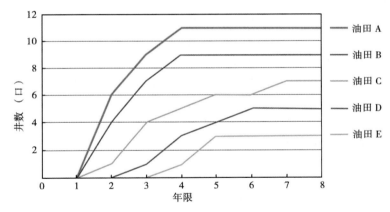

图 7.4　在海上油田生命周期中开发阶段的多海上平台的钻井计划表

## 7.4　总结

油藏从其开始开发到被废弃会经过一个完整的生命周期。有些已知的油藏已经生产超过了 100 年。油藏的寿命期可以划分为五个最为明显的阶段，即勘探、发现、评价与描述、开发与生产和废弃。某些阶段可能存在重叠，如大型油田中的开发与生产可以同步进行。根据所应用的开采方式，生产阶段可以划分为一次采油、二次采油和三次采油。

（1）勘探：油气藏的生命周期是从成藏区带的勘探开始的。所谓的成藏区带是指可能会有石油和天然气聚集的地质构造，包括烃源岩的存在、储层岩石、运移通道、地质圈闭和盖层岩石。基于地质和地球物理研究的基础上，当成藏区带被充足的证据证明此处有石油与天然气时就可以成为潜力区块。探井开钻后，足够幸运时就可以发现石油。历史数据表明大约有 30% 的探井能发现石油和天然气。某些非常规储层如页岩油和页岩气可以延伸到非常大的区域。但要进行非常规储层的生产还存在许多技术上的挑战。因此，对这些非常规储层而言，重在有效的生产而非勘探。

（2）评价与描述：钻一口或数口评价井来评价油藏的规模和质量。在这个阶段，可以通过钻井来确定油藏的延伸范围。对于石油储层的评价工作通常是通过油层物理和不稳定试井的研究完成的。油层流体的物理性质在第 3 章中有所描述，不稳定试井在第 10 章有简要介绍。

（3）开发：评价之后就是开发，在此阶段要使得所钻的油气井能最优化的进行生产。井位、井的配置和井的设计是基于油藏模拟结果和考虑了可能的开发方案后所决定的。在开发的过程中也需要用到油藏工程师的经验和考虑区域趋势。在开发具有多平台海上油田的时候需要大量的资金投入并需要经济优化，详见本章的实例研究。

（4）生产：油藏的生产阶段是前期研究成果的验证。油藏最初进行一次采油。一次采油是应用的油田自身所存储的天然能量来驱动的，生产是由以下这些条件所驱动的：油气的膨胀能、油藏中液体中释放出气体的能量、邻近水源的水驱能量、重力导致的排油及松散地层的压缩能。一次采油的驱动机理将在第 11 章中介绍。

（5）二次采油的方式主要是注水操作或注气或气水同注。在条件适宜的情况下，此生产阶段将会产出大量的石油。一旦开始进行到二次采油阶段，提高采收率技术就要开始为后续大规模的石油开采做准备。通常提高采收率的方法包括在早期注水后注二氧化碳及在稠油油藏中应用热采能量。常规储层中的水驱将在第 16 章中所讲述，提高采收率的操作将在第 17 章中所讲述。二次采油和提高采收率都是强化采油的一部分。据世界范围内的数据统计来看，一般典型油田的最终采收率为 25%~50%。全球石油储量话题将在第 23 章所讲述。

（6）废弃：油藏在生产的最后一个阶段称为废弃阶段，此阶段意味着产量递减或某些管理支出导致此阶段的生产水平已经不能再满足经济生产的条件。油藏的投资回报率低于可接受的水平。通常导致油藏废弃原因为：井产量的减少、含水量过大、高气油比和频繁的修井等，这将导致支出的增加。

（7）专家们的作用：一个油藏团队从本质上讲是多学科的组合。地质工程师、地球物理学家、地球化学家、油藏工程师、完井工程师、生产工程师、装备工程师等在油藏生命周期中扮演重要角色。对油藏不同方面的研究经过整合来获取精确和详实的油藏未来的生产动态，从而为油藏规划、开发、生产和油藏管理提供理论依据。在早期阶段，地球科学家们在勘探阶段的研究工作主要包括油藏深度和构造、岩石类型、岩石力学、烃源岩的地球化学分析、结构、岩石组成成分和圈闭类型等。在评价、开发和生产阶段，来自不同学科的工程师们在有效地管理油藏中起到了重要角色。这些研究包括物质平衡计算、利用递减曲线分析估算储量、分析一次采油机理、生产和注入优化、水侵量、油藏模拟、二次采油和三次采油设计和油藏监管等。

# 7.5  问题和练习

（1）油藏的生命周期是什么？在一个典型的油藏中其生命周期可以划分为哪几个阶段？

（2）描述至少 5 个可以影响油藏生命周期的重要因素。

（3）在文献调研的基础上，描述一口新井是怎样进行油藏评价的。

（4）在油藏生命周期中的哪些阶段进行油藏模拟研究最为有效？

（5）海上油田的开发与陆上油田的开发有什么不同？

（6）认识非常规储层开发阶段中的重点是什么？

（7）油藏整个开发周期中需要哪些专业人员？

（8）专家的贡献是什么？

（9）当一个油藏临近废弃阶段时的特征是什么？

（10）描述一个拥有数百口井的大型油田的完整油藏开发周期，包括可以延长油田寿命的方法。

## 参 考 文 献

［1］Satter A，Varnon J E，Hoang M T. Integrated reservoir management. J. Petrol. Technol. December 1994：46-58.

［2］Gupta V，Grossmann I E. Offshore oilfield development planning under uncertainty andfiscal considerations. Department of Chemical Engineering，Carnegie Mellon University. Pittsburgh（PA）；2011.

# 第8章 油藏管理过程

## 8.1 引言

油藏管理的目标是在综合考虑管理、技术、经济、制度和其他限制条件后使得油藏的效益达到最大化，要达成这一目标就需要对油藏的生产进行优化。油气田生产优化的目的是为了在利润与所投入的资金之间找到一个平衡（图8.1）。在一个油田开发的整个生命周期中，从勘探到生产再到最终废弃，每一个阶段都和油藏管理紧密相关。

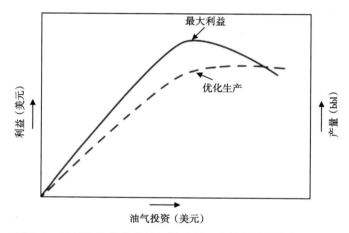

图8.1 通过对比优化产量与资金投入来使得油藏资产最大化

实际上，因为油藏生命周期从开始到最后会经历多个阶段且这个周期是有限的，所以工程管理学中把管理油藏的过程按照其在油藏生命周期中的适应性划分成5个不同的阶段（图8.2）。从世界范围内来看，不论商业活动的形式和管理过程的目标如何变化，其管理框架是一致的，一项工程包含工程启动、规划、执行、过程监督与控制及工程结尾5个阶段[1]。

工程启动包含了管理许可和发现油藏之后的油气勘探。工程的目的在于最优化石油开采方案并取得最大的回报。在规划阶段，油田的开发计划是基于已获得有效资料数据所进行的。作为规划的一部分，油藏模拟将用于确定未来钻井井位并安排这些新井的钻井计划表，从而优化生产。在执行阶段，作业单位按计划钻井并着手生产。同样，在这一阶段也需要安装支撑油田日常基本管理的设备。在监督与控制阶段，多种的运行指标如井产量、井底压力、采收趋势、水油比、气油比、全油藏反馈等，都将作为油藏检测的一部分并进行实时监控。最后，因为产量递减到低于经济极限产量后就到了废弃阶段，工程也就即将结束。在整个工程期间的完成情况和得到的经验都会被记录。油藏的生命周期已在第7章中有所讨论。

工程中的不同阶段是动态的，相互之间可能会造成影响。比如，运行监督或油藏监管可能会导致工程计划或执行中的一些改变。管理过程包括时间管理、预算管理、质量管理、通信管理、整合管理、风险管理、范围管理和人力资源管理等不同的方面。

本章着重介绍了油藏管理的不同方面并回答了以下问题：

（1）油藏管理的目标是什么？

（2）油藏管理中的关键因素是什么？

（3）油藏管理工作是如何进行的？

（4）非常规油藏的管理过程中会出现什么不同？

（5）为什么说油藏管理是一个综合、动态且持续的过程？

（6）油藏管理策略是怎样形成的？

（7）油藏管理过程中需要涉及哪些学科、工具和技术？

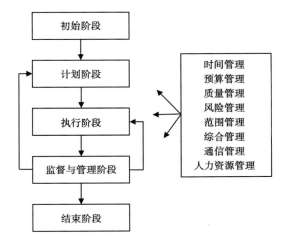

图 8.2　工程管理中的 5 个阶段

管理过程是一个相互的作用过程。监督与控制可能会给计划与执行带来某些不确定性，在右侧展示了管理中的主要部分

### 8.1.1　油藏管理中的基本元素

油藏管理是以特定的需求和解决策略为基础，以解决现实问题为目标的。油藏管理通过设计、实施开发方案，持续评估一次采油、二次采油、三次采油开发效果，达到提升油藏总价值的目的（图 8.3）。

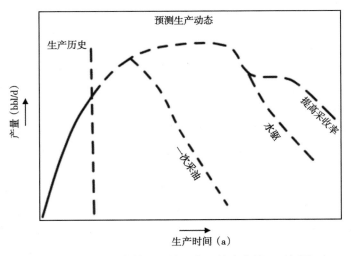

图 8.3　基于油藏管理下的生产区域内产量—时间图

一次采油、二次采油、三次采油增加了油藏资产

一项成功的油藏工程管理策略包括以下几个重要方面：

（1）详细精确的油藏资料，包括工程开始时获得的各种静态、动态资料。

（2）以最优化的方式、最合理的技术措施开发油藏。

（3）影响开发、生产和油藏管理的大环境。

油藏认识主要以地质、地震、油层物理和其他周期性或定期开展的研究等为基础。地质、油层物理、和地球化学数据都是用来描述岩石性质和油藏构造的，这些都是静态数据。

而通过监测、收集和分析产量和相关信息所获得的是动态数据。在一个油藏管理中所涉及的技术十分广泛，包括用地质、地球物理、地球化学、钻井、完井、计算机辅助模拟、试井、测井和电子监控等资料来监督油藏开发过程（图8.4）。油藏的大环境主要指合作（目标、经济强度、文化和态度）、经济（商业气候、油气价格和通货膨胀）和社会环境（资源保护、安全和环境整治）。

图 8.4　油藏管理中的主要内容

都是一个整体化的工作。比如，何时需要开始提高采收率（EOR）就要考虑当前的市场条件。整体化也体现在人机技能、可获取技术、数据和工具水平上。油藏管理是动态的，因为油藏管理的短期策略和长期策略都是基于油藏生产动态进行有规律的调整和更新的。例如，当前在水驱条件下的油藏动态表明在油藏中的某一部分注入水量可能会急剧上升，或者在原始计划中没有计划到的需要新钻补充井。随着油藏监管和分析的进行，可以获得更多关于油藏的新数据，从而导致油藏管理计划也随之重新修订。油藏管理是一个持续的过程，这是因为油藏是实时监控的，且可以用自动化的工具和系统来完成某些校正行为。除此之外，在整个油藏开发周期内油藏的生产动态要定期地进行检查，以便更好地进行油藏管理。油藏管理过程中的各个阶段都要谨慎的制订合理的计划。

Satter 和 Thakur[2] 表示 "油藏管理是不可或缺的。人们可以单纯依靠运气而无需制订详细的计划，从一个油藏中获得一些收益，或者也可通过有效的管理措施提高该油田的采收率并使之利益最大化。"

简而言之，油藏管理的目标就是尽可能提高油气采收率并使资本投入最小化和管理花销。有效的油藏管理措施取决于可获取资源的合理利用。对人力资源、技术资源、经济资源的有效利用会最大化油藏资产。在整个油藏管理中所需要的技术人才是多学科和跨领域的。

## 8.1.3　非常规油藏的管理

从广义上讲，常规油藏与非常规油藏的管理都适用于同一原则。但在非常规油藏的开发中通常伴随着技术不成熟、缺少详细的信息资料、井生产动态不可预测、高投资、高风险等问题，这需要在油藏管理的某些方面更加注意。例如，在页岩气藏中，在实施钻井之前需要和常规油藏进行对比来制订出一个有效的油藏管理方案。

## 8.1.4　油藏管理策略

油藏管理策略关注的重点在于实现最优化生产和整个系统的平稳持续，如何进行开发、生产和监管。设定油藏管理策略中的重要性在于要懂得油藏管理的合理性。这需要地质、岩石和流体性质、流体流动和开发机制、钻井和完井及过去生产运行状态的相关知识。对于不同技术的恰当使用就构成了"技术工具箱"，这里面包含了关于勘探、钻井和完井、开采过程和生产的相关技术，这些重要的元素能确保油藏管理的成功。可获取的相关技术领域包括地质、地球物理及油藏和采油工程。

前面已指出，油藏管理策略受到"大环境"中不同因素的影响。商业环境、市场条件、物流后勤、通货膨胀和其他因素都在油藏管理策略中起着重要的作用。合作目标、文化及态度都决定着油藏管理策略的方向。有关大环境的规章和制度、法律约束、公众意见和政治稳定性都在方案的制订中起着重要作用，工作人员的技术水平也起着重要的作用。

# 8.2　制订计划

一旦油田的管理方案形成后，下一步就是制订一个计划（图 8.5），包含着以下内容[2,3]：

（1）数据收集和信息管理。

（2）用于预测油藏动态的地质和数学模型。

（3）包括所需钻井在内的油藏开发策略。

（4）井的产量预测。

（5）油藏衰竭应对策略。

（6）储量的估计。

（7）设备的要求。

（8）经济优化。

（9）环境和管理问题。

（10）技术计划的管理许可。

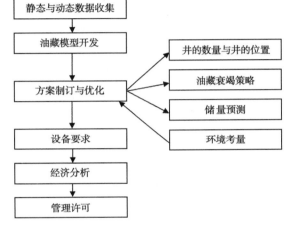

图 8.5　油藏开发计划制订

开发一个经济可行的油藏计划需要多学科综合的专家团队，其主要成员如下：

（1）地球科学家，负责油藏静态描述。

（2）油藏工程师，负责提供生产和储量预测及经济评价。

（3）钻井和完井工程师，负责钻井和完井。

（4）设备工程师，负责设计地面、海下和地下设备。

（5）结构工程师，负责设计海上项目的平台和生产甲板设计。

（6）其他专家包括生产和管道工程师及地面管理人员等。

团队中专家的组成和人员数量要根据项目的规模及实施目标来确定；且团队的领导者应具备油藏管理的全面知识。

## 8.2.1　开发与衰竭策略

如何依靠合理的开发方案通过一次采油、二次采油、三次采油方法来开采石油，使得剩余储量不断减小，是油藏管理中最重要的步骤。

油藏目前的生产状态在生命周期中所处的阶段决定着开发与衰竭策略。

在一个新发现的油藏案例中，涉及如何确定最佳井距、井结构和开采方案。

在油藏产量递减阶段，需要制订一次采油方式、二次乃至三次采油的计划。

### 8.2.2　数据收集与信息管理

在油藏的整个生命周期中，需要收集和分析大量的数据。资料数据的来源非常广泛，部分数据是收集的实时生产数据。在图 8.6 中给出了一些影响油藏管理策略的油藏数据。

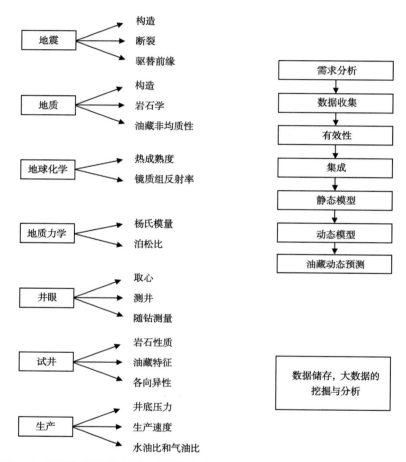

图 8.6　油藏数据及其来源；数据收集与分析是制订油藏管理策略的基本工具

数据收集和信息管理中的关键步骤是计划、论证、时间选择和排序。在生产前需要的数据包括地震、地质、测井、取心、流体性质和从试井中获取的结果。在生产中所需要的数据是通过试井（第 10 章）、一次采油数据（第 11 章）、水驱（第 16 章）和 EOR 方法（第 17章）等过程中所获得的。所收集的数据需要经过分析证实其有效性，然后存储在数据库中以备后续研究。

### 8.2.3　地质和数学模型研究

油藏模型是一个集成了地球科学和工程理念为一体的模型，是由地球科学家和工程师一

102

起所构建的。这个模型是以油藏整个生命周期阶段中所收集到的静态数据和动态数据为基础构建的。但是，大多数情况下并非所有的相关数据都能够获取，所以在开发模型的构建中也需要作一些假设。

油藏模拟模型涉及岩石和流体性质、流体流动、开采机理、钻井井位、完井间隔、生产和注入。油藏生产动态分析的准确性取决于油藏模型的质量。地质模型是通过局部岩心资料和测井所获取的资料扩展到整个油藏范围内而构建的，这其中涉及的技术包括地球物理、地球化学、矿物学、沉积环境和成岩作用。

### 8.2.4 产量预测和储量估计

油藏当前的生产动态与未来的运营状况极大地影响着石油开发项目的经济可行性。因此，评估过去和当前的油藏生产动态，并预测未来采用钻加密井和水驱后的生产动态，在油藏管理过程中显得尤为重要。体积分析法（第 12 章）、经典的物质平衡（第 14 章）、递减曲线分析（第 13 章）、油藏模拟（第 15 章）、提高采收率 EOR（第 17 章）将用于分析油藏生产动态和储量预测（第 23 章）。

### 8.2.5 设备

设备是与油藏之间实在的物理联系。各种操作包括钻井、完井、泵举、注水、处理和储运等都需要安装地面设备。生产动态结果可用来评估设备需求。从获取经济利益的角度讲，设备的合理设计和维护十分重要。设备的设计应该使得其可以有效地在油藏管理计划中得到运用。对于由设备需求而产生的生产成本将在经济性分析部分具体讨论。

### 8.2.6 环境问题

在油藏管理中，环境和生态考量是非常敏感且重要的部分。在海上油田的开发中，环境问题将起着至关重要的作用。在开发和后续的油田操作中必须考虑相关的环境生态问题。另外，在油田的管理过程中必须在相关规章制度许可范围内进行。

### 8.2.7 经济优化

油藏管理的最终目标是经济优化。项目的经济性在于对生产、投资、经营开销及经济数据的评价。在第 24 章中将讨论油藏管理中所涉及的经济评价。

经济分析的步骤包括：

（1）基于支付时期、贴现现金流量的收益率等经济准则来设定经济目标（第 24 章）。

（2）制订油藏生产与运行的方案。

（3）关于生产、投资、运营成本和油气价格的数据收集。

（4）开展经济分析。

（5）开展风险分析。

（6）生产与运行的优化。

### 8.2.8 管理许可

管理许可与支持是油藏管理计划的最后一个部分。油田的现场人员对项目的成功与否也起到重要作用。

## 8.3　实施

在项目开发计划获得管理许可后，下一个主要的任务就是尽快按照油气生产的流程来实施计划。油田管理者将会对以下任务进行管理：

（1）设计、加工和安装地面、地下设备。这是整个项目中的关键步骤，需要做大量的工作并要有相关的先前计划、监督工程和按时完成项目的经验。

（2）进行钻井与完井作业。

（3）获得并分析岩心、测井数据，利用探井的试井资料表征油气藏。

（4）更新油藏数据库。

（5）检查产量和储量的预测值。

一个项目计划能够成功实施的关键在于是否有一个可执行的具有灵活性的计划、管理支持及对油田尽忠职守的员工。同时，经常性的在油田办公室开展周期性的检查会议也是很重要的。

## 8.4　油藏监测

对油田动态进行持续的监测与监督对于确定油田动态是否符合管理计划是至关重要的。在第 16 章中将着重讨论油田的监测。

为保证油藏监测工作成功开展，从油田的生产伊始就需要工程师、地质学家、具有管理支持的操作员工与油田工作人员的通力合作。

计划的监测依赖于项目的合理性。油藏监测包括数据的收集与分析，这有助于有效的油藏管理。需要收集和监测的油藏数据包括但不限于以下几种：

（1）井中油、气、水的产量。

（2）井中气和水的注入量。

（3）选择部分井开展系统化与周期化的井底静压与流压测试。

（4）生产测试与注入测试。

（5）记录修井数据及其他油藏监测相关信息。

## 8.5　动态评价

油藏管理计划必须进行周期性的检查以确保计划按流程执行并发挥作用，且保证该计划依旧是最佳方案。计划的成功与否将通过对真实生产结果与预期的油藏动态结果进行对比，从而进行评判。

真实的项目动态与预期结果完全一致是不现实的。因此，管理团队应该建立某种技术和经济的标准来判别项目成功与否，标准将取决于项目的性质。

细致的评估项目动态是油藏管理工作的关键。管理团队应该定期地比较真实动态（如油藏压力、气水比、水油比和产量）与预测动态的差距。在最后的分析中，经济标准将决定项目的成败。

## 8.6 计划和方案的调整

如果油藏动态不能很好地匹配管理计划或条件发生了改变，计划和方案就应该要重新修订。为确保合理的油藏管理工作，关于油藏动态的相关情况应持续的受到质询并对此质询进行解答。油藏模型也需要在新获取信息的基础上进行更新来预测油藏动态中的变化。

## 8.7 废弃

油藏管理应该包括油藏废弃这一最终计划，油藏废弃是指当所有的开采措施都已实施且油藏无法再进行经济性生产。

**实例分析：得克萨斯州明斯圣安德森区块的管理**

明斯圣安德森区块位于得克萨斯州中部，其是一个油藏管理实施的典型例子。该区块历经几十年的生产开发，拥有完整的一次采油、二次采油和三次采油阶段及钻加密井的措施[4]。通过油藏管理，不断变化的经济和技术调整使得油藏生产得以成功开展。明斯油田发现于1934年，在发现油田的一年以内开始应用油藏管理技术。油藏管理随着不同的生产阶段不断优化，从一次采油到二次再到三次采油都有不同的油藏管理内容。

从构造上看，明斯油田是一个南北倾向的背斜，但被一个北穹隆和南穹隆所隔开。该油田由灰堡和圣安德森地层所构成。地层埋深在 4200~8000 ft 之间。但是，圣安德森地层上部的 200~300 ft 为最具生产能力的产层段，其储层性质很好。这样的白云岩地层扩展达 14000 acre 以上，并具备厚 54 ft 的有效产层段。但是，其地层总厚度大约为 300 ft。圣安德森的平均孔隙度为 9%，平均渗透率为 20 mD，其地层上段的孔隙度大约有 25%，渗透率为 1D。平均初始含水饱和度为 29%。相比而言，灰堡地层的性质较差。

油藏中原油重度为 29°API，黏度为 6 mPa·s。原始储层压力为 1850 psi。最初的驱动能量来自于流体膨胀和少许的天然水驱。

一、在一次和二次采油阶段的油藏管理

第一次油藏性质研究在 1935 年完成的，当时关注的重点在于一次采油的采收率。随后在 1939 年，开展了评价二次采油采收率潜能的油藏研究。为了进行该研究，收集了更多的数据信息，包括更进一步的测井、流体样品和特殊岩心数据。

在 1963 年，油田开始分组管理并从外围井向油田内进行注水。分布在区块中的 24 口井被永久性的关井，被用作观察井来监测水驱时的油藏压力。1967 年，外围注水已不能再为油藏提供足够的生产压力。

1969 年，通过开展油藏工程和地质研究，制订一项新的衰竭开发方案来补充下降的油藏压力。在北穹隆上，通过地质数据修正压力数据，辨别出在圣安德森中主要由上圣安德森、下圣安德森油层和下圣安德森水层三个部分组成。在上、下圣安德森油层间存在一个不渗透的隔层。

通过分析观察井中所获得的压力数据可以知道，南北穹隆都没有得到足够的压力补充。因此建议在注水模式中作出改进。新方案是采用内部井注水、三注一采、线性注水的方式开展。通过实施改进措施，日产油量显著增加。

1972 年产量达到顶峰之后，原油产量开始递减，在 1975 年所做的一项油藏研究表明整个产层并没有通过三注一采、线性注水的方式得到有效的驱替。详细的地质研究表明侧向上和垂向上产层并没有得到有效的驱替。先前取得的测井数据通过岩心数据进行修正，从而确定新的孔隙体积。不同区域的原始原油储量（OOIP）通过油田每口井中获取的数据重新进行计算。这项研究为二次监测及随后设计与实施注二氧化碳提高采收率提供了依据。

钻加密井的工作主要是为了更进一步的提高采收率。随着钻加密井后井距的减少，估计能多采收油 $1540 \times 10^4$ bbl。实施这样的驱替模式的时候，需要更详实的监测内容，包括：

(1) 油、气和水的生产监督。

(2) 注入水的监督。

(3) 注入压力控制。

(4) 注采平衡模式。

(5) 注入剖面，确保注入水波及全部产层。

(6) 具体的产液剖面。

(7) 液位检查，确保生产井排液。

二、三次采油期间的油藏管理

1981—1982 年间，开展了一次油藏研究，此次研究主要通过注入二氧化碳来提高采收率。实施注二氧化碳驱是油藏管理整体计划中的一部分，油藏管理计划包括注二氧化碳、钻加密井、井网调整，以及在灰堡地层外围进行补充注水等。

尽管，明斯油田和其他位于三叠系盆地的圣安德森油田所采取的措施相似，但其 6 mPa·s 的油黏度，最小混相压力和低地层破裂压力都使明斯油田显得特别。先期开展了大量的二氧化碳驱实验与模拟研究工作。在此之前开展了细致的储层调查工作，这为后续进行二氧化碳驱提高采收率打下基础。尽管油藏描述是这项工程的基础，但随着二氧化碳的持续注入，不断获得新的数据，这使得油藏描述的工作也不断得以更新。作为二氧化碳驱提高采收率工程的一部分，开钻了数口井距为 10 acre 的井（大多都是注入井），实施二氧化碳驱区块面积为 6700 acre，有 167 个井网。这些井覆盖了生产区域的 67%，从长远来看，估计有 82% 的地质储量可以通过这样的开采方式得到波及。

在水驱过程中，提出了一个综合考量的监测方案。在开展类似二氧化碳驱项目前，工程人员、地质人员和操作人员共同创造出一种新的经营理念并被应用到管理中，获得了许可与支持。

主要的操作目标包括：

(1) 在潜力产层进行完井作业。

(2) 维持油藏压力在最小漏失压力 2000 psi 左右。

(3) 在低于地层造缝压力下最大量的注入流体。

(4) 泵出产量。

(5) 使注入流体尽可能地垂向波及。

(6) 在每个井网中维持好注入与采出平衡。

主要的监管区域包括：

(1) 流动平衡区域。

(2) 垂向波及监测。

(3) 生产监测。

(4) 注入监测。

（5）数据收集与管理。

（6）井网动态监测。

（7）优化。

监测项目的目标是要优化采收率和提高驱替有效性，从而鉴别和评估新的方法。另外，目标中关键的一步是获得更好的油藏描述来理解开采过程，其中的工作包括高效的地震测试来改善井与井之间产层的相互关系。

## 8.8　总结

油藏管理的目标是通过综合考虑操作、技术、经济、规章和其他方面的限制因素来使得油藏的效益达到最大化。油藏管理包含油藏生命周期中的每一个阶段，从油气勘探到开发再到生产乃至最终废弃。油藏管理是一个综合、动态且持续的过程，其需要集合人员技能、经验、数据、工具和技术。此外，油藏管理过程中涉及的大背景还包括了对环境、规章、社会和其他综合方面的考虑。油藏管理是一个动态的过程，这是因为在在油藏的生命周期中，有必要对油藏开发和生产计划进行更新；这些动态变化包括钻加密井、井改造、提高采收率和从特定层段生产等。油藏管理是个持续的过程，这是因为人们需要收集大量的实时数据并进行相关分析使得油藏管理更好地开展，并且，使得油井可以更加有效地生产。所需要收集数据包括井产量、水油比、井底压力和含水率等。

油藏管理是在特定需求和方案的基础上来达成一个切实可行的目标。设定一个有效的油藏管理方案包括但不限于以下内容：

（1）对油藏全面详实的认识，包括在项目开始收集全部的静态数据和动态数据。

（2）在最优化的方式下采用有效且适宜的技术来进行油藏生产。

（3）影响开发、生产和油藏管理的总体环境。

油藏管理的目的就是利用最小化资本投入和运行费用来实现最大的油气开采效益。

油藏管理方案关注的焦点在于如何在最优化生产的条件下进行开发、生产和监管并能使日常运行平稳。从技术角度看，需要勘探、钻井和完井、开采过程和生产等方面有关的技术来确保油藏管理的成功。设定管理方案的重点在于要在管理过程中理解油藏的性质。需要包括地质复杂性在内的油藏特征、岩石与流体性质、流动与开采机理、钻井与完井及生产历史的相关知识。

在管理非常规油藏时，还需要认识到所采用的新技术所起到的作用和其所带来的高风险。管理非常规油藏比采用成熟技术管理的常规油藏具有更加明显的动态特征。

油藏管理团队是多学科性质的，通常由具有高技术水平的专家如工程师、地球科学家等组成。以下列举了部分涉及的专家：

（1）地球科学家，负责对油藏进行静态描述。

（2）油藏工程师，负责提供生产预测、储量计算和经济评价。

（3）钻井与完井工程师，负责钻井与完井。

（4）装备工程师，负责地面、海下和地下设施的设计。

（5）结构工程师，负责海上项目的平台和生产甲板设计。

（6）其他专家，包括但不限于生产和管道工程师及陆上管理人员。

油藏管理的阶段和内容包括但不限于以下：

（1）油藏静态与动态数据的收集与分析。

（2）油田开发方案的制定，包括钻新井和选择提高采收率方式。

（3）地质和数值模型研究。

（4）井产量和储量预测。

（5）环境性考虑。

（6）未来计划的管理许可。

（7）计划的实行。

（8）最佳实施与质量控制。

（9）油藏监督与监控。

（10）油藏动态评价。

（11）根据油藏动态变化需要修改的计划和规程。

本章也谈论到了一个案例，此案例强调了在得克萨斯州明斯圣安德森油田几十年以来的油藏管理。其于 20 世纪上半叶被发现，这油田历经了开发的几个不同阶段，包括一次采油、二次采油和三次采油提高采收率；也钻了加密井来加强采收率。油藏管理的技术方面显示采用适宜的技术可以提高正在递减的油田产量并增加可采储量。下面介绍明斯圣安德森油田管理中的重点内容。

油田是在 20 世纪 30 年代被发现的，并且在开始生产一年之内就开始运用到了油藏管理技术。在 1939 年，开展了油藏研究来评估二次开采的潜力。为开展这样的研究，人们获取了包括进一步测井、流体样品和特殊岩心数据在内的新数据。

1963 年，油田开始了统一管理并开始从周边井进行注水。在整个区块范围内有 24 口井被永久性关井后，用作观察井来监测水驱过程中的油藏压力。在 1967 年，由于油田产量的需求，人们意识到周边注水无法再提供充足的压力补充。

1969 年，通过开展油藏工程和地质研究，制订一项新的衰竭式开发方案来补充下降的油藏压力。建议在注水模式中做出改进，新方案是采用内部井注水、三注一采、线性注水的方式开展。通过实施这样的改进措施，日产油量显著增加。

产量在 1972 年达到顶峰后开始递减。在 1975 年开始的研究表明，油层并未被三注一采、线性井网有效驱替。详实的地质研究表明在侧向上和垂向上的波及存在缺失。

这一研究为二次采油监管和后续注二氧化碳驱提高采收率方法提供了基础。

在基于增加石油开采量的基础上，开展了钻加密井的工程。由于钻加密井后井间距的减少，估计可以增加 $1540 \times 10^4$ bbl 的产量。

随着这种井网的应用，开发出了一个细致的监管计划，包括但不限于对于产油、产气和产水的监控及对注入水的监控。

1981—1982 年间，针对注二氧化碳驱提高采收率，进行了储层研究。实施注二氧化碳驱是整体油藏管理计划中的一部分，整体的油藏管理计划包括注二氧化碳驱、钻加密井、井网调整及在灰堡地层外围进行补充注水等。

在开展类似二氧化碳驱的项目前，工程人员、地质人员和操作人员共同创造出一种新的经营理念并被应用到管理中并获得了许可与支持。

主要的操作目标包括：

（1）在潜力产层进行完井作业。

（2）维持油藏压力在最小漏失压力 2000 psi 左右。

（3）在低于地层造缝压力下最大量的注入流体。

（4）泵出产量。

（5）使注入流体尽可能地垂向波及。

（6）在每个井网中维持好注入与采出平衡。

总结来看，明斯圣安德森油田证明采用宽范围的管理策略与技术，可以实现油田几十年来的成功开采。油藏管理工具和技术包括二次和三次开采（二氧化碳驱提高采收率）、井网的注采平衡、加密井网、油藏动态研究和油藏监管。

## 8.9 问题和练习

（1）油藏管理的目标是什么？在石油天然气工业中如何实施？举例说明油藏管理中的要点？

（2）描述实施一个油藏管理过程中的变化。为什么一个油藏管理必须是动态的？为什么需要集成不同学科？

（3）油藏模拟在油气田管理中所扮演的角色？油藏管理中有哪些要素需要集合在一起来取得油藏管理的成功？

（4）油藏管理是在油田生命周期中的什么时候开始的？工程主管在项目中的角色是什么？

（5）油藏管理是如何在项目中使投资与风险最小化？

（6）举例说明基于短期与长期考虑的和油藏管理有关的典型活动。

（7）在文献调研的基础上，对比一个陆上油藏和海上油藏管理过程。

（8）从油藏管理的角度从发，明斯圣安德森油田的水驱例子强调了什么？

（9）为什么明斯圣安德森油田需要进行提高采收率项目，解释其是如何实施的。

（10）某公司已经发现了一个新油田，其岩石渗透率只有零点几个毫达西。当前，已经钻了两口井，但只有一口井取得了成功。现在需要制订一个详细的油藏管理计划，需要做哪方面的工作来使得项目成功开展？

**参 考 文 献**

[1] Project Management Institute. Avaiable from：http：//www. pmi. org［accessed 30. 09. 14］.

[2] Satter A，Thakur G C. Integrated petroleum reservoir management. Tulsa，OK：Pennwell；1994.

[3] Satter A，Varnon J E，Hoang M T. Integrated reservoir management. J Petrol TechnolDecember 1994：46-58.

[4] Stiles L H. Reservoir management in the Means San Andres Unit，SPE 20751，presented atthe ATCE. New Orleans；1990.

# 第9章  多孔介质中流体流动的基础原理

## 9.1  引言

描述流体在多孔介质中的流动是油藏工程的基础。压力、流量、油藏流体饱和度都是关于位置和时间的函数。尽可能地正确认识这些参数是十分重要的，有助于对流体流动进行可视化研究，从而了解油藏过去和未来的开发动态。油藏解析和数值模型都可用于预测注采对油藏压力及流体饱和度的影响。对于地质状况不复杂的干气气藏，解析方程就可以预测气藏压力及产量随时间的变化。但是大多数情况下，需要研究的都是非均质性严重且生产注入关系复杂的油气藏，这时便需要以流动方程为基础的数值模型。本章简要概括了流体在多孔介质中的流动机理及广泛应用的流动方程。

主要回答了以下问题：

（1）流体在常规及非常规油气藏内的运移机理是什么？

（2）有哪些力影响流体在多孔介质中的流动？

（3）如何在流动基本方程的基础上建立解析模型和数值模型？

（4）在建立流体流动模型时有哪些假设及内在局限性？

（5）流体流动模型在油藏工程中最主要的应用是什么？

（6）流体和岩石的性质如何影响流体的流动特征？

（7）如何描述已开发油藏的流体流动？油藏边界及边水如何影响流体的流动？

### 9.1.1  流体在多孔介质中流动机理

在常规油气藏和非常规油气藏中，流体的流动类型及相关的流动现象可以分为达西流动、非达西流或紊流、吸附和解吸、扩散等类型。

油气在孔道内的流动大部分是线性的，即满足达西流动规律。达西流动定律可简单表达为流量与两点之间的压差成正比，相关内容在第3章有详细介绍。但是，在气井的周围，由于流体的流速高将会出现一定程度的紊流。相比原有的达西流动模型，已经证明紊流可使气井产生一个附加压力降。

对于非常规气藏，气体的吸附和解吸现象在开发过程中扮演着重要的角色。在页岩气藏和煤层气藏中，大量的气体吸附在有机质岩石的表面。随着生产的进行，压力降低，气体从岩石表面解吸下来然后从岩石微孔道及裂缝中运移到井筒。此外，发生在微孔隙内的气体扩散有助于开发的进行。因此，对于非常规气藏的流体流动模拟需要考虑吸附和扩散的影响。

### 9.1.2  影响流体运动的力

常规油气藏中影响流体流动性质的主要作用力有黏性力、毛管力及重力。

在勘探和生产作业之前，油气藏内油气水三相的原始饱和度分布受毛细管力和重力的影响。在某些低孔、低渗地层的油水过渡带中，毛细管力的作用十分明显。可流动的水相会提升一定的高度并侵入油相，导致生产过程中油井出水。重力可以在一定程度上抵消毛细管力的影响。油水过渡区的长度是关于水和烃类密度差的函数。

无论油藏是依靠天然能量还是人工注入流体进行生产，黏性力始终存在。当油藏开始生产，由于各种原因流体各相的压力出现差异，这就是流体黏性力产生的原因。此外对于倾斜油藏，开发主要受重力的影响。

## 9.1.3 单相流和多相流

油气藏中流体具有以下几种典型的流动特征：

（1）单相油流或单相气流。

对于油藏初始压力大于泡点压力的情况，油藏开发初期流体流动就是典型的单相流。干气藏的生产过程同样也是单相流的流动过程。对于非均质性不强的油气藏，解析模型可以较为准确地对单相流的生产流动情况进行分析。

（2）两相流。

对于油藏初始压力低于泡点压力的情况，当油气同产时就是典型的两相流情况。凝析气藏开发时液烃的反凝析现象也会出现两相流。两相流也出现在注水提高采收率的开发生产中。此外，在油藏的开发过程中由于邻近边底水的水侵作用，也会使得开发过程中出现产水的现象。

（3）三相流。

一些油气藏会出现油气水三相同产的现象。比如底水驱饱和油藏，以及通过交替注入水和气体提高采收率的油藏都会出现三相同产。在多相流流动的模型中包括一系列的流动方程，借助油藏模拟器的帮助可以同时对多相流的流动进行分析计算。多相流中通常会发生相间传质现象，如重质组分中的较轻烃类的溶解和凝析气中的较重组分的凝析。对于油气藏多相流动的数值模拟将在第 15 章重点讨论。

## 9.1.4 流体流动模型的几何特征

根据前人的研究成果，油气藏中流体的流动形态可以表征为以下各种形式。

流体的流动可以是线性流（$x$、$y$ 或 $z$），径向流（$r$）或球形流（$r$ 和 $z$）。原油以径向流方式流向井筒；$x$、$y$、$z$ 和 $r$ 代表流体流动的坐标轴（图 9.1）。

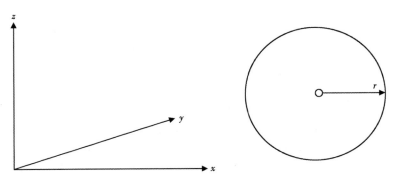

图 9.1　多孔介质中的水平流，垂直流和径向流

根据给定情况的复杂程度，流体在多孔介质中的流动可以划分为一维、二维或三维流动。如油被水从注入井驱替到临近生产井可看作线性驱替，可以采用一维模型对其生产流动过程进行模拟研究。由此可以分析水何时突破油井即油井何时见水，另外还可以对含水率随时间变化的规律进行研究。二维径向流模型可用于描述边界条件已知的近井泄油范围内的生产流动状况。但是对于多层多井系统的油藏多相流流动分析，就需要进行三维流动模型的研究，从而合理地进行油藏评价和产能预测。

## 9.2　流体状态和流动特征

多孔介质中油气的流动特征及油藏的产量都与流体的压缩性密切相关。油藏流体可以是可压缩的或微可压缩的。

相对于气体具有的强压缩性来说，原油属于微可压缩流体。在相关文献中有大量关于可压缩流体流动方程的介绍，表明油藏流体压缩性的重要意义。此外，油藏流体还可以被视为不可压缩流体并建立相应的流动方程。

流体在多孔介质中的流动可以划分为稳定流、不稳定流和拟稳定流，其分类的依据是多孔介质中流体压力随时间如何变化。

（1）不稳定流或瞬时流动指油井关井一段时间后重新开井时，油井附近地层压力随时间发生的显著变化的过程。在多数情况下，尤其是生产井和注入井周围的油藏流体发生了的流动是不稳定流，其压力及产量都随时间发生了显著变化。图 9.2 描绘了随时间的变化，油藏由初始状态到开始生产后的压力变化状况。

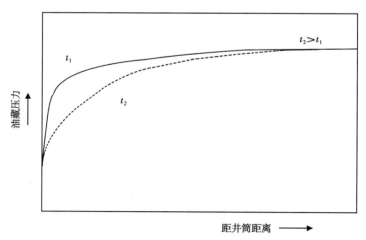

图 9.2　不稳定流（流体压力和产量随时间变化）

（2）稳定流指在给定范围内压力不随时间发生变化及产量是个定值的情况。稳定流通常发生在压力降落到油藏边界处之后，且油藏边界处的稳定水体及时补充能量。

（3）油藏中还存在另一种流动形式即拟稳定流，此时压力随时间改变，但其变化率是定值。拟稳定流通常发生于油井在有边界的油藏或在其自身的泄油范围内进行生产的情况。相邻的井同时生产时，其各自泄油范围的边缘也可视为一种不渗透边界进行处理。

## 9.2.1 多孔介质中流体的流动方程

流体在多孔介质中的流动方程基于以下几方面进行描述：

（1）传导方程：在生产和注入的动态条件下，将油藏压力视为位置和时间的函数进行预测。

（2）达西定律：认为油藏中流体的流量与压差相关。

（3）相对渗透率数据：流体的相对渗透率与其饱和度的关系。

（4）毛细管压力数据：计算各相饱和度时所需的基础数据。

传导方程适用于多相流体（油、气和水）的情况，且要根据实际流动几何特性进行分析。传导方程的基础是质量守恒定律、达西定律（已在第 3 章中阐述）和与流体压缩性有关的状态方程。由质量守恒定律可知，在多孔介质中的一个流动单元中，流体流入的速率减去流出的速率应该等于累计速率[1, 2]。

## 9.2.2 单相流体（油或气）的径向流

最简单的流体流动模型就是基于单相流体的径向流，它的适用条件是在均质或非均质性弱的油藏内有一口垂直单井进行生产。根据质量守恒定律，连续性方程如下：

$$\left(\frac{1}{r}\right)\left[\frac{\delta(r\rho u_r)}{\delta r}\right] = -\frac{\delta(\phi v)}{\delta t} \tag{9.1}$$

式中    $r$——径向距离；

$\rho$——流体密度；

$u_r$——流体径向流动速度；

$\phi$——孔隙度；

$t$——时间。

然后，利用达西定律将式（9.1）展开。流体的渗流速度可以用压力梯度 $\delta p / \delta r$、流体黏度 $\mu$ 和渗透率 $K$ 表示：

$$u_r = -\left(\frac{K}{\mu}\right)\left(\frac{\delta p}{\delta r}\right) \tag{9.2}$$

因此，式（9.1）可以改写为：

$$\left(\frac{1}{r}\right)\left[\frac{\delta(r\rho\delta p/\delta r)}{\delta r}\right] = \left(\frac{\mu}{K}\right)\left[\frac{\delta(\phi\rho)}{\delta t}\right] \tag{9.3}$$

引入流体的压缩系数将上式进一步修正。对于微可压缩流体（如油）来说，有以下关系：

$$\frac{\delta\rho}{\delta p} = c\rho \tag{9.4}$$

上式表示流体密度随压力的变化率是关于流体的压缩系数和流体密度的函数。将式（9.3）和式（9.4）联立，便可得到单相微可压缩流体径向流的传导方程：

$$\frac{\delta^2 p}{\delta r^2} + \left(\frac{1}{r}\right)\left(\frac{\delta p}{\delta r}\right) = \left(\frac{\phi\mu c_t}{K}\right)\left(\frac{\delta p}{\delta t}\right) \tag{9.5}$$

113

最后，将传导方程用油田单位来表示，流体黏度单位为 mPa·s，渗透率单位为 mD，压缩系数 $c_t$ 单位为磅力每平方英寸的倒数（$psi^{-1}$），并令时间单位为 h，得到以下方程：

$$\frac{\delta^2 p}{\delta r^2} + \left(\frac{1}{r}\right)\left(\frac{\delta p}{\delta r}\right) = \left(\frac{1}{0.0002637}\right)\left(\frac{\phi \mu c_t}{K}\right)\left(\frac{\delta p}{\delta t}\right) \tag{9.6}$$

进一步定义传导系数，即压力波在多孔介质中的传播速率为：

$$\eta = \frac{0.0002637K}{\phi \mu c_t} \tag{9.7}$$

如上所示，传导系数与渗透率成正比，与岩石孔隙度、流体黏度和综合压缩系数成反比。在一定的初始条件和边界条件下，可以用解析法对式（9.5）进行求解，计算出压力随时间及距离的变化。

以上方程的假设条件如下：

（1）多孔介质为均质且各向同性（这是较为理想的状况）。

（2）单相流体层流。

（3）流体微可压缩。

（4）流体压缩系数和黏度为定值，不随压力的变化而改变。

值得注意的是，径向扩散方程可以扩展到笛卡尔坐标系下的一维、二维和三维情况。三维下的传导方程为：

$$\left(\frac{\delta^2 p}{\delta x^2}\right) + \left(\frac{\delta^2 p}{\delta y^2}\right) + \left(\frac{\delta^2 p}{\delta z^2}\right) = \left(\frac{1}{\eta}\right)\left(\frac{\delta p}{\delta t}\right) \tag{9.8}$$

对于天然气来说，由于其为可压缩性流体，因此传导方程中的密度项为压力和温度的函数：

$$\rho = \frac{pM}{zRT} \tag{9.9}$$

式中　$p$——流体压力；

$\quad\quad T$——温度；

$\quad\quad z$——气体压缩因子；

$\quad\quad M$——摩尔质量；

$\quad\quad R$——气体常数。

将连续性方程、达西方程及气体状态方程联立，可得气体在多孔介质中的流动方程如下：

$$\left(\frac{1}{r}\right)\left[\frac{\delta(rp/\mu z \delta p/\delta r)}{\delta r}\right] = \left(\frac{1}{K}\right)\left[\frac{\delta(\phi p/z)}{\delta t}\right] \tag{9.10}$$

以上方程是强非线性的，且气体的性质是随着压力和温度的改变而显著变化。但是当压力大于 3000 psi 时，$p/\mu z$ 的值几乎为定值。此外，气体的压缩系数是压力以及气体偏差因子的函数：

$$c_g = \left[\frac{z}{p}\right]\left[\frac{\delta(p/z)}{\delta p}\right] \tag{9.11}$$

由于气体的压缩系数在总压缩系数中占主要，因此高压情况下可压缩流体径向流的传导方程可写为：

$$\left(\frac{1}{r}\right)\left[\frac{\delta(r\delta p/\delta r)}{\delta r}\right] = \left(\frac{\phi\mu c_t}{K}\right)\frac{\delta p}{\delta t} \quad\quad (9.12)$$

而对于相对低压的情况，$\mu z$ 的值几乎不随压力的改变而变化。因此，此时的传导方程可写为：

$$\left(\frac{1}{r}\right)\left\{\frac{\delta[r\delta(p)^2/\delta r]}{\delta r}\right\} = \left(\frac{\phi\mu c_t}{K}\right)\frac{\delta(p)^2}{\delta t} \quad\quad (9.13)$$

以上方程适用于压力小于 2000 psi 的情况。

为了改善方程的非线性程度从而使可压缩流体的方程适应范围更广，定义拟压力：

$$m(p) = 2\int_{p,ref}^{p}\left(\frac{p}{\mu z}\right)\delta p \quad\quad (9.14)$$

式中　$m(p)$ ——拟压力，$psia^2/(mPa \cdot s)$；

　　　$p, ref$——参考压力，psi。

将以上定义的拟压力代替压力项代入传导方程，可得：

$$\frac{\delta^2 m(p)}{\delta r^2} + \left(\frac{1}{r}\right)\left[\frac{\delta m(p)}{\delta r}\right] = \left(\frac{\phi\mu c_t}{K}\right)\left(\frac{\delta p}{\delta t_{pseudo}}\right) \quad\quad (9.15)$$

其中，

$$t_{pseudo} = \int_{0}^{t}\frac{1}{\mu z}\delta t \quad\quad (9.16)$$

### 9.2.3　稳定流

稳定流时，压力不随时间变化。因此，式（9.6）可简化为：

$$\frac{\delta^2 p}{\delta r^2} + \left(\frac{1}{r}\right)\left(\frac{\delta p}{\delta r}\right) = 0 \qu\quad (9.17)$$

当流动为稳定流且油藏压力已知时，便可以利用达西定律去计算单相流体的流动速度。

### 9.2.4　微可压缩流体

对于微可压缩流体（如油），可以采用以下方程计算产量：

$$q = \frac{7.08 \times 10^{-3}Kh}{[\mu B_o c_o \ln(r_e/r_w)]\ln[1 + c_o(p_e - p_w)]} \quad\quad (9.18)$$

式中　$q$——油产量，bbl/d；

　　　$r_e$——泄油半径，ft；

　　　$r_w$——井筒半径，ft；

$p_e$——油藏边界压力，psia；

$p_w$——井底流压，psia；

$B_o$——原油体积系数，rb/STB；

$c_o$——原油压缩系数，$psi^{-1}$。

式（9.18）表明了地层的传导系数及油藏外边界和井筒之间的压差是原油产量的主要控制因素。

**例题 9.1**

根据以下给出的条件计算油井产量。该油井的经济极限生产控制压差是多少？给出必要的假设条件。

岩石平均渗透率：18 mD；

地层厚度：35 ft；

原油黏度：1.9 mPa·s；

原油体积系数：1.2 rb/STB；

原油压缩系数：$2.64×10^{-4}$ $psi^{-1}$；

油藏泄油半径：5280 ft；

井筒半径：0.287 ft；

油藏外边界压力：2300 psi；

井底流压：1100 psi。

解：根据稳定流产量计算公式（9.18）可得

$$q = 7.08 \times 10^{-3}(18)(35)/[(1.9)(1.2)(2.64 \times 10^{-4})\ln(5280/0.287)]$$
$$\ln[1 + 2.64 \times 10^{-4}(2300 - 1100)]$$

解得，$q = 208$ bbl/d。

假设经济极限产量为 20 bbl/d，并认为其他各项参数不变，则极限生产压差可以用下式进行计算：

$$20 = 7.08 \times 10^{-3}(18)(35)/[(1.9)(1.2)(2.64 \times 10^{-4})\ln(5280/0.287)]$$
$$\ln[1 + 2.64 \times 10^{-4}(\Delta p)]$$

解得，$\Delta p = 102$ psi。

### 9.2.5 可压缩流体

计算压力小于 2000 psi 时的气井产量公式如下：

$$q_{sc} = \frac{Kh(p_e^2 - p_w^2)}{1422Tz\mu\ln(r_e/r_w)} \tag{9.19}$$

式中　$q_{sc}$——标准状态下的（压力 = 14.7 psia、温度 = 520°R）气体产量，$10^3 ft^3/d$。

另外，用拟压力形式表达的计算公式可以用来计算各种压力范围下的气体产量。

**例题 9.2**

根据以下给出的条件，计算该低渗透地层中气井的产量，并回答在计算中不确定因素是哪些?

气层渗透率：1.5mD；

地层厚度：110ft；

油藏泄油半径：5280ft；

井筒半径：0.287ft；

油藏外边界压力：2000psi；

井底流压：1100psi；

气藏温度：585°R；

气体压缩系数：0.82；

气体黏度：0.014mPa·s；

泄油半径：660ft；

井筒半径：0.287ft。

解：根据气体产量计算公式（9.19）可得

$$q_{sc} = (1.5)(110)(2000^2 - 1100^2) / [1422(585)(0.82)(0.014)\ln(660/0.287)]$$

$$q_{sc} = 6.23 \times 10^3 \text{ft}^3/\text{d}$$

在气体产量计算过程中包括但不限于以下不确定的因素：

（1）地层渗透率、地层厚度及油藏其他的一些性质。

（2）地层中层间连通性需要之后的进一步分析。

（3）泄油半径及外部边界处的压力值可能不太准确。

## 9.2.6 不稳定流

表征不稳定流状态下的多孔介质中流体流动的传导方程如下：

$$p_D = -1/2 E_i \left( \frac{-948 \phi \mu c_t r^2}{Kt} \right) \tag{9.20}$$

其中，

$$p_D = \frac{Kh(p_i - p)}{141.2qB\mu} \tag{9.21}$$

式中　$E_i$——幂积分函数；

$q$——井生产速率，bbl/d；

$p_i$——油藏初始压力，psi；

$K$——地层渗透率，mD；

$h$——地层厚度，ft；

$B$——原油体积系数，rb/STB。

不稳定流常在试井中遇到。如在压降试井中，油井产量保持恒定而井底流压随时间发生变化。在式（9.20）中，地层系数 $Kh$ 是未知的，它依靠在井底压力 $p$ 变化时观测井响应来确定。在测试的早期，外边界还没有影响到井的生产，因此也称作无限导流阶段。在这一流动过程中，流体在油藏中的流动是无限的。在外边界处，无限导流阶段的压力不随时间发生变化。

在推导不稳定流解的过程中，井筒被视为一个无半径的线源。

幂积分函数的定义如下：

$$E_i(-x) = \ln(x) - \frac{x}{1!} + \frac{x^2}{2(2!)} - \frac{x^3}{3(3!)} \tag{9.22}$$

### 9.2.7 拟稳定流

在拟稳定流条件下，压力随着时间发生改变，但是其变化率保持恒定不变。这种情况常出现在一个泄油区内同时有多口井进行生产时，此时的传导方程如下：

$$p_D = \frac{2t_D}{r_{eD}^2} + \ln r_{eD} - \frac{3}{4} \tag{9.23}$$

其中，

$$p_D = \frac{Kh(p_i - p_{wf})}{141.2qB\mu} \tag{9.24}$$

式中　$r_e$——外边界半径；
　　　$p_{wf}$——井底流压。

$$t_D = \frac{0.0002637Kt}{\phi\mu c_t r_w^2} \tag{9.25}$$

在拟稳定流条件下，外边界范围及油藏平均压力都可以用简单的方程进行求解计算。井底流压的变化率与泄油区内油藏孔隙体积成反比：

$$\frac{\delta p_{wf}}{\delta t} = -\frac{0.234qB}{c_t V_p} \tag{9.26}$$

式中　$V_p = Ah\phi/5.615$；
　　　$A$——井筒泄油面积，$ft^2$。

油藏的平均压力与泄油区油藏的孔隙体积相关：

$$p_i - p_{av} = \frac{\Delta V}{c_t V_p} \tag{9.27}$$

式中　$p_i$——油藏初始压力，psia；
　　　$p_{av}$——油藏平均压力，psia；
　　　$\Delta V$——流体产出体积，bbl；
　　　$V_p$——孔隙体积，bbl。

进一步分析可知在井底流压、产量以及其他参数已知的情况下，油藏平均压力是可以求出的。其中，外部边界半径是计算油藏平均压力的重要参数之一：

$$p_{av} = p_{wf} + \frac{141.2qB\mu}{(Kh)[\ln(r_e/r_w) - 3/4 - s]} \tag{9.28}$$

式中 $s$——表皮系数。

以上公式适用于圆形泄油范围，对于其他形状的泄油范围可以对方程进行修正，相关内容将在有关方程形状因子中进行介绍。

## 9.3 多相流：流体的非混相驱替

在第 16 章将会介绍提高采收率常用的一个方法——注水驱替。当原油无法仅依靠天然能量开采时，需要向地层中注入水等流体驱替原油从地层流向井筒。注入到地层中用来驱替多孔介质中的原油的非混相流体，可以用 Buckley 和 Leverett 提出的注水前缘理论来描述[3]。分析多相流需要知道各相流体的性质及各相流体的相对渗透率，其代表了在其他流体存在的情况下该流体在多孔介质中的相对流动能力。含水率定义为在产出流体中所含水相的百分数，用矿场单位表示为：

$$f_w = \left[ 1 + 0.001127 K \left( \frac{K_{ro}}{\mu_o} \right) \times \left( \frac{A}{q_t} \right) \right] \times \frac{\partial p_c / \partial L - 0.433 \Delta \rho \sin \alpha_d}{1 + (\mu_w / \mu_o) \times (K_{ro} / K_{rw})} \qquad (9.29)$$

式中 $A$——面积，$ft^2$；

$f_w$——含水率；

$K$——绝对渗透率，mD；

$K_{ro}$——油相相对渗透率；

$K_{rw}$——水相相对渗透率；

$\mu_o$——原油黏度，$mPa \cdot s$；

$\mu_w$——水黏度，$mPa \cdot s$；

$L$——流动长度，ft；

$p_c$——毛细管力，$p_c = p_o - p_w$，psi；

$q_t$——总流量 $q_o + q_w$，bbl/d；

$\Delta \rho$——油水密度差 $\rho_w - \rho_o$，$g/cm^3$；

$\alpha_d$——地层水平倾斜角度。

由于岩石中水的相对渗透率随着水饱和度增加而增加，因此含水率是含水饱和度的函数。不考虑重力及毛细管力的影响，式（9.30）可以简化为：

$$f_w = \frac{1}{1 + (\mu_w / \mu_o) \times (K_{ro} / K_{rw})} \qquad (9.30)$$

根据质量守恒定律，考虑水为不可压缩流体，其前缘线性流动方程为：

$$\frac{\partial x}{\partial t} = \left( \frac{q_t}{A \phi} \right) \left( \frac{\partial f_w}{\partial S_w} \right)_t \qquad (9.31)$$

前缘运动公式可以用来求平均含水饱和度。

在突破见水前：

$$S_{wbt} - S_{wc} = \left( \frac{\partial S_w}{\partial f_w} \right)_f = \frac{S_{wf} - S_{wc}}{f_{wf}} \qquad (9.32)$$

突破见水后：

$$S_w - S_{w2} = \frac{1 - f_{w2}}{(\partial f_w / \partial S_w)_{S_{w2}}}$$ （9.33）

式中　$f_{wf}$——驱替前缘的含水率；

　　　$f_{w2}$——生产处的含水率；

　　　$S_{wf}$——驱替前缘的含水饱和度；

　　　$S_{wbt}$——突破区的平均含水饱和度；

　　　$S_{wc}$——束缚水饱和度；

　　　$S_{w2}$——生产处含水饱和度。

见水前和见水后的平均含水饱和度可以利用含水饱和度—含水率曲线确定（图9.3）。

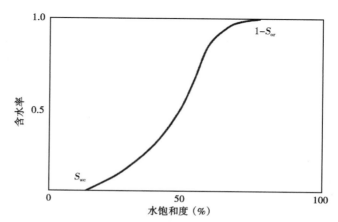

图9.3　水为驱替相时的水相含水率曲线

油为被驱替相。相对渗透率曲线给出了束缚水饱和度 $S_{wc}$ 和残余油饱和度 $S_{or}$

对于见水前的平均含水饱和度，还可以用作图法求得。在含水率曲线上，经束缚水饱和度点（$f_w = 0$）做此曲线的切线，切线与 $f_w = 1$ 的交点所对应的横坐标即为地层平均含水饱和度。

同样的，见水后的平均饱和度为出口端饱和度切线与 $f_w = 1$ 交点的横坐标。

### 9.3.1　多相多维流动

流体在多孔介质中的流动常常涉及三相，即油、气、水在二维或三维的流动。多相流还涉及油气相间传质，这会导致各相中组分发生变化。以上是建立数值模拟方程的基础，而对方程的求解要借助计算机的帮助。多相流体多维流动的基本方程将在第15章中进行介绍。

### 9.3.2　水从水体流向油藏的流动

关于边底水对油藏产能的影响问题，在已有的文献中有多种数学模型对其进行计算和预测。模型分为稳定流、拟稳定流和不稳定流。在文献［1］中对这几种模型进行了详细的介绍。其中关于较小水体的一个最简单模型如下：

$$S(p, t) = p_i - p$$ （9.34）

$$U = (c_w + c_f) V_{aq} \tag{9.35}$$

$$W_e = U \times S(p, t) \tag{9.36}$$

式中　$p_i$——油藏初始压力，psi；

　　　$p$——油藏当前压力，psi；

　　　$c_w$——水压缩系数，$\text{psi}^{-1}$；

　　　$c_f$——地层压缩系数，$\text{psi}^{-1}$；

　　　$V_{aq}$——含水地层孔隙体积，bbl。

　　除了解析模型，还有许多的数值模型可以描述油藏中边底水水侵的情形，其相关内容在第 15 章中有详细介绍。

# 9.4　总结

　　事实上几乎所有的油藏工程研究工作都需要对流体的流动性质有一个全面的认识和了解。流体在多孔介质中的流动形态特征会影响油藏压力、产量及各流动相的体积。油藏工作者通常依靠解析方程和数值模型去研究描述其具体过程，方程和模型的范围从简单的单相径向流到复杂的多相多维流。典型的油藏工程涉及单相流和多相流。流体在多孔介质中的流动受黏性力、重力和毛细管力的影响。出于研究的需要，流体的流动可以分为一维、二维、三维或径向流动。此外，流体的流动状态可以分为不稳定流、稳定流和拟稳定流。在不稳定流下，油藏压力和产量都随时间发生变化，多发生在油井刚开始生产或生产一段时间后突然关井。稳定流时压力和产量都不随时间发生变化，这种情况多发生在边界处的水体补充了油藏消耗的能量时。第三种流动形态就是拟稳定流，在拟稳定流阶段，流体压力随时间发生变化，但其变化率确保持恒定。油井在封闭边界的油藏内进行生产时多出现拟稳定流状态。

　　流动模型以质量守恒方程为基础，其含义是在多孔介质的一个微元体内，一小段时间内流体流入的质量减去流出的质量等于累计变化的质量。质量守恒方程和达西方程可以导出流体的连续性方程，再依据流体的不可压缩性、微可压缩性或可压缩性对其进行修正。对于流动的不同几何特征如径向流和线性流同样要具体分析。对于非常规油气藏，还有吸附和解吸两个重要的过程需要分析。

　　本章介绍了部分简单解析方程描述流体在多孔介质中流动的实际应用。然而在实际工作中，大多利用数值模型去分析多相多维流动的情形。

# 9.5　问题和练习

　　（1）描述传导方程的含义。求解传导方程时需知道哪些油藏和流体的性质？

　　（2）描述稳定流、不稳定流和拟稳定流的具体含义。为什么稳定流的条件在实际生产中较难达到？边界性质和油井条件如何影响流体的流动？

　　（3）在解流体流动方程时，解析方法有什么局限性？在实际工作中如何克服这些局限性？

　　（4）根据式（9.18）解释油藏性质和流体性质如何影响油井的产量？

　　（5）根据文献资料，解释传导方程如何应用于分层生产的情况？

（6）解释重力和毛细管力如何影响流体的流动，并分析这些力对流动方程有什么影响，并给出一个具体例子。

（7）多相流体流动模型和单相流体流动模型有什么不同？建立多相模型时需要知道哪些附加参数？

## 参 考 文 献

［1］ Satter A S, Iqbal G M, Buchwalter J L. Practical enhanced reservoir engineering assistedwith simulation software. Tulsa, Oklahoma Pennwell, 2008.

［2］ Matthews C S, Russell D G. Pressure buildup and flow tests in wells. SPE Monograph, vol. 1. Dallas（TX）, 1967.

［3］ Buckley S E, Leverett M C. Mechanism of fluid displacement in sands. Trans AIME, 1942, 146: 107-116.

# 第 10 章 油气井不稳定压力分析

## 10.1 引言

试井是油藏工程师可以采取的最有用的技术手段之一，它常被用于评价油井和油田产能状况、诊断油藏性质、整合其他研究结果、设计未来开发方案及实施油藏的整体管理。不稳定压力试井的概念十分简单，它通常包含以下三个步骤：

（1）通过改变油井产量在井中设计、创造一个压力变化。如以一定的周期进行关井停产，通过地层压力的变化情况进行不稳定试井分析。

（2）随着压力波从近井附近传播到油藏泄流边界或油藏的物理边界，放置在井下或井口处的高分辨率计量仪器记录压力随时间的变化状况。

（3）随着压力在整个地层中的传播，其变化特征与流体和油藏的性质有关，相关关系可由相关设备或图表来确定。通过从图中获得的各种数据，应用相应的流动方程来评价油井状况和油藏性质。

本章简要回顾了试井在常规油气藏和非常规油气藏的应用，主要回答了以下问题：

（1）什么是试井或不稳定压力试井？

（2）油藏工程师可以从试井结果中得到什么信息？

（3）在常规油气藏、非常规油气藏中实施的试井类型有哪些？

（4）试井的理论假设和局限性是什么？

（5）如何对试井结果进行分析？

（6）如何将试井结果与油藏整体研究相结合？

（7）实施一项不稳定压力试井的设计要素是什么？

### 10.1.1 试井和不稳定压力分析的作用

在油藏开发的整个生命周期中都要进行试井工作，从而收集宝贵的油藏信息，其中一些信息如下：

（1）地层传导率和储存系数。

（2）油藏平均压力。

（3）气井产能。

（4）井状况，包括持液率和气液分离状况。

（5）近井效应，包括表皮效应。

（6）流动边界，包括封闭断层的出现。

（7）地层的破裂压力。

（8）水力压裂人工裂缝的性质。

（9）诱导缝和天然裂缝对产能的影响。

（10）注水前缘。

（11）在多层油藏中的层间连通状况。

（12）两口井之间的连通程度。

## 10.1.2　试井类型

常见的试井类型有以下几种[1-5]：

（1）中途测试：当一口新井开钻，进行的首次测井工作就是中途测试。该项工作的目标是评价油井的产能。它含有至少两个开井—关井的压力累计周期，并记录和分析压力数据。最后一个关井期相对较长，目的是使关井压力接近油藏静态压力。除了油藏压力，该方法还可以用来确定地层渗透率及近井区域的表皮污染。对油藏流体进行取样也是中途测试内容的一部分。

（2）压力恢复试井：油井先稳定生产一段时间，然后关井。关井时间取决于地层的压力传导率及测试目的。关井后，持续的监测及记录井周围地层压力的恢复过程，直到达到稳定状态。对早期、中期、后期的压力恢复进行分析可以得到许多与井和油藏泄流面积有关的有价值信息，如地层传导率、表皮因子、泄流半径、流体前缘位置及油藏的非均质性。在试井过程中井产量和压力反应如图 10.1 所示。实际操作中涉及的问题包括需要关井多长时间压力才能够达到稳定及生产过程中的损失等。低渗透油气藏需要更多的测试时间，如对于基质渗透率为纳达西级的页岩气藏就不宜进行该试井作业。此外，压力恢复试井在两相流的情况下会十分复杂，如常规油气藏含水井或煤层气井气水同产的情况。

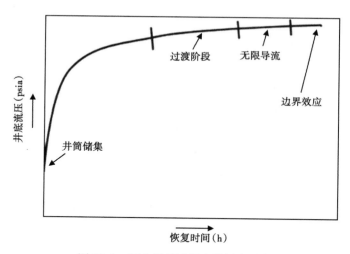

图 10.1　压力恢复过程中的压力反应

（3）压降试井：测试开始首先关井直到压力稳定，然后以恒定产量进行生产，记录压力下降情况（图 10.2）。油井井底压力下降特征可以用来分析油井和油藏的相关性质。实际生产中，很难使产量在长时间内恒定。

（4）压力回落试井：向井内以恒定量注入流体，直到注入压力达到稳定，然后关闭注入井。此后井底压力便会开始回落，一段时间后达到稳定。

（5）小型压裂试井：在进行水力压裂作业之前要完成预压裂试井以获得与裂缝有关的重要油藏性质，包括压裂梯度、流体滤失特征、地层渗透率及裂缝闭合压力等。在向地层注

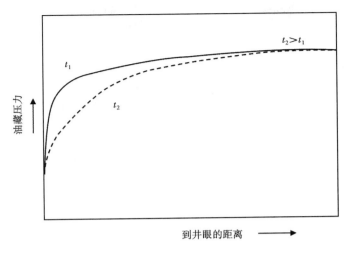

图 10.2　压力下降过程的不稳定反应

入流体，诱导产生一些短的裂缝，同时检测压力回落过程中的压力变化。此过程不需要支撑剂。在小型压裂试井中获得的信息被用来设计之后真实的压裂作业。在多数情况下，压裂测试的时间相对较短，可为现场进行后续压裂作业减少等待时间。通常在进行水力压裂前进行预压裂操作，来评估裂缝对生产井产量的作用。该测试又被称为诊断裂缝注入试井。

（6）变注入量试井：该试井过程在注入井中进行，用来确定该压力下地层是否被压开。在水驱及提高采收率作业中，注入剂在低于破裂压力的条件下被注入地层，以避免可能的注入剂漏失。在此试井过程中，注入速率分步提高，每步的间隔不大于 1h（其与地层渗透率有关）。通过绘制井底流压与注入速率的曲线可以来确定地层的破裂压力（通常为一条直线），在出现斜率改变的点即为地层破裂压力值。

（7）干扰试井：干扰试井过程包括两个以上的井，其中一口井生产一段时间，然后监测临近井的压力反应。该试井作业可以提供有关两口井之间连通性方面的重要信息，这些信息与常规油气藏中水驱和提高采收率作业效率直接相关。此外，在非常规煤层气藏中也采用干扰试井来确定地层的非均质程度及面割理、端割理的渗透率。干扰试井的结果可以用来优化井位、井距设计。

（8）模块化动态试井：该试井技术发展于 20 世纪末期，应用于新钻井中，用来确定油藏岩石的水平、垂直渗透率，可以提供表征分层油气藏层间连通程度的信息。该试井首先降低地层流体液面，之后提高流体液面。收集采出的流体，流体的组成可用来显示油藏中该层是否能被注入水有效驱替。

## 10.1.3　流动形态

由于井几何特征（垂直或水平）、井性质（水力压裂，部分完井）、油藏性质（低渗透、天然裂缝发育、断层）、边界性质（定压、封闭）的不同，在不同时间段所观察到的压力变化特征也不近相同。随着时间的变化，某种流动形态将会变成另一种流态，同时会出现标志性特征。压力导数—时间的双对数曲线通常用于辨识这种标志及其持续的时间。其他曲线，包括半对数曲线、典型曲线也常常用来进行诊断。试井中所观察到的流态主要有以下几种：

125

（1）井筒储集阶段：试井中所观察到的第一个流动阶段便是井筒储集效应控制的流动，即井筒中所储集的流体影响井口测量的压力值。该阶段的标志是在压力—时间双对数曲线上的直线段。

（2）线性流或双线性流：在水力压裂井中，裂缝中的流体流动控制着最初的压力反应。线性流的标志是在双对数曲线中出现斜率为 0.5 的直线（图 10.3）。裂缝被视作为无限导流能力的通道。双线性流来自相对较小导流能力的压裂缝，其特征为曲线中出现斜率为 0.25 的直线。

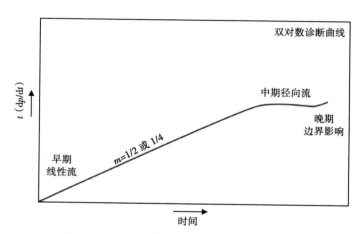

图 10.3　水力压裂井出现的线性流或双线性流

斜率为 0.5 的直线指示出现线性流，而斜率为 0.25 时为双线性流；水力压裂井用试井作业来评价增产效果

（3）无限作用流动：随着时间的推移，压力不稳定变化由井筒存储和表皮效应控制的阶段过渡到无限作用流动状态。但是，这种初始阶段和无限作用流阶段之间的过渡流通常持续一个半周期的对数时间。在某些表皮污染严重的例子中，过渡期会出现"驼峰"状特征（图 10.4）。此后会观察到无限作用流动阶段，此时可以计算地层传导率及其他重要的性质参数。压力变化显示出无限大储层特征，这是因为压力尚未传播到边界。该流动阶段在压力导数—时间的双对数曲线上呈水平线。在半对数图表中，则是斜率为 0.5 的直线，斜率与地层传导率成正比。

（4）拟稳定流：当压力传播到油藏边界时，会出现这种流动形态。在曲线的水平段之后出现斜率的突然变化，表明流动收到边界影响。在压降试井中，当受到封闭边界影响时，斜率会增至 1。在封闭边界为矩形的情况下，斜率达到 1 之前，会出现斜率为 0.5 的情况。但是，对于一些特定的油气藏如超低渗透油气藏，如果试井测试进行的时间达不到要求，这种流动形态可能不会出现。如图 10.4 所示，一个诊断曲线可以表现出多种流动形态。

（5）稳态流：试井后期，当生产造成的压降由邻近水体充当补充的能量时，便会出现稳态流。这种压力的补充也可以由气顶造成。在压降试井过程中，连续下降的曲线表示恒压边界。另外，只有在试井作业进行了足够长的时间才会到达该阶段。

（6）水平井试井：在水平井试井中，可能会出现以下流动形态（图 10.5）。

①早期径向流：最开始的流动是以井筒为轴的径向流，直到压力变化在垂向上到达边界。

②半径向流：当油井截面至储层顶部与底部的垂向距离不同时会出现半径向流；压力反应受到垂向限制的影响。

126

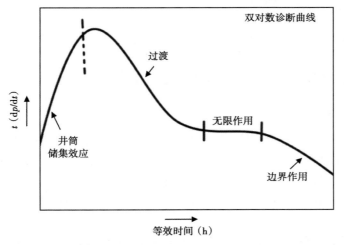

图 10.4 诊断曲线给出了严重的表皮效应、无线作用流动和边界影响

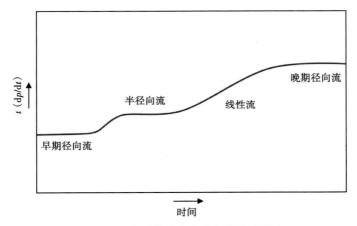

图 10.5 水平井试井中的各种流动形态

③线性流：当流体开始通过水平井筒流动时为线性流，此时水平井可以被视为一条长裂缝。

④晚期径向流：当流动时间足够长时，会出现晚期径向流，此时水平井筒被视为流动的几何中心。在低渗透地层中，这种流动形态可能会需要数月或更久才会出现。

压力不稳定试井中出现的各种流动形态见表 10.1。

表 10.1 试井中的流动形态

| 流动形态 | 诊断标志 | 压力特征 | 说明 |
|---|---|---|---|
| 早期 | 上升 | 不稳定 | 主要由井筒储集和表皮控制 |
| 线性流 | 斜率=0.5 | 不稳定 | 无限导流水力压裂裂缝 |
| 双线性流 | 斜率=0.25 | 不稳定 | 有限导流水力压裂裂缝 |
| 无限作用流 | 水平线 | 不稳定 | 流动不受边界影响 |
| 拟稳定流 | 斜率=1 | 压力变化率不变 | 圈闭油藏 |
| 稳定流 | 斜率=1 | 压力不变 | 恒压边界 |

## 10.1.4  试井分析公式

压力不稳定分析是以不稳定流、拟稳定流、稳定流的数学模型为基础进行的。分析压力变化的公式主要由质量守恒定律、达西定律及状态方程导出：

多孔介质中流体流动公式在第 9 章中有详细叙述。

## 10.1.5  诊断曲线

诊断曲线用来确定不同的流动形态及油藏的非均质性等，这些因素都会影响试井过程中的压力反应。诊断曲线的 $y$ 轴通常为压力导数的函数，在双对数曲线中绘制其与时间或时间函数的相互关系。早期，传统的试井分析是基于半对数或双对数图表中手绘试井曲线得到试井结果。图表通常以仪表得到的有限数据为基础，因此诊断曲线的重要性还未被广泛认识到。

数字时代的到来改变了一切。试井分析目前通过电子测量仪器收集的大量高质量数据，并将压力导数与时间的关系曲线显示在电脑屏幕上。通过曲线可以指示压力反应中的微小变化，其可以显示边界条件和以前不能被识别的储层非均质性对井的影响。诊断曲线的一些重要特征如下：

（1）水力压裂井：如前所述，当双对数诊断曲线图上出现斜率为 0.5 或 0.25 的直线时，显示为水力压裂井（图 10.3）。当测试时间超过受到井筒储集效应影响的阶段，该曲线更加明显。无限导流缝的斜率为 0.5，而有限导流缝的斜率为 0.25；其流动形态分别称为线性流、双线性流。

（2）双重孔隙油藏：天然裂缝性油气藏通常被视为双重孔隙度或双孔、双渗油气藏。在双重孔隙度系统中，认为只有裂缝中的流体流向井筒，而在双孔、双渗模型中，流体可以从基质和裂缝中流向井筒。在井筒储集效应后，在诊断曲线上有明显的下降。在高导流裂缝中的流动显然会造成压力的快速下降（图 10.6）。

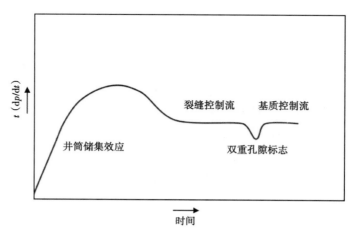

图 10.6  双重孔隙油气藏诊断图

由于天然裂缝比的导流能力远远大于岩石基质，因此最初的压力反应主要由裂缝中的流动来控制

（3）不渗透边界：根据试井类型的不同（压降或压力恢复），晚期诊断曲线会呈现一条斜率为 1 的上升曲线或下降曲线，这是因为在压力传播过程中未受到流动边界的影响。在有

不渗透边界的情况下，由于没有外部能量补充，所以压力变化率很高。

（4）定压边界：当邻近水体能量很强或有气顶存在时，通常会出现这种边界类型。定压边界通过压降试井诊断曲线晚期一条连续下降的直线来确定，这主要是由于临近水体加上气顶的作用导致压力的变化率很小。

（5）不混相流体前缘：由于地层的相对非均质性，注水井在井周围会形成圆形或近圆形的注水前缘。诊断曲线上会出现两条不同的水平线，第一条线代表被注入的水体，第二条为从被驱替油中获得的压力反应（图10.7）。

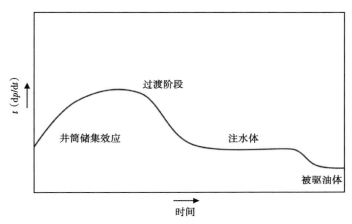

图 10.7　注水体和被驱油相的诊断曲线

（6）断块油气藏：在油井一侧存在封闭断层的情况可由诊断曲线上两条被过渡段分开的不同的水平线确定。第一条线表示还未受到断层的影响而第二条线表示断层的影响已经十分明显。在半对数曲线上斜率变为2倍可以确定为封闭断层。

（7）尖灭：这种油气藏边界类型可由晚期诊断曲线上出现"驼峰"，然后紧跟一条斜率为-0.5的直线来确定（图10.8）。

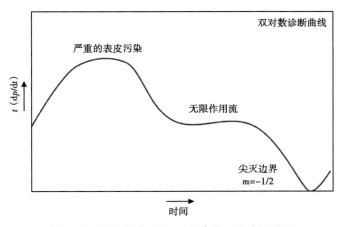

图 10.8　晚期斜率为-0.5的直线显示尖灭边界

（8）层状油气藏：含有不同岩石性质的层状油气藏的诊断图通常与单层系统类似，但是当相邻岩层的传导率相差很大时会出现例外，此时可通过模块化动态测试可以来确定不同岩层。

## 10.1.6　试井设计

一个完整的试井作业流程从试井设计开始。在进行试井作业之前，必须有明确的目标，这些目标包括用于综合研究的地层渗透率、修井效果、水力压裂裂缝的长度和导流能力、油藏的非均质性如断层或裂缝网络的存在、追踪驱替前缘、评价近井表皮污染情况等。试井的类型主要由试井目标确定。常规油气藏中广泛应用的试井作业包括压力恢复和压力降落试井。在评价修井效果中，试井时间相对较短。但是，在对油藏性质了解有限的情况下，就需要进行长时间的试井。在超低渗透率的非常规油气藏中，试井主要用来确定裂缝的性质。

另一个需要考虑的油藏性质是传导率。试井所需时间与岩石渗透率呈反比，即低渗储层（渗透率不大于 5mD）通常需要更多的时间来获得试井作业中中期、晚期流动形态及获得如地层传导率和泄流面积等性质。在许多情况中，压降恢复试井通常需要关井一段时间，这会造成一定的产量损失。水平井试井通常需要较长的时间来达到晚期径向流，这会导致一定程度上的产量损失。压降试井则需要在一段时间内维持稳定的产量，这在实际操作中很难达到。但考虑到产量的变化，试井方法也需要加以修改，这需要大量复杂的计算来实现。

在设计试井过程中，需要了解一些重要的信息如井的类型（生产井、注入井、观察井），是水平井还是垂直井，部分完井还是完全完井，是否进行了修井，流体主要相态是什么，是否为多相流等。部分完井的井与完全完井的井的压力反应是不同的。另外，设计过程必须考虑泡点压力和露点压力。井中出现的两相流会增加试井的复杂程度，很难达到预期的结果。

## 10.1.7　试井解释

在数字时代出现之前，大多数试井解释工作都是通过研究人员在半对数、双对数图表中手绘压力曲线来实现的。现代的试井解释工作则借助于各种应用软件在计算机上实现，这就使短时间内实现大量试井解释成为了可能。虽然大多数试井解释是以流体在多孔介质中流动的解析方程为基础，在一些地质状况复杂的情况下也可以用数值方法进行求解。

在一口油井中进行的压力恢复、压降试井可以对以下参数进行评价：

（1）泄流区域的油相平均有效渗透率。

（2）井筒储集系数。

（3）近井表皮。

（4）泄流面积。

（5）泄流区域内原油储量。

（6）泄流区域内油藏压力。

下面概述了广泛应用的压力恢复试井的步骤。

检查和验证测井数据以识别任何可能的异常现象、趋势。出现异常的原因有很多，包括操作问题、设备故障、未能遵守试井操作规范、油藏的非均质性等。由于在试井中，很短的测试时间内数字仪表会记录数千个数据，因此需要适宜的数据精简方案。

准备诊断图表来确定流态，即压力导数与时间的双对数曲线。早期受到井筒储集效应与表皮效应的影响，紧接着的水平线为中期，地层传导率可以在此期间被确定。晚期中，边界的影响变得明显，诊断曲线的斜率也相应变化。压力恢复与时间的双对数曲线也可以用来确定井筒储集和表皮影响的时间。

准备一个半对数图表——Horner 图。在该方法中，绘制恢复压力与 Horner 时间的对数曲线，其中 Horner 时间定义为：

$$\text{Horner 时间} = \frac{t_p + \Delta t}{\Delta t}$$

在流动中期，可以根据诊断图中的直线段斜率确定地层传导率。

在压力恢复试井中应用广泛的另一个图表是 Miller-Dyes-Hutchison 图表，其绘制了井底静压与时间变化的双对数曲线。

当泄流区域的形状（圆形或矩形）及井与边界的相对位置（中心或偏心）已知时，就可以利用试井分析确定油藏平均压力。

# 10.2 典型曲线分析

试井可以借助典型曲线的帮助进行分析解释，这些典型曲线可以从试井软件中找到。将试井数据中获得的压力变化数据与一系列典型曲线拟合，这些典型曲线适用于各种不同的油藏性质、井筒条件。通过改变计算机上的曲线位置，最终使得现场数据与典型曲线达到满意的拟合状态，此时便可以利用拟合点来计算试井结果。

典型曲线实质上是预先绘制的无因次压力与无因次时间的关系曲线。不同的油藏性质与井筒条件可以产生一系列曲线。无因次压力、无因次时间的使用使得典型曲线可以应用于具体的试井分析。通过无因次变量的引用，避免了对特定的试井分析产生特定的试井曲线。其方法原理是通过试井数据与一系列可能的曲线进行拟合，最终通过拟合点确定油藏及井的各项参数。在以前，这项工作效率较低，因为其主要通过人工方式在绘图纸上完成。但随着数字时代的到来，通过计算机微调自动技术的帮助，应用典型曲线进行试井分析变得更加容易。

# 10.3 总结

在常规油气藏、非常规油气藏中广泛应用的试井工作在表 10.2 中给出。

表 10.2　试井类型及其应用

| 试井类型 | 目的 | 说明 |
| --- | --- | --- |
| 压力恢复 | 地层传导率、表皮效应影响、评价地层压力、边界状况；地层非均质性包括断层和裂缝 | 在常规油气藏中广泛应用；可能不适用致密地层，因为所需关井测试时间较长 |
| 压力降落 | 同上 | 测试前需要一段时间稳定流动状态，通常难以达到 |
| 压力回落 | 水力压裂缝特征、注水前缘及其他油藏性质 | 通常用于注水井；低于破裂压力使用压力回落试井在煤层气藏中十分常见 |
| 小型压裂测试（压裂前） | 设计优化水力压裂作业 | 通常应用于超低渗透页岩油气藏 |
| 小型压裂测试（压裂后） | 裂缝性质、地层渗透率、孔隙压力 | 也被视为裂缝诊断手段 |

| 试井类型 | 目的 | 说明 |
|---|---|---|
| 变注入量试井 | 地层裂缝压力 | 在水驱和提高采收率作业中，流体在低于破裂压力条件下注入井筒 |
| 干扰试井 | 井筒之间的关系，包括渗透率及可能存在的隔层 | 对注水设计和提采设计提供有价值的信息 |
| 模块化动态测试 | 地层渗透率和各层之间的连通性 | 在油藏各层之间的进行的快速试井 |

# 10.4  问题和练习

（1）什么是试井？试井在管理油藏中有什么作用？

（2）简述在石油工业中广泛应用的试井类型？

（3）压力恢复及压降试井的假设条件及其局限性是什么？

（4）典型试井作业中三种不同的流动阶段是什么？

（5）什么是诊断曲线？它可以诊断什么？具体说明。

（6）在油藏表征中试井可以起到什么作用？举例说明。

（7）常规油气藏和非常规油气藏中的试井有什么不同？

（8）试井设计的主要考虑因素有哪些？

（9）试井数据精确度的不确定性有哪些？

（10）一口井需要定期地进行试井工作吗？为什么？

（11）根据文献资料，简述在致密裂缝性油藏中进行的试井工作，它可以提供哪些对管理油藏有价值的信息？

## 参 考 文 献

[1] Mathews C S, Russell D G. Pressure buildup and flow tests in wells, monograph, vol. 1. Dallas：SPE，1967.

[2] Earlougher R C. Advances in well test analysis, monogram, vol. 5. Dallas：SPE，1977.

[3] Lee J. Well testing. Dallas：Society of Petroleum Engineers of AIME，1982.

[4] Gringarten A C, Bounder D P, Landen P A, et al. A comparison between differentskin and wellbore storage type curves for early time transient analysis. SPE 8205 Paperpresented at the SPE Annual Fall Technical Conference and Exhibition，1979.

[5] Horner D R. In：Brill E J, editor. Pressure Buildup in Wells. Leiden：Third World PetroleumCongress，1951：503.

# 第 11 章　一次采油机理与采收率

## 11.1　引言

油气的一次开采是由油藏自身所具备的天然能量所单独驱动的。由于流体与岩石的强烈加压，储层间的能量在油藏中得以集聚。当油藏生产时，这些能量逐步得到释放。在某些油藏中，天然能量也可以由临近的含水层所提供。石油的开采可以划分成多个阶段，也就是人们所熟知的一次采油、二次采油和三次采油。在一次采油时期，油藏是靠天然能量进行生产的。但是，在二次采油和三次采油过程中，则是通过注水、注气或注入化学物质来给储层提供能量以驱动油气；热力采油亦可以提供额外的天然能量。

就某些油藏而言，由于其流体和岩石特性较好，一次采油或许可以维持较长时间。许多小型或较老的储层在其生命周期中的绝大部分时间都依靠一次采油。但对于一些大型且复杂的油藏，一次采油的预期采收率很低。在这样的油藏的生命周期中，很早就需要开展注水和保压等二次采油的工作。

本章概述了一次采油的机理，并回答了如下问题：

（1）油气藏的一次采油机理是什么？

（2）一次采油是否在常规与非常规油藏都是有效的？

（3）这些采油机理是如何影响油藏动态和生产特征的？

（4）一次采油中可开采出哪些类型的石油与天然气？

（5）在管理一个油藏时怎样使得一次采油、二次采油和三次采油搭配适宜？

## 11.2　一次采油的驱动机理

在常规的油气藏中，天然能量来源主要包括原始储层压力、石油流体的挥发特征、气体的膨胀能及含水层的作用。上述能量来源在不同程度上控制着油藏的一次采油动态。一次采油中的多种能量来源可以共同作用。历史数据表明，对于具有良好孔隙度与渗透率的气藏，一次采气采收率可以高达80%乃至更高，但对于岩石特性较差的稠油油藏而言，一次采油的采收率可以低至10%以下。

对于大多数的非常规储层，利用天然能量来开采油气显得就不那么适用了。需要新型技术如水平井多级压裂（如在页岩气中）和热能（如在油砂中）来开采这样的非常规油气资源。

事实上，非常规油藏之所以称作非常规，就是因为采用常规方式对其开采难以满足经济合理性的要求。

## 11.3　油藏

下面列出油藏中的一次采油机理[1,2]：
（1）流体与岩石的膨胀驱动。
（2）溶解气或衰竭驱动。
（3）气顶气驱动。
（4）边底水驱动。
（5）重力分异驱动。
（6）压缩作用驱动。
（7）上述驱动方式的综合作用。

### 11.3.1　流体与岩石的膨胀驱动

当在泡点压力以上进行油藏的生产时，如图 5.1 中所示的 $BB'$ 线那样，石油生产中的一次采油机理是流体和岩石的膨胀。在泡点压力以上时，油藏处于未饱和状态且所有的挥发性物质都溶解在石油中。

在一次采油中，由于压力和温度的降低，在地面设备中将会分离出天然气，并将导致较低的恒定气油比。除了一些含水饱和度很高的储层，人们并不期望在一次采油中出现明显的产水特征。

当在泡点压力以上且没有其他驱动机制存在的时候，油藏的一次采油机理主要取决于储层流体与岩石的体积膨胀。预期采收率相对而言很低，一般处于 1% ~ 5% 之间，平均值为 3%。

### 11.3.2　溶解气驱或衰竭驱动

随着生产进行使得油藏压力下降到泡点压力以下，进入到两相区后（参见图 5.1），从油藏液体中就分离出了溶解气并形成了游离相气体。在泡点压力以下，油藏中的气相增加得十分迅速。主要的开采机理被称为溶解气驱或衰竭驱动。因为气相的黏度比油相的黏度要低得多，气相比液相具有更好的流动性。

在开采的早期阶段，油藏压力递减得很快。气油比在初期是很低的，随后达到一个最大值，最后随着大量逸出气产出后有所下降。再者，除含水饱和度较高的地区外，并不希望见到明显的产水。

通常溶解气驱的采油率在 10% ~ 30% 之间，平均值为 20%。一旦，开始开展二次采油工作，就可以获取更多的石油（图 11.1）。

在 20 世纪早期，许多小油藏直到废弃都主要是采用一次采油方式开发。通常在产量递减时采用的增产措施包括泵的使用、气举、井改造和修井等。大量的老储层仍在使用上述方式进行生产。但随着技术创新，人们能更好地理解储层特征和流体流动行为后，大规模复杂油藏在一次采油中相对较早的时期就开始了注水驱动与保压的相关工作。强化采收率的进展与方案主要基于制订不同的钻井与注采方案。通过向油藏中补充新能量来使得最终采收率最大化，同时要使得增加了的油藏收益远大于进行钻井与强化采收率工作的花费。

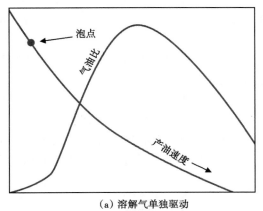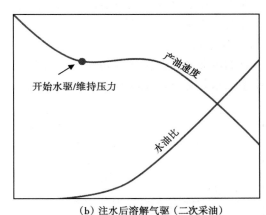

（a）溶解气单独驱动　　　　　　（b）注水后溶解气驱（二次采油）

图 11.1　比较两种不同情况下的油藏动态（后者采收率通常更高）

### 11.3.3　气顶驱

油藏被发现时，若存在气顶，该气顶称为原生气顶。有些油藏在被发现的时候，其原始地层压力低于泡点压力，原生气顶早在油藏被发现和生产前就已经存在了。有些油藏并不是一开始就存在气顶的，而是后来液相中所溶解的挥发性组分挥发形成气顶，这种气顶称作次生气顶；游离气在油层上方形成气顶。此时，油藏位于两相区中（如图 5.1 中的 $B''$ 点与 $V''$ 点）。由于气比油轻，受重力分异的作用气会跑到油层上方。

在气顶驱生产时，油藏压力降低缓慢且连续。驱动能量主要来自油藏衰竭过程中气顶气的膨胀能量。位于构造高部位的井的气油比持续上升。当含水饱和度达到束缚水饱和度时，不再产水或者产水量可以忽略不计。对于溶解气与游离气共同驱动的气顶驱，油藏的采收率要高于仅有溶解气驱的油藏。一般气顶驱的采收率在30%左右，但也可能达到40%。

提高气顶驱油藏采收率的方法有：（1）在尽可能深的在油层中进行完井；（2）在高构造部位回注产出气；（3）当气油比变得显著时关井（图 11.2）。

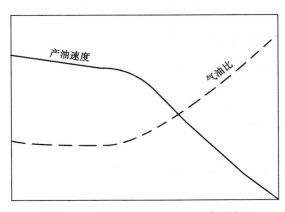

图 11.2　气顶气驱条件下的油藏动态

### 11.3.4　水驱

有些油藏具有含水层，这为油藏生产提供大量的天然能量，包括三种形式：

（1）边缘水驱：含水层位于边缘。

（2）边水驱：含水层位于油藏某一边。

（3）底水驱：含水层位于油藏或气藏的底部。

当油藏生产时，由于含水层的压力高，会发生水侵入油藏的情况，这将有助于油藏的开采。在生产中，油藏压力维持高位而气油比维持低位。早期，水侵发生在位于构造低部位的井，此时产水量会有所增加。相对油藏体积而言，含水层体积要大得多，通常为油藏体积的10倍甚至更大。

有的油藏含水层位于油藏底部，会发生底水侵入。如果含水层低于油藏，底水锥进将导致比边缘水驱更低的采收率。

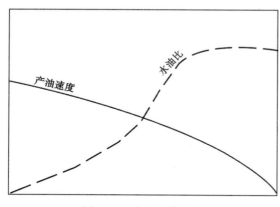

图 11.3　水驱油藏动态

在有利条件下，油藏水驱采收率可以高达50%，甚至更高。因此，相比其他方式而言，强有力的水驱开采是最为可行的一次采油机理。图 11.3 给出了水驱状态下的油藏动态。

## 11.3.5　重力分异驱动

在某些浅层的倾斜部位或断块油藏中，可以发现受重力和后续生产作业导致的石油排采，这种现象也可能在垂向渗透率高于横向渗透率的情况下发生。在重力驱动的作用下，油藏压力持续减小。气油比在构造低部位保持低数值，但在构造高部位表现出高数值。在这些井中不产水或产水量可以忽略不计。

受重力分异作用的油藏采收率可以达到50%甚至更高。结合着溶解气驱动，在某些油藏中采收率可以达到80%，但在油藏中利用重力驱的总产量可能会低。

## 11.3.6　岩石压缩驱动

有的油藏岩石疏松且具有非常高的压缩性，一般可达到 $(3\sim8)\times10^{-6}\,psi^{-1}$。当油藏依靠岩石压缩性进行生产时，没有观察到显著的递减。在油藏压力降低到泡点压力以前，可以开采出大量的石油，这种现象被称为压缩驱动。某些北海和墨西哥湾沿岸油田就是依靠压缩驱动进行生产的，但这样的油藏并不普遍。超压油藏可能也是依靠压缩驱动生产的。

# 11.4　干气藏和湿气藏

气藏的驱动机理包括气体膨胀或衰竭驱动、水驱及两种方式的联合驱动。

干气藏与湿气藏的相图位置位于初始温度高于临界凝析温度的单相区。在气藏中气相经等温衰竭式开采，此过程中无凝析现象发生。但有一部分产出气在地面分离器中随压力和温度降低后出现凝析现象时，就称为湿气。

干气藏中主要是轻烃组分，凝析体积可以忽略不计。干气藏的凝析气油比可达到100000 scf/STB 或者更高。在相对低的分离压力下，气藏的采收率可以达到80%甚至更高。

### 气藏中的水驱

当在气藏的周围存在含水层的时候，或在气藏底部有水体存在，因为气井中会产水，气藏采收率将不会太高。水驱气藏中，采收率可能低至50%。而在油藏中恰恰相反，当在油藏中存在一个具有较强水体能量的含水层时，其油藏采收率可以显著提高。

## 11.5　总结

　　常规油藏主要是靠天然能量生产的，这些能量来自于岩石和流体的膨胀性、溶解气、气顶、含水层和岩石压缩性等。不同天然能量的驱动机理将导致不同程度的采收率，采收率范围可从很低变化到80%。在大多数的现代油藏中，一次采油后通常都需要开展二次采油和三次采油来提高最终采收率。

　　在大多数的非常规油藏中，一次采油不能充分、经济地开采石油和天然气，开采这样的油藏需要创新性的技术。

　　对于常规石油和天然气的天然驱动机理和适宜油藏类型在表11.1和表11.2中给出。

表 11.1　油藏中的一次采油机理

| 油藏类型 | 一次采油机理 | 估计采收率 | 井中气油比 | 井中水油比 | 备注 |
|---|---|---|---|---|---|
| 油 | 流体和岩石的膨胀 | 1%~5% | 无 | 不明显 | 这是在高于泡点压力以上的主要机理 |
| 油 | 溶解气驱 | 10%~30% | 先增加到最大后减少 | 不明显 | 低于泡点压力后的主要机理 |
| 油 | 气顶气驱 | 30%~40% | 在构造高部位井高，在构造低部位井低 | 不明显 | 同时由气顶中的溶解气和自由气提供能量 |
| 油 | 水驱 | 约50% | 低 | 构造低部位井高 | 可能存在底水锥进的问题 |
| 油 | 重力分异 | 50%~80% | 在构造低部位井低，在构造高部位井高 | 不明显 | 在断裂或高垂向渗透率岩石中可观测到，通常产量低 |
| 油和气 | 岩石压缩性 | 10%或更高 | 根据实际情况确定 | 根据实际情况确定 | 随着岩石压缩，产量递减显著 |

表 11.2　气藏中一次采油机理

| 气藏类型 | 一次采油机理 | 估计采收率 | 井中气油比 | 井中水油比 | 备注 |
|---|---|---|---|---|---|
| 干气藏和湿气藏 | 衰竭式 | 70%~80% | 纯气无油 | 不明显 | 由于气体流动性高，采收率高 |
| 干气藏和湿气藏 | 水驱 | 50%~60% | 纯气无油 | 可能会出现明显的产水 | 产水有碍于采收率 |

## 11.6　问题和练习

　　（1）在油藏中的一次采油机理主要是什么？与二次采油的区别有哪些？

　　（2）在溶解气驱油藏中会出现怎样的压力和生产变化特征？

　　（3）在所有因素都一样的情况下，溶解气驱下的黑油油藏与轻质挥发性油藏在生产动态上会有什么不同？

　　（4）为什么水驱油藏通常都比溶解气驱油藏和气顶气驱油藏采收率高？请解释。

　　（5）在气顶气驱油藏中构造低部位井和构造高部位井可能会有怎样的区别？

　　（6）在文献调研的基础上，举出一个综合多种驱动方式的例子，并解释其开采过程中一次采油的各种机理，包括从这个油藏中获取的最终采收率。

（7）其公司新发现了一个挥发性油藏，其带有气顶并在边部有水层，且油藏渗透率很高。请简述一个合理的油藏开发方案以尽可能提高采收率。

（8）为什么在气藏中水驱不如在油藏中那样好？

（9）常规油藏与非常规油藏是用同一驱油机理开采的吗？对比岩石特征、驱动机理、开发方案和油藏动态在常规油藏与非常规油藏的异同。

（10）从一个水驱裂缝性油藏或一个衰竭式开采的均质油藏中获取高采收率的可能性大吗？为什么？

（11）如何最优化二次采油的实施时间？一旦一次采油结束，有哪些决定性因素将影响二次采油和三次采油的实施。

（12）煤层气是靠一次采油机理开采的吗？请解释。

## 参 考 文 献

［1］Clark N J. Elements of petroleum reservoirs, Henry L. Doherty series. Dallas, TX：SPE ofAIME, 1969.

［2］Satter A, Iqbal G M, Buchwalter J A. Practical enhanced reservoir engineering：assistedwith simulation software. Tulsa, OK：Pennwell, 2008.

# 第 12 章　常规油气藏和非常规油气藏储量的确定

## 12.1　引言

由于在油藏开发的初期，用来分析油藏特征的必要信息十分有限，因此在开发初期油藏工程的挑战之一就是估计油气地质储量。对于常规油气藏来说，最简单的计算储量的方法便是体积法，这个方法原理十分简单，且不需要油藏的动态数据。一旦油藏规模已知，其总体积便可以计算出来，再根据岩石的孔隙度数据便可以得到油藏的孔隙体积。在孔隙中处于压缩状态的烃类体积，即烃类孔隙体积（HCPV），可以根据已知的流体饱和度求得。以上计算方法会受到油藏压力和温度的影响。在裂缝性地层中，最初开采出来的是储存在裂缝中的烃类流体。

地层中储存的原油和天然气在地面标准状态下的体积分别称为原始原油地质储量（OOIP）和天然气原始地质储量（GIIP）。可以利用体积系数将油藏地层状态下的油气体积换算成地面状态下的。在生产进行的过程中，气相体积发生膨胀且油的体积会缩小，这是因为在流体流向井筒的过程中压力降低，油相中溶解的气体大量挥发。

在常规油气藏中，油气两相都处于压缩状态。而对于一些非常规油气藏（如页岩气气藏和煤层气气藏），大量的气体处于吸附状态，除此之外还有一些游离气体在微孔和裂缝中。因此，利用经典的体积法计算储量时会低估天然气的地质储量。对于煤层气气藏，其储存在岩石中气体的真实体积可能数倍于用体积法计算的体积。页岩气藏中的有机质吸附了相当数量的天然气，可以达到总气体含量的80%。因此，对于非常规气藏必须正确认识气体的吸附特征，从而才能准确地计算气体的真实体积。

本章内容主要是常规油气藏和非常规油气藏原始储量的估算，着重讨论了多孔介质储存油气的机理和体积法计算储量。本章主要回答了以下问题：

（1）关于油气储量估算的基本概念都有哪些？

（2）在估算储量的工作中需要哪些数据资料？

（3）确定 OOIP 和 GIIP 的方法有哪些？

（4）对于非常规油气藏原始储量该如何确定？

（5）利用体积法计算储量的准确性如何？

（6）有哪些技术方法能用于确定需要进行提高采收率的油藏面积？

（7）非常规油气藏储存机理与常规油气藏是否不同？

（8）非常规油气藏储量确定的关键因素是什么？

体积法是一个简单却有效的计算油气藏中含有多少油气的方法，它可以用来确定 OOIP 和 GIIP；此外，还可以在已有油藏采收率认识的基础上验证油气储量。

体积法以油藏静态数据为基础，它不需要生产历史资料等油藏动态数据。因此体积法广泛应用于油藏工程估算储量的工作中，尤其是油藏开发历史的早期，它的优势更加明显。需要强调的是 OOIP 和 GIIP 的计算结果只是一个估算值。石油工程师和地球物理学家致力于收集分析油藏的各种资料数据从而尽可能提高储量计算的精确度。提高 OOIP 和 GIIP 的准确性依靠的是油藏的动态数据，这些方法包括物质平衡法、递减曲线分析和油藏数值模拟，这些内容将分别在第 13、14、15 章中介绍。

估计油气藏最终采收率或石油储量的第一步便是分析确定油气藏原始含烃体积，包括油和气。以体积法为基础，再根据相似性质油藏的采收率数据，可以在油藏开发早期对其最终采收率进行合理地预测。常规油气藏中各种典型的驱动机理在第 11 章中已有介绍。

## 12.2 原始原油地质储量

利用体积法估算油藏原始含烃储量的基础是估计油藏的烃类孔隙体积（HCPV），它是反映油藏面积、产层厚度、岩石渗透率及油气原始饱和度的综合指标。在体积法中有以下名词需要注意：

$$油藏总体积 BV = 油藏面积 \times 厚度 \tag{12.1}$$

$$油藏孔隙体积 PV = 油藏面积 \times 厚度 \times 孔隙度 \tag{12.2}$$

$$油藏烃类孔隙体积 HCPV = 油藏面积 \times 厚度 \times 孔隙度 \times 烃类流体饱和度 \tag{12.3}$$

当油藏烃类体积已知，利用原油或气体的体积系数将地下状态的油气体积换算到地面标准状态下的体积。

常规油气藏计算原始原油地质储量的一般计算公式为[1]：

$$OOIP = \frac{油藏面积 \times 产层厚度 \times 孔隙度 \times 原始含油饱和度}{原油体积系数} \tag{12.4}$$

油藏中油相饱和度可以利用水相饱和度值计算得到，后者来源于测井解释以及特殊岩心分析资料。在只有油水两相存在的油藏中，有以下关系：

$$S_{oi} + S_{wi} = 1 \tag{12.5}$$

式中 $S_{oi}$——原始含油饱和度；

$S_{wi}$——原始含水饱和度。

OOIP 值单位通常用 bbl 来表示，油藏面积则以 acre 为单位。需要指出的是 1acre = 43560ft², 而 1 bbl = 5.615ft³。式（12.1）也可以用油田现场单位表述为：

$$OOIP = \frac{7758Ah\phi(1 - S_{wi})}{B_{oi}} \tag{12.6}$$

式中 $A$——油藏面积，acre；

$h$——油层净厚度，ft；

$\phi$——平均孔隙度；

$S_{wi}$——原始含水饱和度；

$B_{oi}$——原油体积系数，rb/STB。

在式（12.6）中，$S_w$ 和 $B_o$ 的值均是在油藏初始条件下测得的值。式（12.4）中的厚度是指含油层或含气层的净厚度，此概念要和地层总厚度加以区别，因为目的层总有一部分极

140

少含或不含烃类流体。地层的底部常被原生水充满，在计算中要将这部分体积去掉。油、气、原生水在地层中的分布可以利用在新井中得到的大量测井数据进行分析判断[2]。

## 12.3 气体原始地质储量

对于气藏，其储量 GIIP（单位为 $ft^3$）表示为：

$$GIIP = \frac{7758Ah\phi(1 - S_{wi})}{B_{gi}} \quad (12.7)$$

需要指出的是，对于干气藏，$S_{gi} = 1 - S_{wi}$，气体的体积单位是 rb/scf。在某些情况下，$B_{gi}$ 的单位为 $ft^3$/scf。因此，式（12.7）可以修正为：

$$GIIP = \frac{43560Ah\phi(1 - S_{wi})}{B_{gi}} \quad (12.8)$$

体积系数 $B_{gi}$ 在油藏压力、温度及气体压缩系数已知的情况下可以用以下公式计算出来：

$$B_{gi} = 0.02829\left(\frac{z_i T}{p_i}\right) \quad (12.9)$$

天然气原始地质储量可以用 $10^6 ft^3$、$10^9 ft^3$ 或 $10^{12} ft^3$ 表示。气井生产速度通常采用的单位为 $10^3 ft^3$/d。

### 12.3.1 等厚线、等体积线和含烃孔隙体积等值图

体积法是确定原始含烃体积的最简单方法之一，根据上述方程中可以发现，此方法只需要知道油层或气层的平均厚度、孔隙度及油气的体积系数值。当利用多口井的相关资料，绘制出厚度、面积×厚度×孔隙度、面积×厚度×孔隙度×饱和度的等值线图，可以有效提高计算的准确度；以上绘制的等值线图分别称为等厚线图、等体积线图及含烃孔隙体积等值图。

典型的地层等厚线图可以显示出油层的总厚度（图12.1）。等厚线图也可根据只存在原油的油藏净厚度值来绘制。

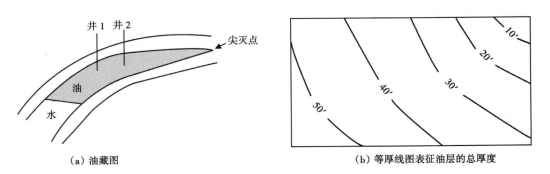

（a）油藏图　　　　　　　　　　（b）等厚线图表征油层的总厚度

图 12.1　尖灭油藏的等厚线图

等厚线图表示地层的总厚度。可以注意到厚度沿尖灭点方向逐渐变小

141

油藏每英亩—英尺（面积×厚度）的含油体积等值线图是未来确定井位及可能的提采方式的重要依据（图 12.2）。

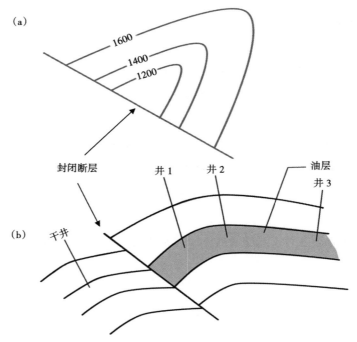

图 12.2　断层油藏含油体积等值线图
已知在断层的另一边没有油，因此，等值线在断层处突然中断

当油藏相对均质且已知多口井的大量相关数据时，体积法便十分准确。但在油藏地质状况异常复杂且资料数据有限的情况下，就需要随机性方法等其他方法去估算原始含烃量。

### 12.3.2　所需数据

常规油气藏估算油气原始地质储量时需要以下数据资料：
（1）面积×厚度：根据测井、构造和等值图研究得到。
（2）孔隙度：根据测井和岩心分析资料得到。
（3）原始流体饱和度：根据测井分析得到。
（4）原始状态下原油和气的体积系数：根据实验分析和数据拟合得到。
非常规油气藏—页岩气藏和煤层气藏估算油气原始地质储量时需要以下数据资料：
（1）岩石基质和微孔中吸附的气体量。
（2）孔隙和裂缝中的自由气体量。

如前所述，体积法以静态资料为基础，包括原始状态下的流体饱和度和体积系数；而历史生产数据、压力变化数据、流体性质等动态数据资料在体积法估算储量中不是必须的。当钻得的井数足够多、获取的数据资料足够丰富时，体积法与其他方法相比其准确度相对更高。

## 12.3.3　原始油气体积的估算

对于含有气顶的油藏：气顶油藏中，烃类体积的计算要考虑原始含油体积、溶解气体积及气顶气体积。

如式（12.6）所示，原始原油储量计算公式如下：

$$OOIP = \frac{7758Ah\phi(1 - S_{wi})}{B_{oi}}$$

式中　$A$——油藏面积，acre；

　　　$h$——过渡带顶界以上的油层厚度，ft；

　　　$\phi$——油藏孔隙度；

　　　$S_{wi}$——束缚水或原生水饱和度；

　　　$B_{oi}$——初始原油地层体积系数，rb/STB。

油相中溶解气体积：

$$G_{si} = NR_{si} \tag{12.10}$$

式中　$G_{si}$——溶解气体积，ft$^3$；

　　　$N$——初始原油体积；

　　　$R_{si}$——初始溶解气油比，scf/STB。

气顶气体积为：

$$G_{gc} = mNR_{si} \tag{12.11}$$

式中　$G_{gc}$——气顶气体积，ft$^3$；

　　　$m$——气顶体积与含油区域体积之比。

## 12.3.4　可采石油储量

可采储量与原始地质储量不同。估算可采储量时需要知道采收率的大小，其关系可表示为：

$$Reserves = OOIP \times R.F. \tag{12.12}$$

式中　R.F.——采收率。

当初始含油饱和度和残余油饱和度已知时，采收率可以用下式求得：

$$R.F. = \left(\frac{S_{oi}/B_{oi} - S_{or}/B_{or}}{S_{oi}/B_{oi}}\right) \tag{12.13}$$

当气藏采收率已知时同样也可以计算出气藏的可采储量。

估算采收率最简单的方法是依据类似油藏的资料推断区域性的规律。对于具体的实例，其他更为严谨的方法包括数值模拟预测油藏最终采收率。有关可采储量的内容将在第 23 章中有详细的介绍。

### 12.3.5 体积法的应用

#### 12.3.5.1 气顶油藏

**例题 12.1**

利用以下条件，计算孔隙体积和 OOIP 及溶解气体积。油藏面积为 600 acre；油藏平均厚度为 28 ft；平均孔隙度为 0.205；原始含水饱和度为 0.2；初始原油体积系数为 1.56 rb/STB；泡点压力处溶解气油比为 860 scf/STB；气顶体积与油体积比为 0.12。

解：

根据式（12.2），油藏的孔隙体积为（精确到两位小数）：

$$PV = 7758 \times 600 \times 28 \times 0.205 = 26.72 \times 10^6 \, bbl$$

根据式（12.6），该油藏原始石油储量为：

$$OOIP = [7758 \times 600 \times 28 \times 0.205 \times (1-0.20)]/1.56$$
$$= 13.7 \times 10^6 \, bbl$$

溶解气体积为：

$$G_{gc} = (13.7 \times 10^6 \, bbl) \times (860 \, scf/STB)$$
$$= 11.78 \times 10^9 \, ft^3$$
$$= 11.78 \times 10^9 \, ft^3$$

最后，根据式（12.11）可得气顶体积为：

$$G_{gc} = 0.12 \times 11.78 \times 10^9 \, ft^3$$
$$= 1.41 \times 10^9 \, ft^3$$

#### 12.3.5.2 气藏储量

**例题 12.2**

利用例题 12.1 中的油藏数据，计算干气气藏的 GIIP。假设相似气藏的采收率为 80%，计算该气藏的可采储量。束缚水饱和度为 22%；初始气体体积系数为 0.00128 rb/scf。

解：

根据式（12.7），原始气体储量计算过程如下：

$$初始含气饱和度 = 1 - 0.22 = 0.78$$
$$GIIP = (7758 \times 600 \times 28 \times 0.205 \times 0.78)/0.00128$$
$$= 16.28 \times 10^9 \, ft^3$$

本题采收率值可用来计算可采储量：

$$可采储量 = 16.28 \times 0.8 = 13.03 \times 10^9 \, ft^3$$

需要指出的是表征油气藏可采储量的参数通常有很多而不是一个。

**例题 12.3**

考虑以下定容生产的气藏。假设气体的压缩系数为 0.88，计算其 GIIP。气藏面积为

2000 acre；气藏厚度为 15 ft；平均孔隙度为 17%；束缚水饱和度为 20%；气藏压力为 3800 psia；气藏温度为 160℉。

解：

第一步根据式（12.9）计算初始气体地层体积系数：

$$B_{gi} = 0.02829 \times [0.88 \times (160+460)]/3800$$
$$= 4.062 \times 10^{-3}$$

其原始气体储量为：

$$GIIP = [43560 \times 2000 \times 15 \times 0.17 \times (1-0.2)]/(4.062 \times 10^{-3})$$
$$= 43.75 \times 10^9 \, ft^3$$

### 12.3.5.3 一次开采的油藏

**例题 12.4**

计算剩余原油体积以及油藏的采收率。油藏无气顶。条件如下：油藏面积为 600 acre；油层平均厚度为 28 ft；平均孔隙度为 0.0205；束缚水饱和度为 0.2；初始原油体积系数为 1.56 rb/STB；油藏废弃压力为 350 psi；废弃时原油体积系数为 1.07 rb/STB；废弃时气体饱和度为 0.4。

解：

根据式（12.1）有：

$$OOIP = (7758 \times 600 \times 28 \times 0.205 \times 0.8)/1.56$$
$$= 13.702 \times 10^6 \, bbl$$

在油藏废弃时，析出的气体占据了采出油的孔隙体积，因此油的体积系数下降至 1.07。

$$剩余油的体积 = [7758 \times Ah\phi (1-S_w-S_g)]/B_o$$
$$= [7758 \times 600 \times 28 \times 0.205 \times (1-0.2-0.4)]/1.07$$
$$= 9.988 \times 10^6 \, bbl$$
$$采收率 = (13.702-9.988)/13.702 = 27.1\%$$

### 12.3.5.4 水驱油藏

**例题 12.5**

该油藏大小、孔隙度、束缚水饱和度与例题 12.3 一样，但该油藏为水驱油藏，其压力保持在泡点压力以上。假设其残余油饱和度为 0.3，计算其采收率。

解：

已知其 $OOIP = 13.702 \times 10^6 \, bbl$

水驱后其剩余原油体积 $= (7758 \times 600 \times 28 \times 0.205 \times 0.3)/1.56$
$$= 5.138 \times 10^6 \, bbl$$

采收率 $= (13.702-5.138)/13.702 = 62.5\%$

这个列子表明水驱后采收率有所提高。需要指出的是，由于该油藏压力保持在泡点压力

145

以上，因此其体积系数的变化较小。

---

#### 12.3.5.5　依据初始和残余含油饱和度数据计算采收率

---

**例题 12.6**

依据以下有限的信息计算该油藏采收率。列出你的假设条件。残余油饱和度为 0.3；束缚水饱和度为 0.24；初始油体积系数为 2.0 rb/STB。

解：

假设该油藏无气顶且为一次采油，且在最终状态时原油体积系数为 1.05。

根据式（12.3），其采收率为

R. F. =（0.76/2−0.3/1.05）/（0.76/2）= 24.8%

---

### 12.3.6　非常规气藏

在一些非常规气藏如页岩气藏和煤层气藏中，气体以吸附态存在于基质及微小孔道中。计算这类气藏的 GIIP 值时需要知道吸附态气体的体积以及游离气体的体积。常规气藏与非常规气藏的主要不同点在表 12.1 中给出。

页岩对气体的吸附能力可以用 Langmuir 体积与 Langmuir 压力[3,4]来表示。图 12.3 给出了 Langmuir 等温吸附模型。吸附气体量为：

$$V_a = \frac{V_L p}{p + p_L} \tag{12.14}$$

式中　$V_a$——吸附气体体积，$ft^3/t$；

　　　$V_L$——Langmuir 体积（在临界压力处气体吸附量）；

　　　$p$——压力，psi；

　　　$p_L$——Langmuir 压力（吸附量为 1/2 Langmuir 体积时对应的压力）。

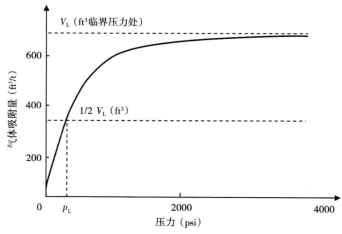

图 12.3　典型非常规气藏中气体吸附体积与压力的曲线[5]
当气藏压力下降，气体解吸然后被开采出来

146

通过等温吸附实验可以获得 Langmuir 等温曲线。

表 12.1　常规气藏与非常规气藏的差异：存储机理

| 气藏 | 烃类存储机理 | 气体位置 | GIIP 的确定 |
|---|---|---|---|
| 常规气藏 | 气体呈被压缩的游离状态 | 岩石孔隙及裂缝中 | 需要知道 HCPV 及真实气体定律 |
| 页岩气藏（非常规） | 15%~80%气体呈被压缩的游离状态；剩下的为吸附态气体 | 岩石孔隙及裂缝中；岩石基质及生油岩微孔中 | 需要知道岩石的基本性质及储层的 Langmuir 等温吸附特性 |
| 煤层气藏（非常规） | 98%的气体处于吸附状态，其体积数倍于岩石孔隙体积 | 岩石基质及烃源岩微孔中 | |

页岩中的游离气体含量约占总气体量的 15%~80%，其与油藏压力、饱和度以及孔隙度等岩石性质有关。游离气体的体积用以下公式计算：

$$V_f = C\phi_{eff}(1 - S_w)/\rho_b \tag{12.15}$$

式中　$V_f$——游离气体体积，$ft^3/t$；

　　　$\phi_{eff}$——有效孔隙度；

　　　$S_w$——束缚水饱和度；

　　　$\rho_b$——体积密度，$g/cm^3$；

　　　$C$——换算系数，32.1052。

在相对高压的情况下，游离气体在气体总量中占主要部分。但当压力下降，游离气体被不断开采出来，吸附气以相对较低的速率从页岩基质中解析出来，经过较长时间的解析过程后，吸附气将占据气体总量的很大一部分。游离气体与吸附气体的体积变化与压力下降的关系如图 12.4 所示。

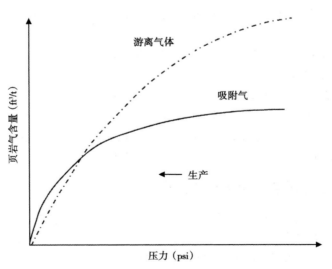

图 12.4　自由气与吸附气的体积与压力下降的关系[4]

此外，页岩地层延伸范围极广，可以达到数百英里。但是只有在岩石性质较好的"甜点"区进行钻井作业才可能有较好的经济收益。因此估算气藏原始储量的工作仅仅限于那些将要开发的页岩地层。

对于超致密储层如页岩储层，体积压裂技术是评价、确定井的产能的重要方法。通过水平井多级水力压裂，在储层内创建了大量的复杂裂缝网络系统。根据微地震技术，裂缝网络系统的大小用改造油气藏体积表征。体积压裂在三维方向上大幅度提高了裂缝的规模，从而增加了地层的渗透率，有利于生产的进行。SRV 可与其他裂缝特征如裂缝间距、导流能力等共同评价页岩气井的最终采收率。气井拥有较大的改造体积通常具有较高的产能。

**实例分析：体积法估算煤层气藏原始地质储量与可采储量**

估算气体原始地质储量以及可采储量通常需要以下数据[6]：

（1）油藏数据：

①压力和温度；

②孔隙度；

③厚度；

④原始含气饱和度、原始含水饱和度。

（2）气体性质：气体相对密度及成分，包括 $CO_2$ 和其他杂质。

（3）水的性质：水体积系数。

（4）气体吸附特征：

①甲烷含量及其 Langmuir 压力和 Langmuir 体积；

②$CO_2$ 含量及其 Langmuir 压力和 Langmuir 体积；

③初始气体含量。

（5）体积数据：

①气藏面积；

②废弃压力。

利用体积法估算煤层气藏原始地质储量的步骤为：

（1）根据气藏体积、孔隙度、原始含气饱和度数据确定原始自由气体体积，再换算到地面标准状况。

（2）利用 Langmuir 等温吸附曲线和总岩石重量计算吸附气体积。

（3）将自由气体积加吸附气体积得出总体积。

（4）由吸附曲线估算废弃压力时剩余的吸附气体积。

（5）根据剩余气体积和总体积计算采收率。

（6）要考虑其他杂质气体，比如甲烷中的二氧化碳、氮气和硫化氢。如果有二氧化碳存在，应该用其 Langmuir 等温吸附曲线估算其吸附体积。

## 12.3.7　油藏综合管理中体积法分析的作用

体积法分析的结果可以与大量的油气藏开发历史数据进行比较。比较结果同油气井产能分析结果及其他的数据资料相结合，对其进行综合分析，有助于在大型复杂的油气藏内确定目标区域，以便实施其他的开发措施。这些措施包括加密钻井、注水开发、重新完井及提高采收率。此外，如果通过物质平衡法、递减分析法等方法计算出的烃类储量差异很大，需要一些后续工作解释这种差异；通常情况下这种差异是油藏的非均质性造成的。

## 12.4　总结

体积法可以用来计算油气藏的 OOIP 和 GIIP。在采收率已知的情况下也可以用来计算油气藏的可采储量。

体积法计算原始地质储量的基础是计算油藏体积（包括面积和厚度）、孔隙度（储存流体的孔隙空间）、流体初始饱和度及流体体积系数。利用流体体积系数将流体在地下的体积转换为地面标准状态下的体积。

计算原始原油地质储量和原始天然气地质储量的方法根据的是每一个参数的恰当的平均值。

一个简单的方法就是取厚度、孔隙度、饱和度、体积系数等各项参数的平均值或权重值。另外，也可以从等厚线、等体积线及等含烃孔隙图中获得，其结果更为精确。

对于非常规气藏，在计算储量时要考虑气体在岩石微孔中的吸附。

计算时需要的数据包括：

（1）测井分析得到的面积×厚度。

（2）构造图及等厚线图。

（3）岩心分析及测井分析中的孔隙度数据。

（4）测井分析中的流体饱和度数据。

（5）实验分析或拟合出的体积系数。

方程应用于以下情况：

（1）气顶油藏、油中存在的溶解气及气顶中的自由气。

（2）一次采油的油藏和水驱油藏。

（3）定容气藏。

## 12.5　问题和练习

（1）油气藏体积法的假设和用途是什么？

（2）估算油藏原始油气储量时需要知道哪些油藏参数？与体积法相关的油藏图版有哪些？

（3）根据式（12.4）推导出用油田单位表示的式（12.6）。

（4）当气体的体积系数单位为 $ft^3/scf$ 时，修改式（12.7）来计算 GIIP。

（5）列出体积法的不确定因素以及潜在的误差来源。

（6）体积法在常规气藏和非常规气藏的应用有什么不同？

（7）在油藏开发历史中，OOIP 的值会发生改变吗？解释理由。

（8）写出体积法计算油气可采储量时的敏感参数。

（9）你如何计算页岩气藏的原始含气量？

（10）计算 OOIP 时为何需要知道油水界面数据？一个长距离的油水过渡带如何影响你的计算？

（11）某公司发现了一处近海凝析气藏，地层高度倾斜；一口探井表明该地层岩石有较高的渗透率和束缚水饱和度。详细说明计算原始地质储量的方法及步骤，并给出关于该油藏和流体性质的合理假设。

（12）列出计算原始油气储量的各种方法。试井分析对于储量的估算是否有帮助？

## 参 考 文 献

［1］ Satter A, Iqbal G M, Buchwalter J A. Practical enhanced reservoir engineering: assistedwith simulation software. Tulsa, OK: Pennwell, 2008.

［2］ International Energy Statistics. Energy Information Administration; 2014. Available from: www. eia. gov.

［3］ Langmuir I. Adsorption of gases on glass, mica, and platinum. J. Am. Chem. Soc. 1918, 40: 1361.

［4］ Course notes: shale gas modeling, reservoir simulation of shale gas and tight oil reservoirsusing IMEX, GEM and CMOST. Computer Modelling Group, 2014.

［5］ Lewis R, Ingraham D, Pearcy M, Williamson J, Sawyer W, Frantz J. New evaluation techniquesfor shale gas reservoirs. Available from: http://www. sipeshouston. com/presentations/pickens% 20shale% 20gas. pdf ［accessed 15. 01. 15］.

［6］ Available from: www. fekete. com ［accessed 10. 02. 15］.

# 第 13 章　常规油气藏和非常规油气藏的递减曲线分析

## 13.1　引言

20 世纪 40 年代后发展起来的递减曲线分析方法是迄今为止最流行的评价油气井未来产能的方法之一[1,2]。通过递减曲线外推可得到油气的可采储量。递减曲线分析方法立足于目前的生产趋势，通过曲线规律，直观地分析评价常规油气藏和非常规油气藏的未来生产状况。随着生产的进行，油气不断被开采出来，此时产量不可避免地会出现递减的规律，通过曲线外推和规律分析可以得到许多有价值的信息。

本章主要描述了递减曲线的分析方法并回答了以下问题：

（1）什么是递减曲线分析方法？目前主要有哪些递减模型？

（2）递减曲线分析方法的优点和局限性分别是什么？

（3）常规油气藏和非常规油气藏的递减曲线分析方法分别是什么？

（4）通过递减曲线分析可以得到哪些重要信息？

（5）在递减曲线图中如何区别特定的产量递减模型？

## 13.2　递减曲线分析：优点和局限性

递减曲线分析方法的优点是：

（1）递减曲线分析方法可以快速且直观地预测油井未来产量及最终采收率。某些特定情况下，工程师们可以在很短的时间内对数百口井进行分析。

（2）此方法的基础是经验模型，原理简单却十分有效，具体操作实施过程中需要图形处理技术进行产量拟合及外推分析。

（3）目前递减曲线的研究进展包括识别在复杂介质，如具有次生裂缝和天然裂缝的超致密页岩中的流体各种流动变化规律。

（4）为了更加精确地预测未来产能变化，递减曲线在生产的不同阶段应用不同的模型进行分析。

（5）当月产量和年产量被预测出来后，对于井和整个油田的现金流分析也能够轻易实现。

（6）此方法不仅只适用于单井，在多数情况下，可以分析整个油田的综合递减规律。当对所有井进行分析后，就可以对整个油气田进行最终采收率和可采储量的计算和分析。

（7）基于明确的变化特征，未来的产水率同样也可以进行预测。

（8）在某些情况下，一些井的生产情况可能会出现异常，这时需要对这些井和油藏进行额外的分析。例如，在某些刚刚开发的油藏，油井产量可能没有出现明显的递减趋势，这时就要考虑是否存在强水驱或其他因素的影响。

（9）与数值模拟研究相比，递减曲线分析更简单易行。借助成熟的应用软件，递减分析可以对短时间范围内的生产状况进行分析。

### 13.2.1 递减曲线分析的假设

传统的应用于常规油气藏的递减曲线分析方法有如下假设：

（1）油气井为衰竭开采。水驱或气驱、临近水体的流动及气顶的出现都会在某种程度上影响产量，导致递减规律不明确。

（2）生产井为单井生产系统，没有井间干扰的情况发生。流动形式为边界控制流。

（3）生产制度为定井底流压生产。现实中这样的情况不常出现。

### 13.2.2 局限性

递减曲线法简单易懂，仅适用于井的产量变化具有确定的递减规律。该方法需要几个月至一年的产量数据，才可以对未来的产能变化进行较为准确的预测。在某些情况下，观察不出较为明显的递减规律，这是由于油田管理者采取了某些技术措施如注流体使地层压力保持在一定水平，其他的一些因素包括油气两相流、增产措施、水力压裂、操作问题、油井二次完井、多层射孔、水窜等。

此外，许多井以定产的工作制度进行生产，即井的产量在长时间内保持不变。因此，就需要数值模拟等其他有效的方法对油气藏的生产动态进行分析。

随着包括页岩气气藏在内的非常规气藏开发的不断进行，利用传统的递减曲线分析方法进行可采储量计算和采收率预测局限性日益凸显。气体在页岩基质中的流动与常规气藏不同，页岩储层渗透率极低，气体的流动多发生在分布范围广、性质复杂的次生裂缝和天然裂缝中。本章将介绍几种重要的发生在生产各个阶段的流动形态（包括线性流、不稳定流和边界控制流）。

在实际生产中，页岩气的产量在开始生产一段时间后迅速下降。利用初期生产特征进行外推分析时，可能高估或低估最终采收率值。

### 13.2.3 目标

递减曲线分析可以提供以下信息：

（1）从井及整个油田范围内的生产数据得到明确的生产变化趋势；

（2）预测未来油气产量；

（3）预测最终采收率；

（4）油井及油田的经济年限；

（5）油田可采储量；

（6）油井产水率和产油率；

（7）确定流动形态；

（8）根据产量数据分析油藏特征。

## 13.3 递减曲线模型

递减曲线分析是以经验模型为基础,利用原来的生产数据预测未来的产量。为了达到这个目的,需要采取一定的图形处理及数学方法确定模型方程中的某些未知的系数,使方程更好地拟合历史生产数据。

石油工业中广为人知的一些产量递减模型包括[1,2]:指数递减模型、双曲递减模型及调和递减模型。此三种属于经典的 Arps 产量递减模型。近些年来,在非常规油气藏领域,传统的递减模型远不能满足需求,研究人员又发展了许多新的模型。例如,由于页岩储层渗透率极低且拥有复杂的裂缝系统网络,因此其递减规律与传统油气藏差异较大(表 13.1)。以下模型在描述页岩气藏的生产动态时取得了良好效果:扩展指数递减模型(SEDM)[3]、Duong 模型[4]及根据递减的不同阶段采取多段模型描述[5]。

表 13.1   常规油气藏和非常规油气藏的递减模型

| 模型 | 未知系数个数 | 适用范围 |
|---|---|---|
| 指数递减 | 1 | 边界控制流下的常规油气藏 |
| 双曲递减 | 2 | 同上 |
| 调和递减 | 1 | 同上 |
| SEDM | 2 | 适用于超低渗透率的裂缝地层如页岩中的不稳定流动 |
| Duong | 3 | 同上 |
| 多段模型 | >2 | 利用多于一个的递减模型描述递减过程;通常用于非常规页岩气藏 |

### 13.3.1   理论基础和方程描述

由于单储系数、传导系数、裂缝形态等其他非均质油藏特征的影响,油井在递减初期的递减速率是不同的。有关影响油藏特征的岩石性质已在第 3 章有详细描述。传统的递减曲线大部分都基于 Arps 在 1945 年提出的产量递减模型[1]。一个通用的将递减速率、产量和时间包括在内的方程为:

$$D = kq^b = -\frac{1}{q} \cdot \frac{\mathrm{d}q}{\mathrm{d}t} \tag{13.1}$$

式中   $D$——瞬时递减速率,1/d;

$q$——产量,$10^3 \mathrm{ft}^3/\mathrm{d}$ 或 bbl/d;

$t$——生产时间,d;

$k,b$——与递减特征相关的经验系数。

需要指出的是,上述方程中的单位必须一致。比如,时间的单位为 d 时,产量的单位必须为 $10^3 \mathrm{ft}^3/\mathrm{d}$,递减速率的单位必须为 1/d。

根据系数 $b$ 取值不同,传统的递减分析方法分为以下三种产量递减模型:

(1)指数递减:$b=0$;

(2)双曲递减:$0<b<1$;

(3)调和递减:$b=1$。

需要说明的是，在描述早期裂缝地层的线性流时，会用到一种修正的双曲递减模型，其系数 $b>1$。通过递减曲线模型与真实产量数据的拟合可以得到递减系数 $b$ 的值。指数递减和调和递减可以看作是双曲递减的特例。在一些裂缝中的线性流及不稳定流中，系数 $b$ 的值会大于 1。在非常规页岩气藏的生产井生产历史中常常会出现这种现象，这主要是由于页岩地层的渗透率超低。利用传统的双曲递减模型描述不稳定流动会导致计算储量出现偏差。因此，后面的内容将会详细介绍更多的关于流动形态特征的分析方法。

### 13.3.2 指数递减

在指数递减模型中，系数 $b=0$，其综合表达式为：

$$q = q_i e^{-Dt} \tag{13.2}$$

式中   $q$——在 $t$ 时刻油或气的产量；

     $q_i$——初始产量。

指数递减也被称为定速率递减，在相同时间间隔 $t_1$、$t_2$、$t_3$ 下的产量 $q_1$、$q_2$、$q_3$ 有如下关系式：

$$\frac{q_2}{q_1} = \frac{q_3}{q_2} = \cdots = \frac{q_n}{q_{n-1}} = e^{-D} \tag{13.3}$$

式中   $n$——总时间间隔数。

时间间隔一般以月为单位。对于多数油井，尽管在生产初期递减率会有少许增加，其大多符合指数递减的形式。在产量时间半对数曲线中，指数递减呈现出直线的特征。根据式（13.2），指数递减中累计产量与时间 $t$ 的关系为：

$$Q = \int_0^t q_i e^{-Dt} dt \tag{13.4}$$

$$Q = \left(\frac{q_i}{D}\right)(1 - e^{-Dt}) \tag{13.5}$$

式中   $Q$——油或气的累计产量。

结合式（13.2），有：

$$Q = \frac{q_i - q}{D} \tag{13.6}$$

如果分别已知时间 $t_1$ 和 $t_2$ 下的产量 $q_1$、$q_2$ 值，那么 $D$ 可以用下式计算：

$$D = \left(\frac{1}{t_2 - t_1}\right) \ln\left(\frac{q_1}{q_2}\right) \tag{13.7}$$

式（13.7）是对式（13.2）两边同取自然对数得到的。

也可以通过递减曲线图得到 $D$ 的值。式（13.6）可以写成以下形式：

$$q = q_i - (D \times Q) \tag{13.8}$$

因此，产量 $q$ 与累计产量 $Q$ 的曲线图中的斜率即为 $D$，截距为 $q_i$。

预测最终可采储量（EUR）为：

$$EUR = \frac{q_i - q_f}{D} \tag{13.9}$$

式中 $q_f$——油井废弃时的产量。

在指数递减中，开始生产一段时间后（通常为几个月）产量才开始下降，$q_i$ 的意义应为刚开始下降时的产量。因此，式（13.9）应该考虑前一段时间的累计产量，修正后的公式为：

$$EUR = Q_i + \left( \frac{q_i - q_f}{D} \right) \tag{13.10}$$

指数递减模型可以表征大量井的递减特征。它代表了不可压缩流体在有界地层中以定井底流压生产时的拟稳定流动特征。然而，双曲递减和调和递减则是完全的经验公式，它们没有多孔介质中流体流动定律的理论支持。

### 13.3.3 双曲递减

实际生产中，有些井无法用指数递减模型来描述。在这些情况中，系数 $b$ 的值取 $0 \sim 1$ 之间可以达到较好的历史数据拟合效果。因此，式（13.1）可以改写为：

$$q = q_i (1 + b D_i t)^{-1/b} \tag{13.11}$$

式中 $D_i$——初始递减率。

在指数递减中，递减率 $D$ 的值是恒定的。但是在双曲模型中，$D$ 的值随时间变化。累计产量的表达式如下，其推导与前述指数递减方法相同：

$$Q = \frac{q_i^b (q_i^{1-b} - q^{1-b})}{(1 - b) D_i} \tag{13.12}$$

进一步可得到最终可采储量（EUR）的表达式如下：

$$EUR = \frac{q_i^b (q_i^{1-b} - q_f^{1-b})}{(1 - b) D_i} \tag{13.13}$$

### 13.3.4 调和递减

对于一些井，采取调和递减模型精确度更高，则 $b = 1$。产量、累计产量和 EUR 值表达为下列各式：

$$q = \frac{q_i}{1 + D_i t} \tag{13.14}$$

$$Q = \frac{q_i}{D_i} \ln \left( \frac{q_i}{q} \right) \tag{13.15}$$

$$EUR = \left[ \frac{q_i}{D_i \ln (q_i / q_f)} \right] \tag{13.16}$$

在根据式（13.13）及式（13.16）计算 EUR 时要加上递减前的产量。

图 13.1 展示了不同递减率 $D$ 的指数递减特征。如式（13.2）所示，$D$ 越大，递减速度就越快，其 EUR 就越小。在双曲递减中，当其他参数不变时，$b$ 值越大表明递减越慢，采收率越高。

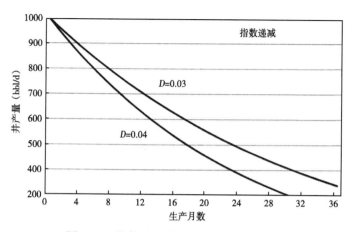

图 13.1　指数递减中不同 $D$ 值的曲线对比

## 13.4　判别方法

指数模型中递减速率恒定，式（13.9）表明其累计产量—时间曲线应该是一条直线（图 13.2）。

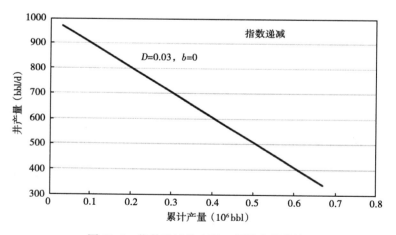

图 13.2　指数递减的产量—累计产量曲线

产量—时间的半对数曲线同样呈直线关系。由于直线易于外推，因此指数递减模型应用较广。相反，当产量递减不符合指数递减时，产量—累计产量曲线的曲率就会出现双曲和调和递减的特征。双曲递减中产量—累计产量曲线如图 13.3 所示。最后，调和递减通过绘制累计产量—产量对数曲线来判别，同样也呈一条直线（图 13.4）。以上关系可以由式（13.15）导出。

156

表 13.2 总结了 Arps 递减模型的曲线判别特征。

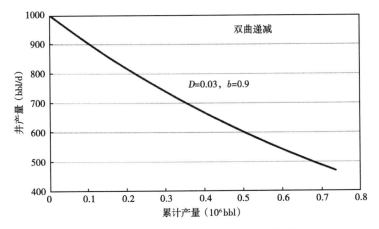

图 13.3　双曲递减的产量—累计产量曲线图

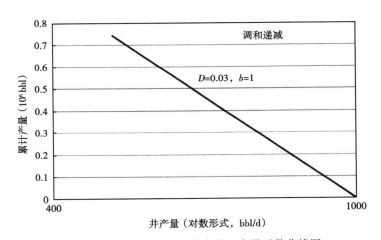

图 13.4　调和递减的累计产量—产量对数曲线图

**表 13.2　Arps 递减模型的判别**

| 模型 | 曲线 | 备注 |
|---|---|---|
| 指数 | 产量—累计产量为一条直线（图 13.2）；产量对数—时间曲线同样为直线 | |
| 双曲 | 产量—累计产量曲线的曲率变化如图 13.3 所示。以回归分析为基础的曲线拟合方法可以得到较好的效果 | 曲率分析也可以用于调和递减 |
| 调和 | 累计产量—产量对数曲线为一条直线（图 13.4） | |

## 例题 13.1

进行常规油藏的递减分析。以下为一个衰竭开采的油藏生产数据。要求：

（1）确定符合程度最好的模型；

（2）计算未来产量和累计产量；

（3）假设废弃产量为 50 bbl/d，计算该油藏可采储量；

157

（4）计算井的寿命。

| 生产月数 | 产量（bbl/d） |
|---|---|
| 0 | 1000 |
| 1 | 978 |
| 2 | 958 |
| 3 | 937 |
| 4 | 915 |
| 5 | 894 |
| 6 | 876 |
| 7 | 857 |
| 8 | 838 |
| 9 | 820 |
| 10 | 803 |
| 11 | 784 |
| 12 | 768 |

解：

步骤 1　根据表 13.2 的总结来判别递减类型。首先，绘制其产量—累计产量曲线来确定是否为指数递减。如果是这种情况，应该呈一条直线。曲线与图 13.2 相似。

如果在步骤 1 中无法得到直线，那么继续绘制累计产量—产量对数曲线，如果得到直线，那么就是调和递减。如果仍旧没有出现直线，那么就是双曲递减。利用曲线拟合技巧可以从图中得到 $b$ 和 $D$ 的值。

步骤 2　然后，根据式（13.7）可以计算 $D$ 的值：

$$D = [1/(1 - 0)]\ln(1000/978)] = 0.022 \ \text{mon}^{-1}$$

步骤 3　根据式（13.2）计算未来的产量。如，计算 24 个月后的产量：

$$q = 1000\mathrm{e}^{-0.022 \times 24} = 590 \ \text{bbl/d}$$

步骤 4　累计产量可以根据转化过的 $D$ 值（$\text{d}^{-1}$）和式（13.6）进行计算。在 24 个月后，累计产量为：

$$Q = (1000 - 590)/(0/022/30.4) = 566545 \ \text{bbl}$$

步骤 5　油藏可采储量利用式（13.9）计算：

$$EUR = (1000 - 50)/0.022 = 1295454 \ \text{bbl}$$

需要指出的可采储量还可以由产量—可采储量图中的曲线外推得到。步骤 1 已绘制出所需曲线图。

步骤 6　最终井的寿命可以用式（13.7）计算：

$$t = (-1/D)\ln(q/q_i) = (-1/0.022)\ln(50/1000) = 136 \ \text{mon}$$

目前已有很多的现代应用软件可以实现递减曲线的分析和计算，通过软件的帮助，研究人员可以着重于分析数据的有效性、产量递减模型的适用性，以及建立其他多重模型。

### 13.4.1　非常规油气藏的递减曲线分析

现代递减分析认为，在井生产的不同阶段，流体的流动特征会对井的产量递减产生不同程度的影响。在经水力压裂改造的超低渗地层中，初始产量主要受裂缝中流体的线性流控制，这种不稳定流动状态可能会持续数年从而无法观察边界对其的影响。传统的递减分析，如前面所介绍的Arps[1]在20世纪所提出的方法，都是根据常规油井的生产数据，通过处理数据图形，从三种典型模型中确定出拟合程度最高的模型。曲线的外推分析的理论假设是流体的流动是拟稳定流或边界控制流。然而，对于非常规油气藏，由于岩石性质（超低渗透率）、地层特征（天然裂缝网络）、井的几何特征（长水平井）、增产措施（多级压裂）的多种客观因素的存在，其生产特征是非常复杂的。比如，在水力压裂井中会出现线性流。此外，在气藏生产的初期其递减类型也会发生改变。在非常规页岩气藏中，气井刚开始呈现高产的生产特征，此过程会持续数周或数月，然后达到生产历史的指数递减阶段。生产初期产量递减迅速，是因为此时产气主要来源是裂缝中的气体，而裂缝网络中储存的气体量十分有限，且油藏中增产的部分位于井的附近。随着开采的进行，当地层中低渗透区域的流体无法迅速补充裂缝及高产区域流体的产出，就会出现产量快速递减的生产特征。因此，页岩气的初始高产阶段一般持续几个月至一年，而低产阶段会持续10到20年或更久。所以，在确定页岩气藏的EUR时，应该以一年后的递减趋势为分析标准。

### 13.4.2　流动形态

通过非常规页岩气藏的产量递减分析可以确定一种或几种流动形态：

（1）线性流：此流动形态指初期流体在裂缝中流动。线性流中产量和时间有如下关系：

$$q = q_i t^{-1/2} \tag{13.17}$$

由上式可知，在产量—时间的双对数曲线中，其斜率为-1/2。当系数$b$的值为2时，可以利用Arps模型来拟合生产数据。需要指出的是，在低导流裂缝的流动中，可能会出现斜率为-1/4的情况，以上的方程也需要进行相应的修正。

（2）不稳定流：当流动未达到边界处时，流动形态处于不稳定流。

（3）边界控制流：顾名思义，这种流动表示了气藏边界对产量的影响。这一阶段的流动发生在生产的后期。一些超低渗透油气藏如页岩气藏，在某些情况下不会出现这一流动现象。

下面将介绍近年来提出的描述水力压裂页岩气藏的递减模型。

### 13.4.3　扩展指数递减模型

对于超低渗油气藏中不稳定流动的产量递减问题，此经验模型十分有效。生产井可以是经多级水力压裂的水平井。在这种方法中，不同生产阶段的系数$b$的值不同，它将产量表述为初始产量、时间及另外两个参数的函数：

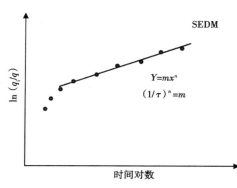

图 13.5 $\ln(q_i/q)$ —t 的双对数曲线

$$q = q_i \exp\left(\frac{-t}{\tau}\right)^n \qquad (13.18)$$

式中　$q_i$——初始或峰值产量，$10^3 \mathrm{ft}^3/\mathrm{m}$；

　　　　$\tau$——特征时间，月；

　　　　$n$——指数，无因次。

其中参数 $\tau$ 和 $n$ 的值可以从 $\ln(q_i/q)$ —t 的双对数曲线中得到。式（13.18）可以改写为：

$$\ln\left(\frac{q_i}{q}\right) = \left(\frac{t}{n}\right)^n \qquad (13.19)$$

因此，$\ln(q_i/q)$ —t 的双对数曲线可以写成以（$1/\tau$）为斜率的通过原点的一条直线（图 13.5），其形式为：

$$y = mx^n \qquad (13.20)$$

$$m = \left(\frac{1}{\tau}\right)^n \qquad (13.21)$$

特征时间可以由已知的 $m$ 和 $n$ 值计算得到。此外，参数 $n$ 和 $\tau$ 也可以由同一油藏中其他井的相关参数得到。

累计产量可以用以下公式计算：

$$Q = \left(\frac{q_i^{\tau}}{t}\right)\left\{ t\left(\frac{1}{n}\right) - \tau\left[\left(\frac{1}{n}\right) - \left(\frac{t}{\tau}\right)^n\right]\right\} \qquad (13.22)$$

### 13.4.4　Duong 模型

如前所述，不稳定流状态下的递减特征可以表示为：

$$q = q_i t^{-n} \qquad (13.23)$$

其中，$n = 1/2$（线性流）。

累计产气量可以用式（13.23）的积分表达为：

$$G_{\mathrm{p}} = q_1\left(\frac{t^{1-n}}{1-n}\right) \qquad (13.24)$$

式中　$q_1$——生产第一天的产量。

最终可以得到 $G_{\mathrm{p}}$ 和产量 $q$ 与时间 $t$ 的关系公式：

$$\frac{q}{Q_{\mathrm{p}}} = \frac{1-n}{t}$$

上式表明在 $q/G_{\mathrm{p}}$ —t 的双对数图中，曲线特征是一条直线（图 13.6）：

$$\frac{q}{G_{\mathrm{p}}} = at^{-m} \qquad (13.25)$$

式中　$a$—截距；

　　　$m$—斜率。

利用线性回归分析，将现场数据进行拟合可以得到系数 $a$ 和 $m$ 的值。在非常规页岩气藏中，两个系数的值在 $1.1 \sim 1.3$ 之间变化。

根据初始产量、生产时间以及拟合得到的 $a$ 和 $m$ 的值就可以计算产量。计算公式为：

$$q = q_1 t^{-m} \exp\left[\frac{a(t^{1-m} - 1)}{1 - m}\right] \quad (13.26)$$

累计产量用下式计算：

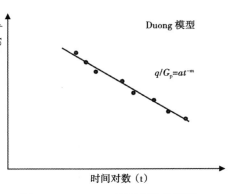

图 13.6　$q/G_\mathrm{p}$—$t$ 的双对数曲线图

$$G_\mathrm{p} = \left(\frac{q_1}{a}\right) \exp\left[\frac{a(t^{1-m} - 1)}{1 - m}\right] \quad (13.27)$$

在式（13.27）中，可以根据绘制 $q$—$t$（$a$，$m$）图，利用拟合方法得到 $q_1$ 的值（图 13.7）。$t$（$a$，$m$）的表达式为：

$$t(a, m) = t^{-m} \exp\left[\frac{a(t^{1-m} - 1)}{1 - m}\right] \quad (13.28)$$

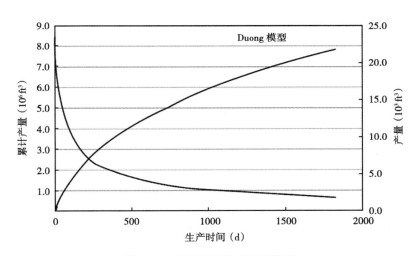

图 13.7　累计产量和产量变化图

Duong 提出了进行递减分析的主要技术步骤：

（1）数据校验，筛选那些由于表皮效应、堵塞通道等造成的异常数据；

（2）绘制 $q/G_\mathrm{p}$—$t$ 的双对数曲线，根据拟合分析方法获得系数 $a$ 和 $m$ 的值；

（3）绘制 $q$—$t$（$a$，$m$）的双对数曲线，根据拟合分析方法获得系数 $q_1$ 的值；

（4）产能预测，包括对产量和累计产量的预测（图 13.8）。

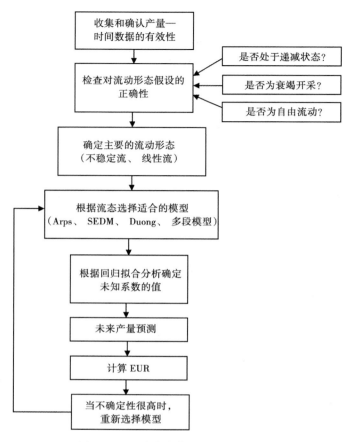

图 13.8　递减曲线分析方法工作流程

## 13.5　多段递减分析模型

一些应用软件可以将多种 Arps 模型应用在井产量分析中，其可以根据系数 $b$ 的变化获得更好的拟合结果，包括不稳定流阶段和边界控制流阶段。用两段或三段模型描述产量递减过程可以获得较好的拟合效果。常用的做法是用修正的双曲模型来描述初期产量递减，当递减率达到极限值如 5% 时改用指数模型。外推指数模型，直到达到井的经济极限产量，从而估算 EUR 的值（图 13.9）。

某多段模型的应用例子见表 13.3。

表 13.3　多段递减曲线分析

| 部分 | 模型类型 | 说明 |
| --- | --- | --- |
| 初始 | 修正的双曲模型 | $b>1$；裂缝中不稳定流占主要 |
| 后期 | 指数模型 | $b=0$；指数曲线外推直到达到经济极限产量 |

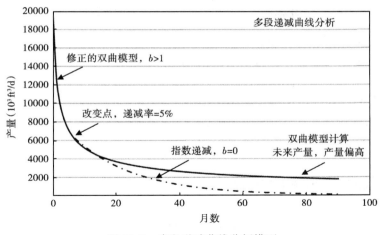

图 13.9　多段递减曲线分析模型

# 13.6　页岩气藏估算 EUR 的一般建议

关于页岩气藏估算 EUR 的问题，一些文献资料给出了以下建议：

（1）页岩气藏的产量特征通常不是一个明显的变化趋势。那些开发初期几个月至 1 年所获得的产量数据，不适合进行 EUR 的计算。

（2）超低渗透气藏中通常存在大量的裂缝网络，其流动主要为不稳定流动。SEDM 和 Duong 模型在描述不稳定流时更加精确。

（3）利用修正的双曲模型（$b>1$）描述不稳定流动同样十分有效，但是在外推至经济极限产量计算 EUR 值时误差较大。

（4）在井生产的后期达到边界控制流阶段后，此时可以应用指数递减等传统的模型。

（5）研究表明，在估算 EUR 时，采用 SEDM 模型的计算结果比 Duong 模型更加保守。

（6）通常采用递减率值 5% 作为避免高估 EUR 的临界值。改变模型的时间点与初始产量、临界递减率及系数 $b$ 有关。

# 13.7　递减曲线分析工作流程

递减曲线分析的主要步骤如下（图 13.8）：

（1）检查确认流动机理（无外部流体注入的衰竭开采或水驱开采）和井生产历史（全产能生产，定井底流压生产，无生产问题等）。

（2）确定假设的递减模型是否合理。

（3）收集确认生产数据的有效性。

（4）筛选出可能的异常数据，并分析出现异常的原因。

（5）对于常规油气藏，通过诊断图确定合适的模型（指数模型、双曲模型或调和模型）；对于超致密页岩气藏，使用那些能够描述裂缝网络控制的不稳定流的模型，如 SEDM 和 Duong 模型。

（6）确定是否需要多种模型来描述不同生产阶段的产量递减特征，特别是分析非常规油气藏的多重流动时。

（7）选择数据的有效部分，从而可以进行分析和解释。

（8）根据回归拟合方法，确定与油田数据拟合最优的结果。

（9）在 Arps 模型中，获得系数 $b$、$D$ 或 $D_i$ 的值。

（10）在其他模型中，获得相关系数的值。

（11）预测未来产量变化，直到达到经济极限产量为止。

（12）计算 EUR。

# 13.8　煤层气藏的递减曲线分析

煤层气（CBM）的产量变化特征与常规气藏和非常规页岩气藏都有较大不同。典型的煤层气产量特征将在第 22 章具体介绍。生产初期，主要是存在于煤层割理中的水被大量排出，煤层气的产量在此阶段很低。随着排水的不断进行，煤层气的产量缓慢增长；气藏压力不断下降，煤层气不断从煤岩中解吸，煤层气的产量此时达到峰值，随后开始下降，下降阶段的特征可以分析估算 EUR（图 13.10）。一些相关文献表明，利用指数递减和双曲递减模型可以获得较好的拟合结果。

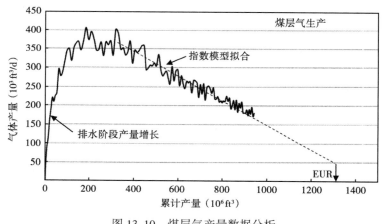

图 13.10　煤层气产量数据分析

当指数递减符合程度较好时，在产量—累计产量图中呈现出直线。假设废弃产量为 $50 \times 10^3 \text{ft}^3/\text{d}$，估算的最终可采储量为 $13.2 \times 10^6 \text{ft}^3$。需要指出调和递减和双曲递减模型会使 EUR 值偏高。

# 13.9　典型曲线分析：综述

典型曲线分析是对传统的递减曲线采取现代方法进行分析，它可以使区域范围内的数据较好地拟合于一组典型曲线，从而得到最优结果。一些应用软件可以实现这种快速、精确的拟合。这种方法是 Fetkovich[6] 提出的，它以无因次产量—无因次时间的一系列图版为基础。典型曲线将早期的不稳定流和后期的边界控制流结合在一条曲线上。当生产数据成功拟合其中的一条典型曲线时，就得到了相应的 $b$、$D$ 或 $D_i$ 的值，随后就可以预测未来产量并估算可采储量。除此之外，该方法还可以得到地层的渗透率、表皮系数、泄油面积等参数值；其他还有一些应用广泛的典型曲线分析方法包括 Blasingame[7] 方法和 Agarwal-Gardner[8] 方法。

## 13.10  总结

随着一次采油的进行，油藏天然能量不断衰竭，油气产量就会下降。在大多数情况下，油气藏的产量递减规律可以用相对简单的经验模型来描述。根据这些模型，利用递减曲线分析方法可以对常规油气藏和非常规油气藏进行未来产量的预测和最终可采储量 EUR 的估算。当某口井已生产了足够长的时间，其产量递减分析的精确度就相对较高。

递减曲线分析仅适用于产量开始递减的阶段。当油藏处于水驱或其他流体驱替状态及产量处于增长阶段时，递减曲线分析方法是不适用的。

三种经典的产量递减分析模型为：指数递减、双曲递减和调和递减。上述模型假设流体的流动处于边界控制流阶段或拟稳定流阶段。但是，对于超低渗透储层（如页岩气藏），通常采取水平井多级水力压裂技术，导致不稳定流占据流动的主要形式。因此，为了更加精确地描述这类油气藏的生产状况，需要采用结合多种递减曲线模型进行分析。其中具有代表性的是 SEDM 模型和 Duong 模型等。

表 13.4 总结了每种模型中必须首先求得的未知系数及模型的适用性。

表 13.4  递减分析模型总结

| 模型 | 未知系数 | 适用范围 | 备注 |
|---|---|---|---|
| 指数递减模型 | 式（13.1）中恒定的递减率 $D$；递减率表示产量的变化率 | 常规油气藏及非常规油气藏。在多井数据的基础上，主要用于分析生产的后期 | 适用于边界控制流及定井底流压生产时 |
| 双曲递减模型 | 式（13.1）中系数 $b$（$0<b<1$）和初始递减率 $D_i$ | | 修正的双曲模型可以描述非常规油气藏，其系数 $b>1$ |
| 调和递减模型 | 式（13.1）中的初始递减率 $D_i$ | | |
| SEDM 递减模型 | 式（13.19）中的特征时间 $\tau$ 和特征指数 $n$ | 有裂缝网络存在的超低渗透储层，适合页岩气藏递减 | 不稳定流 |
| Duong 递减模型 | | 同上 | 不稳定流；处于边界控制流时需要改变模型 |
| 多段模型 | | 各种油气藏；可用于生产的初期和后期递减描述 | |

## 13.11  问题和练习

（1）什么是递减曲线分析方法？它的研究目的是什么？
（2）递减分析方法应用广泛的原因是什么？

（3）递减曲线分析中有哪些假设？在什么情况下可以使用递减分析方法？

（4）通过递减分析可以获得哪些信息？

（5）区分指数递减模型、双曲递减模型及调和递减模型。如何确定某口井的递减模式？

（6）某口井的初始产量是 2000bbl/d。这口井被认为以是双曲递减模式。通过假设 $b$ 和 $D_i$ 的值，进行未来产量的敏感性分析。

（7）为何传统的递减模型在分析具有裂缝网络的超低渗透非常规气藏中是不适用的？

（8）页岩气藏中主要的流动形式是什么？解释原因。

（9）为何低渗油气藏中初期产量递减迅速？为何使用初期的产量值会使估算的储量精确度下降？

（10）什么是典型曲线分析方法？相对于传统的递减分析，典型曲线分析方法有什么优势？

（11）分析下列某非常规气藏的产量数据（表 13.5），合理地假设经济极限产量，并计算此时的最终可采储量。你选择什么递减模型分析产量数据？并给出理由。

表 13.5　某非常规气藏的产量数据

| 生产天数（d） | 产量（$10^3 ft^3$） |
| --- | --- |
| 1 | 20000 |
| 30 | 16680 |
| 60 | 13050 |
| 90 | 11045 |
| 120 | 9699 |
| 150 | 8715 |
| 180 | 7970 |
| 210 | 7350 |
| 240 | 6840 |
| 270 | 6427 |

## 参 考 文 献

［1］Arps J J. Estimation of decline curves. Trans. AIME, 1945, 160：228-247.

［2］Arps J J. Estimation of primary oil reserves. Trans. AIME, 1956, 207：182-191.

［3］Freebom R, Russell B. How to apply stretched exponential equations to reserve evaluation. SPE 162631. Society of Petroleum Engineers：Dallas（TX），2012.

［4］Duong A N. How to apply stretched exponential equations to reserve evaluation. CSUG/SPE 137748. Society of Petroleum Engineers：Dallas（TX），2011.

［5］Decline Plus. Available from：http：//www. fekete. com/SAN/WebHelp/ FeketeHarmony/Harmony _ WebHelp/Content/HTML_ Files/Performing _ an _ Analysis/Decline _ Analysis/Using _ Segments. htm［accessed 28. 09. 14］.

［6］Fetkovich M J. Decline curve analysis using type curves. J. Petrol. Technol. 1980：1065-1077.

［7］Blasingame T A, McCray T L, Lee W J. Decline curve analysis for variable pressure drop/variable flowrate systems. SPE 21513. Paper presented at the Society of PetroleumEngineers Gas Technology Symposium. 1991：23-24.

［8］Agarwal R G, Gardner D C, Kleinsteiber S W, et al. Analyzing well productiondata using combined type curve and decline curve analysis concepts. SPE 57916. Paperpresentedat the 1998 Society of Petroleum Engineers Annual Technical Conference and Exhibition. New Orleans. 1998：27-30.

# 第 14 章　油藏动态分析——经典的物质平衡方法

## 14.1　引言

物质平衡方法是油藏工程师分析及预测油气藏开发动态的一种有效手段。此方法的理论依据是质量守恒定律，即质量不能被凭空创造和消灭。物质平衡方法比递减曲线分析方法更加准确，但是比成熟的油藏数值模拟方法要简单，因为后者需要大量的数据信息支持。

本章主要介绍了物质平衡方法的原理以及在各类油气藏中的应用，并回答了下列问题：

（1）物质平衡方法在油藏工程中有哪些应用？如何利用此方法预测油藏开发动态？

（2）物质平衡方法如何描述表征油藏？

（3）物质平衡方程（MBE）如何推导？

（4）如何利用图解方法进行分析？

（5）物质平衡方法对储层表征及描述有帮助吗？

（6）哪些油气藏适合利用物质平衡方法进行分析？

（7）该方法有哪些假设和局限性？

（8）该方法需要哪些基础数据资料？

### 14.1.1　物质平衡方法的应用

经典的物质平衡方法可以对油气藏许多重要方面进行分析，包括：

（1）确定油气的原始地质储量；

（2）确定开采机理，包括气顶气驱、溶解气驱和水驱；

（3）对油藏进行历史拟合；

（4）预测油藏未来开发动态。

### 14.1.2　物质平衡方法的基本原理

物质平衡方法的依据就是给定系统的质量守恒定律或物质守恒定律，本研究中油藏即一个系统。油藏系统视为一个蓄水池，流体可以注入或排出（图 14.1）。流体（油、气、水）从油藏中采出的过程中，由于岩石和流体的压缩性，会对其产生如下影响：

（1）油和溶解气的膨胀。

（2）气顶中自由气体的膨胀。

（3）地层水的膨胀。

（4）岩石孔隙体积的减小。

（5）附近水体的水侵。

实际上，在一特定时期内流体（油气水）采出的体积等于地层中流体和岩石的总体积

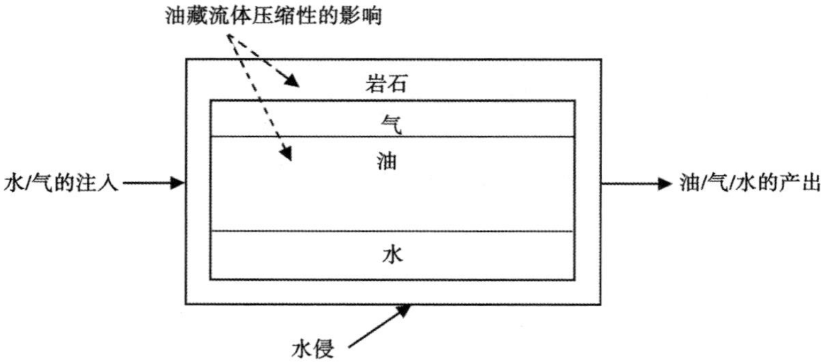

图 14.1 经典的物质平衡方法中油藏"蓄水池"模型描述

变化（表 14.1）。

表 14.1 油藏中流体和岩石的物质守恒

| 流体注入或采出的体积（rb） | | | 油藏中流体和岩石体积的变化（rb） | |
|---|---|---|---|---|
| 油（采出） | $N_pB_o$ | | 油和溶解气（膨胀） | $NE_o$ |
| 气（采出） | $+N_p(R_p-R_s)B_g$ | | 气顶自由气（膨胀） | $+mNE_g$ |
| 水（采出） | $+W_pB_w$ | = | 地层水（膨胀） | $+NE_{fw}$ |
| 水（注入） | $-W_iB_w$ | | 孔隙体积（减小） | |
| 气（注入） | $-G_iB_g$ | | 水侵 | $+W_e$ |

注：$N_p$—累计产油体积，bbl；$B_o$—含油体积系数，rb/STB；$R_p$—累积气油比，scf/STB；$R_s$—溶解气油比，scf/STB；$B_g$—气体积系数，rb/STB；$W_p$—累计产水量，bbl；$B_w$—含水体积系数，rb/STB；$W_i$—累计注水量，bbl；$N$—原始原油地质储量，bbl；$E_o$—原油溶解气膨胀系数，rb/STB；$m$—气顶与油相体积比，rb/STB；$E_g$—自有气膨胀系数，rb/STB；$E_{fw}$—自由水膨胀和岩石孔隙体积的减小，rb/STB；$W_e$—累计水侵量，rb。

由以上关系，物质平衡方程可简写为以下形式[1,2]：

$$F = N(E_o + mE_g + Ef_w) + W_e \tag{14.1}$$

其中，

$$F = N_pB_o + N_p(R_p - R_s)B_g + W_pB_w - W_iB_w - G_iB_g \tag{14.2}$$

$$F = N_p[B_t + (R_p - R_{si})B_g] + W_pB_w - W_iB_w - G_iB_g \tag{14.3}$$

式中　$R_{si}$——原始溶解气油比；

　　　$B_t$——两相综合体积系数。

$$B_t = B_o + (R_{si} - R_s) \tag{14.4}$$

另外，式（14.1）中描述流体膨胀和岩石孔隙体积压缩的项可以展开为：

$$E_o = (B_o - B_{oi}) + (R_{si} - R_s)B_g \tag{14.5}$$

$$E_g = B_{oi}\left(\frac{B_g}{B_{gi}} - 1\right) \tag{14.6}$$

168

$$E_{\text{fw}} = (1 + m)B_{\text{o}}\left(\frac{c_{\text{w}} + S_{\text{wi}} + c_{\text{f}}}{1 - S_{\text{wi}}}\right)\Delta p \tag{14.7}$$

式中　$c_{\text{w}}$、$c_{\text{f}}$——分别是水、地层压缩系数；

　　　$\Delta p$——油藏压力差。

下标 i 表示油藏的初始状态。

最后，相邻水体的累计水侵量可以表示为：

$$W_{\text{e}} = US(p, t) \tag{14.8}$$

式中　$U$——水体常数，rb/psi；

　　　$S(p, t)$——水体函数。

在物质平衡方法中，不同复杂程度的水体模型被用来模拟预测油藏的开发动态[3]。最简单的情况即假设存在一个小型的水体，可以用一个不随时间变化的方程来描述。更多的情况是假设水体以稳定流或不稳定流的形式流入油藏。

## 14.2　假设条件和局限性

物质平衡方程的推导中主要有以下假设条件：

（1）油气藏为均质的，即岩石和流体的性质在油藏范围内均一保持不变。

（2）流体的注入和采出均为单井模式。

（3）该方法与流体流动的方向无关。

但是在现实情况下，油藏都存在不同程度上的非均质性，且流体的流动也具有方向性。同时，生产井和注入井也是以一定的井网部署原则在不同的时间和位置处布置。但在油藏复杂程度不高时，物质平衡方法是可以使用的。物质平衡方法所得到的结果可以与其他方法（如数值模拟法）得到的结果进行比较，从而提高分析的准确程度。

### 14.2.1　所需数据

进行油藏物质平衡方法分析时，需要以下数据：

（1）油藏流体数据：油和气的体积系数、原油对气体的溶解度、流体压缩系数。

（2）岩石性质：地层压缩系数。

（3）油藏生产历史：累计产油量、累计产气量、累计产水体积、生产油气比、压力变化数据。

（4）油藏驱动机理：溶解气驱、定容衰竭、气顶气驱、水驱或包含以上各种的复杂驱动模式。

### 14.2.2　物质平衡方法在各类油气藏中的应用

本部分将介绍利用物质平衡方程来估算油藏各类性质的具体方法和简单的曲线处理技巧[4]。在一定的假设条件下，物质平衡方程可以可以被改写为直线形式（$y = mx + c$），从而可以根据斜率和截距的值，获取油藏的某些性质。目前，研究人员基本上都是利用软件来实际应用物质平衡方法的。

169

## 14.3 油藏：估算原始原油储量、气顶比、水侵量和采收率

### 14.3.1 $F$—$E_t$ 方法

$F$—$E_t$ 方法适用于溶解气驱的情况，主要目的是确定 $N$ 和 $m$ 的值。式（14.1）可改写为以下形式：

$$F = NE_t + W_e \qquad (14.9)$$

其中，

$$E_t = N(E_o + mE_g + E_{fw}) \qquad (14.10)$$

如果水侵量很小，则 $W_e = 0$；另外，对于无气顶的情况，$m = 0$。

因此，式（14.9）可以写为：

$$F = NE_t$$

绘制出 $F$—$E_t$ 曲线，曲线斜率为 $N$，即原始原油地质储量（图 14.2）。

对于溶解气且有气顶的情况，$m$ 的值大于零。此时同样可以采取一些方法对 $m$ 进行恰当的处理，直到获得直线（图 14.3）。

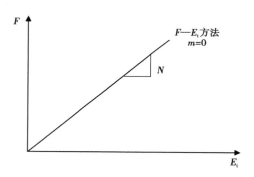

图 14.2 $F$—$E_t$ 方法估算原始原油地质储量

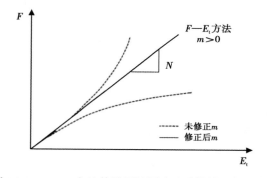

图 14.3 $F$—$E_t$ 方法估计原始原油地质储量和气顶大小

### 14.3.2 气顶方法

顾名思义，该方法用于气顶油藏。此外，原始原油储量也可以用该方法求出。忽略 $W_e$ 和 $E_{fw}$，式（14.1）可以简化为：

$$\frac{F}{E} = N + mN\left(\frac{E_g}{E_o}\right) \qquad (14.11)$$

同样的，式（14.11）为直线方程。绘制 $F/E_o$—$E_g/E_o$ 关系曲线，可以得到一条直线，其斜率为 $mN$，截距为 $N$。

### 14.3.3 Havlena 和 Odeh 方法

这个方法可以用来估算水侵情况下的原始原油地质储量。

当 $W_e > 0$ 时，式（14.1）有如下形式：

$$\frac{F}{E_t} = N + \frac{W_e}{E_t} \qquad (14.12)$$

$$\frac{F}{E_t} = N + U\left(\frac{S}{E_t}\right) \qquad (14.13)$$

根据式（14.13），可以绘制 $F/E_t$—$S/E_t$ 曲线，其截距值即为原始原油地质储量 $N$。斜率值 $U$ 为水体常数（图 14.4）。

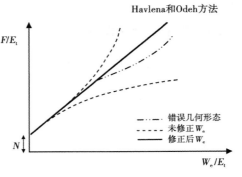

图 14.4　Havlena 和 Odeh 方法图示

### 14.3.4　Campbell 方法

此方法通过绘制 $F/E_t$—$F$ 关系曲线，根据直线段的截距得到 $N$ 值。

除了以上这些方法，根据式（14.1），可以通过调整 $N$、$m$ 和 $W_e$ 的值绘制油藏压力和产量曲线。当曲线与生产数据拟合程度较好时，就可以用来估算油藏的相关参数。

在无气顶和无水侵的情况下，如果已知流体的性质和生产气油比，溶解气驱油藏的采收率可以通过简化的物质平衡方程估算求得。以下分别为高于泡点压力和低于泡点压力时计算采收率的公式：

$$\frac{N_p}{N} = \left(\frac{B_{oi}}{B_o}\right)c_e\Delta p \qquad (14.14)$$

$$\frac{N_p}{N} = \frac{B_t - B_{ti}}{B_t + (R_p - R_{si})B_g} \qquad (14.15)$$

式中　$B_t$——两相综合体积系数，rb/STB；

　　　$c_e$——油、水、岩石的综合压缩系数，$psi^{-1}$。

$$\frac{N_p}{N} = \frac{c_oS_o + c_wS_w + c_f}{1 - S_{wi}} \qquad (14.16)$$

## 14.4　气藏：估算原始天然气储量和水侵量

当没有液相流体的存在，简化式（14.1）可以用来描述干气藏：

$$F = G(E_g + E_{fw}) + W_e \qquad (14.17)$$

其中，

$$F = G_pB_g + W_pB_w$$

式中　$G_p$——累计产气量，$10^3 ft^3$；

　　　$B_g$——气体体积系数，rb/Mscf；

　　　$G$——原始天然气储量，$10^3 ft^3$；

$$E_g = B_g - B_{gi}，\quad rb/Mscf；$$
$$E_{fw} = B_g C_e \Delta p；$$

式中 $C_e$——考虑气、水、岩石的综合压缩系数，$psi^{-1}$。

### 14.4.1 绘制 $p/z$—$G_p$ 曲线

这个方法十分简单，在估算天然气原始储量中有较好的应用。对于衰竭式开发的气藏，水侵量 $W_e$ 和 $E_{fw}$ 的值可以忽略，式（14.7）可简化为：

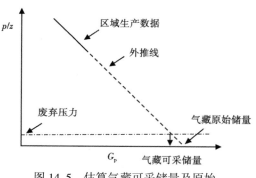

图 14.5 估算气藏可采储量及原始储量的 $p/z$—$G_p$ 方法

$$\frac{p}{z} = \left(1 - \frac{G_p}{G}\right)\left(\frac{p_i}{z_i}\right) \qquad (14.18)$$

一个典型的 $p/z$—$G_p$ 关系曲线可以用来估算气藏储量（图 14.5），可以将根据早期参数值绘制的曲线外推至废弃条件。在分析中，废弃时的气藏静压力是已知的。此方法有一定的局限性，即只有在关井一段时间后才能获得静压值。除此之外，当有一定的水侵存在时，由于其对静压数据的影响，将会很难得到一条直线段。

### 14.4.2 Havlena 和 Odeh 方法

这个方法用于存在水侵作用时的气藏储量的估算，其原理和前面介绍的有关油藏的方法类似。式（14.17）可以写成：

$$\frac{F}{E_t} = G + U\left(\frac{S}{E_t}\right)$$

绘制 $F/E_t$—$W_e/E_t$ 的关系曲线，改变 $W_e$ 的值直到得到一条直线，直线的截距即为储量 $G$。

### 14.4.3 压力拟合方法

压力拟合方法适用于各种气藏类型，其原理与前面介绍的油藏方法类似。

## 14.5 凝析气藏：估算湿气储量

同样的方法可以用来估算凝析气藏中原始湿气的含量。在这种情况下，式（14.1）改写为：

$$F = G_w(E_g + E_{fw}) + W_e \qquad (14.19)$$

式中 $G_w$——湿气原始储量，$ft^3$。

$F$ 可以写成：

$$F = G_{wp}B_{gw} + W_pB_w \qquad (14.20)$$

其中，

$$G_{wp} = G_{dp} + N_{pc}F_c \qquad (14.21)$$

式中 $G_{wp}$——累计湿气产量，$10^3ft^3$；

$G_{dp}$——累计干气产量，$10^3 \text{ft}^3$；

$N_{pc}$——累计凝析油产量，bbl；

$F_c$——凝析换算系数，Mscf/STB；

$B_{gw}$——湿气体积系数，rb/Mscf。

## 物质平衡方法在储层表征中的作用

利用物质平衡方法绘制出的各种曲线，可以确定油气藏的驱动类型。对于某个实际油藏来说，只有在正确驱动类型的物质平衡曲线中才会产生直线。

利用物质平衡方法估算油藏原始含烃量是以油藏动态数据为基础，包括累计产油（产气）量、气油比和体积系数等。该方法计算结果常常与体积法结果相比较，当二者存在较大差异时，必须对油藏进行后续的分析工作以了解其复杂的未知的非均质性和不确定性。

# 14.6  总结

物质平衡分析方法是确定油藏原始原油储量、天然气储量、气顶大小及水侵量等重要性质的一种有效方法。同时，它还可以用来分析油藏驱动机理，如溶解气驱、水驱、气顶气驱等。物质平衡方法比递减曲线分析方法应用广泛，对于两相流等递减分析无法准确描述生产趋势的情况，物质平衡方法可以得到较好的应用效果。与精确的油藏数值模拟研究相比，物质平衡方法在信息集中程度上远远不够，但是对于油藏状况不是那么复杂且需要立刻做出开发管理策略的情况，物质平衡方法存在一定优势。

物质平衡方法是基于"蓄水池模型"。油气藏视为一个巨大的蓄水池，其中所有流体产出体积等于注入流体的体积加上流体膨胀以及岩石收缩的体积。同时，还要考虑临近水体水侵作用的影响。物质平衡方法以方程式的形式表达为：

油藏产出流体体积=流体注入体积（如果有）+油藏内流体膨胀体积+岩石孔隙收缩体积+水侵体积（如果有）。

物质平衡方法根据以下关系式，利用简单的图形处理技巧获得油藏参数：

$$F = N(E_o + mE_g + Ef_w) + W_e \qquad (14.22)$$

以上方程中，$N$（原始原油储量），$m$（气顶体积与油相体积比）和 $W_e$ 的值是未知的，其与的各项参数可以从生产历史和岩石流体的性质中获得。对于各种类型的油气藏，式（14.1）简化为不同的形式（表14.2、表14.3）。需要说明的是，在计算过程中未涉及油藏的孔隙度和渗透率。

#### 表 14.2  经典的油藏物质平衡方法处理技巧

| 油藏类型 | 假设 | 曲线 | 结果 | 备注 |
|---|---|---|---|---|
| 溶解气驱油藏（无气顶） | $m=0$，$W_e=0$ | $F$—$E_t$ | 斜率为 $N$ | |
| 溶解气驱油藏（有气顶） | $m>0$，$W_e=0$ | $F$—$E_t$ | 斜率为 $N$，反复试验确定 $m$ | 改变 $m$ 的值，直到得到直线 |
| 气顶气驱油藏 | $m>0$，$W_e=0$ | $F/E_o$—$E_g/E_o$ | 截距为 $N$，$mN$ 为斜率 | |
| 水驱油藏 | $m=0$，$W_e>0$ | $F/E_t$—$W_e/E_t$ | 截距为 $N$，反复试验确定 $W_e$ | 改变 $W_e$ 的值，直到得到直线 |

| 油藏类型 | 假设 | 曲线 | 结果 | 备注 |
|---|---|---|---|---|
| 水驱油藏 | $m=0$，$W_e \geqslant 0$ | $F/E_t$—$F$ | $N$ 为截距 | 当 $W_e=0$ 时，得到一条水平线 |
| 任何油藏 | | $p$—$N_p$ | $N$、$m$、$W_e$ 的值依据最好拟合结果确定 | 此三个参数未知时，油藏其余参数需已知 |

表 14.3　经典的气藏物质平衡方法处理技巧

| 气藏类型 | 假设 | 曲线 | 结果 | 备注 |
|---|---|---|---|---|
| 定容衰竭 | $W_e=0$ | $p/z$—$G_p$ | 外推曲线至 $x$ 轴获得 $G$ 值 | 当废弃压力已知，可以求得可采储量 |
| 水驱气藏 | $W_e>0$ | $F/E_t$—$W_e/E_t$ | 截距为 $G$ | 改变 $W_e$ 的值，直到得到直线 |
| 水驱气藏 | $W_e \geqslant 0$ | $F/E_t$—$F$ | 截距为 $G$ | 当 $W_e=0$，曲线为线性的 |

　　物质平衡方法对油藏的性质（均质）、生产方法（生产、注水都为单井作业）做了重要的假设。事实上，油气藏是非均质的，生产井和注入井也是以一定的井网形式在不同的时间地点钻成的。在恰当的条件下，物质平衡方法用于估算油气原始储量、分析油藏驱动机理是十分有效的。

　　物质平衡方法利用的是利用生产历史数据以及流体性质的变化数据等油藏动态数据估算原始储量。估算的结果可以与以静态数据为基础的体积法计算的结果进行对比。如果两种方法计算结果差异较大，则需要对油藏相关的非均质性及未知过程进行进一步的研究。

# 14.7　问题和练习

　　（1）物质平衡方法的作用是什么？叙述利用该方法可以估算的油藏参数。

　　（2）叙述油气藏生产中的质量守恒定律。

　　（3）Havlena 和 Odeh 方法在物质平衡方法中的贡献是什么？

　　（4）物质平衡方法的局限性是什么？在什么情况下物质平衡方法的应用效果较差？给出一个例子。

　　（5）对于油藏和气藏，进行物质平衡分析时图解法有哪些？如何将图解法用于凝析气藏？

　　（6）在合理的假设条件下推导式（14.14）和式（14.15）。

　　（7）计算溶解气驱油藏的采收率，其主要参数在表 14.4 中给出，解释使用的方法原理。

表 14.4　计算溶解气驱油藏采收率的主要参数表

| 油藏初始压力（psi） | 2640 |
|---|---|
| 泡点压力（psi） | 1840 |
| 原始体积系数（rb/STB） | 1.35 |
| 原油在泡点处体积系数（rb/STB） | 1.365 |
| 原始含水饱和度 | 0.26 |

| 水压缩系数（$psi^{-1}$） | $3.08e^{-6}$ |
|---|---|
| 地层压缩系数（$psi^{-1}$） | $3.6e^{-6}$ |
| 原始溶解气油比（scf/STB） | 1025 |
| 油体积系数*（rb/STB） | 1.1028 |
| 气体积系数*（rb/STB） | 0.00218 |
| 溶解气油比*（scf/STB） | 225 |
| 生产气油比*（scf/STB） | 1550 |

注：* 指废弃时（压力=900psia）。

（8）如何在物质平衡方法帮助下进行储层表征工作？

（9）最近在进行一个多层油藏的物质平衡分析工作，此油藏已在高含水的状况下生产了数年时间。根据油藏性质和油水接触关系，一些井在不同位置和层位进行了完井作业。利用物质平衡方法获得的原始储量比体积法计算的储量低了三分之一。试叙述两种方法出现明显差异的原因。为了解决这个矛盾并提高对该油藏的认识，下一步该如何做？

（10）物质平衡方法是否可以应用到非常规油气藏？为什么？

## 参 考 文 献

［1］Havlena D, Odeh A S. The material balance as an equation of straight line. J. Petrol. Technol. 1963：896-900.

［2］Havlena D, Odeh A S. The material balance as an equation of straight line-part II, fieldcases. J. Petrol. Technol. 1964：815-822.

［3］Wang B, Teasdale T S. GASWAT-PC：a microcomputer program for gas material balance with water influx. SPE Paper #16484. Presented at the Petroleum Industry Applications of Microcomputers meeting. Society of Petroleum Engineers：Del Lago on Lake Conroe（TX）；1987：23-26.

［4］Satter A, Iqbal G M, Buchwalter J A. Practical enhanced reservoir engineering：assisted with simulation software. Tulsa, OK：Pennwell；2008.

# 第 15 章　油藏数值模拟：入门

## 15.1　引言

在数字化工业时代，油藏数值模拟技术在整个油藏管理过程中占据重要地位，包括开发、生产、技术分析等均离不开油藏数值模拟的帮助。模拟即用物理模型或数学模型去再现真实的过程或事件。20 世纪后期，随着计算机水平的不断发展，油藏数值模拟成为石油工业中不可或缺的一项关键技术。石油工业在勘探、钻井和开发等过程中的投资是巨大的，尤其对海上油田和非常规油气资源的开发更是如此。提高采收率的一些措施，如注水、EOR 等同样需要巨额的投入。此外，在油气资源的开发中充满了风险与不确定性，因此，需要能精确预测生产动态的方法。油藏数值模拟技术通过模拟最好、最差及各种可能性的开发方案来尽可能地减小这种不确定性。与开发过程所需要的巨大投资来说，进行数值模拟所需要的投入是很小的，因此，重要的工程决策和经济分析都以数值模拟的结果为基础。事实上，许多国家的法律规定在正式对油田进行开发之前必须进行数值模拟研究，以证明开发方案的可行性，保障油田的健康发展。

计算机硬件和软件的技术进步使得在数值模拟中使用高精度模型成为可能，这些先进的技术包括计算方法、仪表技术以及虚拟现实 3D 技术等。本章主要向油藏工程师提供油藏数值模拟的入门知识并说明如何利用数值模拟技术进行开发决策。本章主要回答了以下问题：

（1）什么是油藏数值模拟？为什么它会成为油藏工程师的一个有效工具？

（2）什么是油藏模型？如何建立一个油藏模型？

（3）油藏模型的数学理论基础是什么？

（4）油藏模拟模型如何进行分类？有哪些主要的模拟模型？它们有什么特征？

（5）油藏数值模拟需要哪些数据？这些数据从何而来？

（6）在油藏数值模拟研究中，什么是历史拟合？

（7）什么是敏感性分析？

（8）对于各种类型的油气藏如何应用数值模拟技术？

（9）油藏数值模拟技术有哪些局限性？

### 15.1.1　油藏数值模拟的目标

油藏数值模拟以一些有效的信息数据为基础，力求重现油藏环境下真实发生的物理过程和事件。典型的油藏模拟研究包括预测井产量、水油比、气油比等参数随时间的变化；此外，不同地点不同时期的油藏压力和流体饱和度也是重要的预测指标。流体的相态变化（蒸发和凝结）同样也是数值模拟研究的重要内容，因为其会影响油藏开发动态。数值模拟的结果会给出开发方案需要部署的最佳井数及合理的井位。除此之外，数值模拟结果还可以分析实施二次采油、三次采油开采方案的最佳时机。

油藏数值模拟的工作量主要依赖于油藏的复杂程度（分层、裂缝、断层等）、开发模式（一次采油、二次采油、三次采油）和研究内容（压力、产量、漏失区域的水突进、裂缝流动状态等）。油藏数值模拟可以对单井及整个区域范围的产量进行预测，并可以提供一段时间范围内的经济性分析。通过将模拟结果与真实的生产历史数据进行拟合，可以有效地提高模拟结果的精度和准确性。

通常情况下，一个油藏的数值模拟研究主要包括以下目的：

（1）确定油气的原始储量，并根据新的数据信息实时更新调整。

（2）不同的开发方式下的采收率，包括钻加密井、水驱开发及各种提高采收率措施。

（3）油藏开发方案的经济评价和收益率预测。

（4）对边际油藏进行评价（指那些发生微小改变可能影响整个工程的油藏类型）。

（5）在给定位置处获得最大产量时单井的适应性。

（6）在选定层位处完井以避免产水。

（7）井网的设计，包括生产井和注水井。

（8）设计和确定地面设备。

（9）确定合理井距以优化产能获得较高的经济效益。

（10）水平井的设计包括水平段长度、井斜及分支数。

（11）为了达到高产量、低水油比（WOR）、低气油比（GOR）进行的产量优化。

（12）分析气窜和水侵的影响。

（13）从井网形式、位置、注入量来进行注水优化设计。

（14）优化提高采收率作业，包括热采、化学驱等其他方法。

（15）确定一次采油、二次采油后剩余油饱和度高的区域。

（16）确定气藏的合理产量。

（17）优化凝析气藏的注气作业。

（18）进行生产井水锥突进分析及修正措施研究。

（19）修井和增产措施后的生产潜力预测。

（20）研究产层、裂缝、断层、尖灭等非均质性因素对油藏生产动态的影响。

（21）研究油水在油藏内跨区域范围的流动（包括层间的流动）。

（22）确定油藏生产动态异常的原因。

图 15.1 是一个利用油藏数值模拟技术确定合理井距的例子。根据特定的油藏模型，通过改变井距和注水模式来模拟不同的生产状况。较近的生产井距可以提高产量但是需要额外的投资。模拟结果和经济分析结果共同依赖于油藏的性质和储量等因素。当油藏性质较差，如渗透率低或非均质性较强时，便需要钻更多的井来提高产量。

油藏数值模拟还有许多其他的应用，每一个应用都有其特定目的，综合起来可有效地帮助油藏工程师形成完整的油藏管理策略。

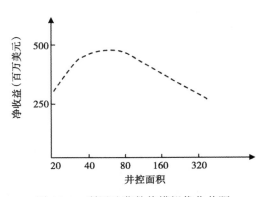

图 15.1　利用油藏数值模拟优化井距

### 15.1.2　处于油藏生命周期不同阶段的油藏数值模拟

需要强调的是，油藏数值模拟是贯穿整个油藏开发生命周期的一项管理油藏的重要工

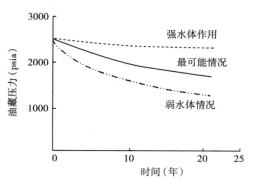

图 15.2　不同的水侵程度下的压力变化情况

具。在开发早期阶段，油藏模拟所需要的数据十分有限，因此需要通过改变实际生产情况范围内的参数来获得不同的生产情况，这些参数包括油藏面积、井间渗透率、层间连通性、井底含水指数等。图 15.2 是某油藏一次开采时的压力反映图，表示了当水体强度不确定时，在不同水体强度影响下的压力行为特征。弱水体情况下，水侵指数通常较小，这时需要额外的注水作业以保持油藏压力从而达到提高采收率的目的。

当生产进行了几个月或几年，将会获得有关井生产动态、岩石非均质性及油藏性质的确定性数据。将油藏的生产历史数据带回到油藏模型中，用来调整油藏模拟中用到的相关参数。历史拟合可以提高模拟的准确性及未来生产动态预测的可靠程度。如何解决油藏生产历史数据与动态预测数据之间的差异仍然是油藏模拟工作一个巨大的挑战。

### 15.1.3　油藏模型

典型的油藏数值模拟模型是建立在单元体或网格块的基础上的，每一个单元或网格都包含油藏的局部描述以及各相流体即油气水的性质。油藏模型用来预测油藏整个生命周期或特定时间内的各相流体的压力、饱和度、井产量及井底流压（BHP）等重要生产参数。油藏模拟的基础是用数学方法来表示整个系统（包括油藏特征和流体的性质），为了实现这个目的就需要用相关的方程式来表达流体在多孔介质中的流动。这些方程式通常都是非线性的，需要用迭代的方法进行求解。

油藏模拟研究需要对油藏地质及油藏流体性质方面有正确且完整的认识。早期的油藏物理模型如填砂储油块模型被广泛用于数值模拟研究。后来，在提高采收率研究中，发展了小规模的油藏的模型即基于油藏的一部分所建立的物理模型。随着计算机的发展，使得快速、大量的计算成为了可能，油藏数值模拟也进入了数字时代。

但是，要达到完全了解储层岩石的非均质性，特别是其微观尺度上的性质以及这些性质对流体流动产生的影响的目的，是不可能且不切实际的。因此大多数的油藏数值模拟研究的目标是建立一个与历史生产数据拟合程度较好且具有一定准确性的生产动态预测模型。为了减小预测未来动态的不确定性，现代数值模拟研究通常采取多种方法对地理统计模型进行处理。

一个典型的油藏模型包括以下特征：

（1）油藏模型是用不同形状（规则或不规则）的不同大小（大或小）的一维、二维、三维或径向网格单元来表征真实油藏。

（2）每一个单元被赋予油藏的静态性质参数，如厚度、海拔、孔隙度、绝对渗透率等。相邻网格块之间的传导率是油藏模拟中一个重要的参数，其值通常根据网格块几何尺寸、岩

石渗透率、黏度等其他参数计算得来。

（3）模型可以包含一个或多个区域；每一个区域可以有不同的相对渗透率性质和油水接触关系。

（4）在模拟的过程中，每一个单元内流体的压力、饱和度变化都与井的控制条件（定产、定井底流压）和边界条件（定压边界、封闭边界）有关。

（5）流体的 $pVT$ 性质会影响流体压力、饱和度的变化和相间传质过程。

## 15.1.4 油藏模型的建立

油藏模型的建立是以油藏的静态数据和动态数据为基础。油藏模型的静态部分是以地球物理研究资料为基础，包括油藏构造和岩石性质方面；流体的饱和度、压力、组成的变化属于动态部分。典型的油藏模型包括地质描述和已知的非均质性，以及现存的和未来的生产井和注入井位置、油藏压力、油水和气—水接触关系、完井状况、井的限制条件、流体性质等；一些油藏模型还考虑了流体组成的变化。根据开发区域的成熟程度，一部分模拟所需的数据可以从现场直接获得，剩下的数据参数通过相关分析、经验公式、相邻区域数据和合理的假设获得。

## 15.1.5 油藏数值模拟模型的分类

油藏数值模拟模型可用不同的方式进行分类。主要的分类依据如下：

（1）模型几何性质（一维、二维、三维、径向）。

（2）流体所含相数（油、气、水）。

（3）油藏开发过程（流体相态组成变化、热采、非热采）。

（4）研究目标（单井、油藏某部分、整个油田）。

在模拟过程中，每种模型都应包含油藏的静态数据（地质、地球物理等）和动态数据（流体压力、饱和度等）。

## 15.1.6 模型的几何性质

解析法通过数学变换可以求出相关变量的连续解，与此不同，数值模拟方法给出的是特定空间点、特定时间点的离散解。因此，油藏数值模型是由成千上万个网格块组成的，然后利用离散的方法求得流体在其中流动的解。大型油藏模型通常由数百万个网格单元构成，每一个单元都包含在特定的时间点流体的压力、饱和度值。根据几何性质的不同，油藏模型可以分为一维、二维、三维和径向模型。图 15.3 表征了各种情况下油藏部分网格块的几何特征。网格块可以是矩形、立方体、径向的，其分类目的是更好地描述流动几何特征。随着维数的增加，模型的复杂度也随之增加。一维模型和二维模型运行计算速度快。一维模型通常用于理解复杂的流体驱替过程，二维模型用于平面流动（沿 $x$ 轴和 $y$ 轴）或截面的流动（沿 $x$ 轴和 $z$ 轴）。一维模型和二维模型也用于模拟一些典型的实验过程。但是，现场上大多数的油藏模拟模型是三维的，因为流体在井筒侧面及垂直方向上的流动都需要进行模拟和分析。巨大复杂的三维模型由大量的规则和不规则的网格单元构成，其会占据巨大的计算机内存空间，计算速度也相对较慢。此外，在解决单井模拟问题时，着重研究气和水的锥进问题，由于近井区域流体的流动主要是径向的，此时常使用径向模型来进行模拟。

在有些情况中，特殊区域的流体饱和度和压力值需要精细化的进行研究而其他区域采用

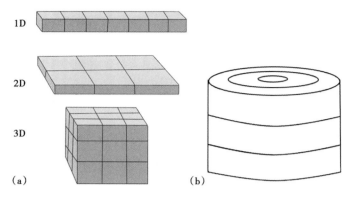

图 15.3　分别用矩形网格块（a）和径向网格块（b）来表征油藏模型

大网格已经足够。这些特殊的区域主要包括水平井近井区和压裂裂缝周围。为了更加准确地预测油藏生产动态，局部加密网格（LGR）广泛应用于油藏模型的构建中（图 15.4）。

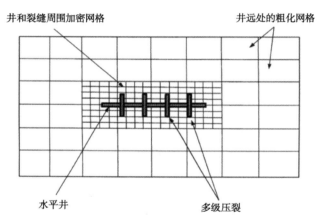

图 15.4　页岩气藏中使用局部加密网格（LGR）精细描述水平井多级水力压裂裂缝动态

　　由于大多数油藏在构造上均有不同程度上的复杂性，因此规则的网格系统无法充分地表征油气藏。不规则的地质因素包括弯曲断层、尖灭、隔层及复杂边界等。当需要更加精细地描述油藏时，局部正交网格（PEBI）可用来精确地模拟流体的流动状况。PEBI 网格具有非结构的特点，形状可以不同。网格可以根据油藏几何性质进行相应的调整分类。该网格系统可以精细地表征单井或多水平井的流体流动。在规则网格系统中，网格系统边缘处的网格互相垂直，局部正交网格突破了这种局限性，使得网格取向效应相对减小。与矩形网格块，PEBI 网格可以进行更多方向上的流动模拟。尽管 PEBI 网格系统需要的模拟计算时间相对较多，但是其模拟计算的结果是十分精确的，尤其适用于油藏性质或井的条件不符合规则网格形式的情况（图 15.5）。

## 15.1.7　流体所含相态个数

　　在所研究的油藏中，其所含流体的相态个数也可用于描述油藏模型，油藏模型可以是单相、两相以及三相的。最简单的情况是油藏中是单相流动，因此模拟的主要目标是井的产量

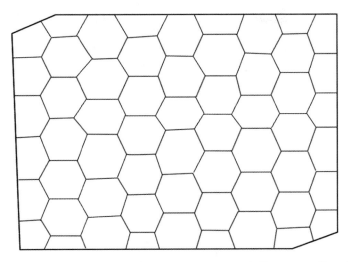

图 15.5　PEBI 网格（各种其他结构的 PEBI 网格可以用于表征油藏模型，包括前面介绍的蜂窝状模型）

和压力变化。没有发生水侵的干气藏即是一个单相模型的具体例子，此时只有气体产出。两相模型通常指油水两相生产的情况，此时气体呈溶解态在油相中存在。三相油藏模拟模型考虑了油藏中存在的所有相态，即油、气、水三相，需要指出的是水相既包含地层水又包含注入水。

### 15.1.8　油藏流体性质和开发过程

根据流体性质（挥发、不挥发）和开发过程（热采、非热采），油藏模型可以分为以下几种（表 15.1）：

（1）黑油模型：该模型是油藏模拟中应用最为广泛的模型。其中的两相为油相和气相，烃类组分在这两相中。油相中气体的溶解度被视为压力和温度的函数。气相可以从油相中挥发或溶解，但是油相不能蒸发成气相。第三相为水相，其为单独的一相。因为黑油模型相对简单且适用于大多数油气藏，在石油工业中被广泛应用。例如，低挥发性油藏的一次开采过程、水驱油藏的二次开采、非混相注气开发都可以使用黑油模型进行模拟[1]。黑油模型及其修正模型适用于多种类型的油气藏。

（2）组分模型：尽管组分模型十分复杂，但对于油藏开发动态中烃类组分的蒸发和凝析不能忽略且占重要作用时，必须使用组分模型进行模拟。在典型的组分模型中，轻烃组分（$C_1$—$C_6$）的 $pVT$ 性质要单独给出，中烃至重烃组分（$C_{7+}$）的性质放在一起给出，这样模型不会过于复杂。该模型考虑了油藏动态条件下气液相中烃类组分的变化。在凝析气藏中，系统压力降低会导致重烃组分从气相中凝析出来。同样，在注气开发油藏提高采收率作业中，轻烃组分会从液相中挥发出来，使得液相中气相的组成发生显著变化。组分模型的主要应用于注气提高采收率作业中，即凝析气驱和挥发气驱以及循环注气开发凝析气藏等。事实上，黑油模型是一类特殊的组分模型，其所有的烃类组分（$C_1$—$C_{7+}$）都视为存在于油气两相中，而不是分开对待。在某些条件下，湿气气藏和挥发性油藏也可以用黑油模型进行模拟[2]。这需要油在气相溶解和气在油相中溶解的 $pVT$ 数据支持。

（3）非常规气藏的数值模拟包括页岩气和煤层气，还需要对气体的吸附、扩散进行模

181

拟。页岩储层的基质中，吸附了大量的气体。当气藏压力下降，气体从基质表面解吸并被开采出来。在岩石微孔中的气体运移过程中，通常会发生气体的扩散现象。

（4）热采模型用来模拟热采提高采收率，其中包含了流体和热量的运移。重质油一项最有效的开发方式——蒸汽驱便使用热采模型进行模拟。

（5）化学驱模型：这个模型考虑由于分散、吸附、分区等现象而产生的质量传递过程。在提高采收率方法中，各种化学剂注入到油藏中，例如利用化学驱模型评估碱驱的生产动态。

表 15.1　油藏模拟模型综述

| 模拟模型 | 应用 | 说明 |
| --- | --- | --- |
| 黑油模型 | 油藏原油为低至中挥发油；模型中烃类有油、气两相。油相和气相中的组分不考虑 | 黑油模型应用广泛，适合多种油气藏类型的数值模拟 |
| 组分模型 | 高挥发性油藏或凝析气藏，气相或液相中的组分变化剧烈，且极大影响油藏动态 | 与黑油模型相比，组分模型需要大量的数据和复杂的计算 |
| 非常规气藏模型 | 由于非常规气藏中大量的气体呈吸附态且存在扩散驱动的机制，常规气藏的模拟器需要进行相关修正以符合非常规气藏的特征 | 页岩气藏和煤层气气藏中都含有大量的吸附气；在微孔道内存在扩散现象 |
| 热采模型 | 采用热采等开发措施的重质油藏 | 模型以流体流动方程和热传导方程为基础 |
| 化学驱模型 | 油藏开发中利用聚合物、表面活性剂等化学物质提高采收率作业时 | 模型需要考虑化学吸附、分散、分区等化学性质特征 |
| 流线模拟模型 | 水驱油藏，注入水被视为以流线的形态流向生产井 | 以相对简单的方式可视化注入水的流动过程和形态变化 |

（6）流线模拟模型：该模型假设用流线来表征注入水从注水井到生产井之间流动。该模型通过模拟注入水流动到生产井的流线，用来研究注水模式和效果。这些模型相较于组分模型和黑油模型更简单，将在第 16 章做简要介绍。流线模型的优势在于可以根据压力和油藏性质来可视化注入水的流动轨迹。

## 15.1.9　研究目标

油藏模拟模型还可以根据研究目标划分为以下几种：

（1）单井模型：油藏模拟工作只聚焦于单井范围。例如，在水平井设计工作中，利用数值模拟技术可以确定和优化井位置、长度、方向及丛数等相关参数。常见的单井模型涉及关于水锥、气锥的相关问题。油藏中一些油井完井后，产量受到底水锥进的影响。油藏工程师需要知道使生产最优化的完井层段和产量设定值。通常使用二维径向模型来模拟井周围的流体流动特征（图 15.6）。

（2）垂向横截面模型：该模型主要研究流体在非均质地层中垂向流动的性质，在这些地层中其垂向渗透率十分重要。该模型无法表征流体的横向流动。该模型常采用一个二维横截面模型（沿 $x$ 轴和 $z$ 轴）来进行模拟。

（3）扇形模型：该模型聚焦于油藏的特定一部分或相关区域范围，用来优化生产井和注入井的位置、井数及产量等参数。该模型可以研究加密井对生产的影响，以及确定注入井和生产井之间的平衡关系，最终达到有效驱替。该模型需要关于压力和产量的相关内外边界条件，以用来和油藏的其他部分相连接。单井模型和扇形模型效率较高，运行时间较短。扇形模型可以采取二维或三维的方式进行表征。

（4）全油田模型：该模型以油藏整个范围为研究目标，通过对所有井的分析提供整个油藏随时间的生产动态变化特征。该模型首先通过历史拟合，然后通过假设未来不同的生产状态和特征进行模拟研究。该模型通常包含大量的网格块，因此其数据量极大，通常需要几个月的时间进行研究分析。随着生产和注入参数的变化，该模型需要随时更新，以提高最终采收率等重要参数的预测精确度。全油田模型可以采取二维或三维网格。对于薄层以及相对均质的油气藏若其垂向的流动不是那么显著，采取二维模型已经足够。

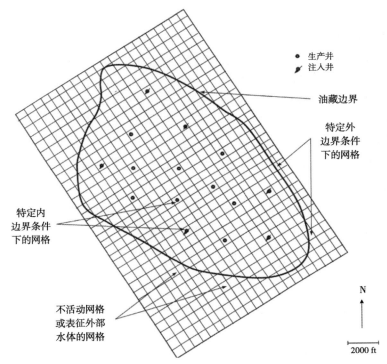

图 15.6　含有内外边界的油藏二维模型
内边界条件与生产井和注入井有关。油藏外边界的网格单元为无效网格或代表外部水体。
在实际操作中，采用更小的网格或局部加密网格来表征井的位置。每个网格单元的
流体性质在油藏动态条件下随着时间发生变换

## 15.1.10　油藏模拟模型的适应性

根据所需数据的不同，油藏模拟模型从简单到复杂。例如，对于复杂地质环境中的高挥发性油藏需要三维组分模型来进行模拟研究，此时还要研究气相和液相组分随空间时间改变的变化特征。然而对于低挥发油藏，可以采用相对简单的黑油模型进行描述，此时忽略了各相中组分的变化。为了分析单井水锥的问题，可以采用二维径向单井模型。对于每一种情况，准确的油藏数据是研究进行的关键因素。油藏研究团队需要根据其专业和经验去评估判断模拟结果的有效性。

### 15.1.11  模型数据需求

与黑油模型相比，组分模型需要更多的数据量，因此其复杂程度更高。由于维数（二维至三维）和流体相数（两相至三相）的不同，不同复杂程度的模型在计算时间上可以有数量级的差异。由于在一项油藏模拟研究中，通常需要对模型进行多次运算，因此模型合理的计算时间是模拟设计中重要的考虑条件及关键因素。黑油模型相对的应用广泛，根据调查结果，油气工业中 80% 的油藏模拟研究中都采用了黑油模型。

### 15.1.12  油藏模拟的数学基础

以下内容简要介绍了如何建立一个油藏模型。流体的流动方程式作为建立黑油模型、组分模型及其他模型的基础，应包括以下几点：

（1）质量守恒定律：流体在多孔介质流动的过程中，质量不能被创造也不会凭空消失。

（2）达西定律：压力梯度和流量的关系；油藏模型中也常常包含非达西流。

（3）流体 $pVT$ 性质：包括流体的黏度、密度、压缩性、溶解性、体积系数及其他。

需要强调的是，对于某些非常规气藏如页岩气气藏和煤层气气藏来说，流体的流动机理还应考虑扩散的作用。

首先考虑一维的情况，假设流体在单元体内沿 $x$ 轴方向流过 $\Delta x$ 的距离。流入单元体的质量流量应该等于流出的质量流量与单元体内累计变化的质量和。即：

$$质量流入率 - 质量流出率 = 质量累计变化率$$

对于任意相流体（如油相），以上关系可以用方程表示为：

$$\frac{\partial M_o}{\partial t} = M_{oI} - M_{oo} \tag{15.1}$$

式中　$M_o$——油的质量；

　　　$M_{oI}$——油相质量流入速率；

　　　$M_{oo}$——油相质量流出速率。

左边项的累计质量变化率采用微分形式表示。

进一步，油相的质量可以用其产量、密度、饱和度、体积系数等表示为：

$$M_o = \rho_{os} A \Delta x \phi \frac{s_o}{B_o} \tag{15.2}$$

$$M_{oI} = \rho_{os} \left(\frac{q_o}{B_o}\right)_x \tag{15.3}$$

$$M_{oo} = \rho_{os} \left(\frac{q_o}{B_o}\right)_{x+\Delta x} \tag{15.4}$$

式中　$A$——单元体横截面积；

　　　$B_o$——含油体积系数；

　　　$q_o$——油产量；

　　　$S_o$——含油饱和度；

$t$——时间；

$\Delta x$——单元体长度，cm；

$\rho_{os}$——标准条件下油密度；

$\phi$——孔隙度。

根据达西定律，产量 $q_o$ 可以写成由流体黏度、有效渗透率、压降梯度及单元体的斜度等组成的表达式如下：

$$q_o = -\frac{AKK_{ro}}{\mu_o}\left(\frac{\partial p_o}{\partial x} - \rho_o g \frac{\partial D}{\partial x}\right) \tag{15.5}$$

式中 $D$——单元体高度；

$g$——重力加速度；

$K$——绝对渗透率；

$K_{ro}$——油相相对渗透率；

$p_o$——油相压力，atm；

$\rho_o$——油密度，gm/cm³；

$x$——流动方向；

$\mu_o$——油相黏度，mPa·s。

根据式（15.2）、式（15.3）、式（15.4）和式（15.5），式（15.1）的微分形式可以写成：

$$\frac{\partial}{\partial x}\left[\frac{AKK_{ro}}{B_o\mu_o}\left(\frac{\partial p_o}{\partial x} - \rho_o g \frac{\partial D}{\partial x}\right)\right] = A\frac{\partial}{\partial t}\left(\frac{\phi S_o}{B_o}\right) \tag{15.6}$$

对于气相和水相可以通过相同的过程得到其流动微分方程。需要指出的是，在气相方程中需要考虑油相中以溶解态存在的那部分气体。方程分别为：

$$\frac{\partial}{\partial x}\left[\frac{AKK_{rw}}{B_w\mu_w}\left(\frac{\partial p_w}{\partial x} - \rho_w g \frac{\partial D}{\partial x}\right)\right] = A\frac{\partial}{\partial t}\left(\frac{\phi S_w}{B_w}\right) \tag{15.7}$$

$$\frac{\partial}{\partial x}\left[\frac{AKK_{rg}}{B_g\mu_g}\left(\frac{\partial p_g}{\partial x} - \rho_g g \frac{\partial D}{\partial x}\right)\right] + \frac{AR_sKK_{ro}}{B_o\mu_o}\left(\frac{\partial p_o}{\partial x} - \rho_o g \frac{\partial D}{\partial x}\right) = A\frac{\partial}{\partial t}\left[\phi\left(\frac{S_g}{B_g} + \frac{S_oR_s}{B_o}\right)\right] \tag{15.8}$$

式中 $R_s$——气体溶解度；

下标 g、o、w——气、油、水。

式（15.8）考虑了气体在油相中的溶解。相反，式（15.6）和式（15.7）中没有考虑油相和水相与气相之间的相转移。上述假设对于大部分油气藏是适用的，但在高挥发性油藏和凝析气藏中，强烈的相间传质现象使该假设不再成立，此时油水间的相间传质便不能忽略。

在油藏模拟中，主要工作便是通过以上的微分方程组求解出油气水各相的压力值 $p_o$、$p_g$ 和 $p_w$ 及三相的饱和度值 $S_o$、$S_g$、$S_w$。为了达到这个目标，需要知道各种岩石流体的性质参数，如黏度、体积系数、孔隙度、渗透率等。除此之外，还需要相关的辅助方程才可以对原方程求解。其中，在任何位置任何时间点处的三相（油、气、水）饱和度值的和应该等于1，即：

$$S_\text{o} + S_\text{w} + S_\text{g} = 1 \tag{15.9}$$

另外，流体各相之间的毛细管力是其饱和度的函数，表示为：

$$p_\text{cow} = p_\text{o} - p_\text{w} = p_\text{cow}(S_\text{o}, S_\text{w}) \tag{15.10}$$

以及：

$$p_\text{cgo} = p_\text{g} - p_\text{o} = p_\text{cgo}(S_\text{o}, S_\text{g}) \tag{15.11}$$

式中　$p_\text{c}$——毛细管压力；

下标 ow、go——油—水和气—油。

由此，流体在多孔介质中的流动过程可以用式（15.6）至式（15.11）来表示。这六个方程含有六个未知变量，即油、气、水三相的压力和饱和度值。通过设定合理的初始压力值、饱和度值，以及井的内边界条件、油藏的外部边界条件等，就可以对方程进行求解，获得前述模型的任一网格块流体压力和饱和度分布与变化情况。

外边界条件包括：

（1）封闭油藏：边界处网格块没有流体流动发生。

（2）体影响边界：边界处有稳定水体补充。

井筒内边界条件包括：

（1）Dirichlet 边界条件：生产井以定井底流压方式进行生产（BHP）。

（2）Neumann 边界条件：生产井井以定产量方式进行生产。

### 15.1.13　离散化

以上流动微分方程的解是关于压力和饱和度在特定时间位置处的连续解。然而，数值解的结果不是连续的，是在离散的时间空间内获得的。由于油藏模型是由一系列的网格块构成（图 15.3），因此流体的流动方程必须经过离散这一过程。每一个网格块都代表了油藏的一小部分，油藏模拟的研究目标就是计算每一个网格单元的压力和饱和度值。根据油藏地质构造复杂程度及流体流动的几何特征，这些网格单元可以是规则的或不规则的。简单起见，考虑一维油藏中有 $n$ 个网格块的情况。模型中任意相邻的三个网格被命为 $i-1$、$i$ 和 $i+1$，定义两个连续的时间点 $t$ 和 $t+1$（图 15.7）。

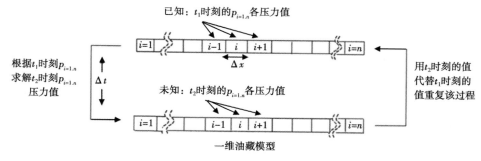

图 15.7　单元体压力数值解的图示

当前网格单元的压力值是根据上一时间步的压力值、网格大小和时间步间隔计算的

在对模型方程处理过程中，采用有限差分的方法对其进行离散化。需要指出的是，其他方法如有限元和有限体积法也可以用于油藏模拟连续性方程的离散化处理。对于单相一维达

西流动情况，方程可以写成以下形式：

$$\frac{\delta p^2}{\delta x^2} = k\,\frac{\delta p}{\delta t} \tag{15.12}$$

式中　$p$——流体压力，随位置和时间不同变化；

　　　$x$——流动距离；

　　　$t$——时间；

　　　$k$——系数。

有限差分格式对上述表达式各项进行离散化如下：

$$\frac{\delta p^2}{\delta x^2} = \frac{p_{i+1}^{(t)} - 2p_i^{(t)} + p_{i-1}^{(t)}}{2\Delta x} \tag{15.13}$$

$$\frac{\delta p}{\delta t} = \frac{p_i^{(t+1)} - p_i^{(t)}}{\Delta t} \tag{15.14}$$

式（15.12）可以差分为如下：

$$k\,\frac{p_i^{(t+1)} - p_i^{(t)}}{\Delta t} = \frac{p_{i+1}^{(t)} - 2p_i^{(t)} + p_{i-1}^{(t)}}{2\Delta x} \tag{15.15}$$

在式（15.15）中，下标 $i-1$、$i$ 和 $i+1$ 代表求解网格块的相对位置，同理，下标 $t$ 和 $t+1$ 表示现在和未来的时间点。本例中求解的变量是流体压力，由于油藏动态条件不断变化，压力便随时间和空间的改变而改变。

### 15.1.14　数值解

在开始时间时刻，各网格块的压力值是已知的，其值是根据用户输入的油藏模型相关参数如参考压力、深度、油水接触关系等计算得来的。如式（15.15）所示，网格块 $i$ 在未来时刻（$t+1$）的压力值可以由已知的当前时刻 $t$ 的各网格（$i-1$，$i$，$i+1$）压力值计算求得。由于模型的网格块个数远远大于 3 个，因此需要求解一系列的方程（图 15.8）。在一个时间步内，所有的方程同时被解出。

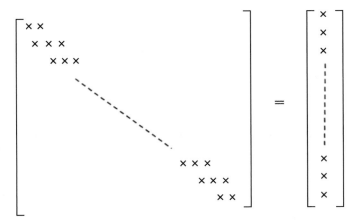

图 15.8　每个时间步长所要求解的模型方程阵列

对于一维问题，矩阵带宽为 3。对于二维和三维模型，矩阵带宽更大

187

在下一时刻（$t+2$），$p_i$ 的值可通过 $t+1$ 时刻计算的网格块 $i$ 的压力值得到。当前时刻计算求得的压力值是计算下一时刻压力的已知值，计算过程如此一直进行。对于多相流体的流动情况，如式（15.6）至式（15.8）所示，流体的压力还与流体饱和度有关，这就要求在求解压力的同时也要对饱和度进行求解。毛细管压力关系如式（15.10）和式（15.11）所示。

如前所述，对每个单元体上的流体流动方程离散后，这些单元体上的有限差分方程组成一个矩阵。通过有效的计算方法对矩阵进行求解，得到在特定时刻的压力和饱和度。数值模型的离散解对网格块个数及时间步长十分敏感。当网格块很多且时间步长很短时，模拟结果精度较高且稳定性较强，但此时计算的时间将会很长。

## 15.1.15 显示和隐式求解

在式（15.15）中，右边项的压力值用当前时刻压力值来表示，在离散方程中出现的各类系数值同样用当前时刻的系数值表示，这种方法便是显示求解法。对于隐式求解法，右边项压力值用假设的未来时刻的压力表示，相关系数也采用相似的方法表示。隐式法需要用迭代的方法进行求解，通过假设一个压力值，计算各项系数，反过来求解压力值，直到假设值和计算值的结果收敛。其具体过程将在后面详细介绍。

根据研究目标及当前的计算能力，油藏数值模拟的方程的线性化求解方法主要有隐式求压力显式求饱和度（IMPES）法和全隐式方法两大类。

### 15.1.15.1 IMPES 方法

隐式求压力显式求饱和度（IMPES）的方法在数值模拟中被广泛应用。在数值模拟技术发展的早期，计算能力有限的情况下该方法十分流行。IMPES 方法是在求解过程中对网格块当前时刻的饱和度用显式形式求解，接着对压力值用隐式形式求解。由于饱和度使用显式求解，该方法不需要冗长的迭代过程且精度也满足一定要求。当使用恰当时，该方法在多种情况下均可得到精度很高的计算结果。

在 IMPES 求解过程中，方程中饱和度项被消掉，因此在所求网格块当前时间步中只剩一个求解变量即压力，求解的顺序如下[3]：

第一步：对于当前时间步，假设每个网格单元的压力值已知，其他非线性系数如 PVT 性质等根据假设的压力值计算。

第二步：求解模型所有网格形成的矩阵，得到每一个单元的压力值。将计算的压力值与假设的值进行比较。

第三步：如果两个值满足要求的精确度，根据新的压力值、时间步长、原先饱和度值计算单元的新流体饱和度值。计算当前饱和度所需的传导率以及压缩系数的值同样使用上一时刻计算的值。如此继续该过程，重复求解。

第四步：如果假设值与求得压力值相差较大，则需要重复迭代的过程，直到二者的差别足够小。如果所取的时间步长很大或者假设的压力与上一时刻压力值相差很大，则很难会收敛。因此，显式方法就需要所取的时间步长足够小且相邻时间步长的压力值相差不大。

如前所述，IMPES 方法适用于那些一段时间内流体饱和度没有剧烈变化的油藏。例如在整个油田的模拟中，网格单元通常很大，且研究的目标主要是油藏生产几个月或几年的条件下压力的变化情况，此时适用 IMPES 方法。

### 15.1.15.2 全隐式方法

在全隐式方法中，当前时间步压力和饱和度方程中的各项系数值都用隐式方式求得。该方法需要进行迭代，直到压力和饱和度均达到收敛。与 IMPSE 方法相比，方程中的各项非线性系数在每次迭代后都会改变。全隐式方法的计算步骤为：

第一步：对于当前时间步，假设每个网格单元的压力值和饱和度值，其他非线性系数如 $pVT$ 性质、毛细管压力、相对渗透率数据等根据假设的压力和饱和度值计算。

第二步：通过解非线性方程同时求得压力值和饱和度值，并分别将计算值与假设的值进行比较。

第三步：如果计算的压力值和饱和度值均与假设值满足精度要求，便继续该过程，重复求解下一时间步。

第四步：如果假设值与求得压力值相差较大，则需要重复迭代的过程，直到二者的差别足够小。

全隐式方法适用于饱和度变化明显的情况，如近井地带。当生产井周围发生气锥和水锥或大量气体从液相中出现时，常需要使用全隐式方法进行计算，但全隐式方法耗费的计算时间较长。

## 15.1.16 井处理

在油藏模拟研究中，井的位置通常设定在网格块的中心或其附近。为了提高模拟结果的精度，在井周围可以使用局部加密网格技术（LGR）。

井的生产条件包括定产、定压和定流体比，这些限制条件被用作去模拟现场的工作条件。例如，某口生产井将要达到最小井底流压或即将超过含水率最大值面临关井时，其将会以更低的产量继续维持生产。同理，对于某口注入井，为了保护地层，其需要在最高注入压力之下进行生产。表 15.2 给出了数值模拟中这些限定条件。

现实中一个通常的做法是对井组进行操作，即对多井进行编组处理，使每组井采取相同的生产限定条件；还可以对模拟器进行调整，从而模拟油田修井状态。

生产井可以通过完井射孔与地层连通或者采取裸眼完井的方式直接生产，其完井特征相应的在模型中都有表征方式。

表 15.2 数值模拟中井的限定条件

| 井类型 | 条件 | 说明 |
|---|---|---|
| 生产井 | 最小井底流压 | 随着生产进行，井底流压不断减小；当达到规定的最小井底流压后，以此时产量进行生产 |
| 生产井 | 最小油管头压力 | 油管头压力与井底流压的关系根据垂直管流公式获得 |
| 生产井 | 最大水油比或气油比 | 当生产水油比或气油比达到规定值时，关井或减小产量；高含水、含气的油井经济效益较差 |
| 生产井 | 定井底流压（BHP） | 根据油藏压力，以定井底流压进行生产，此时产量发生变化 |
| 生产井 | 最大产液量 | 产液量为油水的总体积 |
| 生产井 | 最大生产压差 | 生产压差为油藏压力与井底流压的差值 |
| 生产井 | 定产量 | 产量恒定，井底流压随油层压力变化，此生产条件在气井中十分常见 |
| 生产井 | 恒定注采比 | 井的产量要和注入流体的体积相匹配以保证油藏压力保持在一定的水平 |
| 注入井 | 最大注入量 | 为了避免将地层压开 |
| 注入井 | 恒定注入压力 | 改变注入量保持恒定的注入压力 |
| 注入井/生产井 | 关井/开井 | 根据限定条件或开发策略，使井处于开启或关闭的状态 |

### 15.1.17　边界的处理

油藏边界条件主要有两种，包括：无限大油藏和定压边界。

油藏模拟中对于封闭边界有多种处理方法，如将边界处网格快孔隙度值设为零。对于有界油藏，还可以将传导率设为零以消除边界处流体发生流动的情况。一些网格块可以被设为无效网格，其内无任何流体也未发生任何流动现象。对于受到水体影响而保持油藏压力的模拟，可以通过对水体的性质参数进行设定来实现，包括孔隙度、渗透率及体积等。

### 15.1.18　水力压裂裂缝的处理

在经压裂改造后的油藏中，压裂裂缝与基质相比有很高的导流能力，流体流动特征在裂缝中的变化非常显著，油藏模拟中对于水力压裂裂缝可以使用局部加密网格（LGR）的方法进行处理。对于页岩气藏多级水力压裂的数值模拟相关内容将在第 22 章介绍。

### 15.1.19　天然裂缝的处理

对于有天然裂缝发育的油气藏，通常将其视为双孔、双渗的系统进行描述。裂缝和基质有不同的孔隙度和渗透率。流体在裂缝和基质间会发生窜流。基质和裂缝中的流体都可以流向井筒。显然，考虑天然裂缝的模型会使模拟中网格数目大幅度增加。

### 15.1.20　层间窜流的处理

常规油气藏通常含有多个层段，每层的性质各不相同。隔层页岩通常介于砂岩和碳酸盐岩之间，因此各层之间几乎没有连通的效果。模拟各层间流体窜流程度的主要方法是赋予各层相应的垂直方向上的渗透率值。对于不渗透的页岩层可将其视为无效网格系统，也可以通过调整产层的总净厚度来反映页岩层的性质。

### 15.1.21　复杂地质条件的处理：块中心与角点网格

对于地质条件相对简单的油藏模型，通常使用规则的网格块。网格块有多个面，其高度也被设定。在模型求解中，需要计算相邻网格块的传导率；传导率是流体流度与网格几何尺寸的函数。但是，对于油藏几何性质不规则、地质特征复杂的情况，传统的块中心网格系统已经无法满足准确描述流体流动的需要。当两个相邻的网格块位于断层的两侧，显然其中的发生的流动是不切实际的。事实上，在这两个网格块之间不会发生流动，但是在规则网格系统中却可能产生流动。当使用角点网格系统建立油藏模型时，油藏隔层、断层面、尖灭线、不规则面及其他非均质性构造特征可以较为精确地表征出来，这种网格的各边不垂直。此外，通过修正模拟的流体传导率，使其与复杂地质状况下的流通特征一致。当然，这种方法相较于块中心网格系统需要更多的数据量及计算量。

### 15.1.22　断层和尖灭的处理

网格块的边可以视为断层。角点网格可以更好地模拟地层中出现断层和隔夹层的情况。封闭断层、不封闭断层、部分连通断层的描述通过修改网格块之间的传导率值来实现。对于封闭断层，传导率值为 0，部分连通断层的传导率值在 0~1 之间。如图 15.9 所示，角点网格可以更好地表征地质断层。对于弯曲断层等复杂的地质情形，可以使用 PEBI 等其他类型网格进行表征。

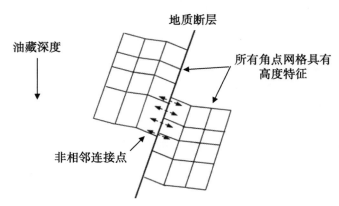

图 15.9　利用角点网格表征地质断层

## 15.1.23　水体的处理

　　水体通常位于油藏的边缘或底部，通常使用比油藏部分大得多的网格尺寸对其进行表征，这是因为在模拟油气产量时无需对水体的细节变化特征进行过多研究。当加上水体后，整个油藏模型规模变得很大，因此就需要很长的时间去进行计算。实际上，也存在使用一个网格或几个网格来表征水体对油藏开发动态影响的情况。

## 15.1.24　油藏数值模拟的研究目的

　　任何一个油藏模拟的第一步都要确定研究目标以及设定一个实际的时间线。主要需要回答以下问题：

　　（1）油藏模拟的目标是什么（初期水驱、钻邻井、高含水分析、更新储量数据、明确油藏复杂性等）？

　　（2）油藏模拟的结果如何为油藏短期、长期的管理进行服务（如优化钻井和生产、问题井再完井）？

　　（3）需要建立哪种油藏模型（二维、三维、径向）？

　　（4）油藏的模拟方法是什么（黑油、径向、组分、化学驱等）？

　　（5）需要哪些数据？其中哪些是可以使用的？这些数据从何而来（数据库、测井、调查、报告、拷贝等）？

　　（6）哪些不确定因素将影响油藏动态（如裂缝或高渗透层）？整个工程是否需要后续的现场测试及井的监测？

　　（7）什么是油藏模拟的时间范围？根据油藏模拟的结果，多久之后可以进行钻加密井作业或水驱作业？

　　当以上这些问题解决后，下一步部分主要讨论所需要的数据。

## 15.1.25　数据收集与模型建立

　　整个油藏模拟工作从数据的收集、校验、整合开始，这些数据的来源极广，包括但不限

191

于地质、地震、地球化学、地球物理、不稳定试井及生产历史资料。相关文献资料表明在油藏数值模拟中需要的数据主要来源于以下内容：

（1）岩心分析结果：包括孔隙度、渗透率、压缩系数、润湿性等。

（2）测井结果：包括地层厚度、孔隙度、流体饱和度、油水接触关系、油气接触关系、分层、裂缝位置及其他重要信息。

（3）完井数据，主要指射开层段数据。

（4）水力压裂数据（水力压裂井）。

（5）流体 $pVT$ 分析数据。

（6）流体的相对渗透率数据，根据实验或拟合获得。

（7）生产数据：包括产量、压力、水油比、气油比等。

（8）油藏监测数据：包括产量和压力。

（9）不稳定试井数据。

（10）生产测井结果及模块动态测试报告。

（11）该油藏以前的分析结果，包括体积法、递减分析、物质平衡法计算的结果。

（12）该油藏详细的构造图，显示地层顶部、净厚度、总厚度、油水接触关系、油气接触关系等其他相关信息。

（13）油藏描述报告：包括分层信息、流动单元、高渗透层、天然裂缝、断层、尖灭、隔层、相变等其他可能油藏动态的特征。

（14）井产量的限制条件及使井经济开采的最小井底流压。

表 15.3 列出了油藏及流体数据的来源。

油藏工程师团队必须深入分析相关数据，明确哪些数据是有效的，这些有效数据说明了什么，以及如何整合这些数据去建立一个实际的油藏模型。在这之后，就需要对收集到的数据进行处理。例如，从某个特定地层处获得的相对渗透率数据是不适用的，需要与现有数据或以后取心数据进行对比。同理，不稳定试井获得的油藏平均压力只代表了该油藏小范围的结果。

## 15.1.26　数据收集、校验、整合工作中的挑战

在许多模拟研究中，许多重要的油藏数据都是不能直接使用的。井在整个油藏区域内稀疏分布。再次说明，只有油气产量数据是可以实时记录的，油藏压力数据或产水数据无法被实时记录。一个油藏拥有大量的数据从而可以建立一个异常复杂的模型，是需要相当长的时间和足够的资料。

在油藏生命周期的早期阶段，建立模型所需要的数据有限。油藏模型的需要依靠地球物理学家和工程师们的假设和经验建立。油藏静态模型的建立依靠以下资料：

（1）从少数井获得的有限的岩心测试资料；

（2）相关性分析；

（3）与相似油藏进行类比。

为了减小数据的不确定性，油藏模拟中会使用多种方法进行数据的处理。先前的方法多是基于统计学原理对孔隙度、渗透率、分层及其他地质特征的变化进行分析。但是，这些传统的方法多是以一个油藏模型为基础，其受计算量、计算速度的制约。

表 15.3　油藏数值模拟中所需要的数据[3,4]

| 来源 | 范围 | 数据 | 备注 |
|---|---|---|---|
| 地震 | 油藏 | 油藏构造、异常、非均质性 | |
| 微地震 | 井周围改造区域 | 裂缝网络及性质 | 广泛用于非常规页岩气藏 |
| 地质 | 油藏 | 岩性、构造、地层、边界、油藏非均质性 | |
| 地球化学 | 井、油藏 | 总有机质含量、成熟度 | 页岩气藏 |
| 岩石力学 | 井、油藏 | 杨氏模量、泊松比、破裂应力 | 页岩气藏 |
| 测井 | 仅限于井周围 | 孔隙度、渗透率、地层厚度（净厚度与总厚度）、流体接触关系，油气水过渡带 | |
| 流体取样 | 油藏、区域 | $pVT$ 性质 | 油藏中流体的性质具有代表性 |
| 岩心分析 | 限于井眼周围，局部范围 | 孔隙度、绝对渗透率、相对渗透率、毛细管压力、润湿性、岩石组成 | 岩心代表了油藏中一小部分的性质 |
| 分析 | 油藏 | 井间岩石性质，如孔隙度和渗透率 | 根据地质统计学模型。对于相同油藏使用多种分析方法构建模型 |
| 不稳定试井 | 井泄流范围，油藏 | 岩石和流体性质：包括有效渗透率、近井条件、裂缝性质，油藏非均质性，如断层和尖灭、边界影响 | 实施综合试井方法可以有效管理井和油藏，层间连通性根据模块动态分析表征 |
| 生产历史 | 井，油藏 | 井产量、水油比、气油比、突破时间、井底流压、井口压力 | 只有当井生产时才有效 |
| 相关分析 | 油藏，区域 | 流体 $pVT$ 性质 | 当缺少实际测量结果时使用 |
| 油藏监测 | 油藏，井 | 井产量、压力、含水率、气油比、突破时间、分层生产动态 | 监测方法包括产能测井、示踪剂、试井及其他方法 |
| 油藏研究 | 油藏 | 体积法计算的油藏油气储量、递减曲线分析、物质平衡方法 | |
| 区域性分析 | 地理区域范围，盆地 | 油藏性质、产能趋势 | |

　　在整合处理不同来源的数据时，数据的尺度问题是一个很重要的问题。从岩心测试中得到的渗透率值的尺度远远小于从试井中计算得到的。将尺度很小的岩心的性质粗化到长宽至几百英尺的整个网格块，这样做本质上是十分具有挑战性的。

　　由于这些数据的来源种类不一，消除数据集合之间的差异性是个非常棘手的问题。其中的某些数据是异常数据，即其明显不符合一定的规律性。在这种情况下，数据必须进行校验以保证其准确性。另外，这种数据的不一致性也可能是油藏的非均质性所造成。

## 15.1.27　用网格块表征油藏

　　如前所述，油藏数值模拟是以网格块或网格单元为基础。网格块可以是一维、二维、三维或径向的。为了更加精确表征流体流动特征，也常使用局部加密网格构建模型。另外，网格可以是规则的或不规则的。每个网格块中，由于流体性质和边界条件的限制，随着时间的改变其压力和饱和度值也在变化。油藏数值模拟模型通常是建立在大量的网格单元基础上。

典型的模型网格数从几十至几千，然而对于复杂的油藏和开发过程，其模型的网格数可以达到百万级甚至更多。每个网格块需要以下参数：

（1）网格尺寸：包括每个网格块的长度、宽度、高度，这些参数根据以下设定：

①油藏大小及复杂程度，大型非均质油藏需要更多的网格提高精确度。

②研究的范围，扇形模型与全油田模型相比需要更少的网格块。

③水力压裂，垂直井、水平井及压裂井需要相应的局部加密网格去描述油气的流动变化过程。

（2）地层顶部。数据来源包括测井数据及地质构造图。

（3）井的位置。某些网格块包含生产井、注入井或观察井的信息。

（4）岩石和流体性质。$x$、$y$、$z$方向的绝对渗透率（三维模型）、孔隙度、压力及流体饱和度。孔隙度和渗透率数据通常来自岩心分析以及测井资料。两口井之间的岩石性质通常用差值的方法计算。目前，包括一些包含百万个网格的大型地质模型，通常是利用地理统计的方法产生。将地质模型中数百万个网格中的岩石性质转化到油藏数值模型中，需要对数据进行处理。简单的方法包括使用算术平均法将孔隙度、渗透率等值在水平方向上进行赋值；但是对于垂直方向上的值，通常使用调和平均的方法。

### 15.1.28 网格方向的影响

由于有限差分方法的局限性，注入井和生产井网格块的方向会在一定程度上影响模拟的结果。当油藏模型中的注入井和生产井处于平行于网格线位置时，生产井见水时间相对较短；而当注入井和生产井位于对角位置，其见水时间就长（图15.10）。此外，后者的驱替效率和采收率均高于前者。因此，需要对有限差分方法进行修正以消除网格方向的影响。对于二维模型，发展了九点有限差分法来替代五点差分法。在九点差分法中，需要考虑每个单元的角点。此外，还可以对相邻网格块的传导率进行相关修正，以达到减小网格块方向的影响的目的。

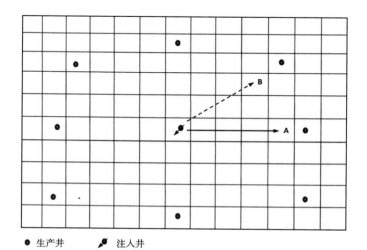

● 生产井　　　♦ 注入井

图 15.10　注入井生产井之间的网格块方向影响

由于生产井位置关于注入井平行，注入水沿着A路径移动较快。然而，当网格块旋转45°，
这种影响将会反向，即B路径的水流动较快

## 15.1.29 流体的 *pVT* 数据

在模拟的过程中，每一个网格中流体压力的变化都是时间和空间函数，同时流体的性质也在发生变化。因此，模拟时要输入流体的这些重要参数，如黏度、压缩系数、密度、体积系数、溶解气油比等。所有与压力有关的相关性质无法直接得到，此时便需要相关拟合分析。

## 15.1.30 相对渗透率数据

在大多数油藏数值模拟研究中，通常为一相流体（如水），驱替另一相流体（如油）。因此，每个网格块的流体饱和度都将会发生变化。为了表征流体的流动，相对渗透率和毛细管压力数据必不可少，且它们都为饱和度的函数。当现场数据不可获取时，在确定流体饱和度和相对渗透率时将会使用不同相关分析拟合方法。

## 15.1.31 拟相对渗透率

许多油气藏由于沉积环境的变化，形成分层。因此，层与层之间的岩石性质如孔隙度渗透率都不同。将多层岩石的性质如相对渗透率、毛细管压力数据等赋予每一层则会增加模型的规模及复杂程度，同时运行时间也会显著增加。于是，可以利用拟函数来减少模型中的层数，同时保留油藏的复杂性。以下是一个拟相对渗透率曲线（油、气、水）的例子，其相应的相对渗透率从相应层中获得，以渗透率—厚度加权的方式计算：

$$K_{r,pseudo} = \sum \frac{(Kh)_i K_{r,i}}{(Kh)_i}$$

式中  $K$——绝对渗透率；

$h$——厚度；

$K_r$——相对渗透率；

$i$——层序号。

拟函数还可以动态生成。例如，两相流体的拟相对渗透率数据可以利用有多个层位的横截面模型计算得到，然后将其使用在二维单层模型中，这种处理方法比三维模型更简单、运行速度快且保留了较高精度。

## 15.1.32 区域范围的 *pVT*、相对渗透率、毛细管压力数据

由于油藏是非均质的，因此不能只依靠一套相对渗透率、毛细管压力、*pVT* 数据去建立完整的模型。油藏范围内，岩石及流体的性质在不同区域也不同。因此，一个油藏模型需要多套相关数据以提高模拟结果的精度。在不同井或层位上所取岩心的相对渗透率曲线，其端点饱和度值可能相差很大。端点饱和度值包括束缚水饱和度和残余油饱和度，其均为某些岩石性质（孔隙度、渗透率、毛细管压力、润湿性等）的函数。在某些数值模拟模型中，需要输入含有特定端点饱和度值的相对渗透率数据，并对流体饱和度和相对渗透率进行合理的相关性分析。

## 15.1.33 油藏模型的初始化

在开始模拟之前，油藏模型需要进行初始化以保证各相流体处于重力—毛细管力平衡状

态及相间界面处于正确的深度。当无法正确确定油水界面会导致储量计算出现较大误差，还可能影响产量、压力、油气突破时间的预测。有多种途径可以为油藏数值模拟模型初始化提供必须的资料：

（1）手动输入每个网格块的压力、油气水饱和度值。这种方法不推荐，因为会导致一定的误差。

（2）确定油水、油气、气水接触面的深度及参考压力，模拟器自动计算出流体在各网格块的流体饱和度值。相关数据由测井和不稳定试井获得。

（3）根据各相流体间的毛细管压力性质确定平衡状态。低孔隙度、低渗透率油藏会有很长的油水过渡带，且油水之间的密度差也相对较小。

气油、油水接触面的位置是流体重力和毛细管力平衡的结果。当完成油藏模型初始化，模拟器的静态条件全部设定好以后，只要未开始生产或注入流体，网格块间流体就不会发生任何流动。

对于具有复杂几何性质的油藏，其各部分间连通性较差，因此其需要对油藏中每个区域分别进行初始化工作。

### 15.1.34　模拟结果的稳定性和精确性：时间步、网格大小、网格形状

油藏模型的数值解求解要通过多次迭代的过程，直到每个网格块的压力和饱和度值收敛。通常情况下，对流体饱和度和压力变化显著的油藏进行模拟时，需要相对小的时间步和网格块，以保证达到收敛性。提高油藏模型的模拟结果需要更小的网格块以及更短的时间步进行计算。以不规则网格为基础的模型需要更多的时间去运行。模拟运行参数的限制条件，如时间步可以利用数学方法进行推倒。当所取时间步过大，会导致压力饱和度模拟结果的不稳定且失真，有时这种误差很容易被发现，但有时这种误差十分微小往往被忽视以致造成误导。

## 15.2　生产历史拟合

一个油藏模型可能无法完全表征存在于真实油藏微观及宏观尺度上的各种非均质性。增加油藏模拟结果可信度的唯一方法就是改进油藏模型，使其可以准确地表征过去的生产状态，包括产量、压力、水油比、气油比等参数指标。油藏的许多参数可以在一定的合理范围进行修正，使结果与历史生产数据尽可能相符。在历史拟合阶段首先应牢记的是要有足够多的生产历史数据才能进行有意义的历史拟合工作。第二点，集合不同岩石性质和油藏描述（渗透率、相对渗透率、毛细管压力、孔隙度、分层、断层等）的模型可以与生产历史数据达到拟合或基本拟合的效果。第三点，历史拟合是一项耗时、耗力的工作。因此，现代油藏数值模拟器渐渐发展了自动历史拟合技术。

进行历史拟合的方法有很多。在第 22 章中的关于页岩气藏数值模拟的实例分析中，就是通过将实际的产量数据作为输入参数拟合生产井的井底流压数据。油藏的许多性质（包括裂缝参数），都可以调整以进行历史拟合分析。在其他情况中，可以将某相流体的生产数据输入到模型中以拟合其他相的生产数据。

表 15.4 给出了对压力、饱和度、产量等参数进行历史拟合的说明。

目前多种商业软件支持进行自动历史拟合技术，可以对包括孔隙度、渗透率、饱和度、裂缝长度等岩石性质进行调整。自动历史拟合过程可以在短时间实现多次运行大幅度提高了

工作效率。该技术将运行过程从好到差进行排列。但是，非线性方程中有许多的变量，因此在拟合过程中并非有一个最好的拟合点，这就需要工程师根据自动拟合结果去具体分析。另外，一些拟合过程中用到的参数（如孔隙度和渗透率）是相互影响的，所以在拟合修改参数值时要考虑其之间的这种相关性。

**表 15.4　油藏数值模拟历史拟合中的参数**

| 拟合变量 | 调整参数 | 说明 |
| --- | --- | --- |
| 油藏压力 | 井产量、渗透率、孔隙度、厚度、总压缩系数、水侵指数 | 高注入量、强水侵指数、低渗透率等会造成压力高 |
| 水油比，气油比（区域和单井） | 相对渗透率、拟相对渗透率曲线 | 陡峭的相对渗透率曲线预示注水突破很快，将油相相对渗透率曲线左移采收率将减小 |
| 井生产动态 | 渗透率、孔隙度、表皮系数、井底流压 | 近井区高渗透率区域产量升高，高表皮带来大压降 |

# 15.3　油藏数值模拟结果

数值模拟研究的结果通常以下列报告形式呈现：
（1）单井。
（2）井型（注入井、生产井）。
（3）井组。
（4）根据开发目标研究油藏的一部分。
（5）根据流体性质变化和接触关系所划分的油藏区域。
（6）突显地质非均质性的地层。
（7）整个油田。
油藏数值模拟研究所得到的重要结果包括以下：
（1）油气水产量随时间变化。
（2）井、部分区域、油田范围内的累计产量。
（3）采收率随时间变化。
（4）油气的最终采收率。
（5）井和油藏的经济开采年限。
（6）生产井中水和气的突破时间。
（7）水油比、气油比随时间变化。
（8）油藏压力随时间变化。
（9）饱和度大小及分布随时间变化。
（10）井底流压的变化。
（11）井采油指数的变化。
（12）流体从某区域至其他区域的流动过程。
（13）识别确定剩余油饱和度高的区域。

### 15.3.1　重启动文件

油藏数值模拟的结果，包括模型中每个单元的压力和饱和度及油藏模型完整的描述都可以生成一个重启动文件。重启动文件可以更容易、便捷地模拟油藏未来动态，省去了大量的重复工作。例如，考虑一个已生产10年的油藏。在已生产10年且历史拟合成功时建立该重启文件，该文件包含油藏压力和饱和度的最新信息数据。对该油藏以后15年或20年不同状况下的生产动态如水驱、加密井等进行预测分析时，可以根据重启文件中的信息进行模拟，而不必使用表现油藏原始状态的开发初期的数据。这样就可以大幅缩短计算时间提高计算效率。

**实例分析：油井中底水锥进的模拟研究**

在底水驱油藏中，底水锥进是影响经济有效开采的重要问题。当水的流动性很高且近井地带水位下降迅速时也可能会发生水锥现象。当井开始生产，水从底部逐渐流向近井，占据相当的空间，就会导致原油产量下降。由于近井地带的高黏性阻力，且水的黏度较小，因此在射开段周围会形成水锥，并进一步在井筒中流动。当含水率升高到一定水平（如80%或更多时），限于经济因素考虑，就需要关井控制生产。含水率为产水量与产水产油总量的比值。底水锥进的解决方法主要包括在储层上部重新完井及保持低产量进行生产以控制锥进程度。对于那些已经被底水锥进或气锥堵塞的井，或者还未发生但有潜在可能的生产井，油藏模拟技术可以通过完井层段及井产量，从而最大化地提高最终采收率。

在后面将介绍关于某底水锥进井生产动态模拟的例子[4]。该黑油模拟器对油水两相流动进行模拟，采用单井模式的径向网格模型。该例子强调了进行水锥模拟所需的数据，还给出了油井产量的生产动态以及含水率的变化情况。基于油藏模拟技术，可以对多个生产情形进行模拟分析，如选择不同的射孔层位或产量。采用上部5个层段射孔和8个层段射孔进行对照，模拟结果的敏感性分析表明，两种情况下生产初期含水率均较小（图15.11）。由于底水的影响，低层位产水较多，对采收率有一定的影响。

5个层段进行完井情形下的产量特征如图15.12所示。当底水侵入射孔层段后，两种情况的含水率就会急速上升。当含水率达到90%时，模拟结束。

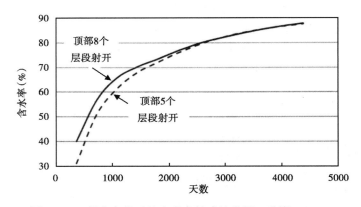

图 15.11　部分完井时的含水率敏感性分析（致谢：CMG）

原例为 8 个层段射孔，对照 5 个层段射孔进行敏感性分析

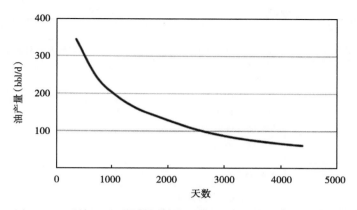

图 15.12 顶部 5 个层段射开时的产量变化曲线（致谢：CMG）

## 15.3.2 水锥模拟所需数据

一个完整的油藏模拟研究所需要的数据见表 15.5。模型参数的值见表 15.6 至表 15.11。

表 15.5 数据描述：水锥研究

| 部分 | 说明 |
|---|---|
| 标题 | 关于所进行研究的简短描述和相关说明 |
| 输入/输出管理 | 单位制的设置（现场、SI、实验室）；输出信息（井产量、压力等） |
| 网格描述 | 网格类型（径向、二维、三维）以及尺寸，每个网格的孔隙度、渗透率、油藏深度 |
| 水体性质 | 类型（底水、边水），厚度，孔隙度，渗透率及水体范围半径 |
| 流体 $pVT$ 性质 | 体积系数、溶解气油比、压缩系数及密度随压力变化表 |
| 相对渗透率 | 油水、油气相对渗透率表 |
| 模型初始化 | 参考深度、参考压力、油—气—水界面 |
| 数值求解参数 | 最大时间步长，允许结果稳定性所减小的时间步 |
| 井条件 | 最大产液量和含水率，最小井底流压和产量 |
| 输出结果设置 | 对于井、网格、区域的输出结果类型（产量、含水率、井底流压等），输出时间间隔 |

表 15.6 模型参数表

| 参数 | 值 | 说明 |
|---|---|---|
| 网格类型和规格 | 二维径向（$r$, $z$）：9×12 | 单井模型通常以径向网格系统为基础 |
| 网格块径向大小 | 见表 15.7 | 内部网格小，从而更精确描述压力饱和度变化 |
| 网格块垂向大小 | 见表 15.8 | 油藏不同层段的孔隙度、渗透率不同，用每个网格块垂向参数来表征 |
| 1~12 层的孔隙度 | 见表 15.8 | 孔隙度范围是 5%~22% |
| 1~12 层的水平方向渗透率 | 见表 15.8 | 渗透率范围是 3~92mD |

| 参数 | 值 | 说明 |
|---|---|---|
| 垂向渗透率与水平渗透率比值 | 所有层段均为 0.1 | 此值相对较高时对开发不利 |
| 水体性质 | 部位：底部<br>厚度：500ft<br>半径：35000ft<br>孔隙度：18%<br>渗透率：80mD | |
| 流体 $pVT$ 性质 | 见表 15.9 | |
| 相对渗透率数据 | 见表 15.10 至表 15.11 | |
| 油相密度（lb/ft$^3$） | 45 | |
| 气相密度（lb/ft$^3$） | 0.07 | |
| 水相密度（lb/ft$^3$） | 62.14 | |
| 油压缩系数（psi$^{-1}$） | $10^{-5}$ | |
| 水压缩系数（psi$^{-1}$） | $3 \times 10^{-6}$ | |
| 水体积系数（rb/STB） | 1.014 | |
| 水黏度（mPa·s） | 0.95 | |
| 油藏初始条件 | 参考深度：9000ft<br>参考压力：3600psi<br>油水界面位置：9105ft<br>油气界面位置：9049ft<br>泡点压力：2000psi | |
| 井参数 | 井眼半径：0.5ft<br>射孔层段：1~4层<br>表皮系数：0 | |
| 井控制条件 | 最大产液量：1000bbl/d<br>最大含水率：90%<br>最大井底流压：1500psi<br>最大油产量：50bbl/d | 井底实际生产控制参数在该压力、产量、含水率范围内 |

**表 15.7　网格在径向上（$r$）尺寸**

| 网格块 | 1 | 2 | 3 | 4 | 5 | 6 | 7 | 8 | 9 |
|---|---|---|---|---|---|---|---|---|---|
| 半径（ft） | 2.0 | 4.0 | 7.0 | 12.0 | 25.0 | 55.0 | 110.0 | 230.0 | 550.0 |

**表 15.8　垂直方向（$z$）上网格块性质**

| 层号 | 厚度（ft） | 孔隙度 | 渗透率（mD） | 说明 |
|---|---|---|---|---|
| 1 | 5.0 | 0.10 | 15.0 | 层位从上往下编号 |
| 2 | 2.0 | 0.05 | 3.0 | |
| 3 | 4.0 | 0.12 | 10.0 | |

| 层号 | 厚度（ft） | 孔隙度 | 渗透率（mD） | 说明 |
|---|---|---|---|---|
| 4 | 7.0 | 0.15 | 20.0 | |
| 5 | 3.0 | 0.10 | 27.0 | |
| 6 | 8.0 | 0.08 | 8.0 | |
| 7 | 5.0 | 0.16 | 18.0 | |
| 8 | 7.0 | 0.22 | 92.0 | 最高的孔隙度和渗透率 |
| 9 | 5.0 | 0.12 | 10.0 | |
| 10 | 7.0 | 0.14 | 13.0 | |
| 11 | 4.0 | 0.17 | 20.0 | |
| 12 | 50.0 | 0.15 | 15.0 | 底层 |

### 表 15.9 流体 $pVT$ 数据

| 压力（psi） | 溶解气油比（scf/STB） | 油体积系数（rb/STB） | 气体膨胀系数（scf/rb） | 油黏度（mPa·s） | 气体黏度（mPa·s） |
|---|---|---|---|---|---|
| 1200 | 100 | 1.038 | 510.2 | 1.11 | 0.014 |
| 1600 | 145 | 1.051 | 680.27 | 1.08 | 0.0145 |
| 2000 | 182 | 1.063 | 847.46 | 1.06 | 0.015 |
| 2400 | 218 | 1.075 | 1020.4 | 1.03 | 0.0155 |
| 2800 | 245 | 1.087 | 1190.5 | 1 | 0.016 |
| 3200 | 283 | 1.0985 | 1351.4 | 0.98 | 0.0165 |
| 3600 | 310 | 1.11 | 1538.5 | 0.95 | 0.017 |
| 4000 | 333 | 1.12 | 1694.9 | 0.94 | 0.0175 |
| 4500 | 355 | 1.13 | 1851.9 | 0.92 | 0.018 |

### 表 15.10 油水相对渗透率

| $S_w$ | $K_{rw}$ | $K_{row}$ |
|---|---|---|
| 0.25 | 0 | 1.0 |
| 0.4 | 0.19 | 0.52 |
| 0.5 | 0.352 | 0.3 |
| 0.6 | 0.551 | 0.108 |
| 0.7 | 0.795 | 0 |
| 0.8 | 0.96 | 0 |
| 1.0 | 1.0 | 0 |

表 15.11　油气相对渗透率

| $S_o$ | $K_{rg}$ | $K_{rog}$ |
|---|---|---|
| 0.27 | 1 | 0 |
| 0.3 | 0.881 | 0 |
| 0.4 | 0.601 | 0 |
| 0.5 | 0.42 | 0 |
| 0.6 | 0.288 | 0 |
| 0.7 | 0.193 | 0.02 |
| 0.8 | 0.1 | 0.1 |
| 0.9 | 0.03 | 0.33 |
| 0.96 | 0 | 0.6 |
| 1.0 | 0 | 1.0 |

**实例分析：水驱油藏生产动态评价**

　　该例子分析的是注水驱油藏的生产动态评价。油藏模型建立在 25×34×4 的网格系统上。每个网格块的长度和宽度分别为 360 ft×410 ft。垂向上每四个网格代表一个层段。角点网格方法在该模型中也有应用，即将网格边角处的海拔数据输入到模拟数据中。每个单元的角点海拔数据随着油藏构造图而变化。油藏深度在 9850~10500 ft 范围内变化。参考压力和参考深度分别为 4000 psi、10000 ft。油水界面深度 10100 ft。

　　地层孔隙度的变化范围是 1%~19%，渗透率值在 5~550 mD 之间。垂向渗透率值为水平方向的 10%。

　　井位置、射孔层段及最大允许产量在表 15.12 给出。

　　在基本方案中，有 7 个生产井开井，油藏开发方式为衰竭开采，进行了累计原油产量的生产模拟。第二个方案中，在特定位置处增加四口注水井，并对生产情况进行模拟。水驱后对采收率的提高效果如图 15.13 所示。下一步油藏管理工作便是进行油、气、水的生产设备设计，再接下来是经济分析等工作。

# 15.4　总结

　　油藏工程管理中许多的重要决策都是基于油藏模拟的研究进行的。模拟是通过建立物理模型和数学模型，重现油藏环境下真实发生的物理过程和事件。20 世纪下半叶，油藏模拟有了巨大的发展，这项技术有效减小了预测油藏开发动态中的不确定性。这种不确定性与油藏性质及地质复杂性有关，且在开发前期常常对之所之甚少。任何一个开发方案，如加密井和提高采收率措施，都要经过数值模拟进行评估以及优化。预测油藏未来开发动态的模型，需要大量的从不同渠道获得的静态动态数据，包括地质、地质统计、地球物理、岩石物理、试井等；此外，还需要详细的生产历史数据。

　　油藏数值模拟类型可以用多种标准进行划分，包括一维、二维、三维模型，两相、三相模型，黑油、组分、热采、化学驱模型等。模型的形态要基于研究的目标、储层复杂度和开发过程来确定。黑油模型是应用最为广泛的模型，对于多种类型的油气藏它均有较好的模拟结果（图 15.14）。

表 15.12　生产井及注入井数据

| 井类型及井编号 | 位置 $(I, J)$ | 完井层段 $(K)$ | 最大允许产量 （STB/d） | 最大允许井底流压 （psi） |
|---|---|---|---|---|
| 生产井 1 | 15, 11 | 1, 2 | 5430 | |
| 生产井 2 | 14, 23 | 1, 2 | 6132 | |
| 生产井 3 | 11, 25 | 1, 2, 3 | 6338 | |
| 生产井 4 | 8, 21 | 1, 2, 3 | 6132 | |
| 生产井 6 | 8, 28 | 1, 2, 3 | 4633 | |
| 注入井 7 | 20, 16 | 1, 2, 3 | | 3625 |
| 生产井 8 | 10, 7 | 1, 2 | 5634 | |
| 注入井 9 | 7, 12 | 1, 2, 3 | | 3625 |
| 生产井 10 | 15, 20 | 1, 2, 3 | 6132 | |
| 注入井 11 | 9, 15 | 1, 2, 3, 4 | | 3625 |
| 注入井 12 | 13, 23 | 1, 2, 3, 4 | | 3625 |

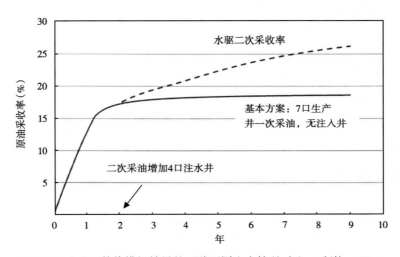

图 15.13　基于数值模拟结果的两种不同生产情况对比（致谢：CMG）

基本方案中，7 口生产井以衰竭方式开采。在水驱方案中，增加了 4 口注水井。

原油采收率在九年中增加了 18% 至 26%

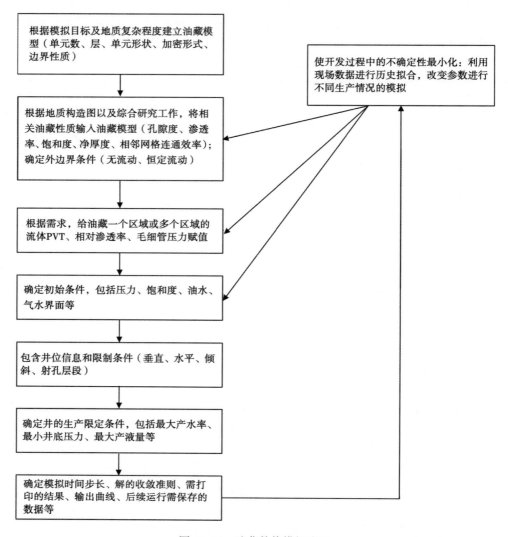

图 15.14　油藏数值模拟流程

## 15.5　问题和练习

（1）什么是油藏数值模拟技术？它为什么在石油工业中应用广泛？

（2）描述一个油藏模型，包括它的数学基础及构造特征。

（3）油藏模型如何分类？在选择大型油藏模型时要考虑什么因素？

（4）油藏数值模拟如何与其他油藏管理措施结合？包括地面设备及经济分析。

（5）为什么绝大多数的模拟器采用数值求解的方法获得模型的解？

（6）在收集整理油藏模型的数据时存在哪些挑战？

（7）说出组分模型和黑油模型的区别，并分别说出它们的优缺点。为什么黑油模型在石油工业中应用广泛？

（8）给出一个黑油模型模拟中详细的数据需求表，并解释每一项如何影响最终的模拟结果。

（9）什么是历史拟合？在油藏模拟中如何及为什么要进行历史拟合？

（10）根据文献资料，简要说明开发一个大型油气藏、提高采收率和达到较好管理油藏为目标的数值模拟研究。

## 参 考 文 献

［1］ Koederitz L F. Lecture notes on applied reservoir simulation. World Scientific Publishing Company，New Jersey，2005.

［2］ Satter A，Iqbal G M，Buchwalter J L. Practical enhanced reservoir engineering：assisted with simulation software. Tulsa，OK：Pennwell，2008.

［3］ Edwards D A，Gunasekera D，Morris J，Shaw G，Shaw K，Walsh D，et al. Reservoir simulation：keeping pace with oilfield complexity. Oilfield Review. Winter 2011/2012：23，no. 4. Available from：http：//www. slb. com/～/media/Files/resources/oilfield_ review/ors11/win11/01_ reservoir_ sim. pdf.

［4］ IMEX Manual. Computer Modeling Group：Calgary，Canada，2015.

# 第 16 章　注水与注水监测

## 16.1　引言

注水的目的是通过注入水来增加石油产量，提高油藏的最终采收率。据统计，全球范围内一次采油所获得的采收率仅为 10%~30%，但经注水后可将采收率提高到 40% 甚至更高。油藏开发中，产量的初次递减是油藏压力下降等因素造成的，因而，若要开采出地层中剩余的原油就要向地层中补充能量。注水的基本理念极为简单，即在高压下向油藏中注入水来"推动"或驱替油流向生产井。

典型的注水操作是向所选定的井中注入水来给地层补充能量以采出更多的油。在大多数情况下，注入井是由生产井转变得到的。随着注水工作的持续进行，注入井周围形成水体并驱使油流向临近的生产井。在某些油藏中，开发早期就进行注水使油藏压力维持在足够高的水平。将油藏压力维持在泡点压力以上，可以避免油相中溶解气的析出。

注水涉及油藏生产、地面装置设计和结合经济分析的油藏经营等方面。高质量的油藏管理还涉及对注采井的连续监测，这是取得有效的注水效果的保证。

本章主要涉及油藏工程中注水和注水监测两方面，并试图回答下述问题：

（1）注水的过程是什么？

（2）设计并实施注水措施需要考虑哪些方面？

（3）注水的发展过程是怎样的？

（4）注水中的重要概念有哪些？

（5）适合水驱的油藏有哪些？

（6）注水中的注采井网有哪些？

（7）影响水驱性能的因素有哪些？

（8）什么是油藏监测？

（9）油藏监测是怎样使得管理注水操作和管理油藏形成一个整体的？

（10）在监测注水中有哪些诊断工具和可采用的方法？

（11）关于设计、实施和管理注水的工作流程的步骤是怎样的？

## 16.2　注水的历史

注水的历史悠久[1]，可追溯至 19 世纪中叶，并一直不断发展直至今日。早在 1865 年，在宾夕法尼亚州的 Pithole 市所辖地区，十分意外地诞生了第一起注水实例。注水的最初功能是用来维持油藏压力，以提高一次采油中油井的使用寿命。

早期的实践是将产出水回注入油层而不是将其排入江河中。从一口单井中注水并流向多口井，形成一个驱替回路。1924 年，在宾夕法尼亚州布拉德福德油田出现了第一个五点井网。

1931 年，注水从宾夕法尼亚州发展到俄克拉荷马州，注水被应用在浅层的巴特尔斯维尔砂岩中。1936 年，得克萨斯州的 Brown 郡的 Fry 油田也开始了注水。在 20 世纪 50 年代，随着技术的发展与成熟，注水逐渐普及。20 世纪 70 年代，美国的大部分陆上油田和其他产油国家都通过注水来开采原油。

## 16.3　注水设计

注水设计包括井位、开发制度及与注入井的注入速度等。注水设计是油藏工程师研究的重要领域。注水作业的整体设计理念是对经一次采油后仍有大量剩余油的区域和层段进行最终采收率优化。注水设计也需要与经济分析相结合，经济分析涉及投资回报期和现金流等，这将在第 24 章讨论。通常具有高渗透率、高孔隙度、有效厚度厚、非均质性弱等特征的油藏，其累计储量也高。另一方面，在一次采油期间产量相对较低，可能预示着地层传导率低、储集性差或存在孤立的油层间隔。井筒附近较差的机械条件和周围的表皮伤害也可能导致井的预期产能和原油采收率的降低。

在一个典型的油藏中，持续的注水作业与油藏的日常基本管理紧密相关。注水开发的效果很大程度上取决于岩石和流体性质，且如何管理注水开发是建立在油藏监测的基础上。当油藏具有好的孔隙度和渗透率、相对均质、无高渗透孔道与裂缝、轻质油或中等重度（20°API 或更高）、含油饱和度高等特点，对此类油藏进行注水，取得成功的概率更高。注水所获得的采收率被称为二次采收率。行业经验表明，在大多数的情况下，原地储量中的 15%～30% 极可能在此阶段采出。在近几十年中，通过精细的储层表征技术、基于强大模拟模型的钻井设计、优良的井下装备、"智能"井及实时油藏监测分析等技术，油藏的注水开发得到了显著改善，特别是在复杂的地质条件下。

## 16.4　注水的实践

注水是指从选择的注入井注水，并从其附近的井进行生产。注入水将油从注入井驱替至生产井，并使储层压力得以保持。在不具备高渗透通道且相对均质的地层中，水是驱替轻质油或中质油的有效驱替介质。如前所述，成功的注水作业取决于良好的经济性，例如低投资成本和运营成本可使得石油产量在长时期内得以显著提高。

在早期，注水常在衰竭或接近衰竭并带有游离气的油藏中率先进行。在注水开发的最初阶段，注入水大量充填被溶解气所占据的孔隙，恢复了地层压力。但是在更为有效的注水过程中，需要在油藏的泡点压力以上进行注水，以避免溶解气的析出。当气体流动时，溶解气的释放会导致油相的相对渗透率降低，并导致生产速率的下降。但也有在低于泡点压力时注水的情况。

## 16.5　注水的应用

注水广泛应用于石油商业开采的原因有很多，其中的一些原因如下所述：
（1）注入水的来源广泛，包括地下水，油层上、下的水层和地表的江河与海洋。
（2）水是注入储层来提高采收率的最廉价流体。
（3）水是驱替轻质油或中质油的有效介质。

（4）水相对易注入，且其在地层中的流动相对比较容易。

（5）相对于其他注入流体而言，水在地面的处理更为简单。

（6）注水要求的投资和运营成本低，经济回报性高。

### 16.5.1　注水后储层的响应

注水效果的典型特点是产油速度增加，随后下降，最终注入水在生产井突破。图16.1是一个典型带气顶储层的产量和注水时间关系曲线图[2]。图中标注了初始被游离气占据的孔隙空间被注入水充填的充填阶段，以及二次采油期增加与递减阶段[2]。

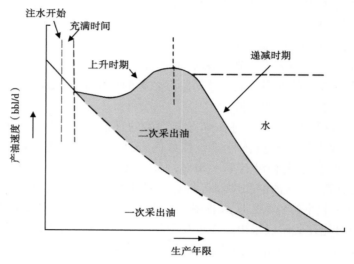

图16.1　一个成功的注水例子

如阴影部分所示，注入水采出了大量的油（二次采收率）

水油比随时间连续增加，当注入水过量（图16.2）时达到经济极限，这种情况在大量存在高渗透条带或通道的地层或有所增加。

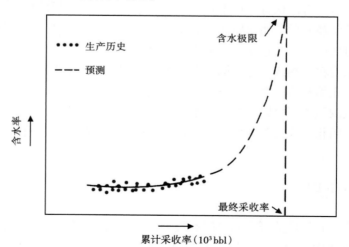

图16.2　经水驱后油井含水率上升

当达到经济极限的时候，井废弃

## 16.5.2　影响油藏注水开发效果的因素

注水效果主要取决于以下因素：

（1）井距，即生产井与注入井之间的距离。

（2）注水井网，即油水井的相对位置。

（3）注入井转生产井的转换安排表。

（4）流体性质：包括黏度和重度。

（5）岩石性质：包括垂向与横向渗透率比、相对渗透率特征、水油流度比、毛细管压力和润湿性。

（6）多级压裂：在致密地层中提高地层吸水能力。

（7）储层非均质性：包括裂缝和高渗透带的存在、分层或横向不连续性。

（8）注水速率和注入井吸水能力，即注入量。

（9）注水时机。

### 16.5.2.1　注水井网、井距和油水井转换时间表

从以前的实践看，在注入井和采出井之间实施注水，注采井井位间需遵循一定的规律。注水井网是在细致考虑渗透率、非均质性和储层边界等岩石特征后所选择的。最常见的井网模式包括线性注水、缘外注水、九点井网注水和五点井网注水等（图16.3至图16.6）。九点井网是指在一个井网中有九口井；一个油田可能会有多种井网。在注水的早期，井间距比较大，随着生产井产量的下降和水油比的上升，需要钻加密井来开采剩余油（图16.7），因此，注水方式就可能会有所改变。比如，一个反九点井网有八口生产井和一口注入井，可能在后续的注水中变化成一个由四口注入井和一口生产井构成的五点井网。这样的安排可以确保注入更多的水以驱替油。井网变化可通过钻新井和将某些旧的生产井变为注入井来实现。

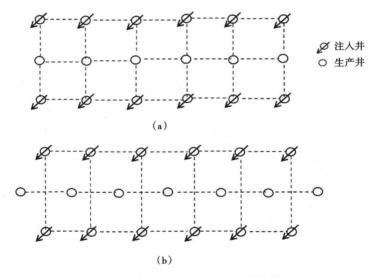

⊘　注入井
○　生产井

（a）

（b）

图16.3　直线驱替（a）和交错线驱替（b）

通常来说，注入井网的井网大小为40acre、80acre和160acre。有文献指出也有许多油田的井网大小为20acre或320acre。致密或非均质油藏的井网需要更小的井距或者更多的注

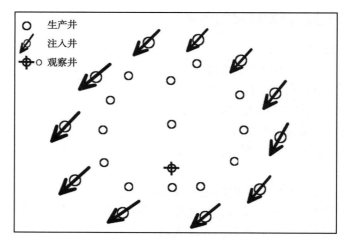

图 16.4　缘外注水

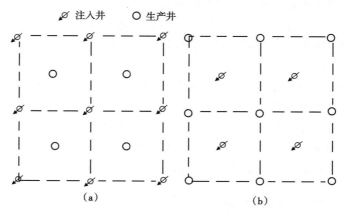

图 16.5　五点井网（a）和反五点井网（b）

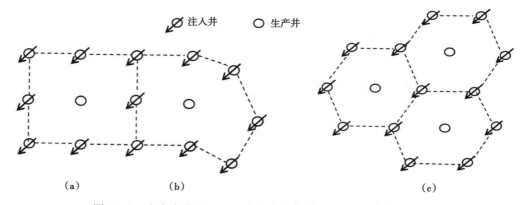

图 16.6　方九点井网（a）、非方九点井网（b）和七点井网（c）

入井。当储层存在定向渗透率的时候，或许会影响到井的转换计划，这是因为注水方向与渗透率方向垂直可避免早期水突破。

　　生产历史也决定了井的转换。在计划表中，当井显示出高水油比或出现问题时可能需要

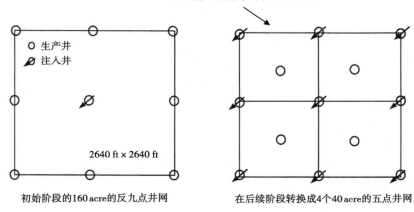

八口注入生产井转换；新钻四口生产井

○ 生产井
Ø 注入井

2640 ft × 2640 ft

初始阶段的160 acre的反九点井网

在后续阶段转换成4个40 acre的五点井网

图16.7　在后续注水阶段的井网转换（也显示了井距）

考虑早期转换。一些井网是不规则的，这表明井间距与其相对位置在每个井网中并不完全一致。

将生产井转换成注入井的工作计划表与井的选取是基于以优化原油生产、提高采收率为目的的精细油藏模拟之上的。

注入井设置在油藏的外围即称为外围注水。与此相反，顶部注水是将井布在构造特征鲜明的小油藏顶部。

对于倾斜油藏，注入井位于下倾方向，这样可以利用重力分离作用。如果油藏存在气顶，产出的气可以通过上倾部位的井回注到地层中来保持油藏压力。

通过油藏模拟和动态预测，在实际实施前对钻井计划、井网选择和井转换进行详细的研究。克雷格[3]在油藏注水方式设计中提出了如下的指导要求：

（1）油藏采收率优化包括以最小的注水投资获得最高产量。

（2）有足够的注水速率以达到目标产能。

（3）各类储层非均质性的识别，并进行相应的注水设计。储层非均质性包括渗透率方向、裂缝、储层倾角等。

（4）充分利用现有井网尽可能达到钻最少新井的目的。

（5）了解毗邻区块的类似注水操作。

在设计有效的注水操作时，必须考虑储层非均质性。例如，注入井可以设置在高渗透条带或天然裂缝的横向位置来最大化驱替范围，且水可从下倾部位的井注入以避免注入水滑塌和重力分离的不利影响。在本章后续部分将对油藏非均质性对注水动态的影响进行阐述。

### 16.5.2.2　原油重度

稠油黏度高，注水驱替效果较差。当原油重度低于20°API时，注水开发不具有经济效益。但当原油为轻质或中质油（20~40°API）时，注水能提高油藏的采收率。

### 16.5.2.3　流度比

水油流度比是影响注水效果的最关键因素。当流度比大于1时，在多孔介质中水比油具有更好的流动性，这在注水开发中是不利的，因为此时注入水具有绕过油的倾向，可能导致生产井早期见水。当流度比小于1时，水的流动性弱于油，这将有利于驱油，从而提高采收率。

$$M = \frac{\lambda_{\mathrm{w}}}{\lambda_{\mathrm{o}}} \tag{16.1}$$

$$M = \frac{K_{\mathrm{rw}}/\mu_{\mathrm{w}}}{K_{\mathrm{ro}}/\mu_{\mathrm{o}}} \tag{16.2}$$

式中 $M$——流度比；

$\quad K_{\mathrm{r}}$——相对渗透率；

$\quad \mu$——黏度；

$\quad \lambda$——流度，$\lambda = K/\mu$；

$\quad K$——渗透率；

$\quad$下标 o、w——油、水。

相对渗透率取决于油藏注水过程中两个不同且分离的区域。Craig[3]指出水相相对渗透率应该从水波及带获取，而油相相对渗透率应该从未波及区域获取，此区域位于水驱前缘的前部。

在注水过程中，当注入水驱替油向着生产井移动时，油和水的饱和度随着时间和与井之间的距离不断发生变化。流体饱和度变化由相对渗透率控制。相对渗透率的特征与流体性质、润湿性等岩石属性有关。

通过注水二次采油之后，可以采用二氧化碳驱等三次采油技术来提高原油采收率。

### 16.5.2.4　垂向渗透率

在一些油藏中，可观察到垂向上与水平方向上的渗透率比值高，这使得纵向波及效率高且采收率高。

### 16.5.2.5　油藏非均质性

在注水过程中，油藏动态受地层内在非均质性的影响很大。油藏由多层地层组成，各个地层的岩性、孔隙度、渗透率、孔隙尺寸分布、润湿性、流体性质和层间水饱和度等属性各不相同，这些属性在纵向上和平面上都有所变化。油藏的非均质性是由于沉积环境、地质事件和颗粒碎屑的持续沉积所造成的。注水效率随着油藏非均质性的增强而降低。

常见的一些影响设计、施工和管理的非均质性质如下：

（1）注水中的大部分储层呈现明显的分层，它们由不渗透或半渗透的页岩分隔而成。不同地质层的渗透率不同导致了储层的非均质性。水倾向于通过渗透率更高的层位，从而在其他层中留下大量的石油，导致过早的水突破、高水油比和低于预期的油井产能。注入水不能驱扫整个地层，且低渗透层中的油难以被采出。

（2）在某些油藏中，地层间存在大量连通通道，这导致注入水向下部流动，并使得上部地层的残余油饱和度变高。

（3）当岩石中存在微裂缝时，因为裂缝的渗透率远高于岩石基质，注入水会沿这些裂缝快速流走，导致大量的油未与注入水接触而被残留在岩石中，导致采收率低下。

（4）岩石的渗透率通常显示出一定的方向性，这将使得注入水沿着某一优势渗流方向流动。例如，注入水可能会沿着储层中西北—东南向这一优势方向流动，而不是在四个方向均匀流动。在某些情况下，坐落在注入井西北—东南方向上的生产井会率先见水。而其他位置上的生产井则未被波及，这会造成大量的油残留。

（5）断层封闭、地层划分或者相变化的形成，都可能会限制注入水的流动，并影响到最终采收率。再者，一个未封闭的断层可能会导致注入水流动到意想不到的位置，从而使得目的层的波及效率低。

（6）储层的倾斜性也在注水动态中起着重要作用。水比油重，但黏性较差。在一个倾斜的储层中，水往往在油下部，导致采收率低于预期。

### 16.5.2.6　最优注水速率

原油的采油速率取决于油藏的注水速率。对于一口注入井而言，最优的注水速率应该确保注入水能与残余油达到接触面积最大，保证在预期时间内将油采出。

注水速率受到多种因素的影响，在项目进程中会有所变化。影响注水速率的因素主要有岩石流体性质、波及区域和未波及区域的流度值及井的几何特征（如井网、井距和井径）。

Muskat[4]和Duppe[5]提供了流度比为1的方形井网中被游离气饱和的注水速率方程。随着油藏模拟技术的出现，可以根据不同的注水速率、井位、剖面图和其他优化注水设计的参数来生成多种注水方案。

### 16.5.2.7　注入压力

注入过程中，要确保注水压力低于地层压裂造缝的压力。一旦地层被压裂，注入水将从裂缝中漏失，储层压力的回升幅度将减小。最终，注入水无法将油驱出，使得注水效率最小化。

### 16.5.2.8　吸水能力

吸水能力是指注采井间单位注水压差下的日注水量。其单位为每天每磅力每平方英寸桶［bbl/（d·psi）］。在溶解气驱后的衰竭储层中，注水的早期阶段可以观察到吸水能力变差。这种情况的出现的原因是最初被游离气所充填的孔隙空间逐步被注入水所填满。随着注入水充填的进行，吸水能力将取决于流度比。如图16.8所示，吸水能力在流度比为1的情况下保持一定，而当流度比大于1（不利于驱油），吸水能力增加；当流度比小于1（有利于驱油），吸水能力减少。

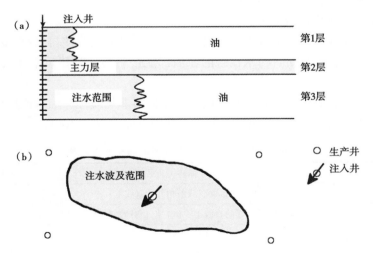

图16.8　（a）分层地层中注水　（b）渗透率各向异性的岩石注水

在分层地层中，存在高渗透层，即主力层，将导致注入水的过早突破。在具有各向渗透率异性的储层中，注入水可能会在某些井中突破，导致大量油在其他位置中剩余

#### 16.5.2.9 多级压裂

致密储层的吸水能力很低，不适于注水。钻水平井并进行多级压裂可提高低渗透地层中的吸水能力。

#### 16.5.2.10 注水时机

基于现场经验和油藏模拟研究，有效的注水措施应在地层压力高于油藏泡点压力时注水。油保持单相，且不会有溶解气析出，从而可达到最大采收率。因此，注水和保压措施应该在油藏开发的早期阶段进行，要在油藏压力低于泡点压力之前。

### 16.5.3 注水动态分析

目前，注水动态分析是对所收集的井注水速率、井底压力、含水率、注入剖面饱和度等实时数据进行分析。最初，研究人员是通过一个综合的动态数值模型模拟对注水动态进行预测[6]。随着人们获取到了更多关于注水作业的信息数据，模型需定期更新。但是，在应用注水的前几十年，人们提出了一些经验模型，许多情况是基于按比例缩小的实验室模型来预测注水效果。模拟出的方案有助于观测小型储层注水过程，并可以快速估计出采收率。

评价注水动态需基于以下标准：
（1）注水采收率，其由平面与垂面的油藏波及效率和流体驱替效率组成。
（2）油藏动态，包括已经开采井的产量。
（3）单层有效产油的动态。
（4）井动态，包括含水率和吸水性能。

#### 16.5.3.1 注水采收率

整体的注水采收率可以由下述公式表示：

$$E_R = E_D \times E_A \times E_V \tag{16.3}$$

式中　$E_D$——水驱替原油流向井筒的效率，%；

$E_A$——注水的平面波及效率，%；

$E_V$——注水的垂面波及效率，%。

由于孔道的迂曲性、微小的喉道口及其他岩石的非均质性，使得只有一小部分多孔介质被注入水波及。再者，不是所有与水接触的原油都能被驱替。驱替效率受岩石和流体性质、注入水体积的影响。

决定波及系数的主要因素包括注水井网、多重岩石非均质性、油水流度比和注水量。

假设地层均质且流度比为1，不同井网的面积波及系数见表16.1。

表 16.1　理想条件下不同井网的面积波及效率

| 注入井网 | 描述 | 平面波及系数（%） |
|---|---|---|
| 直线驱 | 注采井布置在两条相邻的直线上 | 56 |
| 交错驱 | 注采井布置在两条相邻的直线上，但它们相对的储层位置是交错的 | 78 |
| 方五点 | 四注一采 | 72 |
| 方九点 | 八注一采 | 80 |

值得注意的是，在相同油藏条件下，见水时，交错行列注水的面积波及系数要高于直线驱的。九点井网的面积波及系数要高于其他所有例子，这是因为九点井网有更多的注水井以

214

驱替原油流向生产井。

#### 16.5.3.2 注水动态预测的方法

在注水发展起步阶段，计算能力有限。只能依靠各种经验法[7-12]来预测注水动态，这些方法是基于图形分析或者方程求解。下面罗列了一些著名的方法。

（1）Dykstra-Parsons 方法[7]。

在这个方法中，注水开发的采收率是基于油藏分层和岩石顺向渗透率变化。在大多数情况下，油藏的非均质性对注水采收率有不利影响。地层中不同位置的渗透率是显著变化的，这是造成岩石非均质性的一个常见原因。渗透率发生变化是地质时期沉积环境变化和浸入作用等后沉积进程所造成的。Dykstra 和 Parsons 提出一个基于大量岩石数据统计得出的渗透率变化因数。采用统计学方法，这个渗透率因数可以定义为：

$$V = \frac{K_{50} - K_{84.1}}{K_{50}} \tag{16.4}$$

式中　$K_{50}$——岩心样品渗透率的对数平均值；

　　　$K_{84.1}$——累积样品在 84.1% 的渗透率值。

对数平均渗透率是概率值为 50% 时对应的渗透率。当岩石渗透率在理想状态下为单一均值时，$V$ 值为 0。但在高度非均质性的油藏条件下，$V$ 值的上限是 1.0。

根据文献中可获取一系列的图表，可基于含油饱和度、油水流度比和未来含水率进行注水采收率的预测。这种方法的假设条件包括活塞式水驱油。

（2）Buckley-Leverett 方法[10]。

这种方法基于注入水正面推进理论，在第 9 章已有所描述。

（3）Stiles 方法[9]。

这种方法的假定条件是活塞式水驱油、油藏分层和流度比为 1。

（4）Craig-Geffen-Morse[11]。

这种方法的是从大量五点井网的气驱和水驱结果中得来的。

（5）Prats[12]。

这种方法的假定条件是活塞式水驱油，并考虑了初始含气饱和度、平面和垂面波及、流度比、分层及五点井网。

### 16.5.4　地面设备

典型的注水地面设备包括：汇集和储集系统、注入泵、配水系统、流动测量、水处理和过滤系统、油水分离器及缓蚀阻垢系统。

地面设备的监测和管理需要由操作人员按照一定的规章制定来进行，以保障注水的有效性。

### 16.5.5　水质管理

注水操作需要采用水质好的水来注水，以避免岩石孔隙被堵塞所导致的注水压力升高和吸水性能变差。好的水质也能使得井的腐蚀问题程度减轻。水质更好的水尽管更贵，但对于那些可能发生微毛孔堵水的低渗透油藏而言也是必要的。由于水质好的水无需高的注入压力就可以注入地层，从而使得地层被压开的可能性也降至最低。

## 16.6　注水监测

注水监测指的是对井、设备、油藏等整个操作过程的监测，最终的目标是要优化二次采油采收率。现代注水监测的工作包括生产历史的收集，这包含产油速度、含水率、井底流压和其他有用的实时信息。通过油藏数值模拟等工具可对这些数据进行细致的分析。

注水条件或采取提采措施条件下的油藏监测和全油藏的管理是紧密相关的。连续的数据收集与分析，使得油藏工程师团队可以有效地管理油藏，并在必要的时候对长期开发策略或日常运营实施调整。有效注水管理的例子如下：

（1）调整注入井的注水速率来保持注入井网的平衡。

（2）通过对水淹区域的直井生产井进行油井改造，将其改造成水平井来定向开采剩余油饱和度高的区域。

（3）采用智能井技术，有选择性地关闭水淹区的生产井，而保持其他区域的井持续生产。

（4）将生产井转变为注入井或观察井。

通常，监测工作包括但不限于，部署自动化井下声呐（记录压力、产量和温度等实时数据），注入井网平衡，试井，测井，示踪研究，油藏数值模拟（包括流线模拟），连续储层表征，流体前缘跟踪，周期性四维地震勘查。

下面是在一个综合注水监测项目中需要考虑的重要因素[13]：

（1）油藏：包括平均压力、井的生产速率、注入孔隙体积和累计生产体积、含水率趋势、注入井网平衡和注采井再定位等。

（2）油藏特征：包括压裂单位的识别、主力层、裂缝的存在、水淹层和高渗透通道。通常油藏特征的详细信息包括储容性、传导性、各向异性、侧面连续性、不同层位的含油饱和度和油水接触等。这些信息是注水管理所必需的。

（3）流体流动分析：包括黏性指进和注入水重力俯冲的识别。

（4）井：包括生产或注水速率、地层伤害或井筒外的表皮、选择目的层来优化采收率及完井的完整性。潜在的问题包括地层伤害、射孔封堵和井筒压裂。

（5）试井：用于井网平衡的压力和压力降的确定，可提高面积和垂面的波及。

（6）注水井网：注采井位置的重新排列以更好地提高注水效率。

（7）示踪剂研究：示踪剂随注入水一起注入，并通过生产井和观察井对其进行监测，用于分析水流路径特征。

（8）观察井：设置观察井来监测注水的进程。

（9）四维地震：周期性地震研究用来监测动态含油饱和度剖面和注水后剩余油。

（10）设备：包括水处理能力、监测装备与其他等。

（11）水系统：包括注水水质、存在的杂质、腐蚀性元素、溶解气、矿物质、溶解态和悬浮态的固体。

以下几点在监测与分析注水操作和管理油藏中十分重要：

（1）注水时间。

当所有生产井在同一时间内均达到含水率上限时，被称为最优的注水动态。此方法的操作成本可实现最小化。

（2）流线模拟。

流线模拟是基于数值网格中压力和饱和度的解，将注入水在地层中的流动可视为流向采出井的流线。这种方法最早于 20 世纪 30 年代被提出，并用于可视化流体流动、平衡注采井网、比较注水情况、管理注采、全油藏的监测与管理。这种方法是基于流体在多孔介质中流动方程的解，并考虑油藏的非均质性、流度比和注入或采出变化。流线模拟得到的解是随流线移动而变化，这相较于传统方法更为有效。传统方法则需要在下一时间步中对每个网格的压力和饱和度进行更新。通过可视化探究，注水井网中任何的不平衡都可以从流线模拟[14]的解中很容易被识别出（图 16.9）。如前所述，基于油藏模拟、流线模拟和其他技术得到的井网平衡可使油流出井网的可能性降到最低，从而避免采收率减小。有效的注采井网是高采收率的基础。流体流动调节器的使用可以恰当地调节流体在地面和井下的流动。

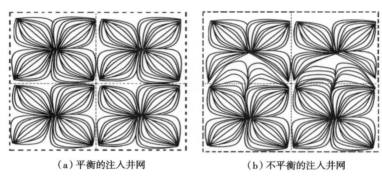

（a）平衡的注入井网　　　　　　（b）不平衡的注入井网

图 16.9　平衡与不平衡的注采井网

（3）注水前缘追踪。

注水前缘显示了注入水的外边界，或可指明油藏中未被波及的区域和层段。油藏工程师采取合适的措施识别未波及区域，包括改变井的流动速率、修井、井别转换、钻新井等。监测注水前缘的方法很多，包括对所收集的井中流体样本的分析、对井下声呐所收集的井底压力分析、观察井所收集的数据、基于历史拟合的油藏数值模拟及周期性四维地震调查。

（4）注入井试井。

对注入井采用不稳定压力测试进行注入诊断。测试的目的包括减小表皮、避免地层堵塞、更好的吸水性能、地层均匀注入剖面、裂缝与异常识别。

（5）注入剖面测井。周期性的进行注水剖面勘查可识别"漏失层"、地层堵塞、偏离目标层的注水、未被充分驱替的区域等。常用的方法是使用旋转探测器，其转速表明了注入水进入各个地层的相对速率（图 16.10）。理想情况下，整个地层的流

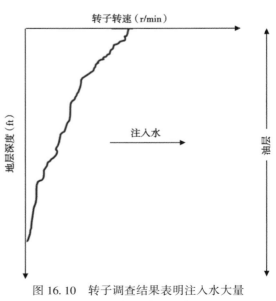

图 16.10　转子调查结果表明注入水大量进入地层上部导致垂向波及差

217

速是一致的。在漏失层，流速会显著高于其他层。不均匀的注入剖面是油藏的分层导致的。

（6）注水剖面的管理。勘查中所识别出的注水剖面有任何异常都可以通过注水泥和聚合物封堵漏失层来使其减弱。通常的做法是重新完井，选择目的层进行射孔来解决水进入问题层的问题。近几十年来，智能井被用来选择性封堵水淹层。在二次完井中，需要认真考虑所选择的射孔间断、修井流体和洗井程序。

（7）井清理。日常的井清理十分必要，这可以改善注水剖面并提高吸水性能。

（8）套管测井。套管测井可以探测到任何因为套管之间或套管与水泥间结合不好而造成的水流流出现象。

（9）产出液分析，即分析产出液的矿化度。氯化物组分的急剧上升表明注入水在井中的突破。早期水突破会导致采收率低。造成早期水突破的主要原因有存在漏失层、裂缝，以及油藏非均质性、各种井网中的注采不平衡等。

（10）诊断曲线。在注水监测中，各种各样的诊断曲线将是有力的工具。下面将对其中的一部分进行讨论。

（11）含水率和累计产量。外推含水率和基于生产历史得到的累计产量或许可以得到一口井的最终采收率。在第 13 章中有一幅具代表性的含水率对数与累计生产量之间的关系曲线。

（12）泡点图。在图 16.3 中展示了一张泡点图。每口井的注水量表示为一个泡点或圆圈，圆圈的半径与注水量成正比。井具有越大的泡点表示井注水量相对越大。通过注水油田的泡点图可以很容易发现过注区域或欠注区域。欠注区域将需要更多的关注以开发大量剩余油。再者，生产井可以标注含水率，这可以确定出哪些区域存在高渗透通道或裂缝。

（13）Hall 曲线[15]。这是一种井图形识别方法，可用于分析吸水能力等注入井动态。这种曲线的一种改良版是以随时间的累积井头压力作为纵坐标，累计注入量作为横坐标（图16.11）。随时间的累积注入压力的单位是 psi·d，其可通过某种简化假设下的整合井头压力随时间的变化获得。Hall 曲线是一种连续监测方法，可以提供描述注入井长时间的许多信息。参考图 16.11，Hall 曲线可得到如下结论：

①在注水伊始，线先上弯：水体膨胀。

②直线：稳定注入。

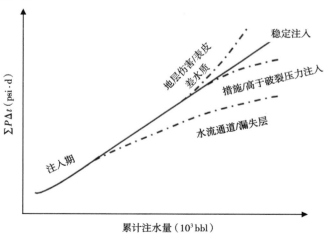

图 16.11　基于 Hall 曲线的注水诊断

③后期线下弯：由于表皮伤害或水质差造成的注水漏失。

④线斜率下降：由于负表皮或高于地层破裂压力注入造成的吸水性提高。

⑤异常低斜率线：注水在高渗透通道或漏失层中漏失。

（14）注水操作。日常注水操作由油田操作员工进行，操作工负责收集数据并识别与设备机械或电子方面相关的潜在问题。此外，操作人员还需监测化学方面的腐蚀性流体与组分变化。

## 16.7　总结

大多数油藏通过注水以保持油藏压力并开采出更多的原油来提高油藏价值。从工业经验来看，注水开发可以采出原地储量的15%～30%。中质或轻质原油具有相对低的黏度，更适于注水开发。当原油重度在20°API或以上，且油藏的岩石特性好时，注水开发的效果更为有效。

（1）注水与技术发展的历史。

最早在1865年，宾夕法尼亚州Pithole市所辖区域偶然地向地层中注了水，即最早的注水。在缺乏详细的油藏特征和动态储层模型的条件下，要获得成功的注水开发效果极具挑战。注水技术走向成熟是当注水在实时或近实时的由一个专家团队进行管理的时候开始的，这个专家团队具有大量的油藏知识、现代的监测工具和大规模的油藏模拟经验。

（2）注水过程。

水驱的过程是指通过一系列井网向油藏中注入水，依靠高压水向油藏补充能量。在理想情形下，在注入井周形成水体。水体随着更多注入水的注入而膨胀，从而驱替原油流向压力相对低的生产井。本质上讲，水驱或注水就是保持油藏压力并把油从注入井驱向生产井。

（3）注水响应。

典型的注水特征由束缚在孔隙中的油被驱向生产井时油流速增加所表征。最终，注入水在生产井形成注水突破。水油比随时间持续上升，采油速度下降，当产水量过大时达到经济生产的极限。

（4）注水的优势。

由于水的来源广泛，有河、溪、湖和海洋等来源，注水被广泛地应用在油田开发中，经济性好。注水操作相对于表面活性剂或化学驱等提高采收率措施而言是最为廉价的方式。进一步来说，注水相对简单，且在油藏中由于灵活的流动性而具有很大的接触面积。

（5）注水井网。

这是指注采井在油藏中的相对位置。有文献指出通常注采井网是线性驱（一一对应或交错）、五点井网、七点井网和九点井网。九点井网是指在一个井网单元中，边缘有8口注入井，而中心有1口生产井。另一方面，反九点井网则指有八采一注，注入井的位置在中间。

（6）井距。

有文献表明通常的井控面积在40acre、80acre、160acre。但在有些例子中也存在20acre和320acre的情况。井距受岩石和流体性质、油藏非均质性、优化的注入压力、开采时间和经济性等因素的影响。通常，致密油藏需要更近的井距。

（7）注水生命期。

注水项目的生命期反映了油开采的速率，这取决于注入井的数量、注水速率、井的吸水能力、注采井间的距离、油藏质量等因素。对于溶解气驱的油藏，在注水早期即可观察到吸水性能的急剧下降。一旦水充填了先前被气体所占据的孔隙之后，吸水性能将由流度比所决定。

（8）流度比。

流度比是注水过程中最重要的参数。流度比是指驱替流体（水）的流度比与被驱替流体（油）的流度的比值。流体的流度（油或水），可定义为流体相对岩石的渗透率与黏度的比值。水的相对渗透率从被注水波及的油层获取。油的相对渗透率从未被波及的油层获取，这些未被波及的油层位于驱替前缘前部。

（9）流度比的重要性。

当流度比小于1时，水的流动性比油差，这会导致采油率高。相反，当流度比高于1的时候，水比油的流动性强，这会导致生产井过早见水且原油采收率低。

（10）注水条件下的油藏动态。

无论一次采油、二次采油还是三次采油，油藏动态受地层非均质性的影响极大。岩石的非均质性是由含油地层形成后的地质活动和沉积环境变化造成的。影响注水的非均质性因素包括：

①油藏中岩石的储集性和传导性的显著变化；

②高渗透裂缝和通道的存在；

③按照传导性划分的地质分层；

④岩石中存在天然裂缝；

⑤存在闭合与未闭合断层；

⑥断块油气藏中的不连通区域。

通常，碳酸盐岩显示出高度的非均质性。注入水倾向于沿优势渗流通道流动而导致过早见水和低采收率。

（11）注水采收率。

整体注水有效采收率取决于微观驱替效率和体积波及系数，由如下公式定义：

$$E_R = E_D \times E_A \times E_V \tag{16.5}$$

驱替效率受岩石和流体的性质、注入孔隙体积的影响。驱替效率取决于流体黏度、油藏倾角、岩石的润湿性、相间张力。体积波及系数是面积和垂向上的波及系数的乘积。面积波及系数受井网类型、流度比、流通量和油藏非均质性的影响。垂向波及系数受层间渗透率变化和流度比的影响。

（12）注水动态预测的方法。

注水动态的现代预测方法是基于动态油藏模型的计算模拟。计算模拟方法包括流线法、有限差分，有限元等方法。预测注水动态的经典方法包括 Dykstra-Parsons 方法、Stiles 方法、Prats-Matthews-Jewett-Baker 法、Buckley-Leverett 方法和 Craig-Geffen-Morse 方法，但这些方法都有很多严格的假设条件。大多数的方法要么是基于实验室研究，要么就是基于理想或近似理想条件下的注水简化解析解。Dykstra-Parsons 注水开采相关系数广泛地应用于估计注水开发效率。这种方法运用到了 Dykstra-Parsons 渗透变量参数、流度比和含水率。

（13）注水监测。

对于一个成功的注水项目而言，如有需要将会对连续注水监测操作进行偏差纠正，这对于油藏监测及油藏整体开发效果是十分必要的。通过油藏监测来管理注水操作时，需要考虑以下方面：

①注水数据：包括油藏压力、井流速、含水率、累计体积和采收率。

②图形诊断工具：基于流线模拟、泡点图和 Hall 曲线。

③注入井转变为生产井，包括钻井安排、注入井网平衡和井距变化。

④油藏特征表述：包括识别水力单元、漏失层、裂缝、水淹层、高渗透通道和其他非均质性因素。

⑤识别黏性指进和注入水的重力下浸。

⑥监测地层伤害或井筒附近表皮，选择目的层来优化采收率。

⑦试井：判别水驱时的流体流动特征。

⑧注入井网：重新排列或重新布置井网以达到更高的注水效率。

⑨示踪剂研究：表征注水流通通道。

⑩设置观察井：监测注水过程。

⑪四维地震勘查：监测动态含油饱和度剖面和注水后剩余油。

关于设计、实施和管理注水的工作流程图如图 16.12 所示。

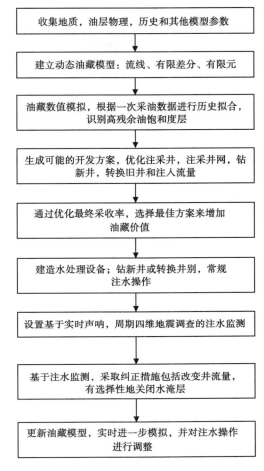

图 16.12　注水设计，实施和管理的流程

# 16.8　问题和练习

（1）什么是注水？为什么要将其应用到油藏开发中？

（2）为什么注水被称作二次采油？

（3）注水过程是怎样的？分析注水时重要的岩石性质有哪些？

（4）注入井网有哪些类型？80 acre 的井网中的井距应该如何计算？

（5）选择井网和间距的决定性因素是什么？

（6）什么是井别转换？井别转换的制度如何确定？

（7）水平井可以做注入井么？为什么？

（8）为什么在注水操作中可能会需要多级压裂？

（9）用体积波及系数和驱油效率来定义注水采收率。注水采收率的预期范围是多少？

（10）描述流度比的重要性。注水前如何估计流度比。

（11）哪些因素对水驱的面积和垂面波及系数有不利影响？

（12）什么是驱替效率？为什么水不能完全在注水过程中驱尽其所接触的油？

（13）为什么注入压力梯度不能超过地层破裂梯度？

（14）为什么储层非均质性会影响采收效率？如何影响？

（15）预测注水动态的方法有哪些？在这些预测方法中需要哪些数据？描述经验方法的

优势和缺陷。

（16）描述 Buckley-Leverett 前缘驱替理论，列出其假设条件。

（17）为什么在注水设计中使用油藏模拟？从模拟研究中可以得到哪些信息？

（18）为什么需要注水监测？注水监测可能用到哪些技术？

（19）监测注水动态需要考虑哪些方面？

（20）什么是 Hall 曲线？如何用该曲线诊断注水中潜在的问题？

（21）什么转子流量计测量？其在注水管理中能起到怎样的帮助？

（22）泡点图是如何作用为一个可视化诊断工具的？

（23）什么是注采平衡？流线模拟在注采平衡中有怎样的帮助？

（24）为什么在注水中要保证注水水质？

（25）为什么在注水中要监测采出液的矿化度？

（26）计划在一个非均质性的碳酸盐岩油藏中进行注水开发，该油藏的生产历史数据有限。描述在设计一个有效的注水的流程和实施过程中的主要步骤。

（27）基于文献调研的基础上，描述下列油藏的注水项目并解释相关方案：

①发育有裂缝的致密基质储层；

②断块油气藏；

③具有层间连通的分层油藏。

## 参 考 文 献

[1] History of petroleum engineering. American Petroleum Institute：Washington（DC）；1961.

[2] Thakur G C. Waterflood surveillance technique-a reservoir management approach. J. Petrol. Technol. Society of Petroleum Engineers. 1991：180-188.

[3] Craig F F Jr. The reservoir engineering aspects of water flooding. SPE monograph, vol. 3. Richardson（TX）：Society of Petroleum Engineers；1971.

[4] Muskat M. Physical principles of oil production. New York：McGraw-Hill Book Co. ，Inc. ；1950.

[5] Deppe J C. Injection rates-the effect of mobility ratio, areal sweep, and pattern. Soc. Petrol. Eng. J. 1961：81-91.

[6] Rose H C, Buchwalter J F, Woodhall R J. The design aspects of waterflooding. SPE monograph11. Richardson，（TX）：Society of Petroleum Engineers；1989.

[7] Dykstra H, Parsons R L. The prediction of oil recovery by waterflooding. Secondary recoveryof oil in the United States. 2nd ed. Washington, DC：American Petroleum Institute；1950：160-74.

[8] Dyes A B, Caudle B H, Erickson R A. Oil production after breakthrough as influenced bymobility ratio. Trans. AIME 1954；201：81-86.

[9] Stiles W E. Use of permeability distribution in water flood calculations. Trans. AIME, 1949；186：9-13.

[10] Buckley S E, Leverett M C. Mechanisms of fluid displacement in sands. Trans. AIME, 1942；146：107-116.

[11] Craig F F Jr, Geffen T M, Morse R A. Oil recovery performance of pattern gas or water injection operations from model tests. Trans. AIME 1955；204：7-15.

[12] Prats M. Prediction of injection rate and production history for multifluid five-spot floods. Trans. AIME 1959；216：98-105.

[13] Talash A W. An overview of waterflood surveillance and monitoring. JPT 1988：1539-1543.

[14] Muskat M, Wyckoff R D. A theoretical analysis of waterflooding networks. Trans. AIME 1934；107：62-77.

[15] Hall H N. How to analyze waterflood injection well performance. World Well 1963：128-130.

# 第 17 章　提高采收率：热采、化学驱、混相驱

## 17.1　引言

提高采收率技术（EOR）被广泛应用于世界上大多数的油气藏中，其目的是尽可能地开采出那些通过二次采油技术（如水驱、气驱）无法开采出来的剩余油气资源。世界油气储量统计显示，虽然经过一次采油、二次采油等开发过程，目前仍有大量的已被发现和证实的油气资源埋藏在地下尚未被开采出来，这主要是由于相关技术的缺乏及经济条件的限制。常规油气藏中未被开采出来的油气常常占据原始地质储量的一半以上。此外，重质油藏及致密气藏、页岩气藏等非常规油气藏，其采收率都很低。根据美国能源信息管理局的一份评估显示，总计有 $3000×10^8$ bbl 原油尚未被开采出来。因此，EOR 技术通常被视为一种三次采油技术，其主要目的是在技术经济条件下去尽可能的开采那些未被开采出的油气资源。

石油工业中使用多种有效的 EOR 方法。这是由于特定的 EOR 方法适用性对油藏和流体性质高度敏感；经济因素同样会影响 EOR 实施的可行性。一些提高采收率方法只有在原油价格达到一定程度时才可以使用。

本章将会就提高采收率方法简要介绍，主要回答了以下问题：

（1）什么是提高采收率（EOR）？它与其他开发方法的区别是什么？

（2）油气藏在在一次采油、二次采油、三次采油中的采收率大概为多少？

（3）提高采收率方法的分类是什么？

（4）适合进行提高采收率作业的有哪些油气藏？实施提采方案的筛选标准是什么？

（5）通过 EOR 方法提高原油采收率的原理和机制是什么？

（6）世界范围内广泛应用的提采方法有哪些？通过提采技术开采出了多少原油？

（7）EOR 方法的主要开采成本是什么？与常规油气藏和非常规油气藏有什么不同？

（8）影响 EOR 成功实施的主要因素有哪些？

（9）什么是热采、混相驱、非混相驱和化学开发方法？每种方法的优点和局限性是什么？

（10）EOR 方法如何进行设计、测试和实施？

### 17.1.1　一次采油、二次采油和三次采油的采收率

各种类型油气藏的采收率依赖于油藏岩石流体性质和油藏本身的特性。根据世界范围的统计结果，一般的采收率参考值在表 17.1 中给出。

表 17.1  一次采油、二次采油、三次采油的采收率参考值

| 开采类型 | 开发过程 | 累计采收率（%） | 说明 |
|---|---|---|---|
| 一次采油 | 油藏天然能量 | 10~30 | 某些非常规油气藏采收率很低 |
| 二次采油 | 注水、注气驱 | 20~40 | |
| 三次采油（EOR） | 热采、化学驱、气驱等 | 30~60 | 在某些情况下，采收率可以达到80%或以上 |

注：提高采收率（EOR）属于增加采收率（IOR）的范畴，IOR 包括二次采油和三次采油的内容。

### 17.1.2  EOR 适用油气藏类型

较差的流体性质和油藏性质是造成在一次采油、二次采油后采收率仍然较低的主要原因。适合进行提高采收率作业的油气藏类型包括但不限于以下：

（1）重质油藏，其原油黏度很高但其流动性很差。

（2）非常规油气藏包括油砂，其烃类组分为超稠油。

（3）常规油气藏中由于油水间界面张力所造成的大量剩余油存在的情况。

（4）地层传导率差异很大的非均质油气藏，注入的流体短时间内无效果。

提高采收率方法（图 17.1）可以分为以下几类[1-3]：

（1）热采。

该方法的原理是通过注入热能量加热原油，使原油黏度降低，增加其流动能力从而在一定程度上提高采收率。注入油藏的热源可以是蒸汽、燃烧的原油，还有一些其他的方法可以用来提高重质油藏的开发效果。热采方法可以应用在常规油气藏和非常规油气藏中：

①常规油气藏：包括蒸汽驱、循环注蒸汽（蒸汽吞吐法）、热水驱、火烧油层。

②非常规油气藏：包括蒸汽辅助重力驱及蒸汽抽提。此两种方法在第 21 章有具体叙述。

（2）混相驱。

比中质油油藏轻的原油通常使用非热采的方法进行开发，其中最流行的便是混相驱。混相驱是一个高效的提高采收率方法，它减小了流体间的表面张力，极大地提高了流体的微观驱替效果。该方法使注入流体与地下原油达到混相，在混相体中无法区分单独的每相流体。混相体可以在油藏中高效地流动并被开采出来。混相驱主要包括二氧化碳混相驱和气体混相驱。当水和烃类气体交替轮流的注入油藏时，该方法称水气交注混相驱。二氧化碳混相驱是一个成功的非热采的 EOR 方法，它在那些油藏压力高且二氧化碳气源充足的地区应用广泛。只有在油藏压力大于最小混相压力（MMP）时，注入的流体与地下原油才会发生混相。MMP 是有关流体组成及油藏温度的函数。氮气也可以作为气源进行注气，但由于其本身的低溶解度和低黏度，注氮气的开发效果与二氧化碳相比较差；其次，氮气需要更高的混相压力才能实现与原油的混相。

（3）非混相驱。

利用惰性气体及烟道气可以进行非混相驱。根据油藏压力和原油的组成，该过程也有部分混相的现象发生。当以低于最小混相压力的条件注入二氧化碳气体时，注入流体与原油的混相效果未达到，因此非混相驱也是提高采收率方法的一种。非混相驱的开发效果不如混相驱的开发效果的好。

（4）化学方法。

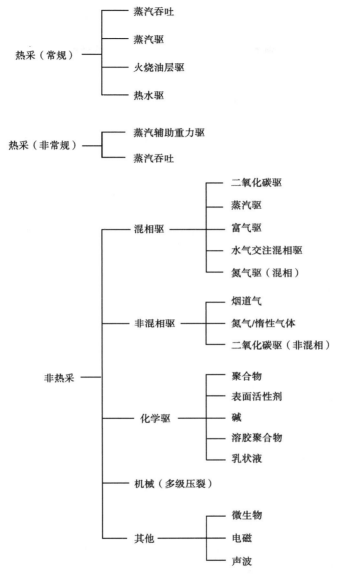

图 17.1　常规及非常规油气藏中的 EOR 方法

利用聚合物、表面活性剂、碱水驱也是提高采收率的一种有效方法，即通过在注入流体中加入某些化学物质进行驱替。该方法可以视为水驱的改良方法，其主要目标是那些难以开采出来的剩余油。化学驱的主要机理是提高水的黏度从而降低其流动性，减低表面张力，使油水产生乳化作用，并溶解原油，以提高体积驱替效率等。

（5）其他方法。

包括微生物法、声波法、电磁法等。这些方法大多处于实验阶段，缺乏成功实施的证明，也没有经济适用性的报告。但这并不妨碍微生物采油成为提高采收率学科的一项重要研究内容。

在许多著名的文献资料中对 EOR 有许多不同的定义，除了热采的应用，水驱加入化学剂、机械法等其他方法也都包含在内。例如，致密地层的多级压裂方法在以前被视为是不可行的，但现在将其纳为 EOR 方法中的一种。一项关于美国水平井的调查报告显示，超过60%的井使用了多级水力压裂的方法去提高产量。

### 17.1.3 提高采收率中的经济问题

每一种 EOR 方法的成功应用依赖于它对特定油藏的适应性，包括效率、注入流体的有效性及成本花费等。一项工程技术上的挑战和风险是巨大的，提高采收率工程的前期需要大量的投资。每桶原油的三次采油成本往往大于水驱或气驱的成本。其资本投资通常在较长时间后才会得到可观的收益。表 17.2 给出了各种 EOR 方法的成本花费情况[4]。

**表 17.2　EOR 的成本（对比常规油气藏和非常规油气藏）**

| 生产方案 | | 成本（美元/bbl） |
| --- | --- | --- |
| EOR 方法 | 二氧化碳驱 | 20~70 |
| | 热采 | 40~80 |
| | 其他 | 30~80 |
| 常规油藏 | | 10~30 |
| 非常规油藏 | | 50~90 |

从世界范围内的生产情况统计来看，EOR 工程依赖于当前的市场条件。随着原油价格增长，显然更有动力进行各类提高采收率作业。

### 17.1.4 全球 EOR 实施情况

某个综合多种数据来源的报告显示，每天有近 $300×10^4$ bbl 原油是依靠 EOR 方法开采出来，占到了全球每日产量的 3%~4%[4]。目前，大多数通过三次采油开采出的原油（大约 $2×10^6$ bbl/d）是依靠热采。世界范围内包括加拿大、美国、委内瑞拉、印度尼西亚、中国等 100 多个国家正在进行热采工程。EOR 中的二氧化碳驱每天贡献了 $300×10^3$ bbl 的产量，主要集中在美国的帕米亚盆地及加拿大的韦本地区。二氧化碳驱实施工程数目同样也超过了100 个。除了利用二氧化碳驱来提高采收率，还可以进行二氧化碳封存作业。在委内瑞拉、美国。加拿大、利比亚等地区使用了注天然气的方法。该方法的总采收率与二氧化碳驱相近，但是其规模较小，世界范围内相关工程数目低于 25 个。EOR 中的化学方法主要在中国进行，其工程实施数量有限，但是其采收率与二氧化碳驱和气驱相近。

一项美国提高采收率技术综述显示，蒸汽驱及二氧化碳驱是当前最为主流的 EOR 方法。包括二氧化碳驱在内的各种气驱产量占据了 EOR 产量的近 60%，热采的产量为 40% 左右。基于化学原理的三采方法包括聚合物驱、表明活性剂驱等。这类方法的产量占产量的 1% 左右，其主要受限于注入原料的高成本、过程的复杂性、适用性范围小一级风险大等因素。

## 17.2　热采

### 17.2.1　循环注气法

提高原油产量的热采方法包括注蒸汽和火烧油层，其原理均是当原油被加热后，其黏度显著降低，流动性增强，可以相对容易地流向井筒从而被开采出来。原油的黏度对温度非常敏感。例如，温度从 100°F 增加至 300°F 的过程中，原油黏度会从几百厘泊减小至 10cP 或更小（图 17.2）。

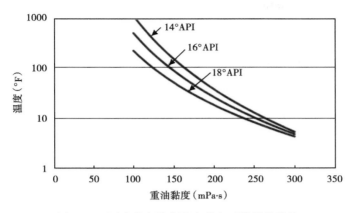

图 17.2　原油黏度随着温度升高而降低的趋势

该重油标本取自北海[5]。当压力下降，所有的挥发性组分都从原油中挥发出后，称为死油或重油

　　循环注气法需要有一口单井进行注气和生产作业。该方法适用于渗透率高且原油黏度高的油藏。随着循环作业的进行，该方法的产量也会出现下降的趋势。该方法的原油采收率通常很小，这是因为它仅对近井区域提供了热能，并起着投入生产的作用。

　　循环注气过程，也称为蒸汽吞吐方法，是在单井中以高注入量连续注入热蒸汽一段时间，注入阶段通常可持续 2 至 6 周。然后，吸收阶段大约 3 至 6 天，此阶段使蒸汽有效加热原油。经过该过程后，原油黏度有效降低，流动性增强。此时，油井便可以开始生产抽取原油。起初原油的产量不断提高，随着低黏度原油被开采出来，产量开始下降。原油产量增加时期可持续数月至一年。当产量明显下降后，重复整个过程，即循环注气—生产不断进行，直到油井达到其经济极限产量。在某些情况中，循环注气井可以转为单纯的蒸汽驱井，将低黏度原油驱向生产井。

　　循环注气或蒸汽吞吐法是一种典型的通过改变原油性质达到油井增产的方法。在此增产过程中，蒸汽通过井眼穿过油层，加热原油；在吸收阶段，井筒附近以及较远处的原油都可被加热；在生产阶段，可流动原油流向井筒；驱动机理包括油藏压力及重力采油。

## 17.2.2　蒸汽驱

　　蒸汽驱即连续的向井筒注入热蒸汽，目的是利用热能改变原油的某些性质，将其驱替出来。注入热蒸汽可降低原油黏度，提高其流动性。通常蒸汽驱所有蒸汽中 80% 为气相，即在地面条件下，注入的蒸汽由 80% 的气相和 20% 的水组成。最终，由于油藏和井筒间的压差等其他原因，原油被驱替到生产井处。注入的蒸汽形成一个缓慢增加的蒸汽区域（图 17.3）。热蒸汽不仅可加热原油，热量还会传递到地层中（如临近的盖层和基岩中）。在较厚地层中，蒸汽驱的效果较好，这是由于蒸汽可以接触到更多的原油而非分散到临近的岩层。同理，热量在薄层中消耗更快。由于热量损失，蒸汽可能会凝结成蒸汽与热水的混合物。

　　在蒸汽及热水区域的前部会形成热油区，该区域原油在蒸汽驱的作用下流向井筒。在多

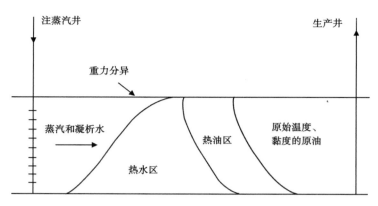

图 17.3 蒸汽驱过程简图

为了清楚展示，将蒸汽、水、油的驱替前缘表示为光滑曲线，事实上，驱替前缘是不规则的

数情况下，由于重力差异，蒸汽会覆盖原油，这会导致生产出现一些问题。最终，随着注入井连续不断地往油层中注入蒸汽，生产井处蒸汽发生突破，导致高注入量及低采收率。重新完井或减小蒸汽范围可以减小注入率。蒸汽驱是一种有效的提高采收率方法。蒸汽波及区域内的残余油饱和度低至10%或更小。

除了降低原油黏度增加流动性外，蒸汽驱还有一些其他的驱动机理。一些加热的原油可能发生蒸汽蒸馏现象，此外在开采原油中也会发生溶剂抽提等过程。

蒸汽驱方法的局限性主要包括以下方面：

（1）薄层、浅层多的油藏不适合采取蒸汽驱，这是因为在这种情况下会发生过多的热量损失。

（2）高含油饱和度、高油藏传导率及相对厚的储层（≥20ft）是进行蒸汽驱的主要前提。

（3）在蒸汽驱中，底水及气顶的存在对其采收率影响很大。

（4）碳酸盐岩油藏不适用蒸汽驱。但是，疏松储层中的重油可以利用蒸汽驱开采出来。

（5）对于中质、轻质原油，蒸汽驱的效果不大，此时可以使用水驱进行提高采收率作业。

**实例分析：印度尼西亚杜里油田的蒸汽驱项目**

杜里油田蒸汽驱项目[6-8]是全球范围内热采提高采收率最为成功的范例之一。杜里油田是印度尼西亚第二大油田，其原油储量达百亿桶。该区域为断层广泛分布的背斜构造。油藏渗透率较高，在100~4000mD之间。原油平均重度为21°API，在300℉温度下的平均黏度为330mPa·s。油藏初始压力为100psi，初始温度为100℉。原始含油饱和度为55%。

该油田于1950年首次进行开发，在不到十年内产量达到最高。高黏原油的低流动性及低气油比导致了产量的快速下降。开发过程中，水体及重力所提供的能量有限。

1967年以后开始进行循环注气等提高采收率方法。8年后，蒸汽驱试点项目开始进行，用于测试其的适用性即对该油藏的影响。试点方案包括18个反五点井网，每个井网包括4口生产井和1口注气井。该油藏原始采收率为30%。由于试点方案取得了良好效果，1985年在整个油藏范围内开展了基于反七点井网的蒸汽驱提采项目。经过近14年的蒸汽驱项目实施，该油藏某区域的采收率达到了60%~70%。在2000年中期，杜里油田的原油产量超

过了 $20 \times 10^4 \mathrm{bbl/d}$。

杜里油田的热采项目规模巨大，包括 15000acre 油藏上分布的 4000 口生产井。该区域被分为若干个部分，每部分需要两年的时间去进行热采方案的实施。不同大小配置的对称注气井网被广泛实施应用。在数值模拟技术的指导下，其他的注气方案包括反五点井网、反九点井网，在面积为 15.5acre 的油藏范围内成功实施。截至 2009 年，该油田 80% 的范围进行了蒸汽驱提采作业。在此期间，新打了 185 口生产井及 49 口注气井。杜里油田原油增产量超过了美国加州的大型热采项目，即位于圣华金河谷的克恩河油田和贝尔里奇油田的热采项目。

### 17.2.3 火烧油层

火烧油层，又称为火驱法，是利用地下重油的某些组分与注入空气或富氧空气的燃烧来持续加热原油的方法，大约 10% 的地下原油可在此过程中被燃烧。该方法的一项常用技术是正向燃烧法，即井底的原油先被点燃，注入的空气使燃烧向油藏方向进行。另一项技术即反向燃烧法，在此过程中，开始燃烧的井最后变成生产井，然后注入的气体转向其他相邻的井。但根据文献报道，反向法成功应用不多。

火烧油层法是最古老的热采方法之一，它利用特殊加热器点燃注入井底部的油层，并通过注入空气使燃烧向油藏范围内蔓延。在此过程中，重油中的轻质组分开始流动，并向远井处运移。这些组分通常也混合着燃烧区前部的重油，更重的组分则被燃烧。燃烧温度可达 600℃，同时会产生大量的烟气。燃烧区会产生大量的热，其温度会达到 600℃。由于原油燃烧产生大量的烟气、蒸汽、热水、燃烧气及蒸馏溶剂共同作用使原油驱向生产井。

在某些油藏，注空气火烧油层通常是在注水后进行，或二者同时进行。注水可以提高地下热量的导热性；此方法也可以称为湿火烧油层或正向燃烧结合水驱法。

火烧油层提高采收率的驱动因素有以下因素：

（1）热量使原油的黏度降低，增加了其流动性。

（2）注入的空气增加了油藏压力，驱动低黏原油流向井筒。

（3）原油中的轻质组分、蒸汽蒸馏产物及热裂解产物等共同驱动原油流动。

（4）重油组分中可以生成焦炭。

火烧油层的局限性如下：

（1）通常来说，火烧油层方法十分复杂且其适用性要具体分析。

（2）如果焦炭没有大量燃烧，燃烧过程便无法持续。

（3）另一方面，过多的焦炭会导致燃烧前缘移动缓慢。

（4）流度比反转，燃烧产生的热气流动性远大于地下原油。

（5）该过程的横向驱替效率不高，其在地层上部有更好的效果，较厚地层的采收率提高效果不佳。

（6）环境及操作问题会产生大量的烟气、腐蚀物、油水乳状液、与温度有关的管道产物，以及潜在的出砂量增加。

## 17.3 混相驱

如前所述，混相指的是两种流体完全混合，混相后无法区分原来的相。在混相驱提高采收率作业中，是通过向油藏中注入气体，在合适的压力、温度条件下与油达到混相。注入的流体可以是轻烃、中烃或二氧化碳。由于它起到了溶解作用，使得两种混相流体的表面张力达到最小，因此可以有效地提高微观驱油效率，从而达到提高采收率的目的。

轻烃组分可以通过混相驱提高采收率。烃类混相驱通过注入的流体与原油中轻质、中质组分发生混溶来驱替原油。通过这个过程，在注入流体前部形成驱替前缘，从而驱替原油流向生产井。其他的机理包括可增加原油体积（膨胀）、降低原油黏度、提高波及系数等。

三种主要的烃类混相驱类型为：富气（凝析）和贫气驱、水气交替注入和二氧化碳驱。

## 17.3.1 富气（凝析）和贫气驱

### 17.3.1.1 富气驱

向油藏注入 10%~20% 孔隙体积的天然气，其富含乙烷至己烷（$C_2—C_6$）的组分。在一些情况中，其注入过程可以在注贫气和注水之后。然后，经过混相的组分运移至油藏原油处，即在油气间实现混相。混相区（或称混相带、混相前缘）就驱替原油流向生产井处。

### 17.3.1.2 贫气驱

在贫气驱中，贫气如甲烷以高压状态注入到油藏内。注入气体使原油中轻质、中质组分蒸发以达到混相。当轻质烃类被注入油藏时，注入气与原油间不断进行动态组分交换，进行多次接触以达到最终的混相，这被称为多次接触混相驱。最终混相前缘驱替原油流向生产井。一次接触混相与多次接触混相相比，一次接触混相是指在适宜的压力、温度条件下，注入气体与原油在首次接触时便达到混相状态。

烃类混相驱的缺点有：

（1）油藏深度：油藏压力随着深度增加而增加。较浅的油藏通常无法达到混相所需要的最小压力。液化石油气（LPG）混相驱的最小混相压力为 1200 psi。根据油藏压力及温度的不同，通常情况下，高压混相驱操作压力在 3000~5000 psi 之间。因此，油藏深度必须满足达到最小混相压力的要求才能取得较好的混相效果。

（2）低波及率：由于巨大的黏度差，在流体的注入过程中会发生严重的黏性指进现象。这种情况下水平上、垂向上的波及系数很低，易导致大量剩余油。

（3）流度比：不适宜的流度比会带来很低的采收率。因此，在倾斜地层中混相驱有较大的优势，因为此时重力可以辅助驱油。

（4）注入烃类的量：该过程需要注入大量的昂贵烃类，其中很大一部分最终无法再次开采出来。

## 17.3.2 水气交替注入

水气交替注入（WAG）方法：约占 5% 孔隙体积的液化石油气（如丙烷）紧随贫气被注入到油藏中，紧接着注水以提高溶剂和气体间的流度比。水气交替注入可以提高驱替的波及系数及减少孔道内剩余的气体。在二氧化碳驱中水气交替技术被广泛应用。

## 17.3.3 二氧化碳驱

在三次采油中，二氧化碳驱是一项主要的开发方式。在全球成功实施的非热采提高采收率工程中占据大多数。二氧化碳驱的机理包括：

（1）使地下原油与注入气达到混相，减小油气间的界面张力。

（2）原油膨胀。

（3）减小原油黏度。

（4）减小混相区附近的油相和二氧化碳—油相间的表面张力。

（5）与其他混相驱方法相比有较高的驱替效率。

该方法是将大量的二氧化碳气体用高压注入到油藏中进行油气混溶。注入的二氧化碳量甚至可能超过15%孔隙体积。尽管严格意义上讲，二氧化碳无法与原油达到完全混相，但是在足够的压力下它可以抽提原油中的轻质、中质组分；当压力大于最小混相压力时，就会高效的驱动原油流向井筒（图17.4）。

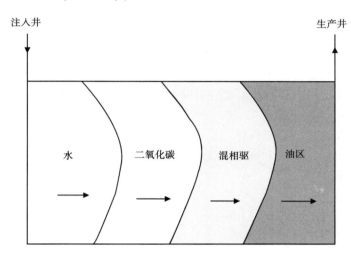

图 17.4　二氧化碳—WAG 驱原理图

在一定压力下，二氧化碳驱替前缘会形成一个混相驱，从而驱替原油流向井筒。注气后需要注入水以提高流度比及波及率。锐利的驱替边缘仅作为图示的需要，实际情况更为复杂

二氧化碳混相驱与前述的贫气驱相类似，但是二氧化碳驱有更广的抽提范围，其可以使 $C_2$—$C_{30}$ 的烃类组分达到某种程度的混相。因此，与贫气驱相比，在低混相压力下二氧化碳驱有更好的驱替效率，且利用二氧化碳混相驱可以使更多油藏进行有效 EOR 开发。

对于二氧化碳混相驱，在典型的油藏温度、压力、组分条件下，其最小混相压力在 2200～3200 psi 之间。对于轻质原油（重度不小于 40°API），其最小混相压力更低，所需的最小油藏深度为 2500 ft 左右。然而对于浅层（1800 ft）的重质原油（重度不大于 21.9°API），二氧化碳与原油的混相较难实现。因此，这类油藏由于无法达到混相，其采收率相对较低。在这种情况下，油藏深度应该达到 4000 ft 以达到混相的要求。最小混相压力通常通过室内细管实验来确定；基于状态方程的解析方法也可以用来确定最小混相压力的值。一般而言，原油密度越大，温度越高，所需的混相压力也相对较高。

除了混相性，EOR 实施中还有许多重要因素对其产生影响，这包括原油膨胀、原油黏度降低、溶剂萃取、高波及系数等。由于高压条件下二氧化碳会溶于原油，使得原油膨胀、黏度降低等现象在完全混相之前发生。在达到或高于混相压力时，由于油相与富含中质烃组分的二氧化碳相之间的表面张力降低，使得两者能够一起流动。

在二氧化碳—水气交替注入过程中，先注入 20%～50% 孔隙体积的二氧化碳段塞然后注入水，以达到降低注入流体与原油间流度比的效果。该过程同样可以提高油藏的波及系数

（图 17.4）。

二氧化碳驱的局限性体现在：

（1）二氧化碳的利用率。

（2）需要大量的二氧化碳气体。

（3）由于二氧化碳黏度较低，较难控制其流度。

（4）注入气体的过早突破。

（5）油井的腐蚀。

（6）生产过程中二氧化碳的分离。

# 17.4　氮气和烟气驱

氮气和烟气混相驱是通过在一定压力条件下原油中的轻烃组分与氮气和烟气达到混相来提高采收率。根据油藏压力和原油组成的不同，该过程可以是混相或非混相的。该方法的优点如下：

（1）可以利用价廉的非烃类气体。

（2）注入大量低价的氮气和烟道废气。

（3）注入气的利用率。

（4）在高压下达到混相。

（5）可用于二氧化碳—烃类混相驱。

该方法的局限性如下：

（1）氮气比二氧化碳的黏度更低，导致不利的流度比。

（2）在原油溶解性较差。

（3）达到混相所需的压力很高。

（4）基本上，氮气驱适合深层含轻质组分的油藏使用。

（5）黏性指进现象严重。

（6）水平上、垂向上的波及系数较低。

（7）倾斜油藏中，重力分异对其没有影响。

（8）当使用烟气时会发生腐蚀现象。

（9）会有生产物杂质分离的问题。

# 17.5　聚合物驱和化学方法

聚合物驱可以增加水的黏度从而提高流度比和波及系数。化学驱方法包括在水中加入化学剂（如表面活性剂、聚合物溶胶及碱性物质等）以达到提高流度比和降低表面张力的目的。化学 EOR 方法可以被视作一项水驱方法的修正，因此它所适用的条件同水驱相同。但是，该过程对于一些参数却更加敏感，之后将详细介绍相关内容。

## 17.5.1　聚合物驱

聚合物驱是指在水中加入水溶性的聚合物，然后将其共同注入到油藏中。通常使用低浓度（250～2000mg/L）的某种人工合成物质或生物高聚物。

聚合物驱的优点包括：

（1）提高水的黏度。

（2）降低水的流度。

（3）同时提高水平上、垂向上的波及系数。

（4）接触更大油藏范围。

在驱替早期，聚合物驱比常规水驱有更好的驱替效果。然而，聚合物驱对于最终降低剩余油饱和度却效果一般。早期，聚合物驱可以驱替出更多的原油。

聚合物驱的局限性包括：

（1）与水驱相比，其注入难度增加。

（2）由于剪切稀释和微生物降解等作用，某些聚合物的黏度不断减小。

（3）潜在的井筒堵塞风险。

（4）聚合物在地层中发生吸附现象。

（5）该方法高度敏感于油藏的非均质性，如裂缝、沟槽发育的地区适宜交联聚合物、溶胶驱。

（6）需要大量的聚合物以得到较好的驱替效果。

（7）需要大量的聚合物原材料。

## 17.5.2　胶束—聚合物驱

胶束—聚合物驱以下列次序注入流体与化学物质：

（1）低矿化度的预冲洗液。

（2）溶胶束段塞（富含表面活性剂的胶体溶液）。

（3）聚合物缓冲液。

（4）用作驱替的水。

该方法的提高采收率机理包括降低表面张力、提高洗油效率及油水的乳化作用等，从而可以提高油水流度比。该方法可以改变岩石的润湿性。当表面活性剂浓度较高时，段塞部分体积为孔隙体积的 5%~15%。当化学物质浓度较低时，则需要更大的段塞体积，可以达到 50% 左右。

另一种方法是利用微乳液来驱替原油。微乳液为包含油、水、表面活性剂、助表面活性剂的单相流体，其作用是达到超低界面张力。微乳液可以注入也可以在油藏内形成。

表面活性剂驱的局限性包括：

（1）该方法主要适用于轻质油藏。

（2）该方法需要较高的波及系数才能取得较好效果。

（3）在非均质性较强的油藏中效果较差。

（4）化学物质可能吸附在某些类型的岩石上。

（5）在特定操作条件下该过程才能有效。

（6）高温条件下化学物质易发生降解。

（7）聚合物与表面活性剂会发生一定的反应。

（8）注入原料的价格昂贵。

### 17.5.3　碱水驱

碱水驱依靠在油藏内形成的表面活性剂，从而降低油水间的界面张力。包含氢氧化钠、硅酸钠或碳酸钠的碱性物质被注入到油藏中，在油层中这些碱性物质与有机酸发生反应，从而在多孔介质中产生表面活性物质。这些表面活性物质也可以与油藏岩石发生反应改变其润湿性。

碱水驱已经成功应用于多种类型的油藏，包括轻质油油藏和中质油油藏。富含足够量有机酸的原油使用碱水驱效果尤佳。此外，该方法在流度比适宜的油藏中效果较好。

碱水驱的一些不利因素包括：

（1）碱水驱不适用于碳酸盐岩油藏，因为在硬石膏、石膏、黏土中可能发生吸附现象。

（2）当油藏温度较高时，注入的化学剂量可能会极高。

（3）注入井发生结垢。

（4）注入原料的成本高。

（5）高度敏感于油藏的非均质性。

## 17.6　EOR 方案的设计要素

设计一个成功的 EOR 工程方案依赖于多种因素，这需要多学科相关的技术及经验。现将介绍设计过程中需要考虑的一些重要因素[9,10]。

### 17.6.1　热采

需考虑的因素如下：

（1）油藏的适用性，一些重要性质如有效厚度、非均质性等。

（2）适合 EOR 的油藏压力。

（3）原油性质，包括黏度、组成等。

（4）向邻近地层、水层及井筒中热量损失的程度。

（5）控制蒸汽、注气前缘的传播。

（6）需要新井及改变原有生产井。

（7）要有试点项目。

（8）需要有油藏模拟结果。

（9）油藏监测，包括对热驱前缘的追踪。

### 17.6.2　混相驱

需考虑的因素如下：

（1）岩石和流体的性质。

（2）对特定过程的筛选。

（3）注入流体与地层流体的相态特征。

（4）最小混相压力与混相特征。

（5）足够的油藏深度以达到需要的注入压力和混相条件。

（6）在混相或邻近混相条件下的 EOR 生产动态。

（7）流度比和波及系数。

（8）确定段塞大小，优化采收率。

（9）溶剂的有效性及成本。

（10）所需溶剂的总量。

（11）溶剂、水的注入性。

（12）水气交替中的水、气相对含量。

（13）注入与生产间的时间延迟。

（14）产物中溶剂分离。

（15）钻取新井。

（16）实验室研究。

（17）试点工程。

（18）油藏模拟研究。

（19）混相过程中的油藏监测，包括产量、水油比、气油比等。

### 17.6.3 化学驱

需考虑的因素如下：

（1）化学物质、聚合物的浓度需求及成本。

（2）有效的段塞设计；段塞大小高于某一临界值后，采收率并没有相应增加。

（3）注入流体的流动控制。

（4）平面上和垂向上的波及系数。

（5）化学物质、聚合物在黏土等其他地层物质中的潜在吸附风险。

（6）地层水高矿化度的不利影响。

（7）注入与生产反应的时间延迟。

（8）产物中溶剂分离。

（9）钻取新井。

（10）实验室研究。

（11）试点工程以验证实验结果。

（12）油藏模拟研究。

（13）混相过程中的油藏监测，包括产量、水油比、气油比等。

## 17.7 EOR 方法选择指南

一项 EOR 方案的成功实施首先应该考虑该油气藏适合哪种 EOR 方法，这主要基于前期大量的研究工作。在做出重要决定前需要对流体及油藏的性质有仔细的研究和分析，选择的最终方案在实际油藏实施前需要在实验室及试点项目中均获成功应用（图 17.5）。此外，需要通过油藏模拟技术对 EOR 方法的生产动态进行预测；相关的经济分析有助于决定该方案是否具有可行性。此外，在相似油藏中同样的 EOR 方案可能会成功或失败。

Taber、Martin 和 Seright 等[1]对 EOR 在各种类型油气藏中的应用给出了全面的回顾与介绍。其中一些重要内容在表 17.3 中给出。

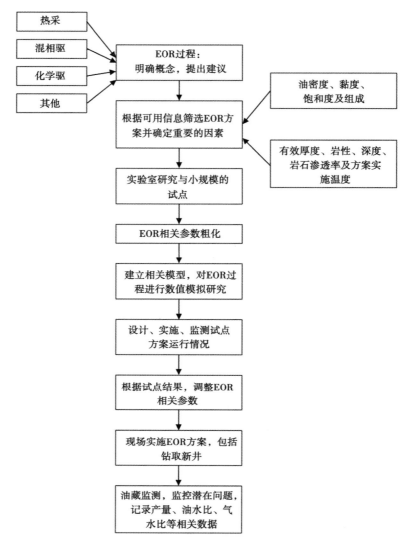

图 17.5 EOR 工作流程；从概念到现场实施

表 17.3 EOR 方案筛选指南

| EOR 方法 | 原油性质 | 油藏性质 | 说明 |
|---|---|---|---|
| 蒸汽驱 | 重度：8~25°API<br>黏度：不大于 100000mPa·s | 有效厚度：不小于 20ft；原油饱和度：不小于 40%；渗透率：不小于 200mD；深度：不大于 5000ft；<br>有效厚度：不小于 10ft；原油饱和度：不小于 50% | |
| 火烧油层 | 重度：10~27°API<br>黏度：不大于 5000mPa·s | 渗透率：不小于 50mD；深度：不大于 11500ft；温度：不小于 100°F | 沥青组分的出现有助于焦炭沉积 |
| 二氧化碳驱 | 重度：不小于 22°API<br>黏度：不大于 10mPa·s | 原油饱和度：不小于 20%；深度：不小于 2500ft，根据原油重度；薄层或倾斜油藏 | 若控制注入率则渗透率不是主要因素；砂岩、碳酸盐岩中均有效 |

| EOR 方法 | 原油性质 | 油藏性质 | 说明 |
|---|---|---|---|
| 富气驱和蒸汽驱（烃类混相驱） | 重度：不小于 23°API 黏度：不大于 3 mPa·s；需要高含轻烃类 | 原油饱和度：不小于 20%；深度：不小于 4000ft，根据原油重度；薄层或倾斜油藏 | 在裂缝和高渗透沟槽发育地层中效果不佳 |
| 胶束—聚合物驱、碱水驱、ASP | 重度：不小于 20°API 黏度：不大于 35 mPa·s | 原油饱和度：不小于 35%；渗透率：不小于 10mD；温度：不大于 200℉；组成：富含轻质、中质烃；需要有机酸以降低界面张力 | 砂岩地层效果好；黏土中吸附问题；有效厚度影响不大 |
| 聚合物驱 | 重度：不小于 15°API 黏度：10~100 mPa·s | 原油饱和度：不小于 50%；渗透率：不小于 10mD；深度：不大于 900ft；温度：不大于 200℉ | 原油组成影响较小 |
| 氮气、烟道气驱 | 重度：不小于 35°API 黏度：不大于 0.4 mPa·s | 原油饱和度：不小于 40%；深度：不小于 600ft | 在裂缝和高渗透沟槽发育地层中效果不佳；油藏温度不是主要影响因素 |

# 17.8 提高采收率工作流程

对 EOR 方案进行筛选、设计、测试、实施、监测需要详细的技术及经济分析。其中，EOR 筛选指南在前面已给出。实际上，EOR 方案的开始时间宜早不宜迟，但是大多数的 EOR 是在相对低成本的水驱、气驱之后开始实施的。下面给出了一般性的 EOR 工作流程。

**实例分析：阿曼的提高采收率项目**

阿曼是一个典型的实施 EOR 后原油产量大幅度增加的例子[11]。阿曼的原油产量在 2000 年达到峰值 970000bbl/d，此后开始下降，截至 2007 年时其产量降低至 710000bbl/d。但这种趋势被扭转了。EOR 方案的实施使这种扭转成为可能，此外还有许多新的发现。此后五年，其产量不断增加，在 2012 年达到了 919000bbl/d（图 17.6）。

EOR 技术与发展对阿曼未来的原油产量十分重要。在经历了数年递减后，2007 以后 EOR 技术使其递减趋势结束，产量不断增长。预计在 2016 年阿曼原油产量的 16% 由 EOR 项目贡献，2012 年该值仅为 3%。在 2012 年下半年，一些太阳能 EOR 项目获得了投资。

截至目前，其所实施的 EOR 方案包括：

（1）注聚合物：阿曼的 Marmul 项目采用了聚合物驱以提重油的采收率。聚合物驱方案比其他 EOR 方案如蒸汽驱等更加有效。在 2012 年，Marmul 项目产量大约为 75000bbl/d。

（2）注气混相驱：注气混相即向油藏注入气体与原油达成混相从而提高采收率。阿曼 Harweel 油田采取这项技术对其进行开发。在 2012 年，该油田产量增加了 23000bbl/d，预计在短期内产量还会增加 30000bbl 左右。

（3）注蒸汽：热采措施广泛应用于 Mukhaizna、Marmul、Amal-East、Amal-West 和 Qarn Alam 等油田。预计在 2018 年热采方案可以将 Amal-East 和 Amal-West 油田的产量提高到 23000bbl/d。另外，2015 年 Amal-West 油田实施的注蒸汽方案通过重力辅助蒸汽驱技术将产量提高到 40000bbl/d。该技术在第 21 章有详细叙述。

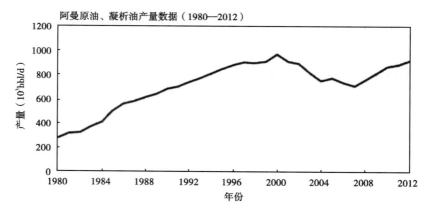

图 17.6　阿曼原油产量变化趋势（来源：美国能源信息管理局，国际能源统计）

1998 年产量不再增加，开始递减，最终 2007 年由于采用 EOR 措施产量递减扭转，开始增长

## 17.9　总结

EOR 被视为增加采收率（IOR）的一种，它通过井筒向油藏注入水、化学试剂、气体等物质改变原油的性质，从而提高原油的流动性。其最终目标是尽可能开采出那些一次采油、二次采油后剩下的原油。

EOR 的所有方法是依靠外部能量或物质，将那些经过一次采油、二次采油后仍残留在地下的原油开采出来。EOR 典型的分类方法如下：

（1）热采方法：蒸汽增产、蒸汽驱及火烧油层；

（2）化学方法：表面活性剂、聚合物、胶束—聚合物和碱水驱；

（3）混相驱：烃类气体、二氧化碳及氮气。此外还包括注烟道气和部分混相、非混相驱等方法。

EOR 通过提高原油的驱替效率和体积波及系数来将那些经过一次采油、二次采油剩下的原油开采出来。热采方法主要用于重质油藏的开发，它使原油的黏度降低从而提高其流动性。混相驱方法包括注二氧化碳、注中轻烃类气体等措施，使原油和注入流体间产生混相，从而降低表面张力，混相区驱动原油高效地流向生产井。化学方法被用来降低原油的黏度从而提高驱替效率。水中的聚合物通过降低流度比来提高体积波及系数。

EOR 方法通常伴随着高投资与高风险，没有哪种 EOR 方法是适合于所有油藏。在工程实施之前，需要根据油藏、岩石的性质筛选出候选 EOR 方法。在经过筛选、实验室研究、油藏模拟研究、试点项目后，才可以在油田范围内进行规模推广应用。

表 17.4 总结了 EOR 相关主要内容。

**表 17.4　EOR 方法总结**

| 分类 | EOR 方法 | 提高采收率机理 | 设计考虑因素 | 局限性 |
|---|---|---|---|---|
| 热采 | 循环注蒸汽（蒸汽吞吐） | 降低原油黏度，提高流度比 | 高效加热稠油；热量向邻近层位的损失最小 | 在薄层油藏中，热量向邻近层位消散造成损失，使效果下降；仅能对井周围有限区域内原油进行加热，即注入井也是生产井 |

238

| 分类 | EOR 方法 | 提高采收率机理 | 设计考虑因素 | 局限性 |
|---|---|---|---|---|
| 热采 | 蒸汽驱 | 降低原油黏度，提高流度比；蒸发抽提轻烃 | 高效加热原油；蒸汽形成的区域；热量向邻近层位的损失最小 | 地层厚度小于 20ft、低渗透率、低饱和度时效果不佳；底水、气顶是不利因素 |
| | 火烧油层 | 降低原油黏度，提高流度比；蒸发抽提轻烃；提升原油品质 | 高效加热原油；控制保持燃烧前缘；热量向邻近层位的损失最小 | 燃烧区域复杂，控制难度大；无足够焦炭时燃烧难以持续；对流度比不利 |
| 混相驱 | 二氧化碳混相驱 | 达到混相，降低气体和油之间界面张力；蒸发抽提烃类组分（$C_2$—$C_{30}$）；降低原油黏度提高流度比；使原油膨胀；提高碳酸盐岩透率；提高注入性 | 达到混相；流度控制；更好的波及程度 | 最小混相压力与深度相关，不适用于浅层油藏；不利的流度比；大量二氧化碳原料的获取；潜在的腐蚀问题；产物中二氧化碳的分离 |
| | 富气（凝析）和贫气驱 | 中轻质烃类在足够压力下注入到油藏中，经过多次接触与地下原油达到混相；在富气（凝析）驱中，注入的中轻质气组分凝析到油相中；在贫气驱中，油相中的中轻烃类蒸发到注入气相中；两种驱动的结果都是产生一个混相区域，驱动原油向井筒流动，提高流度比和波及效率<br>交替注入产生的水气段塞可以在混相驱过程中提高流度比、驱替效率以及面积波及系数；提高水的粘度，降低流度比；提高水—油流度比；提高平面上、垂向上波及系数 | 达到混相；流度控制；更好的波及程度 | 油藏需有足够的深度以达到混相；不利的流度比；低波及系数；注入烃类的成本 |
| | 水气交替注入（WAG） | 油水间低界面张力；油水乳化作用；加快原油溶解；提高油水流度比 | 优化段塞大小 | 与混相驱类似 |
| 化学驱 | 注聚合物 | 降低原油和碱水溶液间的界面张力 | 优化段塞大小；与地下流体的相互作用；潜在的反应及降解问题；流度控制；地层的适用性；产物的杂质分离问题 | 注入性较差；聚合物的降解问题；裂缝中会有注入剂损失问题 |
| | 表面活性剂驱 | | 优化段塞大小；与地下流体的相互作用；潜在的降解；流度控制；地层适用性；产物中注入剂的分离 | 非均质性严重的油藏可能会出现表面活性剂损失的潜在风险 |
| | 碱水驱 | | 优化段塞大小；与地下流体的相互作用；潜在的降解；流度控制；地层适用性；产物中注入剂的分离 | 碱水驱不适合碳酸盐岩油藏，因为注入剂可能吸附在硬石膏、石膏、黏土等的表面；当油藏温度较高时，注入化学试剂的量会很大；生产井会出现结垢现象 |

## 17.10　问题和练习

（1）什么是提高采收率技术（EOR）？它与一次采油、二次采油有什么区别？

（2）EOR 主要分类是什么？在决定采取某种 EOR 方法时，需要考虑哪些重要的准则？

（3）给出三个最主要的影响蒸汽驱效果的油藏性质。

（4）在应用热采、混相驱、化学方法时需要筛选考虑油藏的什么性质？给出详细的解释。

（5）区分混相驱和非混相驱过程。哪种方法可能开采出更多原油？原因是什么？

（6）描述多次接触混相过程，并说明它与一次接触混相有什么不同？

（7）为什么在达到混相过程中，油藏深度是重要的影响因素？

（8）在二氧化碳—气水交替驱中，为什么在注气后要注一定量的水？

（9）为什么注入聚合物、表面活性剂及碱等物质可以开采出更多的原油？

（10）聚合物驱可以用于稠油的开采吗？原因是什么？

（11）在化学方法中如何优化段塞的大小？

（12）在表面活性剂—聚合物方法中，设计考虑因素是什么？

（13）哪些 EOR 方法目前占据主导地位。给出每种方法的成功原因。

（14）在设计 EOR 方案中为何需要建立试点工程？

（15）在化学方法中，设计方案需要考虑的因素是什么？

（16）为何二氧化碳驱比氮气驱、惰性气体驱更加应用广泛？

（17）描述油藏模拟研究在 EOR 中的作用。

（18）根据文献资料，描述一个大型二氧化碳驱 EOR 项目，包括油藏深度、原油密度、剩余油饱和度、最小混相压力、地层渗透率、注入生产井数、井距及采收率等重要信息。

（19）绘制流体与原油多次混相接触的相图。

（20）某公司将要对一个底水驱油藏实施一项 EOR 方案。油藏及流体参数如下：

①油藏重度：21°API；

②油藏深度：2900 ft；

③岩石渗透率：18～25 mD；

④地层厚度：23 ft；

⑤剩余油饱和度：55%；

⑥油藏非均质性特征：发育数条高渗透裂缝；

⑦岩性：白云岩为主；

⑧气顶：无；

⑨井距：80 acre；

⑩水驱含水率：中—高含水率。

根据以上信息选取最适合的 EOR 方案。为你的选择给出详细的理由，并解释为何其他方法无法成功。在方案中可以对有用的数据进行合理假设。描述出方案中具体的实施步骤。

240

# 参 考 文 献

［1］ Taber J J, Martin F D, Seright RS. EOR screening criteria revisited – part 2: applicationsand impact of oil prices. SPE 35385, 1996.

［2］ Thermal recovery processes. SPE Reprint Series No. 7. Society of Petroleum Engineers: Richardson（TX）, 1985.

［3］ Thermal recovery techniques. SPE Reprint Series No. 10. Society of Petroleum Engineers: Richardson（TX）, 1972.

［4］ Kokal S, Al-Kaabi A. Enhanced oil recovery: challenges and opportunities. EXPEC Advanced Research Center, Saudi Aramco, 2011.

［5］ Bennison T. Prediction of heavy oil viscosity. Presented at the IBC Heavy Oil Field Development Conference; London. 1998: 2-4.

［6］ Gael B T, Gross S J, McNaboe G J. Development planning and reservoir management in the Duri steam flood. SPE Paper #29668. Presented at the SPE Western Regional Meeting; Bakersfield, CA. 1995: 8-10.

［7］ Fuaadi I M, Pearce J C, Gael B T. Evaluation of steam-injection design for the Duristeam flood project. SPE Paper #22995. Asia-Pacific Conference; Australia. 1991: 4-7.

［8］ Sigit R, Satriana D, Peifer J P, Linawati A. Seismically guided bypassed oil identificationin a mature steamflood area, Duri field, Sumatra, Indonesia. Asia Pacific Improved OilRecovery Conference, 1999: 25-26.

［9］ Tunio S Q, Tunio A H, Ghirano N A, et al. Comparison of different oil recovery techniques for better oil productivity. Int. J. Appl. Sci. Technol. 2011; 1（5）: 143-153.

［10］ www. Petrowiki. org.

［11］ Enhanced oil recovery techniques helped Oman reverse recent production declines. Energy Information Administration. Available from: http://www. eia. gov/todayinenergy/detail. cfm?id（13631［accessed 10. 12. 13］.

# 第18章 水平井技术与生产动态

## 18.1 引言

20世纪后半叶，水平井技术迎来了快速的发展，这为整个石油工业带来了巨大的改变。人们之前只能钻取垂直井或斜井，这类井能接触的泄油范围有限。现代工业要求油井能在不同情况下有效地进行生产，如致密地层、透镜体砂岩、断层和薄层油田等。此外，在稠油油藏和超稠油油藏中，传统的井型作用有限。对于页岩气藏等超低渗透油气藏，想要保持一定的经济产量，传统的钻井技术已经不能满足需要；因此，页岩油、页岩气被视为非常规油气资源。一口水平井可以替代几口直井，其地面占用面积减小。在海上平台，可以用来进行钻井作业的区域有限，因此在大型油气藏开发过程中，水平井成为连接沟通区域、多层岩层、最大化接触区域的唯一选择。在水平钻井过程中，地下几千英尺深的油藏性质及井轨迹角度的变化等数据都是依靠随钻测量技术（MWD）或随钻测井（LWD）技术得到的，这在直井中是无法实现的。

陆上及海上油田的生产之所以能够带来较大的收益，主要是因为水平井技术的出现。近年来随着水平井技术逐渐成熟，水平井已占据世界范围内的大多数油田钻井总数的绝大部分。对于剩余油大量分布或产水量极高的油田，将直井改造为水平井是现在油田的常用技术手段。一个水平井可能含有一个或多个造斜段，其目的是更有效地与几千英尺深的含油气地层接触。尽管水平井的成本比直井大得多，但是大多数情况下其产能可以达到直井的数倍。一些水平井还可以在复杂的地质状况下进行生产。

本章主要从油藏工程的角度介绍水平井技术在石油工业中的应用，包括对于那些油藏性质和流体性质不佳的油藏，水平井是如何进行有效开发的。主要回答了以下问题：

（1）水平井技术是如何发展的？
（2）水平井的分类？如何进行分类？
（3）与直井和斜井相比水平井的优势是什么？
（4）什么是大位移井（ERD）？为何需要这些井？
（5）哪些油藏类型和地质状况适宜采用水平井？
（6）水平井设计的影响因素有哪些？
（7）如何计算水平井的产能？如何与直井产能进行对比？

## 18.2 水平井的历史

水平井的历史可以追溯到20世纪早期。1929年，美国得克萨斯州钻取了现在已知的第一口水平井。15年后，另一口水平井在宾夕法尼亚州的富兰克林油田开钻，深度达500ft。直到20世纪80年代，随着井下动力钻具及遥感测试技术的发展，水平井技术才得到快速发展。此后法国阿奎坦公司和 BP 公司分别在欧洲和阿拉斯加成功地进行了水平钻井，标志着水平井快速发展的第一阶段正式到来。水平井在得克萨斯州致密的白垩岩中取得了良好的效果。水平井在低渗透地层中可以连通裂缝网络，从而最大程度地进行生产。美国北达科他州的贝肯页岩气藏的渗透率超低，对其也进行了水平井开发。在 20 世纪 90 年代，水平井技术在许多方面取得了重大突破，如井深、水平段长度、曲率半径、多级设计等。近些年发展起来的大位移井长度可达数英里。目前，水平井技术已经成功应用于复杂油藏、非均质性地层、煤层及页岩气藏。许多在水平井技术出现之前就已进行开发的老油田也采用水平井技术进行二次开发。

截至 2009 年，仅美国就有超过 50000 口水平井。目前的水平井可以钻到更深的地层和更远的距离。在页岩气藏中，通过水平井结合多级水力压裂技术使得页岩气产量达到了十年前无法想象的高度。

## 18.2.1　水平井的分类

根据井从垂直段到水平段变化过程中的曲率半径，水平井可以分为长半径水平井、中半径水平井、短半径水平井及超短半径水平井四种类型。

长半径水平井的造斜率为 $1° \sim 6°/100\,\text{ft}$，其曲率半径通常为 $1500\,\text{ft}$，利用常规工具方法就可完成钻井。随着技术的成熟，工程人员对中半径、短半径、超短半径水平井的钻取更加高效。中半径水平井的造斜率为 $6° \sim 35°/100\,\text{ft}$，曲率半径在 $160 \sim 1000\,\text{ft}$ 之间，其水平段长度可达数千英尺。短半径水平井的造斜率为 $1.5° \sim 3°/\text{ft}$，其曲率半径为 $20 \sim 40\,\text{ft}$，其水平段长度比中半径水平井小。超短半径水平井具有更高的造斜率，且大多是重钻井。短半径与超短半径水平井利用特殊的工具技术进行钻井作业。对于现有井重钻的情况，短半径水平井是最常用的类型（图 18.1）。

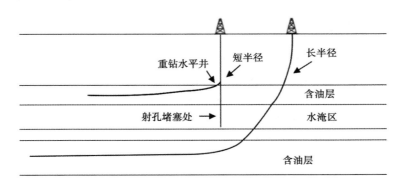

图 18.1　具有短曲率半径的重钻水平井

原油的直井下部被人工堵塞，以避免大量产水。为清楚对比，长半径水平井一同给出

水平井另一个分类方法是根据水平段分支数。根据井位置、目的层及油藏几何性质，可以采用单分支水平井或多分支水平井（图 18.2）。具两个以上分支的水平井是指从一个井眼钻取多个水平井段。

如前所述，有些水平井是由原有的直井重新钻井而成，这与普通的水平井有一定区别。从可操作性角度来看，由于其可使井和地层有更大的接触面积，因此水平井钻成后通常被当作生产井或注入井。

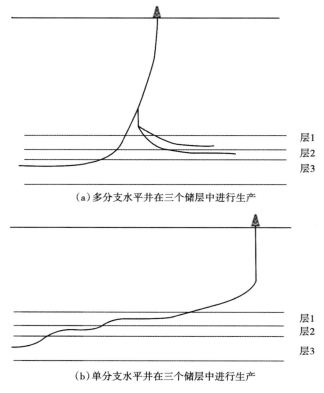

(a) 多分支水平井在三个储层中进行生产

(b) 单分支水平井在三个储层中进行生产

图 18.2　多分支水平井（a）和单分支水平井（b）
两种结构都可以在多层油藏中进行生产

## 18.2.2　大位移水平井

通过大位移水平钻井技术可使水平井水平段长度达到上万英尺，连接并沟通远处的生产层和油藏。在多数情况下，这些油藏位于海上或近海区域。大位移水平井是一项有挑战性的工作，但对于远距离的油田来说是解决问题的唯一有效方法。此外，这些油藏通常性质不佳，需要利用水平井对其进行生产。

2008 年，在位于卡塔尔海上的埃尔沙辛油田钻取了一口水平井，该井总长度达到了40320ft，其中水平段长度为 35770ft。油藏范围极广，但仅在有限范围内的渗透率较为适宜，除此之外其他区域均为渗透率很低的薄层碳酸盐岩地层。油藏原油黏度相当高，且油藏存在一定程度上的横向不连续性。因此，在实施该项创新性水平井技术前，该区域的油藏、原油性质被视为无法达到经济生产水平[1]。3 年后，在俄罗斯库页岛[2]钻取了一口总长度为41667ft（7.7mile）、水平段长度为 38514ft 的大位移水平井。截至 2011 年，世界上水平段最长的 10 口水平井有 7 口位于该区域。

## 18.2.3　水平井的优点

与直井相比，水平井有许多优点，包括但不限于以下几点：

（1）提高油气产量：对于大多情况下的地质条件，水平井可以提供更大的泄流面积，从而显著提高油气产量。更高的产量意味着相对短的时期内具有更高的采收率。此外，水平井可以延伸到油藏深部，在一定程度上增加了储量。

（2）减小水锥及出砂现象：生产过程中的气水锥进现象会极大地影响产量，因此在井的生命周期内都要时刻关注此现象并采取一定的补救措施。对于水平井，与直井相比井眼周围的压降较小，流体流速较低。因此水平井的出砂较小，生产状况较好。

（3）减小非达西影响：在高渗透气藏中，水平井可以将非达西流的不利影响及近井范围的高压降影响降低到最小。

（4）更少的实际问题：恰当的水平井设计可以有效减少生产过程中所涉及的问题，例如初期产量较低、过早的见水及产量递减、修井成本高昂、最终采收率低及过早废弃等。因此，为了更好地管理油藏、尽可能取得高的投资回报，水平井是一项重要的技术手段。

（5）避免水淹：将水驱油藏中现有的直井或斜井改造为单分支水平井、多分支水平井是开发中常用的方式，这样可以使水平段穿过未被水淹的层位，开采出更多的原油。

（6）较高的热采采收率：在稠油油藏和超稠油油藏中，可以通过水平井向高黏度原油传递热量以改善原油的流动性。大多数的稠油油藏都会钻取水平井以维持经济可持续的生产。

（7）降低岩石非均质性的影响：水平井可以有效地降低岩石非均质性的局部影响，如隔层、油藏性质的改变、相变等。

（8）开发复杂油藏的有效策略：在复杂地质条件下的油气藏开发过程中，水平井可以说是唯一有效的开发方式。这些井的目的是"甜点"区或透镜状区域，这些区域内的油藏孔隙度、渗透率、饱和度性质较好。

（9）减小陆地所占范围：如前面所述，水平井最大的优势即与传统的直井相比，其占地面积很小，无疑对环境保护等相关问题意义重大。

（10）海上油田开发：由于大多数海上钻井平台的有限钻井区域，显然水平井在连通更多的产油层位上具有极大优势。

（11）低密度钻井液钻井的应用：水平井固井作业中，低密度钻井液可以有效减少地层伤害。

## 18.2.4　水平井的现场应用

水平井在石油工业中的应用极为广泛，适用于致密页岩气藏、裂缝稠油油藏及以直井斜井为基础的处于生产周期末期的常规油气藏。一般来说，当发现直井斜井在某处无效、经济性较低、邻近废弃或由于特殊的岩石流体性质不被视为一个可行性选择时，使用水平井是明智的解决方法。

文献调研结果显示水平井技术目前已成功应用于以下油气藏：

（1）渗透率很低或超低的致密油气藏。

（2）薄层油气藏，直井、斜井的接触范围有限。

（3）裂缝性油气藏，基质渗透率较低而井筒穿过高导流能力裂缝。

（4）含有不连通部分的碎屑岩油气藏。

（5）含断层油气藏。

（6）需要采取热采开发方式的稠油油藏。

（7）海上油田及有限的钻井区域。

致密油藏的渗透率很低，与其他类型油藏相比，水平井是其首选开发方式，因为这样可以增大井与地层的接触面积，开采出更多的油气。在某些油气藏中，水平井所带来的优势是惊人的。对于基质渗透率很低的裂缝性油藏其效果尤佳，产能可以增加 1200%。对于稠油油藏，依靠水平井可以将产能提高 700%。

显然，薄层油藏适合采用水平井进行开发，因为直井和斜井只能接触有限的油藏范围。在这种情况下，一口水平井可以拥有达数千英尺长的一个或多个分支，这样就替代了打数口直井的需要。低渗透的薄层油藏需要水平井来维持经济开采。世界上水平段最长的水平井位于卡塔尔的一个海上油田，该区域为薄层、致密、横向不连续的碳酸盐岩地层。

水平井技术广泛应用于非常规气藏，如致密页岩气藏和煤层气藏。水平井与天然裂缝和诱导缝相连通，有利于气体从水平井中产出。

在一些稠油油藏中，依靠一对水平注入井、生产井可以采取蒸汽辅助重力驱进行开发，使其产量实现商业开采价值。

在海上油田开发过程中，在海上钻井平台的有限区域内使用水平井可以覆盖油藏的大范围区域（图 18.3）。

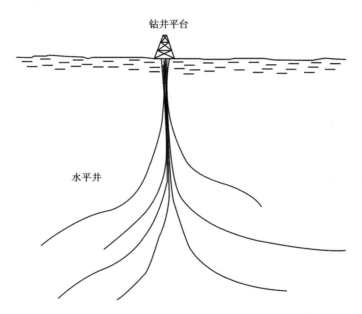

图 18.3　从单个钻井平台钻取多口水平井以连通油藏较远区域

水平井对裂缝油藏的开采十分有效，因为裂缝网络与水平井段连接沟通，增强了泄流效果。

含有不连通断块的碎屑岩油气藏可以采取水平井进行高效生产。在含有不连通区域的油藏中，水平井分支可以穿透不同的区域进行生产（图 18.4）。此种油藏可以使用试井、生产动态分析、水驱前缘追踪、油组分变化等技术手段进行确定。

在存在气水锥进问题的油气藏中，水平井可以有效减小这些不利影响，提高原油产量。

长时间注水后可能会形成水淹层，此时可以将现有的直井改造为水平井以接触剩余油饱和度高的区域，从而提高原油产量，该方法示意图可参考图 18.1。

在所有的例子中，原油饱和度应达到钻取水平井的需求。此外，油藏压力必须能够驱动

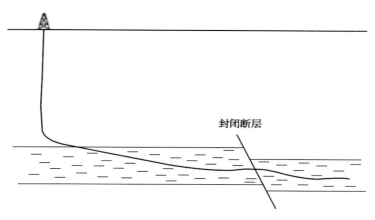

图 18.4 单分支水平井示意图

水平井从不连通的两断块中进行生产

原油流向井筒。在任意一项工程中，需要依据现金流和投资回报率来考虑钻井成本和采收率等指标，综合决定是否进行水平井开发。水平井和直井的比较应依据单位原油的生产成本（$/bbl 或 $/10^3ft^3$）而不是钻井成本（$/ft）。

## 18.3　水平井部署指南

以下是在常规和非常规油气藏中部署水平井的一般性指南：

（1）在水驱开发的常规油藏中，水平井应部署在剩余油饱和度最高的区域，同时可以避免水淹出现。

（2）在部署分支井时，应考虑垂向渗透率、流体黏度、地层厚度、岩石非均质性等重要因素以避免底水锥进的现象。

（3）在低渗透油藏中，需要对水平井的水平段长度和方向进行仔细设计以使其接触的油藏范围尽可能更广。

（4）在天然裂缝性油藏中，水平井要尽可能与裂缝的主方向垂直，这样可以与更多的裂缝进行接触，这些高导流裂缝可充当油气渗流的微通道。

（5）类似的，当油藏中渗透率存在方向性时，就要保证水平井轨迹与渗透率主方向垂直，这样有利于更多的流体流入井筒。

（6）对于含有断层和断块的非均质性油藏，要尽可能使水平井穿过这些连通性较差或不连通的区域。

（7）非常规页岩气藏是天然连续分布的。水平井的目的是接触局部的"甜点"区域，这些区域有机质含量多且热成熟度高；此外，这些区域的天然裂缝充当了气体的导流通道，且岩石的力学性质利于进行多级压裂。

## 18.4　水平井产能分析

水平井的产能可以根据其相较于直井产能的增加值进行估算。相关文献给出了很多计算水平井产能指数的解析公式，这些公式考虑了油藏、流体的性质和流动性质。以下为Joshi[3]提出的水平井产能指数的计算公式，其假设条件为：流动为单相稳定流、岩石性质均一、泄流面积已知等：

$$J_h = \frac{7.081 \times 10^{-3} h K_h}{\mu_o B_o \{ \ln R + [ Bh / r_w (B + 1) ] \}} \tag{18.1}$$

式中　$r_{eh}$——水平井泄流区域半径，ft。

$$R = \frac{a + [ a^2 - (0.5L)^2 ]^{0.5}}{0.5L} \tag{18.2}$$

$$a = 0.5L \left\{ 0.5 + \left[ 0.25 + \left( \frac{2r_{eh}}{L} \right)^4 \right]^{0.5} \right\}^{0.5} \tag{18.3}$$

$$B = \left( \frac{K_h}{K_v} \right)^{0.5} \tag{18.4}$$

---

**例题 18.1**

根据表 18.1 中的数据计算该水平井的产能指数及产量。

解：

$$B = \left( \frac{25}{3} \right)^{0.5} = 3.162$$

$$r_{eh} = (160 \times 43560 / 3.14)^{1/2} = 1490 \text{ ft}$$

$$a = 0.5L \{ 0.5 + [ 0.25 + (2r_{eh}/L)^4 ]^{0.5} \}^{0.5}$$

$$= 0.5 (5000) \{ 0.5 + [ 0.25 + (2 \times 1490/5000)^4 ]^{0.5} \}^{0.5} = 2637.8$$

$$R = 1.3917$$

$$J_h = 6.287 \text{ bbl}/(\text{d} \cdot \text{psi})$$

$$q_o = 6.287 (2100 - 1250) = 5344 \text{ bbl/d}$$

经计算比较得出，直井的产能指数小得多：

$$J = 7.081 \times 10^{-3} (25) (30) / \{ (1.1) (1.89) [ \ln (1490/0.42) - 3/4 ] \}$$

$$= 0.31 \text{ bbl}/(\text{d} \cdot \text{psi})$$

**表 18.1　估算水平井产能**

| 参数 | 值 |
| --- | --- |
| 水平段长度（ft） | 5000 |
| 井底流压（psi） | 1250 |
| 水平渗透率（mD） | 25 |
| 垂向渗透率（mD） | 2.5 |
| 泄流面积（acre） | 160 |
| 泄流范围内平均压力（psi） | 2100 |

| 参数 | 值 |
|---|---|
| 井眼半径（ft） | 0.42 |
| 平均地层厚度（ft） | 30 |
| 原油黏度（mPa·s） | 1.1 |
| 原油体积系数 FVF（rb/bbl） | 1.89 |

在一些实例中，水平井产未能达到预期产量，造成这一现象的可能原因很多。这些原因包括地层伤害、出砂、水侵导致水平段无效、油藏性质较差等。

## 18.5　水平井产能问题

当水平井产能状况不尽如人意时，可能的原因如下：

（1）未知的油藏非均质性。

（2）低于预期的油藏质量。

（3）垂向渗透率很低，使流体较难流向井筒。

（4）井位部署接近于油水接触面。

（5）表皮伤害。

（6）井眼稳定性。

（7）完井不到位。

（8）水平井周围压降阻止了流体流动。

（9）油藏的无效假设。

**实例分析一：加利福尼亚州的一个稠油油藏**

位于加利福尼亚州贝克尔斯菲市的克恩河油田，2007年开始采用水平井提高稠油采收率，效果显著[4]。该油藏顶面位于地下50~1000ft处，油藏中至少存在9个油层。在原始温度下，原油重度为13°API，黏度为4000mPa·s。油藏孔隙度为29%~33%，其渗透率很高，为1~8D。

该油田有超过100年的开发历史。由于原油的黏度较高，20世纪在该区域钻取了大量的直井，直井数量超过20000口。作为提高采收率措施的一部分，蒸汽驱在该油田被广泛实施。在20世纪80年代中期，油田原油产量提高到140000bbl/d。然而，此后产量以每年6%的速率开始下降。2007年开始，该油田钻取了超过400口的水平井，水平井成为了该油田最大的生产井。水平井井数仅占总井数的4%，却贡献了整个油田产量的24%。原油产量年递减率缩小到1%~2%之间。

主要开发策略包括在采收率较低的已加热油藏区域钻取水平井。为了找到采收率相对较低的区域，主要采用递减曲线分析方法来预测最终采收率，并将结果同物质平衡法相比较。根据岩性资料、裸眼井测井数据等建立全区域的三维油藏模型，计算油藏的原始储量。通过C/O测井数据得到饱和度信息，油藏范围内有700口观察井来获取饱和度和温度数据。

**实例分析二：北达科他州贝肯油田的水平钻井**

几十年前发现的北达科他州贝肯油田拥有相当数量的油气储量，其位于威利斯顿盆地，横跨蒙大拿州与北达科他州，甚至延伸至加拿大的部分区域。尽管在 20 世纪 50 年代已有原油生产，但其真正成为世界闻名的产油地是在 21 世纪。成熟的水平井和多级水力压裂技术使得低渗地层可以经济有效的生产大量油气。2005 年，北达科他州的原油产量低于 100000 bbl/d，此时水力压裂初次被证明可以成功应用。2013 年，产量已超过 700000 bbl/d，这主要得力于贝肯油田广泛应用了水平井和多级水力压裂技术（图 18.5）。该区域水平井总计超过 600 口，压裂级数达到 40。最终，北达科他州成为全美国原油产量第二大的州，仅次于得克萨斯州。

贝肯页岩可以追溯到晚泥盆世至早密西西比世[4]。地层含有三个不同的分层，上层及下层页岩为烃源岩，中间为白云岩岩层。除此之外还有砂岩。贝肯页岩油气藏与致密油类似，其渗透率较低，仅为 0.01mD；孔隙度同样很低，仅为 5%。

美国地质调查局曾估计该区域可采地质储量为 40×10⁸bbl。事实上，贝肯油田拥有 400×10⁸bbl 的原始油气储量[5]。

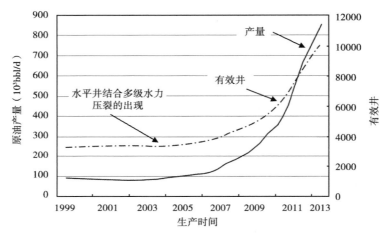

图 18.5　北达科他州产量统计（数据来源：北达科他州矿产资源局）
大多数的产量是在水平井与多级压裂技术出现后由贝肯油田贡献

## 18.6　总结

近十年来，水平井技术的成熟应用引导石油工业进入了一个新的时代。原先由于经济、技术等问题被视为无法进行经济开发的油气藏已经利用水平井技术进行了成功的开发。

水平井技术一定程度上增加了储量，因为它可以将那些直井无法开采或地质复杂程度很高的区域中的原油开采出来。水平井的优点包括但不限于以下几点：

（1）水平井适用于开采含有断块断层、横向不连续的复杂油藏。对于横向不连续的油藏，单个直井无法穿过所有不连通区域。

（2）对于薄层油藏和长条状的油藏，水平井是首选的开发方式。因为直井仅能接触有限的油藏面积，通常无法达到经济产量。

（3）水平井可以降低底水锥进及出砂的影响，这是由于在生产过程中水平井周围的压降小于直井近井区域的压降。

（4）水平钻井常用于垂直井的改造，这样可对水驱时未水淹的区域进行开采。

（5）水平井可以解决各类井的问题，包括高含水和频繁修井。

（6）对于低渗透地层，水平井可以接触更大的油藏范围从而维持较高的产量水平。水平井被广泛应用于常规和致密砂岩气藏，煤层气藏和超低渗透页岩气藏（渗透率低至微达西级或纳达西级）等非常规油气藏。

（7）在多数海上油田中，由于有限的钻井区域，水平井几乎是唯一的选择。

（8）对于稠油油藏和超稠油油藏的热采开发过程，水平井可使热量传播到更大的范围以使得原油黏度有效降低，从而驱动原油流向井筒。

（9）随钻测量和随钻测井技术可以收集获取水平方向上大量的岩石数据，而裸眼直井仅可从有限区域内收集岩石物理资料。

（10）所需要的水平井数小于直井数。因此，水平井所占的地面面积更小，可将对环境的影响降低到最小。

水平井可以根据井从直井过渡到水平部位的轨迹和曲率半径进行分类（表18.2）。

通常情况下，水平井的钻井成本是直井的3～5倍；但其可以有效提高油井产能700%。在多数实例中，经济分析表明当考虑每桶原油的生产成本时，水平井是更好的选择。

水平井水平段应部署在合理的区域内，如应部署在含油饱和度相对较高的区域以尽量避开水淹层。此外，水平井还应与裂缝的主方向、渗透率主方向垂直以最大程度地促使流体流向井筒。对于页岩气藏，水平井应穿过有机质含量高和热成熟度较好的"甜点"区。此外，"甜点"区发育的天然裂缝有利于气体的流动，其岩石性质易于进行多级压裂施工。

关于预测水平井产能方面有许多的解析模型。本章中列举了一个求解水平井产能公式的例子。通过公式发现：

（1）水平井水平段的长度越长，水平的产能越高。当其他参数不变的情况下，垂向上渗透率越高，产量越大。

（2）当原油黏度增加，产能减小。但是，水平井仍是稠油油藏热采开发中较好的开发选择。

此外，实验表明多级水力压裂技术可以极大提高水平井的产能。多级水力压裂是开发渗透率极低（微达西级或纳达西级）的页岩气藏的常用手段。

本章还列举了水平井技术在开发历史超过100年的油田中的成功应用实例。为了采用蒸汽驱进行开发，油田钻取了大量的直井；然而，油田产量出现明显下降。从2007年开始，在采收率相对较低且已进行热采的区域首先使用水平井进行开发。水平井项目取得了极大的成功，以占总井数4%的数量贡献了将近25%的产量。

**表18.2 水平井分类**

| 井型 | 曲率半径（ft） | 造斜率（°） | 长度（ft） |
| --- | --- | --- | --- |
| 长 | 1500 | （1～6）/100ft | 1500+ |
| 中 | 160～1000 | （6～35）/100ft | 1000～4000 |
| 短 | 20～40 | （1.5～3）/ft | 100～800 |
| 超短 | 1～2 | — | 100～200 |

## 18.7　问题和练习

（1）什么是水平井？它与直井有什么不同？在钻取水平井时应考虑什么因素？

（2）列举水平井的优点。根据文献资料，给出三种通过水平井效益明显增加的非均质性油气藏。

（3）水平井如何帮助判断地层性质是否满足工业生产需求？水平井钻井过程可以测量哪些岩石参数？

（4）多分支水平井有哪些优点？何时需要考虑钻多分支水平井？

（5）如何侧钻井？给出需要将直井侧钻成水平井的原因。

（6）水驱油藏中如何部署水平井？给出理由。

（7）为何水平井技术会应用于页岩气藏？

（8）天然裂缝性油气藏中的水平井如何起作用？

（9）垂向渗透率如何影响水平井产能？

（10）现有一个裂缝性白云岩油藏，其渗透率低且含水率高。某公司考虑使用多分支水平井进行开发。请进行详细的成本和收益分析并给出所有必要的假设。

### 参 考 文 献

［1］ Thomasen J，Al-Emadi IA，Noman R，Ogelund NP，Damgaard AP. Realizing the potential of marginal reservoirs：the Al Shaheen field offshore Qatar. IPTC #10854. Presented at the International Petroleum Technology Conference；Doha，Qatar，2005.

［2］ At the end of the earth：the longest，deepest oil wells in the world. Popular Science；2011. Available from：http：//www. popsci. com/technology/article/2011-06/end-earth-longestdeepest-oil-wells-world.

［3］ Joshi SD. Horizontal well technology. Oklahoma：Pennwell，1991.

［4］ Bakken shale geology. Available from：www. Bakkenshale. com ［accessed 12. 08. 15］.

［5］ Bakken history. Available from： http：//www. undeerc. org/bakken/pdfs/BakkenTimeline2. pdf ［accessed 14. 08. 15］.

# 第 19 章　低渗透油气藏和非常规油气藏的油气开采方法

## 19.1　引言

　　油气藏在大陆和大洋极广的范围内被发现。因此，油藏工程团队需要与其他人员合作，利用各种方法技术经济、有效地开采油气资源。在前面的章节中，已经介绍了一种有效的开发技术——水平井技术；在油藏开发史的多个阶段，水平井在复杂油藏开发中取得了显著的成果。本章主要介绍另一种在工业中较早流行的开发方法——加密钻井。加密钻井的概念十分简单，当新的"加密井"在原有井之间出现，更多的油气与井筒渗流通道接触，就能从地层中产出更多的油气。最后，本章还讨论了在低渗透气藏中应用的多种有效开发方法，介绍了工程师如何利用这些技术手段来提高油藏生产动态和增加油藏产值。

　　本章简要讨论了加密井在常规油气藏和非常规油气藏中的应用及低渗透气藏中的一些常用开发策略，本章的最后还给出了实例分析。本章内容主要回答了以下问题：

　　（1）油气有效的开发方法、策略有哪些？

　　（2）什么是加密钻井？

　　（3）加密井的优势是什么？

　　（4）哪些油气藏适宜进行加密井开发？

　　（5）在油气工业中加密井技术是如何发展的？

　　（6）在低渗透、超低渗透油气藏中，综合开发策略是什么？

## 19.2　低渗透油气藏开发的策略

　　低渗透油气藏中常用的开发策略包括但不限于以下几点：

　　（1）加密钻井，得到相对较近的井距。

　　（2）水平井，单分支或多分支。

　　（3）井增产措施如多级水力压裂、酸化压裂等。

　　（4）基于严密动态监测的油藏管理措施，包括永久性井下测量仪器的部署。此举可以定期地评估地层伤害状况、油井产能及油藏整体的生产状况。

### 19.2.1　加密钻井的优势

　　加密井是在油气藏初始开发生产进行之后重新钻的井。在一次采油、二次采油之后，地层中有些区域的剩余油饱和度还是相当高，加密井的主要目的就是尽可能地将这部分油气资源开发出来。加密井可以是直井或水平井。

　　加密井具有以下优势：

（1）当油藏渗透率很低时，提高油气产量。

（2）提高注采井之间的连通性。

（3）提高水平方向上和垂向上波及系数，因为有更多井来注入流体驱替原油。

（4）提高油藏的连通性，某些油藏的非均质性强、渗透率变化剧烈、存在不连通区域。

（5）整体上增加油藏产值，降低井的废弃率，提高油藏经济状况。

### 19.2.2　加密钻井的目标油气藏

大井距井网无法取得较高采收率的原因有很多，包括以下原因：

（1）致密油气藏的渗透率很低，因此单井的控制面积很小，井产能下降较早。许多致密气藏的加密井开发取得了成功。

（2）由于注入流体窜流的影响，进行过水驱等提采措施的非均质性强油藏的大部分区域未被驱替。

（3）稠油油藏中原油流动性差，在大井距井网中很难实现商业化生产。

（4）某些成熟油藏在实施过提采措施后，原油饱和度仍很高。

（5）对于断块油气藏，大井距井网井数无法连通油藏中孤立的部分。

### 19.2.3　加密钻井方法的发展

传统的加密井钻井被视为直井的一部分。比如，美国很多的油田最初的井网设计是160 acre。随着产量不断下降，紧接着实施加密井方案，使井网减小到40 acre。某些低渗透区域的井网面积被减小到20 acre。每隔一定距离钻取加密井，极少关注特殊的地质情况和油田部分区域的高流体饱和度情况。随着油藏表征得到进一步发展，油藏数值模拟也更加精确，可以判别出油藏的哪些区域未被波及。因此，加密钻井的主要目标就是这些区域，而不是在整个油田范围内以一定的规律进行钻井（图 19.1）。此外，随着水平井技术的不断发展，出现了许多水平加密井，极大地提高了油气产量。

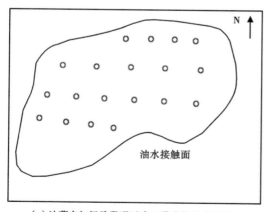

（a）油藏在初级阶段通过多口井进行注水开发

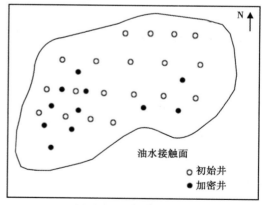

（b）加密区域位于油藏的西部

图 19.1　油藏加密井示意图

加密井用来开采地下剩余的原油

## 19.3 致密气和非常规气

世界范围内相当多的天然气位于渗透率很低的砂岩、碳酸盐岩和页岩中。事实上，这些低渗透储层中的气体含量超过了常规高渗透气藏。岩石渗透率变化范围极大，从致密砂岩的毫达西级至页岩中的纳达西级。由于气体本身黏度较小且气藏原始压力较高，气体的开发相对容易。致密气指的是那些低渗透气藏所产出的干天然气[1]。20世纪70年代，美国相关部门定义渗透率不大于0.1mD的气藏为致密气藏。但是，这项定义有一定的政治意义，因为它被用作决定运营商是否可以享受致密气藏开发的税收抵免政策。

页岩气和煤层气属于非常规气，是致密气的一部分，其所在储层的渗透率极低。需要指出的是，通常情况下，渗透率小于5mD的低渗透油藏很难用常规方法经济、有效地将高黏度、低流动性的原油开采出来。

根据达西定律，在相同条件下，经过较长的生产时间，致密气藏的气体产量远低于高渗透气藏的产量。为了进行有效的生产，需要使低渗透地层与井筒更加充分地接触并连通。作为开发策略的一部分，必须钻许多井距更小的井来获取较高的采收率。水平井是开发致密气藏的一项有效措施。此外，想要实现商业上的长期生产，需要通过增产和压裂等措施提高岩石渗透率。

致密气藏的直井必须进行成功的增产措施才可能达到商业化生产需求。通常需要大规模的水力压裂作业才能进行经济生产。在天然裂缝性致密气藏中，可以使用水平井进行经济开发，但仍需要增产措施的辅助。

## 19.4 低渗透油气藏的开发：工具、技术和选择标准

低渗透油气藏的开发要基于多种来源的数据资料及相关分析，这包括但不仅限于详细的油藏描述、裂缝发育模型、油藏模拟和经济性分析。其中，由于储层渗透率非常低，使得低渗透油藏泄流区域的估算成为油藏描述的难点之一。泄流区域的形状和大小受沉积环境和压裂裂缝的长度、方向的影响。水平井的轨迹也决定了泄流区的形状和大小。

选择经济可行的低渗透油藏进行开发的标准包括以下方面[2]：

（1）油藏压力和岩石渗透率：通常情况下，压力高且渗透率在0.005～0.01mD范围之内的低渗透油藏可以作为开发的候选。异常低压油藏、部分衰竭油藏及浅层油藏都可能需要相当高的渗透率以维持经济性生产。

（2）潜在的地层伤害：另一个考虑因素就是流体在低渗透地层中的滞留现象，其会极大地影响产能。由于完井过程中的滞留现象，低渗透油藏会受到相当大程度的伤害。对于渗透率处于微达西级的油气藏，初始含水饱和度很低，导致岩石未饱和。但在完井过程中，流体滞留在岩石中，导致严重的地层伤害。孔隙的几何特征、岩石的润湿性、流体入侵的深度、压力的下降、毛细管压力和相对渗透率都对流体滞留有影响。但不是所有的低渗透油气藏在完井过程中都存在滞留现象。

**实例分析一：复杂碳酸盐岩油藏中水平加密钻井评价**

位于堪萨斯州中部的许多密西西比纪的碳酸盐岩油藏都是分层的，因为其存在垂向上的

页岩封隔层。此外，薄油层、高含水率、低采收率、缺乏完整的油藏表征数据等诸多因素都使得有效管理这些成熟油藏具有挑战性。常规直井无法连通分隔的区域，因此难以达到足够的产量。研究人员开展了一项关于水平加密井的可行性研究，该措施旨在通过连通油藏中分隔的区域来得到潜在的高产量[3]；这类油藏的生产还可以依靠强水驱提供能量。但是，一旦开始钻井，页岩封隔层将不再稳定，会对井造成伤害。

该研究包括以下内容：

（1）根据已公开数据筛选可能进行水平井开发的候选油藏；

（2）整合油藏表征结果并建立油藏模型；

（3）进行油藏模拟，根据历史拟合结果验证油藏模型；

（4）根据模拟结果识别残余油饱和度高的区域；

（5）确定目标加密井的潜在生产能力；

（6）三维地震属性分析描述油藏分隔状况，估计分隔区域的岩石性质（如孔隙度和有效厚度）。

根据累计产量和钻井中途测试给出的压力变化数据选取了 14 个油田进行初始筛选。下一步的筛选是将这些油田根据水平加密井的可行性进行排序，在此过程中主要考虑了以下因素：

（1）油藏的范围和厚度；

（2）地层平均孔隙度；

（3）油藏压力下降状况；

（4）单位面积的剩余储量；

（5）平均井控面积。

在后续的研究中，选取了其中三个油田进行油藏表征和数值模拟研究，根据结果选择其中一个油田进行试点。根据测井和岩心测试解释结果，实际油藏比原先的模型要复杂得多。两口邻近井进行的关井实验研究也证明了该断块油气藏的高度复杂性。此后，为了更好地描述各区域开展了三维地震测试，根据测试结果更新油藏模型。根据试点方案进行的模拟结果显示油井产能低于预期，主要原因是断块和缺乏明显的压力支持导致泄流区域的减小。考虑到可能存在的风险及在其他地点实施的可能性，该油田没有进行水平加密井。

以大量井和油藏数据为基础的综合研究表明，在密西西比油田中较好的压力状况及井网控制面积大于 40 acre 的区域是成功进行水平加密井开发的重要条件。

### 实例分析二：非常规页岩气藏中水平加密井评价

近些年来，北达科他州贝肯页岩气田进行了大规模的钻井活动进行非常规油气的开采。一些水平井的长度达到 5000～10000 ft，其井网井控面积分别为 640 acre 和 1280 acre。这些油藏采收率很低（仅为个位数），其值在 3%～7%之间。以黑油模型为基础进行的一项数值模拟工作研究了贝肯油田的三个储层，即上、中、下贝肯地层，该研究的目的是评估加密钻井的可行性[4]。由于水平井多级水力压裂是超致密页岩气藏开发的常用手段，因此这项研究还包含对裂缝的模拟。裂缝模拟是根据可用的岩石力学数据及井轨迹资料，通过模拟来确定裂缝的尺寸及导流能力。压裂缝的级数可以很高，通常在 30～40 之间。水力压裂可以产生大量的穿过水平井段的垂直缝和水平缝。

研究人员使用了一个三相黑油模拟模型进行产能预测。研究中的生产井主要产油，附带有一些伴生气。数值模拟模型中会涉及非常规页岩气藏的岩石性质，如孔隙度（6%）和渗透率（0.002~0.04mD）。对于岩石力学性质，上层和下层的杨氏模量分别为500000psi和150000psi；中层的闭合压力梯度为0.65psi/ft。三个层的总有效厚度为42ft。原油重度为42°API，泡点压力为2398psi，气油比为700ft³/bbl。

针对平均有效渗透率在0.002~0.04mD之间变化的页岩气藏，对三种方案进行研究。裂缝级数在4~12间变化。该研究还考虑了3种砂粒、陶粒支撑剂的大小。

研究表明在非常规页岩气藏中进行加密钻井的可行性与裂缝设计和支撑剂选择都强依赖于地层的渗透率。在井网控制面积为640acre且渗透率适宜的区域进行加密钻井，取得的效果十分显著。压裂中存在最佳的压裂级数，当超过一定级数，产量会递减。

## 实例分析三：中国苏里格大型气田

以下是一个大型非均质气田中应用低成本加密钻井获得成功的具体例子。苏里格气田[5]位于鄂尔多斯盆地中部，发现于2000年，几年后开始进行生产。气田总探明储量为60×10¹²ft³，为中国最大的气田。产量大约为13×10⁸ft³/d。产出气含轻烃组分。该气田为低压、低渗透、气水分布复杂的非均质性强的气田。沉积相间的相互作用和成岩作用导致该气田的非均质性强。

从地质学角度上讲，该气藏为地层圈闭有界气藏。气藏中的圈闭主要是沉积相的不规则变化造成的地层性圈闭。由于地震资料分辨率的限制，使用双排深800m的探井井网对该气藏进行描述表征。

该气藏主要成分为粗粒度砂岩，分布在上二叠统石河子地层和山西地层，例如石盒子组的盒8段及山西组的山1段。平均埋深为10500~11480ft的砂岩地层为辫状河沉积环境。粗粒度颗粒和基底通道砂岩相使得气藏孔隙度在5%~12%之间，渗透率为0.02~2.0mD；孔隙度和渗透率随着深度有显著变化。由于埋深较深，原始孔隙度急剧减小；但次生溶蚀孔隙占总孔隙的80%。混合石英岩的粗粒度砂岩胶结程度较差，给流体的流动提供了可能性。在这些砂岩中广泛发育次生溶蚀孔。16口探井数据显示地层横向连续性达数百米，但净厚度小于8m（26ft）。

气田的强非均质性使得开发必须采用高密井网。在2011年有4222口气井工作，其中有3439口井平均每天都在开井。苏里格气田的2007年产量为353×10⁶ft³/d，2008年为706×10⁶ft³/d，2009年为1059×10⁶ft³/d，其目前产量超过每天1300×10⁶ft³，已成为中国的最大的整装气田，以及成功的低成本开发致密气藏的范例。

## 实例分析四：致密油藏水平井产能的数值模拟研究

下面介绍一个有关致密油藏水平井产能的数值模拟研究。研究显示水平井使得该致密油藏生产时间延长并采出了更多的原油。油藏模型中，平均水平渗透率为0.25mD，垂直渗透率为水平渗透率的一半。地层孔隙度为15%，初始含油饱和度为75%，其余为地层水。整个区域被分成两个部分，每一部分的岩石和流体性质相似；9口直井位于第一部分，而第二部分有3口水平井，3口水平井的总钻井成本不比9口直井高太多。两部分的网格传导率设置为零，即两部分彼此不连通。

直井和水平井的产能状况对比如图19.2所示。当9口直井达到其经济极限产量13bbl/d时，其生产时间为12年，初始采收率为8.8%。相比之下，3口水平井的生产年限为29年，其采收率为18.5%。油藏初始压力为4862psi，在3口水平井所在的那部分的压力最终降到

1800psi。油藏平均压力的不断下降使得气相出现并使得气油比增加（图19.3）。

该油藏三维模拟以黑油模型为基础[6]。网格个数为17×14×4。网格横向尺寸在230ft和520ft之间。每个网格的高度为19ft。模拟中采用局部网格加密来研究水平井的产能。

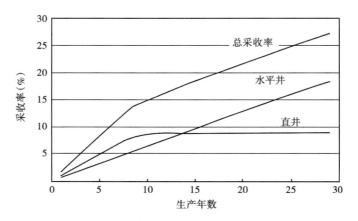

图19.2　直井和水平井的采收率比较

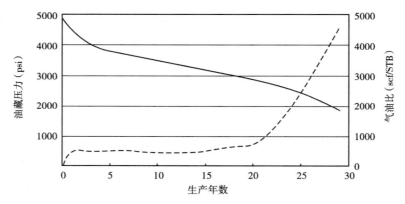

图19.3　一次采油中典型的油藏压力下降和气油比增加图

## 19.5　总结

开发超低渗透、非常规油气藏时，油藏工程师会采取以下策略及方法：

（1）加密钻井，相对减小井网距离。

（2）水平井，包括单分支水平井或多分支水平井。

（3）油井增产措施，包括多级水力压裂或酸化压裂。

（4）基于油井动态监测的油藏管理，包括部署永久性井下测量仪。此举可以定期地有效评估地层伤害状况、油井产能及油藏整体的生产状况。

有关水平井的内容已在前面章节中详细讨论。本章主要讨论了在油气工业中广泛应用的加密钻井。加密井可以使原先不连通的区域相连通，产出更多的油气资源。其优点包括以下方面：

（1）当更多的井钻在合适的区域，能使油藏具有更好的经济产能，增加其产值。

（2）使低渗透储层可维持较长时间的商业产量。

（3）在油藏非均质性严重的情况下增加岩石和井筒的接触面积。

（4）提高注入井、生产井之间的连通性。

（5）增加油藏开发年限。

以下油气藏类型适合进行加密井的开发策略：

（1）低渗透、特低渗透的致密油气藏。世界上很多盆地中的致密气通过加密井进行经济开采。

（2）强非均质性油藏。由于地质不连续、相变化、分层、封闭断层等因素造成油藏中很大的区域未被开发。

（3）稠油和超稠油油藏。这些油藏仅靠有限的井无法进行经济生产。

（4）还有大量剩余储量的成熟期油藏或临近废弃油藏。

（5）断块油气藏。加密井可以将未开发区域中的油气开采出来。

致密气指的是那些已知的低渗透气藏所产出的干天然气，这些地层的渗透率可在零点几毫达西至微达西级之间。非常规页岩气和煤层气所处地层也多为低渗透地层，渗透率在纳达西级。

常规的井网无法维持致密气藏长时间的商业开采。因此，加密井可缩短井网距离，维持经济生产。致密气藏中的一口直井必须经过增产措施才可能达到足够的产量。低渗透油气藏中的水平井同样也需要增产和压裂措施。

一个低渗透油气藏的综合开发策略要根据现有的多种技术和工具来制订。减小井距（加密井）、水平井和多级酸化压裂都是开发低渗透油气藏的有效选择。基础研究包括细致的油藏描述、裂缝发育模型、油藏模拟和经济分析等；此外，还需要以油藏动态监测为基础的油藏管理措施。

选取低渗油气藏进行开发的标准包括渗透率范围和油藏压力。当油藏压力相对较高、渗透率为毫达西级（0.005~0.01μD），该油藏即可作为候选进行开发。对于那些因为埋深浅、部分衰竭及异常地质状况导致的低压油藏，选择时则需要更好的岩石渗透率。

钻井完井过程中，低渗透油气藏的潜在伤害是选择时必须考虑的。一些未被地层水饱和的储层可能在完井过程中发生流体滞留，导致产能下降；许多油层的物理特性导致了这一现象的发生。

本章给出了三个关于加密井及其他措施如何在油田实施的现场实例：

（1）常规碳酸盐岩非均质油藏的加密井评价。

（2）根据油藏模拟结果，在非常规页岩气藏中进行水平加密井的评价。

（3）在大型低渗气田中采取高密度井网的成功开发案例。

# 19.6　问题和练习

（1）什么是加密钻井？何时应采取加密井作业？

（2）油气藏中为什么要采取水平加密井？

（3）哪些油气藏适合进行加密井开发？根据文献资料，至少给出四种油气藏类型。

（4）加密井网应采取随机还是特定的形式？

（5）加密井的产量大于还是小于原始井网的产量？原因是什么？

（6）所有的加密井都是生产井吗？为了提高采收率可以钻加密井用作注流体吗？

（7）低渗透油气藏的产能特征与中高渗油气藏有什么区别？根据流体在多孔介质中的流动方程来解释。致密气藏的产物中有凝析液吗？

（8）低渗透砂岩、低渗透石灰岩和页岩气藏及煤层气藏在岩石性质方面有什么不同？

（9）在加密钻井中测井是否有一定作用？解释原因。

（10）油藏压力如何影响低渗透油气藏的产能？举例解释。

（11）根据文献资料，比较一个高渗透（大于 50mD）油藏和一个低渗透（低于 0.5mD）油藏的生产全周期，包括比较两个油藏的采收率。

（12）作为一个石油公司的工程师，由于最初的方案开发效果较差，需要在某裂缝性致密碳酸盐岩气藏中设计一个加密井方案，具体描述在确定目的区域和目的层时以及可能用到的工具和技术。

## 参 考 文 献

［1］Holdtich S A. Tight gas sands. J Petrol Technol, 2006；58（6）.

［2］Bennion D B, Thomas F B, Imer D, et al. Low permeability gas reservoirs and formationdamage-tricks and traps. Hycal Energy Research Laboratories Ltd. SPE-59753-MS Publisher：Society of Petroleum Engineers. Source：SPE/CERI Gas Technology Symposium, 3-5 April, Calgary, Alberta, Canada.

［3］Bhattacharya S. Field demonstration of horizontal infill drilling using cost-effective integratedre servoir modeling-Mississippian carbonates, Central Kansas. Open File Report. Kansas Geological Survey, 2005.

［4］Eleyzer P E, Cipolla C L, Weijers L, et al. A fracture modeling andmulti-well simulation study evaluates down-spacing potential for horizontal wells in NorthDakota. World Oil, vol. 231, No. 5.

［5］He D, Jia A, Xu T. Reservoir characterization of the giant Sulige Gas Field, Ordos Basin, China. Poster presentation at AAPG Annual Convention, Houston, Texas, 2006.

［6］IMEX data file. Computer Modelling Group.

# 第 20 章　产量衰减油藏的改造

## 20.1　引言

全球统计数据显示，普通常规油藏的采收率多在25%～50%范围，而非常规油气藏的采收率大多低于10%。此外，全球多个地区已经发现了较大的含油盆地，未来无望再发现较大的新油田。对于油藏工程师们来说，如何提高产量衰减中油藏的采收率显得非常重要，因为地下有很多原油尚未被采出。随着油气工业技术的提高，那些近乎报废的处于生产后期油田或者伴有低产问题的油藏可能有很大的潜力恢复再焕发活力，增加经济效益。总之，技术人员所要做的是识别剩余油分布，实施探测措施，展开开发方案，尤其是在断块油藏中初期实施 EOR 措施时完全未被动用的特殊区域。

本章主要研究油藏工程师们如何重新让一些进入开采后期的油藏恢复活力，并针对实例进行讨论。主要围绕以下问题展开：

(1) 处在生产后期油藏或者有问题的油藏，它们有什么特征？

(2) 恢复低产油藏活力主要有哪些方法？

(3) 提高油井产能有哪些特别措施，或者对油田有什么建议？

### 衰退油藏的特征

一个油藏在开井生产几个月或者几年的时间段里，可能会出现一种或多种衰退迹象。如果提高油藏的管理，加强数据收集，更新技术设备，可能会延迟这些衰退问题出现的时间，亦或是完全避免。衰退迹象有以下几种：

(1) 油气产量下降。

(2) 油井产量下降到经济可承受底线。

(3) 油藏压力达到废弃压力。

(4) 水油比、气油比快速上升。

(5) 水、蒸汽、气体等流体提前突破。

(6) 注入的循环流体效率低下，采收率增量极小。

(7) 即使采取 EOR 措施，仍有相当一部分原油开采不出来。

(8) 由于油井及油藏出现的问题，油田生产成本高于预期值。

## 20.2　老油田再开发的主要策略

近 10 年内，一些油田重建工作的重点放在了应用水平井钻井技术。由于各种问题的存在，如低渗透、有限的含油区域、地质的复杂性、过多的产水量等，使得垂直井的产量不断下降。随着水平井的广泛应用，如何找出剩余油高的部位，成为钻水平井的关键。此外，还可以通过垂直井侧钻技术，开采未被波及的含油饱和度高的区域。

另一些油田采取加密井网的方法来恢复油田产能。因为开发早期所钻的油井无法在低渗透地层和水驱效率低的油藏高效生产，所以，钻加密井可以生产那些未被动用部位的原油。在那些水驱方法和 EOR 措施没有明显效果的区域，可通过地震和其他方法定位加密井的靶心区域。

重建工作也带了一定的机会和优势。开发后期油田或者存在问题的油田可以有机会尝试油藏工程中的新工具和新技术。

## 20.3　恢复效果

要应对全球对油气需求的增加，既要不断地勘探新的石油资源，又要通过重新评价老油田来增加产量，同时也要为不断地引进新的技术打开门户。主要是针对二次采油、三次采油期间忽略的剩余油进行挖潜。在一些像断块油藏或者裂缝性油藏等复杂地质特性的油藏中，主要工作是识别哪些区域的原油与老井没有接触。有文献建议使用不同的工具和技术重新恢复低产或近乎报废的油井产量。主要的工作如下[1]：

（1）基于生产历史和定期的地震测试等所得的详细油藏特性。储层表征已在第 6 章讨论。

（2）根据油藏或新技术获得的新信息，重新检查以前的数据。

（3）发展稳定、快速的模拟模型，来检测钻加密井和 EOR 措施的可靠性。

（4）研究油藏不同区域，水驱后形成的导致大量剩余油的高渗透窜流通道。

（5）鉴定影响油井高效生产的地质因素，如断块油藏和裂缝等。

（6）用等含烃图来评估剩余油气体积。第 12 章已描述了等含烃图。

（7）回顾相似油藏在恢复过程中所做的工作经验。

（8）重建油藏的投资分析。

（9）钻外围井来开采早期未勘探的区域。

（10）在油气富足的区域进行二次完井。

（11）采用智能井技术，及时封堵含水高区域。

（12）在一次完井没有产生经济效益的地区，对生产井进行多重完井。

（13）油井增产措施和安装气举系统。

（14）水驱作业的最优化和高效管理，调整井网来获得更高的体积波及系数。

（15）为了定期评价重建工作的有效性，要实施油藏监督计划。

开发后期油藏恢复再生的标准流程如图 20.1 所示。

**实例分析一：加拿大韦本油田[2]**

韦本油田有 60 多年的生产历史，同时也是采用多种技术恢复开发后期油藏的典型实例。采取的主要措施有水驱、钻加密井、水平井注入、$CO_2$ 混相驱及定期的地震测试等；该油田还是二氧化碳埋存的示范区。重建油田的几十年间经历了不同的发展阶段，开始是水驱，后来是钻加密井，最后注 $CO_2$ 驱，期间应用一些有用的技术，提高了开采效率，增加了油田经济收益。

地处威利斯顿盆地的韦本油田位于加拿大东南部的萨斯喀彻温省，占地 53000 acre。该油田的碳酸盐岩油藏底部是石灰岩，上面覆盖有白云岩，且地下发现有孔洞。孔隙度范围在

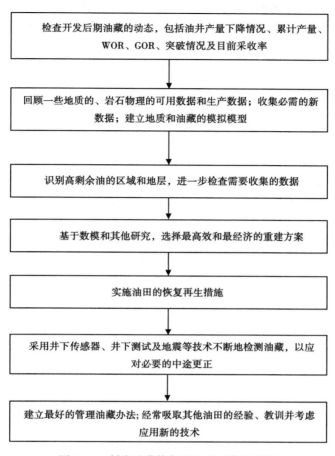

图 20.1 低产油藏恢复再生的工作流程图

（流程图文字内容）

检查开发后期油藏的动态，包括油井产量下降情况、累计产量、WOR、GOR、突破情况及目前采收率

回顾一些地质的、岩石物理的可用数据和生产数据；收集必需的新数据；建立地质和油藏的模拟模型

识别高剩余油的区域和地层，进一步检查需要收集的数据

基于数模和其他研究，选择最高效和最经济的重建方案

实施油田的恢复再生措施

采用井下传感器、井下测试及地震等技术不断地检测油藏，以应对必要的中途更正

建立最好的管理油藏办法；经常吸取其他油田的经验、教训并考虑应用新的技术

$10\%\sim26\%$ 间变化，大部分区域的平均渗透率在 $3\sim50\,\text{mD}$ 之间。然而，由于典型的碳酸盐岩油藏带有孔洞及其非均质性，使得渗透率最小仅为 $0.1\,\text{mD}$，而最大值可达到 $500\,\text{mD}$；主要产层深度 $4750\,\text{ft}$。

该油田 1954 年投产，10 年间产量达到了峰值（$46000\,\text{bbl/d}$），接着就稳定地下降。为了提高产量开始注水。到 20 世纪 80 年代，产量下降到 $10000\,\text{bbl/d}$，开始钻加密井。由于当时水平井技术的流行，所以该油田在 90 年代钻了水平井加密井，产量上升到 $24000\,\text{bbl/d}$。然而，过了几年产量下降到 $20000\,\text{bbl/d}$。2000 年开始注入 $CO_2$，不仅用作提高采收率，还可以对 $CO_2$ 进行隔离与埋存。$CO_2$ 以 $95\times10^6\,\text{ft}^3/\text{d}$ 的量向地层注入，同时也注入水，注入井有垂直井、水平井等；提高采收率期间循环利用 $CO_2$。2005 年前后，产量上升到 $30000\,\text{bbl/d}$。定期的地震测试用来监测注入的 $CO_2$ 的移动路径，同时为钻新井定好位置（图 20.2）。

**实例分析二：巴林油田[3]**

巴林油田发现已有 40 多年了，在 20 世纪 70 年代达到了峰值产量 $80000\,\text{bbl/d}$。后来产量下降，年递减率 7% 左右，下降到 1.3% 时采取了恢复措施。该油田有 17 个油藏，3 个气藏，因此需要采取广泛适用的办法来阻止产量的大幅度下降。且碳酸盐岩油藏具有很强的非均质性，其中的相互交错的裂缝对恢复生产措施的实施提出了非常大的挑战。下面是恢复油田产量所做的工作：

（1）详细的油藏特征：通过地质、油藏和生产数据，进行全面的研究，形成油藏剩余油分布图。同时发展强有效的油藏模型，在模拟、预测油井动态时，能够获得更高的精度。

（2）应用水平井技术：将水平井链接两个油藏，从而显著提高油井产量。

（3）钻加密井：在有地质断层的区域附近钻加密井，结果证明产量是可以提高的。

（4）双重完井：有一些井从经济角度出发，在不同层位进行完井。目的是为了开采浅层部位的、以前认为不具有开采价值的油气。

（5）二次完井：某些井在不同的目的层进行二次完井，可以避免高气油比。

（6）油井管理技术：部署好气举、泵及产气控制阀之间的协调使用。

（7）实施提采措施：在一些合适的油藏实施增加采收率措施来进行二次采油和三次采油。

（8）资源管理：由于气的注入，使得原油穿过断层运移，所以每年要开展资源评估报告。

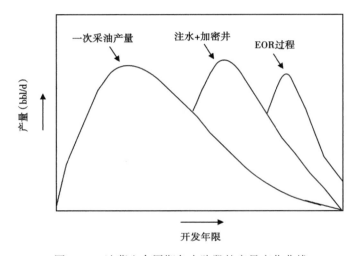

图 20.2　油藏生命周期各个阶段的产量变化曲线

## 20.4　总结

从全球实施提高采收率措施的历程可以看出，由于缺乏合适的技术及从经济效益角度考虑，大量的原油被滞留在地下未开采出来。大多数常规油藏考虑到油藏的效益和成本，最终的原油采收率是 25%~50%；而非常规油藏的采收率更低。因此，对油藏工程师来说，通过详细的油藏研究和应用先进的技术来提高油藏采收率是完全可行的。对于开发后期油田要恢复产量，就需要在油田一次采油、二次采油或三次采油后识别剩余油分布并绘制成图版。在目的层和剩余油含量高的区域应用合适的技术（如水平井技术和二次完井技术等）可提高开发后期油田的产能。

产量衰减的油藏可能有以下表现：油气产量下降，油藏压力下降，含水率增加，注入流体提前突破，循环注入流体利用率低，高剩余油饱和度，由于油井和油藏存在的问题导致成本增加。

开发后期油田重建的流程包括：（1）检查油藏动态特征：油井低产，压力下降，含水、含气增加及其他相关的问题；（2）检查已有的地质的、地球物理的和其他相关的数据；（3）更新静态、动态的油藏模型；（4）历史拟合；（5）识别高剩余油饱和度区域；（6）建立油藏重建方案：钻新的加密井和外围井，老井二次完井，设计提高采收率措施，加强油藏管理等。

针对开发后期油藏恢复重建工作，通常使用以下对策：

（1）基于生产历史和定期的地震测试所得的详细油藏特性，油藏性质已在第6章中讨论。

（2）根据油藏或应用新技术所获得的新信息，重新检查以前的数据。

（3）发展稳定、快速的模拟模型，来检测钻加密井和提高采收率措施的可靠性。

（4）评价影响油井高效生产的地质因素，如断块油藏和裂缝等。

（5）用含烃图来评估剩余油气体积，第12章描述了含烃图。

（6）回顾相似油藏在恢复过程中所做的工作并学习其经验。

（7）重建油藏的投资分析。

（8）钻外围井来开采早期未勘探的区域。

（9）在油气富足的区域进行二次完井。

（10）采用智能井技术及时封堵高含水区域。

（11）在一次完井没有经济效益的地区，对生产井进行多重完井。

（12）油井增产措施和安装气举系统。

（13）水驱作业的最优化和高效管理，调整井网来获得更高的体积波及系数。

（14）为了定期评价重建工作的有效性，要实施油藏监督计划。

## 20.5　问题和练习

（1）什么是老油田改造？老油田改造为什么很重要？

（2）必须满足何种标准时需要油田改造？

（3）在油田重建过程中主要的一步是什么？所有类型的油田改造都应用同样的策略吗？

（4）用什么方法估计剩余油饱和度？

（5）造成油藏产量下降的主要原因有：

①低渗透裂缝性油藏；

②溶解气驱砂岩油藏；

③高垂向渗透率且长过渡区油藏；

④注水多年的非均质性碳酸盐岩油藏。

（6）凝析气藏需要改造吗？

（7）对于采收率是50%的分层砂岩油藏，还考虑改造吗？如果改造，写出详细的计划。

（8）为什么建议在老油田钻水平井？用文献的实例来解释原因。

**参 考 文 献**

［1］Satter A，Iqbal G M，Buchwalter J A. Practical enhanced reservoir engineering：assisted with simulation software. Tulsa，OK：Pennwell，2008.

［2］Verdon J P. Microseismic modelling and geochemical monitoring of $CO_2$ storage in subsurface reservoirs. New York：Springer，2012.

［3］Murty C R K，Al-Haddad A. Integrated development approach for a mature oil field. SPE#78531. Tenth Abu Dhabi International Exhibition and Conference：Abu Dhabi，UAE，2002.

# 第 21 章　非常规油藏

## 21.1　引言

使用传统的方法开采非常规油藏，无法进行具有经济效益的生产。开发这类油藏需要在开采、生产及管理方面进行技术革新。能源需求量日益增长，而常规的油气资源却逐渐减少，这引起了人们对非常规油气资源的普遍关注。基于地质和其他方面的数据，许多分析师认为世界范围内大多数的巨型常规油田已被发现，在可预见的未来，常规油田的产量将达到一个峰值。另一方面，由于非常规油藏开采成本较高及其独特的环境问题，使得非常规油气资源的开采难度较大。近年来，各种用于开采非常规油气的技术正在不断地发展。随着技术的革新，在油价支持商业性开采的环境下，非常规油藏的开发逐渐引起人们的注意。例如，近些年来，通过使用非常规开采方法，加拿大在重质油开采方面的技术已经达到世界领先水平；据估计加拿大目前的剩余油储量仅次于沙特阿拉伯。非常规页岩气（下一章中将讨论）与致密油，正在逐渐成为未来主要的能源供给，这得益于水平钻井技术与多段压裂技术的发展（图 21.1）。

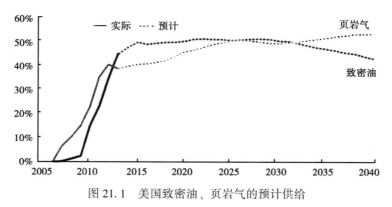

图 21.1　美国致密油、页岩气的预计供给

非常规油资源被划分为两大类。第一类非常规油资源，原油具有极高的黏度，除非使用热力采油技术或其他非热力采油技术，否则原油几乎无法流动。另一类非常规油资源具有不利的储层特征，储层岩石为超低渗透储层，使得常规方法在此类油田开采效果差。除了以上两种，油页岩也是重要的非常规资源。油页岩指的是富含干酪根的页岩或其他类型的岩石。正如第 2 章中描述的，干酪根是石油和天然气的前身。油页岩需要经过热处理，才能提取出其中富含有机质的干酪根将其转化为各种燃料。

表 21.1 中列出了非常规油气资源。

本章概述了非常规油藏开采技术，回答了以下问题：

（1）非常规油是什么？它与常规油有什么不同？

（2）非常规储层中岩石的特征以及流体的性质是什么？

（3）非常规油的主要开采方法是什么？

（4）在哪些国家已大规模地开采非常规油？

表 21.1　非常规油气资源

| 非常规油气资源 | 性质 | 主要开采技术/工艺 |
|---|---|---|
| 稠油 | 油的重度值在 $10°\sim20°$ API 之间变化 | 热力、非热力技术，水平钻井技术 |
| 超稠油 | 油的重度值为 $10°$ API 或者更重，油藏通常深度较浅，同时渗透率较高 | 热力、非热力采油技术 |
| 油砂、焦油、沥青 | 油的重度值为 $10°$ API 或者更重，油藏通常深度较浅，同时渗透率较高 | 热力、非热力采油技术 |
| 致密油 | 油藏渗透率小于 1mD，油的性质与常规油相似 | 水平钻井技术、分段压裂技术 |
| 页岩油 | 油藏渗透率小于 1mD，油的性质与常规油相似 | 水平钻井技术、分段压裂技术 |
| 油页岩 | 富含干酪根的岩石 | 热力法，利用蒸馏和分馏提炼原油 |

# 21.2　非常规油藏特征

在第 2 章中已经讨论了一些非常规油藏与常规油藏的区别，然而二者之间还有其他的主要区别。例如，非常规页岩油藏实际上分布非常广泛，在许多情况下通常会绵延数百公里；而常规油藏则不同，它的边界清晰，分布在有限的区域里。由于页岩气藏空间上的连续分布，钻出一口生产井的可能性很高，然而这类井的生命周期短，需要通过增加钻井数目来提升整体产量。相反地，常规油藏的勘探过程中，会钻出大量的无商业开采价值的井，但是对于有商业价值的井来说，可以进行长时间的商业性开采。又比如油砂油藏埋深较浅，可以直接被采出用于提炼高黏度原油；此外，非常规油比常规油的炼制过程更加复杂。油藏性质及原油特征的不同，影响着非常规油藏的勘探、规划、开发及管理。

在接下来的部分将描述非常规重质油（油砂、页岩油）的类型及开采方法。

## 21.2.1　油砂和超重原油

全世界所有油藏中的绝大部分是以油砂的形式存在的，如前面提及的沥青砂[1]。沥青砂由沥青、黏土、砂和水组成，砂粒表面覆盖着一层薄薄的水膜，最外面的覆盖层是沥青，包裹着内部的水和砂。据估计，以沥青砂形式沉积的原油约有 $1.75\times10^{12}$ bbl。加拿大和委内瑞拉是世界上主要的含沥青砂的国家。

加拿大阿尔伯塔省的沉积油砂所覆盖的面积比英国的国土面积还大。委内瑞拉的油砂有时也被称为超稠油，其储量可能超过 $2350\times10^4$ bbl。美国犹他州发现的沥青砂资源，据估计约有 $1900\times10^4$ bbl；在美国的中西部也发现了沥青砂。

由于油砂中原油具有极高的黏度及其组成的多样性，它需要经过适当的工艺进行提炼，进一步升级才可成为可用的原油。这种黏稠的液体在通过管道输送之前，需要与常规原油混合。

　　油砂的黏度极高，可以达到上千厘泊或者更高。因此，油砂不能利用传统的油井采油技术泵送至地面。开采油砂的技术包括[2-8]：露天开采技术、注蒸汽开采技术、注助溶剂开采技术及火烧油层开采技术。

　　露天采矿一般应用于油砂储层较浅的情况下。油砂被采出以后，在油砂中加入高温水，通过搅拌浆液，沥青上升，逐渐与砂粒及其他物质分离，从而可提取出沥青。

　　当油砂埋藏较深，通常采用注热蒸汽以大幅度降低油砂的黏度。大约两吨的油砂才能生产出一桶原油；沥青砂中沥青的采收率约为75%。

　　从20世纪90年代开始，在加拿大，蒸汽辅助重力泄油技术（SAGD）被用于开采高黏油及沥青，并取得了成功。如图21.2所示，在目标层位钻有两口单分支水平井，其中一口井位于另一口井的正上方；两口水平井之间的垂直距离一般为4~6 m（13~20 ft）。上部的水平井向地层中注入蒸汽，从而减少稠油和沥青的黏度值。由于黏度的降低，稠油变得可以流动，在重力的作用下向下流动；随后，受热的原油就会聚集在底部的水平井筒中，以便进行开采。两口井都在接近油藏压力的条件下工作。注入蒸汽的热量传递到了原油与储层中，蒸汽发生凝结；因此，开采出的稠油伴随有大量的水。通过专门用来处理黏性液体的螺杆泵，可以将稠油与冷凝水采出至地面。

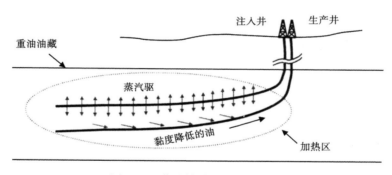

图 21.2　蒸汽辅助重力泄油技术

　　在储层特征和开采条件有利的情况下，通过使用SAGD技术，可以采出相当一部分原油，采收率一般可达到70%甚至更高。页岩条带和其他非均质性的存在不会对其采收率产生较大的影响。在热能的作用下，储层中会生成裂缝，注入的蒸汽会在这些裂缝中上升、循环。

　　超稠油开采主要与注入井水平段周围蒸汽腔的形成有关。随着蒸汽的持续注入，蒸汽腔沿着水平方向和垂直方向扩大。蒸汽流向腔室的外围，进而加热与之接触的黏性流体。在热力的刺激下，稠油中的轻烃组分和其他一些气体（如 $CO_2$ 和 $H_2S$），就会释放出来，这些气体随之会上升至蒸汽腔的顶部，填充采出油所占据的空间；这些位于蒸汽腔上部的气体也可以作为隔热层，防止热能损失。由于重力的影响，蒸汽会上升，这使得蒸汽不会进入底部的水平井生产。然而，在非均质地层，蒸汽腔的推进并不是十分均匀，因此，一部分的蒸汽会进入生产井。但是这可以使生产井保持充足的热量，使得井筒中的沥青具有较低的黏度和较高的流动性；这个过程中，储层中的低温区也被加热。前面提到的另一个方法（局部SAGD）中，在长时间关闭生产井后或刚开始生产时，需要刻意地使蒸汽在注入井与生产井之间循环。这一做法的另一个优点就是，不断注入的蒸汽使得蒸汽腔可以长久存在，即使部分蒸汽冷凝水后，也不至于使整个蒸汽腔崩塌。

关于稠油、沥青的其他热力开采方法会在下文加以介绍。

### 21.2.1.1　蒸汽吞吐技术

循环蒸汽技术也被称为蒸汽吞吐技术，这种工艺被用于开发稠油与沥青已经有几十年的历史了。在同一口井上，周期性地进行注汽与生产。在蒸汽吞吐的第一阶段，蒸汽进入地层降低稠油与沥青的黏度；下一个阶段，具有较低黏度的原油沿着同一口井生产出来。生产一直进行下去，直到油藏温度降低到原油失去流动性的温度点。一个周期结束后，下一个周期就开始了，继续向地层中注入蒸汽，然后再进行生产。蒸汽吞吐技术有几种变体。

### 21.2.1.2　高压蒸汽吞吐技术

在这个工艺中，蒸汽被泵注到储层中降低了地层中沥青质的黏度，地层中就会形成蒸汽与沥青的混合物（沥青乳浊液），从而泵送至地面。蒸汽冷凝形成的热水稀释了沥青，同时将其与砂分离出来。高压蒸汽在地层中生成裂缝，这使得沥青油的开采更容易。高压蒸汽吞吐技术有别于 SAGD 技术，后者的蒸汽注入压力相对较低，沥青油是在重力的作用下，从位于蒸汽注入井底部的水平井眼中产出的。另一个重要的不同之处是，在高压蒸汽吞吐技术中，既可以使用水平井，又可以使用垂直井。垂直井的间距跨度一般为 2~8acre，而水平井则相距 60~80m。高压蒸汽吞吐技术适用于底水和气顶不明显的储层。在较薄的储层，热量散失严重，这大幅度降低了开采效率。在阿尔伯塔地区，大约三分之一的油砂开采都使用高压蒸汽吞吐技术。

### 21.2.1.3　溶剂辅助重力泄油技术

在溶剂辅助重力泄油技术（VAPEX）中，蒸汽注入被蒸发溶剂所代替，蒸发溶剂是诸如丙烷与非凝析气组成的混合物。如同 SAGD 一样，在这个技术中同样有两口水平井，一口用于注入，一口用于生产。在与溶剂接触以后，沥青油的黏度降低，最终在重力的作用下原油从生产井中采出。溶剂的注入降低了稠油与沥青的黏度，从而提高原油的采收率。此技术适用于蒸汽注入效率不高的情况下。比如储层的厚度薄，热量损失较高；又如在低渗透储层，地层导热能力相对较高，这同样降低了蒸汽注入的效率。

### 21.2.1.4　稠油出砂冷采技术

稠油出砂冷采技术是一用非热力开采油砂的方法，这种方法允许砂与油同时采出。结果，在油藏中就形成了蚓孔和空洞（高渗透通道），这使得超稠油的流动性大幅度提高。这种开采方法提高了油井的产能。在常规油井的开发实践中，通常是极力地在井底过滤砂。这种方法如果使用在非常规油井中，就会完全封闭了油井，使得油砂中的流体无法流入井底。深度为 2700ft 的浅层疏松砂岩或者孔隙度小于 30% 并且渗透率在达西范围内的储层，稠油出砂冷采技术是不二的选择。在通常的情况下，当原油的黏度在 500~15000mPa·s 之间变化，应用这种技术的油井产量不高，平均原油产量为 150bbl/d。

在加拿大，稠油出砂冷采技术应用的相当成功，目前有成千上万口油井在这种技术下生产。这种技术商业投资较低，因此，包括委内瑞拉、俄罗斯和中国在内的一些国家也将这种技术应用在疏松、高渗透或者其他条件适用于此技术的非常规稠油油藏。然而，这种技术存在采收率较低缺点，大多数情况下，采收率仅为 5%~15%，这也给此技术带来进一步研究和发展的动力。

需要注意的是，随着井筒附近蚓孔网络的形成，并逐渐向油藏深处扩展，包括孔隙度、渗透率、压缩性在内的油藏重要性质也在不断地发生变化，这些性质影响着井下油藏中流体的流动性。另外，气体从原油中析出形成的泡沫油也可以提高原油的流动性。原油中产生的气体泡沫没有聚并在一起形成可自由移动的连续气相，而是依旧分散在油相中。原油体积膨胀导致黏度降低，同时还提供了开采的驱动能量。因为油藏中没有自由气的存在，伴随油流的气体不会妨碍油的流动。然而，随着原油的产出，砂的产出量也在增加。最终，原油的产量达到一个峰值，因此最终采收率有限。

稠油出砂冷采技术中，油和砂的采出规律通常遵循以下趋势（图21.3）。

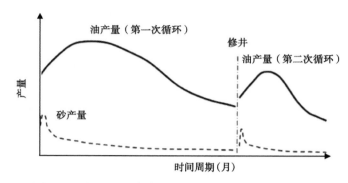

图21.3　稠油出砂冷采工艺中油、砂产量变化特征曲线

初始产油量取决于原油黏度、原油现有气泡量以及泵注速度，通常在 $60 \sim 190 \mathrm{bbl/d}$。初始阶段，砂的产出量很高，多达总的固液体积的 40%。砂的产量峰值是原油黏度的函数。原油的黏度越高，砂的产量峰值就越高。在数周或数月以后，砂的产量降低至个位数，在进一步降低之前维持一段平稳期。随着砂产量的降低，油的产量在几个月里不断增加。油的峰值产量可以达到初始产量的 60%。通常，油的产量在 $130 \sim 250 \mathrm{bbl/d}$ 之间变化。一年或者几年以后，油井产量将下降到不具有经济开采价值的水平，此时就必须进行修井作业以提高产量。经过成功的修井作业，油与砂的产量变化将出现相同的周期变化，不断重复。然而，油的产量不会达到之前周期中油的产量。

短期内，油井产量的变化很大；然而，长远看来，从开采历史中可以得到稳定的下降速度。通常，水侵会导致油井产量的下降。

稠油出砂冷采技术中存在的常见问题包括：

（1）页岩储层的有边界油藏出砂生产无法启动，无法成功地开采稠油。

（2）在生产过程中遭遇过早的、大规模的水侵会阻碍原油的产出。具有巨大底水的油藏很可能遭遇这种情况。

（3）超稠油储层上覆页岩的坍塌，导致需要更高的泵注速度来开采。

**实例分析一：加拿大的油砂工业**

加拿大的油砂储量，主要位于阿尔伯塔地区，估计的储量约有 $1750 \times 10^8 \mathrm{bbl}$，这使得加拿大拥有仅次于沙特阿拉伯和委内瑞拉的世界第三大石油储量[9-11]。据估计，加拿大可采的油砂储量占到油砂总储量的 10%，位于阿尔伯塔省东北和西北地区的主要油砂聚集区块如下：阿萨巴斯卡区块、冷湖区块及和平河区块。

如前所述，加拿大和委内瑞拉是世界上主要的拥有沥青砂油藏的国家；其余主要分布在美国等国家。在加拿大，沥青砂和稠油的开采始于20世纪60年代。最著名的是始于20世纪70年代初期的冷湖项目，其开发是基于循环注蒸汽增产技术；浅层沉积的油砂直接利用采矿技术开采出来。1978年，辛克鲁德矿场开始运营，它成为世界上最大的油砂矿场，另一个矿场是位于阿萨巴斯卡的Albian矿场。在80年代末至90年代初，稠油出砂冷采技术被广泛用于开采稠油。

因为炼油厂只能加工常规等级的原油，所以从这类油藏中采出的油砂（沥青）在进送至炼油厂加工之前需要进行升级加工。升级的目标包括降低原油的黏度和硫含量及使蒸馏组分最大化。因此，在莱敏斯特建了一个升级处理站。每天该处理站可以处理平均API 15°的油砂，产生约130000 bbl的原油。

在加拿大，以下技术使得油砂开采实现商业化：

（1）用水平井开采埋藏深度在小于3000 ft的油砂浅层，可使用热力与非热力开采方法。

（2）基于两口水平井的SAGD技术，其中一口井将热量传递给稠油，降低原油黏度；随后低黏度的原油从另一口井中产出。

（3）稠油出砂冷采技术，在疏松砂岩储层允许砂与稠油一同采出。

从20世纪90年代开始，在阿尔伯塔地区和萨斯喀彻温地区，SAGD技术与稠油出砂冷采技术每天使油田增加成千上万桶的原油产量。

除了上面提到的技术，压力脉冲技术也应用于油砂开采，在修井期间给油井施加压力脉冲以增加了稠油的产量。

90年代后期，加拿大和委内瑞拉稠油的开发得到了迅猛的发展。在较高的油价支撑下，巨额的资本投资涌入油砂和稠油油藏的开发中来。同时也必须认识到，世界上常规油气的供应是有限的，几十年内将达到"石油峰值"。

随着新的增产技术（如SAGD）的发展，同时近期油价的不断增长，在加拿大有几十家公司计划开启接近100个油砂项目，资本投入估计达到1000亿美元。现阶段油砂的单桶开采成本估计在65~70美元之间。

### 实例分析二：委内瑞拉的超稠油开采

据报道，委内瑞拉的油砂在尺寸及规模上与加拿大的类似，与世界上的常规油气储量相当的。委内瑞拉的油砂常常被称之为超稠油；委内瑞拉超稠油与加拿大油砂的区别在于原油在形成过程中细菌活动的降解水平与原油形成的气候环境的不同[12]。委内瑞拉的超稠油沉积降解程度相对较低，这使得人们在开采与提炼这类油气的过程中投入的精力较少；此外，委内瑞拉的超稠油藏的渗透性好，渗透率范围在2~5 D之间，而加拿大的油砂储层的渗透率范围在0.5~5 D之间。

在委内瑞拉奥里诺科含油带上，发现了巨型的油砂或沥青砂储量。美国地质调查局发表于2009年的研究报告表明，分布在奥里诺科含油带上的可采储量超过$0.5 \times 10^8$ bbl，同时总的探明储量与未探明储量估计达到$(0.9 \sim 1.4) \times 10^8$ bbl。基于这些估测，委内瑞拉的油气储量超过了沙特阿拉伯。然而，相比于中东地区具有更好的流体和岩石特性的常规油藏来说，委内瑞拉这一类油气所需要的开采技术更加复杂。据报道，自2001年开始，委内瑞拉的油砂产量已经增长了好几倍。

超稠油开采技术的发展，集中在Cerro Negro项目、Ameriven项目（Hamaca）、Petrozuata项目及Sincor项目中[13]：

大量的跨国石油公司与委内瑞拉国家石油公司合作，共同开发。以上项目都是基于在优选区钻长段多分支水平井，进行超稠油开采的。

**实例分析三：俄罗斯稠油油藏开采方法评价**

这项研究重点突出了一种高效开发俄罗斯稠油油藏的系统方法[14]。研究报告中评价了大量的热力采油与非热力采油的办法。整体而言，这项研究提出了一种基于现有技术和新兴技术的用于开采具有独特性质的油藏的开发思路。最后，通过油藏模拟和现场试验来加以验证。

鲁斯科区块是俄罗斯最大的稠油区块之一，位于北极地区。这里的油藏与加拿大非常规稠油油藏不同。针对加拿大稠油油藏，已经研发出了相对完备的开发技术。二者的区别主要有：

（1）原油黏度（210mPa·s）低于加拿大通常的原油黏度。

（2）原油富含挥发组分。

（3）油层岩石黏土含量高，由于黏土的膨胀效应，这可能伴随着潜在的渗透率伤害。

（4）油藏深度大致位于950m处，是加拿大稠油油藏深度的两倍多，这就意味着需要更多的热量来形成有效的蒸汽腔。

（5）在生产层段的上方和下方分别存在气顶和底水。

（6）在蒸汽和热水注入期间，可能会出现黏性指进。

这项研究起初探讨了各种用于开采稠油油藏的增产技术以及他们的组合方法的潜力，接着对这些方法在特定油藏的适应性进行了评价，这些方法汇总如下：

（1）SAGD：这一方法需要两口彼此靠近的水平井来实现，随着水平井技术的兴起，SAGD技术在非常规稠油开发方面受到青睐。正如前面章节所提到的，SAGD技术是通过从位于储层上部的水平井注入蒸汽，位于下部的水平井收集低黏度原油并采出。这一技术中所涉及的力有重力和毛细管力。由于不存在黏性指进，这一技术的采收率很高，在50%~70%之间。因此，SAGD技术被评估为油砂开采技术中最成功且最高效的热力采油技术。然而，研究中的区块与通常的稠油区块存在最大的不同就是深度。通常稠油储层的深度在400m左右，然而位于俄罗斯的这些稠油区块的深度却更深。这就导致了这里的油藏压力比较高，约为8.5MPa。在高压条件下，蒸汽干度低，往往会在井底附近发生冷凝，这将阻碍蒸汽腔的形成。为了提高蒸汽干度，要求更高的温度和压力，这反过来又要求更大的蒸汽流量，从而导致了水油比更高。这进一步又会产生不利的影响，这些影响包括黏性指进、气顶产气、底水产水。冷凝的蒸汽的矿化度较低，这将导致严重的黏土膨胀，使得储层的渗透率降低。

（2）溶剂增强SAGD：在这种稠油开采方法中，非凝析气与蒸汽一起注入，以降低蒸汽的流量。与加拿大的稠油储层相比，此处提到的区块的气油比较高，在这里应用此技术可能不像传统案例中那样高效。经研究，在更高的温度场下，气体的溶解度降低，溶解甲烷会从原油中析出。总而言之，由于缺少详细的数据，有必要进行进一步的研究。

（3）蒸汽吞吐技术（CSS）：这一方法在世界各地得到广泛的应用，它可以高效地开发稠油。由于单井既可以用来生产又可以用来注入，因此黏性指进的不利影响就不存在了。相反地，这一现象可以产生有利的作用，它可以增大油与蒸汽的接触面积和热传导速率。利用CSS技术，可以不考虑岩石非均质性产生的不利影响。在开采过程中，黏土膨胀及其他热力过程中的不利因素，可能带来一些好处。这一现象发生在温度较高的地方，在多个注汽循环后，在地层中形成大规模的开采。黏土的最终膨胀使得储层渗透率降低，这迫使蒸汽向新的产油区传播，最终提高了采收率。自20世纪90年代起，使用CSS技术，在同一个油田使用多口水平井同时进行稠油开采，据报告，采收率要比垂直井单独开发情况下的采收率要高。

根据油田评价，类似的 CSS 技术操作被认为是相对安全且可靠的开采方法。然而，这一技术在单井情况下进行非同步生产，会产生黏性指进，从而降低了整体的采收率。

（4）循环热水增产技术（CHWF）：这一技术与 CSS 技术类似，因此具有相同的优点。然而，一般需要在井底下入泵，才能将油举升至地面。

（5）循环热水驱：这一方案的实施需要两口水平井，即一口生产井和一口注入井。在经过一段时间以后，两口井的作用可以交换，注入井转变为生产井，反之亦然。由于注入压力的影响，形成的黏性指进，会沿着水平方向传播，而不会向上或向下传播。在注入循环中，黏土会从井中运移出来，生产井附近的伤害就得到了缓和，这就使得黏土膨胀产生的不利影响得到控制。由于黏土运移，热水被迫选择新的流动路径，这就提高了水驱的波及面积。

（6）蒸汽驱：由于黏性指进所造成的不利影响，导致采收率较低。大量的热能在蒸汽注入井附近散失，而油井附近的油无法采出。

（7）泡沫油开采技术：这是一种非热力开采方法，它是基于溶于油中的小气泡在井底泵的作用联合起来形成类似泡沫流体。随着压力的降低，泡沫油被生产至地面。这一方法适用于储层评价；然而，由于高的初始含水饱和度和黏土的膨胀，其采收率有限。

（8）稠油出砂冷采技术（CHOPS）：先前提到过，这一方法的工作原理是将疏松的岩石颗粒与稠油同时生产出来，形成液体和固体的高渗透通道或蚓孔。在 Russkoe 油田的部分油藏可以尝试使用 CHOPS 技术，因为在这些油藏中，这一技术可以产生和维持蚓孔。CHOPS 技术的另一个优点是操作成本低，这使得该技术在含有大量稠油油藏的加拿大和其他地区得以推广。

（9）毛细管自吸技术：作为 CHOPS 技术的后续开采工艺，毛细管自吸技术可以用来采出额外的原油。通过向蚓孔中注入热水，这些热水会在毛细管力的作用下被吸入到裂缝岩石，将裂缝中的油驱替到蚓孔中去。蚓孔中的油进入井底通过泵生产出来。在特定的 Norwegian 区块，利用毛细管自吸技术进行石油开采的工艺已经被应用。

（10）二氧化碳驱替：在许多油藏中二氧化碳与原油进行混相，提供了一个高效的开采机理。然而，Norwegian 区块的地层温度和压力低于混相条件，在这种条件下，二氧化碳仅以液态存在，这使得混相的程度有限，采收率降低。

## 21.2.2 致密油

致密油是指存在于渗透率低或极低的储层岩石中的原油，这使得这类油藏的品质较低。岩石基质的渗透率通常在 0.1mD 甚至更低。对于常规方法，某些砂岩和碳酸盐岩石的渗透率较非常低。

用于开采非常规油的方法包括水平井分井技术和分段压裂技术，这些技术实现对储层的增产。在第 18 章已经介绍过，水平井技术和分段水力压裂技术的发展，使得巴肯的页岩油产量在短期内增长了七倍。天然裂缝的存在对于从致密储层中开采油气的帮助很大。致密油藏的储层岩石的岩性包括砂页岩、粉砂岩、碳酸岩及白云岩。著名的致密油藏包括 Middle Bakke（碳酸盐岩）、Three Forks（白云岩）、Austin Chalk、Eagle Ford 和 Niobrara。

### 21.2.3　页岩油

前面提到过，由于油藏岩石的渗透性极低，致密油的生产很难达到商业规模。与之类似，页岩油指的是存在于半渗透性的岩石中，这些岩石的渗透率通常在微达西级或者更小。页岩是在地质年代的生油岩，封存着少量的或者未运移到储层岩石中的油。天然裂缝的存在同样有助于页岩油的开采。

## 21.3　总结

利用非传统的、创新的技术，可以实现对非常规油的开采，其根本原因在于非常规储层下特殊的流体和岩石性质导致非常规油无法移动的。非常规油可以分为以下几个类别：

（1）稠油、超稠油和油砂，由于其极高的黏度，这类油无法轻易地被开采出来。

（2）致密油和页岩油，由于其渗透率低或超低，这类油无法利用常规方法进行开采。

（3）油页岩，指的是富含干酪根的岩石。通过蒸馏和分馏处理可以从油页岩中提炼出各种燃料。

日益增长的油气资源需求使得常规油气的储量逐渐减少，非常规油气的储量超过了常规油气。然而，非常规油藏的开发基于开采技术的发展，这使得每桶油的开采成本更高；这些开采技术还伴随着一些环境问题。

油页岩指的是富含干酪根的页岩，必须经过加热才能提取出富集油气的物质。干酪根最终会被转化为各种燃料。

表 21.2 汇总出了目前比经济的非常规稠油开采工艺。

表 21.2　非常规油开采工艺

| 热力、非热力开采工艺 | 工作原理 | 备注 |
| --- | --- | --- |
| 蒸汽辅助重力泄油（SAGD） | 地层中钻有两口水平井，水平段垂直间隔为 13～20 ft，蒸汽从上部的水平井中注入，降低周围地层中稠油和沥青的黏度；黏度较低的原油通过底部的水平井生产出来 | 油的采收率高达 70% |
| 蒸汽吞吐增产技术（CSS） | 单个的垂直井或水平井进行依次进行注入与生产，先向地层中注入蒸汽，以降低稠油和沥青油的黏度；在接下来的阶段，黏度降低了的原油将会从同一口井生产出来 | 这一技术又被称为蒸汽吞吐技术，它有三种变体 |
| 高压蒸汽吞吐增产技术（HPCSS） | 蒸汽通过泵泵注到地层以降低沥青的黏度，随之形成沥青与蒸汽的混合物，又被称之为沥青乳浊液，最终被泵抽汲至地面；同时，高压蒸汽会在地层中形成裂缝，这有助于沥青的产出 | 垂直井的间距跨度在 2～8 acre 之间。水平井间隔 60～80 m。阿尔伯塔地区三分之一的油砂是利用 HPCSS 工艺技术采出的 |
| 溶剂辅助重力泄油（VAPEX） | 诸如丙烷与非凝析气的混合物的蒸发溶剂替换了注入蒸汽。同 SAGD 技术一样，同样有两口水平井，一口井用于注入，一口井用于生产 | 这一工艺适用于蒸汽注入效率不高的地层，比如薄层与渗透率较低的储层 |

## 21.4　问题和练习

（1）定义非常规油并说明如何区分常规油与非常规油；解释油藏性质与原油性质对定义非常规油的作用。

（2）描述开采非常规油的主要技术，讨论它们的优缺点。

（3）如何区分页岩油与油页岩，两者中哪一个是热力成熟的？

（4）分段压裂技术如何使得致密油的生产更容易？查阅文献，用实例说明从渗透率在 0.001~0.1mD 的致密油油藏中开采致密油，水平井长度与压裂的段数一般为多少？

（5）SAGD 技术的工作原理是什么？哪一类油藏最适宜用 SAGD 技术进行开采？当油藏水体影响较大时，会发生什么？

（6）第一个 SAGD 商业化开采是个油田？如今它的产量水平如何？什么是升级？为什么油砂需要升级？

（7）描述蒸汽吞吐增产技术和高压蒸汽吞吐增产技术；应用后一种工艺会得到什么额外的好处？

（8）用一个油田实例描述溶剂辅助重力泄油工艺过程。

（9）描述加拿大和委内瑞拉开采超稠油的主要设计考虑。

（10）什么是稠油出砂冷采技术？解释工艺过程中稠油和砂的生产特征？什么情况下砂的产量会过度？

（11）查阅文献，描述即将到来的世界范围内的经济可行的非常规油开采技术和研究项目。

### 参 考 文 献

[1] What are oil sands? Canadian Association of Petroleum Producers. Available from：http：//www.capp.ca/canadian-oil-and-natural-gas/oil-sands/what-are-oil-sands［accessed 10.10.13］.

[2] Jiang Q, Thornton B, Houston JR, et al. Review of thermal recovery technologies for the Clear Water and Lower Grand Rapids formations in the Cold Lake area. In：Alberta Canadian International Petroleum Conference. Osum Oil Sands Corp, 2009.

[3] CHOPS–cold heavy oil production with sand in Canadian heavy oil industry. Available from：http：//www.energy.alberta.ca/OilSands/pdfs/RPT_ Chops_ chptr3.pdf［accessed 30.09.13］.

[4] Cyclic steam stimulation. Thermal in situ oil sands. CNRL. Roger Butler, unlocking theoil sands. Schulich School of Engineering. University of Calgary：Calgary, Alberta, 2013.

[5] Drilling in oil sands. Cenovus Energy. Available from：http：//www.cenovus.com/news/drilling-in-the-oil-sands.html［accessed 17.11.13］.

[6] Open pit mining. Oil Sands Today. Available from：http：//www.oilsandstoday.ca/whatareoilsands/Pages/RecoveringtheOil.aspx［accessed 20.08.13］.

[7] In situ methods used in the oil sands. Regional Aquatics Monitoring Program. http：//www.ramp-alberta.org/resources/development/history/insitu.aspx. Accessed 9/9/2013.

[8] Butler R M, Mokrys I J. A new process（VAPEX）for recovering heavy oils using hot waterand hydrocarbon vapour. J Can Petrol Technol, 1991：30（1）.

[9] Oil sands. Alberta Energy. Available from：http：//www.energy.alberta.ca/OurBusiness/oilsands.asp［accessed 06.02.14］.

［10］ Wiggins EJ. Alberta Oil Sands Technology and Research Authority. The Canadian Ency clopedia. Historical Foundationof Canada, 2014.

［11］ Facts about Alberta's oil sands and discovery. Oil Sands Discovery Center. Available fromhttp: // history. alberta. ca/oilsands/resources/docs/facts_ sheets09. pdf ［accessed 03. 12. 14］.

［12］ Dusseault MB. Comparison of Venezuelan and Canadian oil and tar sands. Canadian International Petroleum Conference 2001; Calgary, Alberta. alwani M. 2001. The Orinoco Heavy Oil Belt in Venezuela; 2002. Available from: http: //bakerinstitute. org/media/files/Research/8bb18b4e/the-orinoco-heavy-oil-belt-invenezuela-or-heavy-oil-to-the-rescue. pdf.

［13］ Babchin A, 2015. Heavy oil recovery methods in application to Russkoe oil field. Available from: www. researchgate. net.

［14］ Understanding tight oil. Canadian Society Unconventional Resources. Available from: http: //www. csur. com/sites/default/files/Understanding_ TightOil_ FINAL. pdf ［accessed 29. 08. 14］.

## 延 伸 阅 读

［1］ Deutsch CV, McLennan JA. Guide to SAGD (steam assisted gravity drainage) reservoir characterizationusing geostatistics. Centre for Computational Geostatistics, 2005.

［2］ Jiang Q, Thornton B, Russel-Houston J, Spence S. Review of thermal recovery technologies for the Clear Water and Lower Grand Rapids formations in the Cold Lake Area. In: AlbertaCanadian International Petroleum Conference. Osum Oil Sands Corp.

［3］ Glassman D, Wucker M, Isaacman T, Champilou C, Zhou A. Adding water to the energy agenda (Report) . A World Policy Paper; March, 2011.

［4］ Speight JG. The chemistry and technology of petroleum. Boca Raton, Florida: CRC Press; 2007: 165-167.

［5］ Wiggins E. J. Alberta Oil Sands Technology and Research Authority. The Canadian Encyclopedia. Historical Foundationof Canada. Retrieved, December 27, 2008.

［6］ Czarnecka M. Habir Chhina keeps Cenovus Energy Inc. running smoothly. Alberta Oil, 2013.

［7］ Yedlin D. Yedlin: showing cynics how oil business is running smoothly. Calgary Herald. Retrieved June 19, 2013.

［8］ Hall RM. Statement to the Committee on Science and Technology for the Produced Water Utilization Act of 2008. 110th Congress 2nd Session, 2008: 110-801.

［9］ Water use breakdown in Alberta 2005. Government of Alberta, 2005.

［10］ Volume and quality of water used in oil and gas 1976-2010. Government of Alberta, 2011.

［11］ Cyclic steam stimulation. Thermal in situ oil sands. CNRL, 2013.

［12］ Severson-Baker C. Cold Lake bitumen blowout first test for new energy regulator, 2013.

［13］ Alberta Energy Regulator orders enhanced monitoring and further steaming restrictions at Primrose and Wolf Lake projects due to bitumen emulsion releases. AER; July 18, 2013.

# 第 22 章 非常规气藏

## 22.1 引言

随着科学技术的不断创新，人们希望能够从非常规气藏中获得大量的天然气资源，为石油工业开创了新纪元。从广义上来讲，非常规气是指由于技术水平限制或者经济上不可行而难以被开采的天然气。非常规天然气的一个重要来源是非常致密的储层，其渗透率为微达西级甚至纳达西级。与常规气藏相比，非常规气藏的采收率非常低。页岩气作为一种主要的非常规天然气资源，在自然界广泛分布，页岩地层的位置和展布已被确定。

在过去，孔隙度和渗透率较高的常规天然气藏是最易于开采的气藏。然而随着技术上的进步和日益增长的市场需求，非常规天然气在天然气供给量上占据了越来越大的份额。据国家能源科技实验室统计[1]："实际上，'非常规'一词已经失去了它原本的含义。目前（2013 年）产自页岩、致密砂岩和煤层的天然气占到了美国天然气产量的 65%。预计到 2040 年这一比例将增长到 79%。非常规已经变得常规了。"

本章描述了油藏工程和非常规天然气资源的相关内容。在本章中可以找到下列问题的答案：

（1）非常规天然气有哪些类型？
（2）非常规天然气的估算储量有多少？
（3）非常规天然气对于油气生产和消耗的意义？
（4）多孔介质中天然气的储存和流动机理是什么？
（5）非常规天然气是怎样开发和开采的？
（6）非常规天然气藏的预计采收率是多少？
（7）如何建立水平井模型来优化其长度和水力压裂级数？

## 22.2 非常规天然气的类型和估算储量

非常规天然气资源在全球范围内分布广泛。在不远的将来，未开发的资源随着技术进步逐渐得到开发，且开采成本也会随之降低。目前世界各地的非常规天然气资源类型见表22.1。

表 22.1　非常规天然气资源的类型

| 非常规天然气资源 | 描述 | 开采方式 |
| --- | --- | --- |
| 页岩气 | 干气和湿气圈闭在超致密页岩储层。典型的页岩渗透率为纳达西级（$10^{-9}$D）。在岩石学中页岩富含有机质而黏土含量低 | 利用水平井钻井技术和多级压裂技术，页岩气得以大量开采 |

| 非常规天然气资源 | 描述 | 开采方式 |
|---|---|---|
| 煤层气 | 煤层气储集在煤层的微孔和裂缝中。储层渗透率一般很低，在1~25mD之间。主要通过割理和裂缝获得产量 | 气藏开发基于直井和水平井钻井，并结合水力压裂 |
| 致密气 | 天然气被圈闭在超低渗透储层，主要是砂岩和一些碳酸盐岩。储层渗透率主要为微达西级（$10^{-6}$D）。在岩石学中主要是富含黏土成分的海相页岩 | 气藏开发方式与页岩气相似 |
| 北极和海底天然气水合物 | 甲烷分子被圈闭在冰的晶格中。主要存在于北极地区和深海环境 | 通过升温和降压甲烷能从冰中释放出来，这种资源还没有得到商业性开采 |
| 深层气/高压气 | 聚集在各种深度大于15000ft的深层盆地中 | 在技术上和经济上对钻井和开采提出了挑战 |

世界各地主要非常规气藏资源的储量见表22.2。

**表22.2 非常规天然气资源量（单位：$10^{12}$ft³，来源：能源信息部，2009）**

| 地区 | 煤层甲烷 | 页岩气 | 致密气 | 总资源量 |
|---|---|---|---|---|
| 北美 | 3017 | 3840 | 1371 | 8228 |
| 原苏联 | 3957 | 627 | 901 | 5485 |
| 中国和中亚 | 1215 | 3526 | 353 | 5094 |
| 太平洋 | 470 | 2625 | 1254 | 4349 |
| 拉丁美洲 | 39 | 2116 | 1293 | 3448 |
| 中东和北美 | 0 | 2547 | 823 | 3370 |
| 撒哈拉以南非洲 | 39 | 274 | 784 | 1097 |
| 西欧 | 275 | 548 | 431 | 1254 |
| 全世界 | 9012 | 16103 | 7210 | 32325 |

注：所有数据都是估计值，仅供参考。

在下文将对页岩气和煤层气这两种主要的非常规气藏资源进行深入讨论。

## 22.2.1 页岩气藏

页岩气指被圈闭在超致密页岩地层中的非常规天然气资源，渗透率在数百纳达西（$10^{-7}$~$10^{-9}$D）。在不久之前，这些地层还被认为渗透率超低，其中的油气不可能被经济地开采出来。21世纪初期，页岩气藏才得以大规模开采。在短时间内页岩气产量增长了1400%。研究表明烃源岩中只有一小部分烃类（10%~20%）运移到了常规储层中，然而很大一部分油气被圈闭在了烃源岩中（主要是页岩中），而这部分油气用传统的开采方式难以开采，因此页岩气被称为非常规资源。页岩气的成功开采是基于人们对页岩的不断了解（页岩作为储集岩而不是烃源岩）、水平钻井革新、多级水力压裂技术和裂缝网络的微地震检测技术。页岩气产量在10年间增长了数倍，占据了美国天然气总产量的很大一部分。在不久的将来，预计非常规天然气开发会得到极大的发展（图22.1）。

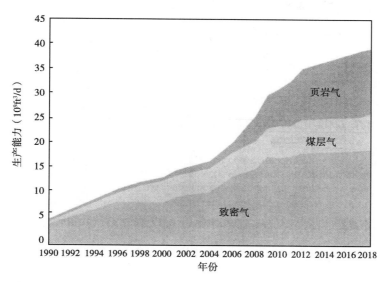

图 22.1　美国页岩气、煤层气和致密气产量预测（来源：能源信息部）

根据多方评估结果，仅美国的页岩气技术可采储量就有（665～750）×$10^{12}$ft$^3$。全球页岩气技术可采储量的估计值为7299×$10^{12}$ft$^3$。储量最高的前十个国家见表22.3[2]。

表 22.3　全球页岩气技术可采储量预测

| 国家 | 技术可采储量（$10^{12}$ft$^3$） | 比例 |
|---|---|---|
| 中国 | 1115 | 19.3 |
| 阿根廷 | 802 | 13.9 |
| 阿尔及利亚 | 707 | 12.3 |
| 美国 | 665 | 11.5 |
| 加拿大 | 573 | 9.9 |
| 墨西哥 | 545 | 9.5 |
| 澳大利亚 | 437 | 7.6 |
| 南非 | 390 | 6.8 |
| 俄罗斯 | 285 | 4.9 |
| 巴西 | 245 | 4.3 |
| 总计 | 5764 | 100 |

### 22.2.1.1　页岩气开采历史

1821年在阿巴拉契亚盆地钻了第一口页岩气井，井深很浅（约为70ft），为纽约弗雷多尼亚提供了几十年的能源需求。随着纽约州、宾夕法尼亚州、俄亥俄州、肯塔基州、弗吉尼亚州的一些油气盆地相继钻了大量的井，在美国逐渐掀起了页岩气的热潮。过去生产页岩气的井都是直井，使用的是传统的压裂技术。在最近几十年，随着水平井技术的发展，页岩气开发也在较短的时间内取得了突飞猛进的成果。这是因为多分支水平井能充分接触含气页岩地层，在水平段可采用多点多级压裂产生人工裂缝增加地层的导流能力，并且对于地层的裂缝还可以利用地球物理和其他手段来检测裂缝的有效性。随着页岩气开发技术的成熟，水平井的长度、压裂级数和最终采收率都有所增长（图 22.2）。

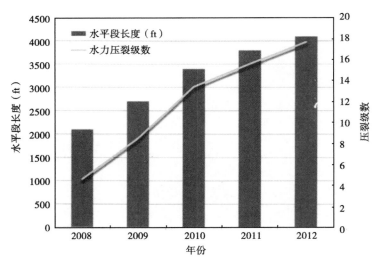

图 22.2　2008—2012 年在马塞勒斯页岩各个地区水平井长度和水力
压裂级数的增长（来源：能源信息部）

#### 22.2.1.2　页岩气油藏特征

美国主要的页岩气藏包括但不限于阿巴拉契亚盆地的马赛勒斯页岩、福特沃斯盆地的巴涅特页岩、阿肯色州的费耶特维尔页岩、俄克拉荷马州的伍德福德页岩、得克萨斯州的鹰滩页岩，以及位于墨西哥沿岸—得克萨斯—路易斯安那州的海恩斯维尔—波西尔页岩（图22.3）。

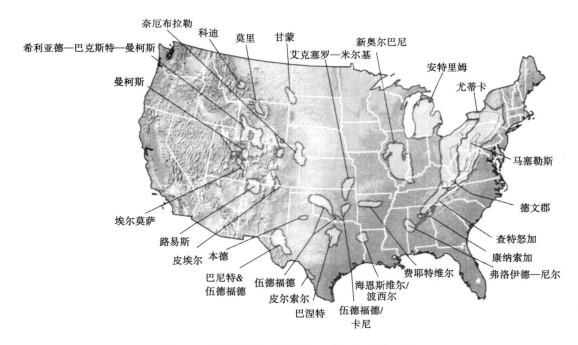

图 22.3　美国页岩气分布图（来源：能源信息部）

页岩最主要的特征之一是渗透率超低，通常用 nD（$10^{-9}$D）来衡量。因此，页岩地层就像是集生、储、盖于一体的地层，天然气形成于此且不会像常规油气藏中那样发生明显的运移，也不存在气水界面；某些页岩储层是超压的。与常规油气藏相比，典型的页岩气藏延伸的范围很广并且有几十甚至上百英尺厚。例如，马塞勒斯页岩延伸超过 100000 $mile^2$，跨越了几个州，平均厚度 50~200 ft。非常规页岩气藏和常规油气藏的主要区别在第 2 章中进行了讲述。

很明显，页岩气藏的储量很高。与常规油气藏相比，页岩气藏的单口气井的生产周期很短，然而通过钻新井，整个气田的可采期能达到几十年。页岩气藏的采收率相对较低，一般为 10%~20% 之间，甚至小于 10%，而常规气藏的采收率能超过 80%。但是在不远的将来随着科学技术的成熟，页岩气采收率预计能大幅度提高。

美国非常规页岩气藏的主要特征和经济数据见表 22.4。需要记住的是在每个页岩地区有超过 90% 的区域还未被勘探和试验。

表 22.4　美国主要页岩气藏[3-5]

| 盆地 | 巴涅特 | 费耶特维尔 | 海恩斯维尔—波西尔 | 马塞勒斯 | 伍德福德 | 鹰滩 |
|---|---|---|---|---|---|---|
| 地点 | 沃斯堡市 | 阿尔科马 | 墨西哥湾海岸 | 阿巴拉契亚山脉 | 阿纳达科—阿尔科马 | 马弗里克，墨西哥湾东部 |
| 面积（$mile^2$） | 5000 | 5900 | 9300 | 104100 | 6350 | 7600 |
| 地质年代 | 密西西比纪 | 密西西比纪 | 晚侏罗世 | 中泥盆世 | 晚泥盆世 | 晚白垩世 |
| 深度（ft） | 6500~8500 | 1000~7000 | 10000~13500 | 4000~8500 | 6000~11000 | 4000~1200 |
| 有效厚度（ft） | 50~100 | 20~200 | 200~300 | 50~200 | 120~220 | 250 |
| 总有机碳含量（%） | 4.5 | 4.0~9.8 | 0.5~4.0 | 3~12 | 1~14 | 4.5 |
| 成熟度（%） | 1.0~1.3 | — | 2.2 | 1.3 | 1.1~3 | 1.5 |
| 孔隙度（%） | | | | | | 11 |
| 基质渗透率（nD） | 250 | — | 658 | 100~450 | 145~200 | 1100 |
| 压力（psi） | 4000 | | 8500 | 4000 | 3000~5000 | 5200 |
| 含气量（$ft^3/t$） | 300~350 | 60~220 | 100~330 | 60~100 | 200~300 | — |
| 溶解气比例（%） | 20 | — | — | — | — | — |
| 井距（acre） | 80~160 | 80~160 | 40~560 | 40~160 | 640 | 65~120 |
| 井数 | 16743 | 4678 | 3300 | 8982 | 2890 | 10020 |
| 天然气原始地质储量（$ft^3$） | 327 | 52 | 717 | 1500 | 23 | 270 |
| 技术可采储量（$ft^3$） | 44 | 13.2 | 251 | 356 | 21.7 | 50.2 |
| 平均估算最终采收率（$10^9 ft^3$/井） | 2.0 | 1.3 | 2.67 | 1.56 | 1.97~2.89 | 2.36 |
| 采收率（%） | 8~15 | <20 | <20 | <20 | <20 | <20 |
| 井成本（百万美元） | 3.0 | 2.8 | 8.0 | 4~7 | 6.7 | |
| 保本价格（美元/$10^3 ft^3$） | 3.74 | 3.65 | 6.1~6.95 | 4.02 | 5.5 | 6.24 |

### 22.2.1.3 页岩气藏的地质情况

正如第 2 章中指出的，页岩是一种由细粉砂和黏土组成的沉积岩。黏土颗粒在层压和层间压力下被压实和硬化。细小的沉积物（包括深海相沉积物）在相对稳定的环境下沉积下来，植物和动物有机物的沉积形成了富含有机质的黑色页岩层，其黏土含量相对较低，有利于天然气的生成。

此外，在脆性很高的页岩地层，区域应力会造成微裂缝。这些天然微裂缝存在于地层中的一定区域内，为天然气提供了储集条件。裂缝作为具有高导流能力的气体通道，与水力裂缝相结合，使得页岩气产量达到商业产量。

页岩气层的地质年代变化很大。例如，阿巴拉契亚盆地的泥盆纪页岩沉积于 385Ma 前，美国墨西哥湾的海恩斯维尔—波西尔页岩比较新，起源于 185Ma 前的侏罗纪。

### 22.2.1.4 地化特征

总有机质含量（TOC）、成熟度（$R_o$）和干酪根类型是页岩气藏经济开发的重要页岩特征。总有机质含量大于 2%（通常为 4%~10%）、成熟度大于 1.1% 的页岩是开发的优势对象。

### 22.2.1.5 岩石物理性质

在页岩中，孔隙尺寸为微米级。孔隙度非常低，为 2%~10%，基质渗透率一般为数百纳达西（$10^{-9}$D）甚至更小。

### 22.2.1.6 地质力学属性

天然裂缝的存在对页岩气藏的有效开发起着非常重要的作用。杨氏模量、泊松比和裂缝应力是用于评价页岩裂缝的力学属性。此外，还需要与长度、高度、方位和水力裂缝导流能力相关的数据。

### 22.2.1.7 "甜点"区

常规油气具有比较明显的地质或水动力边界和有限的面积，而含有非常规天然气的页岩地层在自然界中成连续分布，可能延伸至很大的区域。如之前提到的，马塞勒斯页岩地层跨越几个州，延伸超过数百英里。然而并不是所有天然气聚集的区域都能进行可持续生产。页岩气的经济性开发能否成功取决于对"甜点"区的确定，"甜点"区钻井位置要基于目前的技术水平。在页岩气的勘探和开发中"甜点"区是行业关注的热点。"甜点"区一般要具有以下有利的地质和地球化学特性：

（1）有机碳含量较高能产生大量的天然气，就是常说的"黑色页岩"。

（2）理想的热成熟度利于气体开采，用镜质组反射率表示（生气窗）。

（3）更好的孔隙度和渗透率以供天然气储集和流动。

（4）地层中存在天然裂缝。

（5）岩石具有较好的水力压裂特性，用杨氏模量、泊松比、裂缝应力表征。

Navarette[6] 提出了如下指标来鉴定"甜点"区：

（1）油藏厚度大于 200ft。

（2）有机质含量大于 1%。

（3）储集游离气的页岩孔隙度大于 4%。

（4）页岩渗透率大于 100nD。

（5）脆性指数大于 25%。

除此之外，"甜点"区必须要有足够大的油藏压力和合适的岩石热成熟度。

### 22.2.1.8　天然气聚集和吸附

在页岩中，在较高的油气藏压力作用下，会发生天然气的聚集有以下情况：

（1）在页岩的微孔隙和微裂缝中存在游离气。

（2）天然气以吸附态的形式存在于岩石的固体有机质中。

（3）在高压下气体分子被压缩并以液膜的形式存在，部分气体也以溶解吸附状态存在。

主要成分为甲烷的吸附气含量取决于各种因素，包括孔隙尺寸、有机质类型、矿物组成和岩石的热成熟度。研究表明15%~80%的天然气处于吸附状态。在较高的油藏压力下，吸附气会发生凝析。

### 22.2.1.9　天然气运移机理

如上所述，天然气以游离气的形式储存于页岩的孔隙和裂缝中，然而一定比例的天然气以吸附态的形式被圈闭在页岩的固体有机质中。当进行水力压裂时，储存于裂缝中的游离气因页岩地层和井筒的压力差而流向井底。一旦油藏压力大幅度下降，甲烷就会从固体有机质表面解析出来，从而有更多的气体流动。油藏压力和吸附气的关系可用朗格缪尔等温线来表征（第12章中介绍）。

在孔隙和裂缝中，游离气的运移为达西流和非达西流。在水力裂缝中由于气体的高速流动，可以观测到非达西流动。从固体有机质中出来的解析气的运移扩散，可以用菲克定律来表示。解析气随后的流动服从达西定律。在高导流裂缝中，一旦流速过高就可能发生非达西流动。表22.5总结了页岩中气体的储集和运移。

**表22.5　非常规页岩气藏气体存储和运移**

| 气体状态 | 位置 | 流动特征 | 备注 |
| --- | --- | --- | --- |
| 游离态 | 孔隙网络 | 达西流 | |
| 游离态 | 水力压裂形成的裂缝 | 非达西流 | 高流速时为非达西流 |
| 吸附态 | 有机物表面 | 扩散，符合菲克定律 | 吸附气最终流向井筒，在井筒处为达西流或非达西流 |

### 22.2.1.10　预计最终采收率和改造油气藏体积

计算页岩气藏预计最终采收率的方法包括递减曲线分析、产量不稳定分析、油藏模拟和类比法。产量的下降可能呈现两种趋势。如果储层非常致密，产量可能在初期就迅速下降。在几个月内，产量可能大幅度下降但之后的递减率可能非常小。递减曲线分析和油藏数值模拟方法已分别在第13章和第15章作了介绍。

此外，估计天然气原始地质储量需要考虑以下方面：

（1）在微孔隙和微裂缝中储存的游离气。

（2）以吸附态形式存在于页岩固体有机质中的天然气。

开发页岩气藏主要依靠改造油气藏体积，也就是利用多级压裂技术使人工裂缝和天然裂缝相连通，改造部分储层。储层剩下的部分由于缺乏具有导流能力的微裂缝而难以进行生产。

### 22.2.1.11　页岩气藏开发和管理

非常规页岩气藏开发的目标包括合理的设计和布置水平井及随后的多级水力压裂。在开发页岩气藏时需要解决以下问题：

（1）能进行可持续生产的"甜点"区在哪?

（2）储层是否具有天然裂缝？

（3）岩石属性能否支持有效的水力压裂？

（4）水平井的长度、方位和位置怎么确定？

（5）怎么改造油气藏体积？

（6）考虑到液体和支撑剂的要求，多级压裂的设计参数是什么？

（7）什么是预计最终采收率和油井或油藏生命周期？

（8）钻水平井的成本和操作费用是多少？

（9）有哪些潜在的环境问题？

（10）投资回收期和回报率是多少？

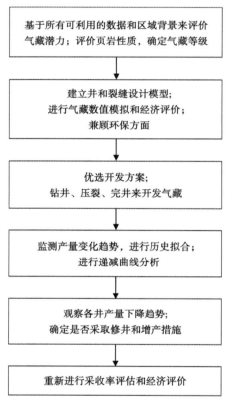

图 22.4　页岩气藏开发和管理流程

油藏物性的识别，包括：

（1）天然裂缝的存在和裂缝的特性。

（2）游离气和吸附气的含量。

（3）岩石基质孔隙度的特征。

（4）油藏深度。

（5）页岩的岩性，考虑黏土、硅土和碳酸盐含量。

（6）非烃类的气体分布，例如二氧化碳。

对潜力区块的识别，主要基于以下参数：

（1）页岩中有机物的含量。

非常规气藏开发首先要收集与气藏相关的所有所需数据，包括地震和微地震资料（图 22.4）。基于经验或类比得到的部分数据不可用。例如，在分析中可结合邻井的动态和水力压裂数据，然后进行水平井设计、多级水力压裂设计和增产设计。最后进行经济性评价，从经济角度来确定最优方案。

### 22.2.1.12　页岩资源评估

在某一特定区域内页岩气藏的可开采性要根据许多因素进行判定，包括"甜点"区的鉴定，以及各种技术手段（包括递减曲线分析）来评价"甜点"区的预计最终采收率。一个大型石油公司用来快速确定"甜点"区和油井经济潜力的方法将在后文进行介绍[7]。

页岩气田勘探开发主要的影响因素包括：

（1）热成熟度和烃源岩有机质含量。

（2）页岩气层有效厚度；厚度越大含气量越多。

（3）岩石非均质性的横向分布，包括渗透率；非均质性对于工程决策和风险指标来说都至关重要。

（4）有利的岩石裂缝特性，页岩气藏需要进行人工改造来获得产能。

（2）气层的有效厚度。

（3）岩石的热成熟度。

（4）深度。

（5）盆地历史。

（6）油藏压力。

（7）矿物学。

在只钻了几口井的最初阶段，需要绘制以下图：

（1）测深。

（2）砂层等厚图。

（3）岩石热成熟度。

（4）单井成本。

（5）土地使用量，分城市和农村用地

以下数据可能有限，从而导致绘图存在一定的不确定性：

（1）总有机碳含量。

（2）异常压力梯度。

（3）高含气饱和度和二氧化碳含量范围。

（4）岩性描述，例如是否存在硅质页岩。

（5）Ⅱ型干酪根。

（6）生产操作的经济因素。

基于所有可用信息，在地理信息系统的帮助下确定"甜点"区的位置，从而绘制地图。井的最终可采储量基于产量递减阶段的蒙特卡洛模拟法来进行评价。递减曲线的数据资料从性质相近的"甜点"区的生产井来获取。全过程要运用软件来快速地识别和评价未来页岩气藏。

### 22.2.1.13 多级水力压裂

水力压裂设计要基于复杂的三维建模，模型中要考虑深度、厚度、岩石性质、裂缝应力和其他地层性质。模型能够优化出一个压裂施工的最优方案，使裂缝的高度、长度、方向都最有效且最具经济性。例如，在巴内特页岩开发项目中绘制出水平井预计最终采收率与水平段走向的关系曲线[8]。当水平段延伸的方位角为北偏东 55°时，最终采收率最小。这是水平主应力方向，裂缝将沿着这个方向延伸。水平井水平段的方向要与裂缝延伸方向垂直才能达到最佳效果。

水力压裂通过在非常高的压力下注入压裂液来实现。预先设定好注入速度，在该速度下能够撑开超致密页岩的裂缝以利于气的流动。压裂液的大部分是水，约占 98%。压裂液中要添加砂砾，作为支撑剂保证裂缝处于打开状态，还要加入润滑剂促进各种添加物的流动；因此，压裂液又称滑湿水。此外，压裂液中还会添加少量的化学添加剂，加入的化学物质可避免微生物的生长和裂缝堵塞，并降低腐蚀程度。

压裂液的一般组成成分如下[9]：

（1）水：注入地层的主要成分，用于造缝、扩展和增强裂缝。每一级压裂施工所需的水量非常大，多级压裂需要的水量能达到几百万加仑。

（2）砂砾：用作支撑剂来防止新产生的裂缝闭合，从而保证气体的流动。每一级压裂施工需要 $(3\sim5)\times10^6$lb 的支撑剂。

（3）树脂：树脂用于携带支撑剂（砂砾和其他材料）到指定位置，防止损失。

（4）陶瓷：是一种更坚硬的支撑剂，可保持理想的裂缝性质，且比砂砾轻并相对容易运输。

（5）凝胶：用于携带支撑剂。

（6）酸：通常使用稀释的盐酸来移除固井物质，清洁射孔段。

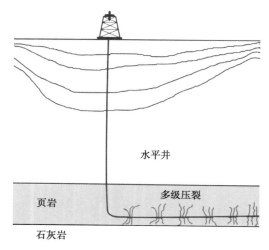

图 22.5　6 级压裂的水平井

（7）杀菌剂：避免细菌生长和井筒污染。

（8）氯化钾：阻止黏土膨胀。

（9）过二硫酸盐：用于降低凝胶的黏度，释放支撑剂进入地层。

（10）缓蚀剂：阻止酸对金属套管和油管的腐蚀。

水平井长度通常为 5000～10000 ft，所以通过注入流体来产生并保持整个井段的高压比较困难。因此水力压裂施工通过多级压裂来实现，将水平井筒分隔成多个小段以达到和维持所需压力，每级之间的间隔从几英尺到几百英尺不等；一个长约几千英尺的水平井一般有 30～40 级，每级有许多次级组成，这决定了水、砂砾和化学物质的用量。利用微地震监测技术能确定地层中裂缝的延伸和走向。页岩气藏中水平井多级压裂的示意图如图 22.5 所示。

### 22.2.1.14　井动态

在产气后期会伴随一个指数下降的阶段，一口井的生产周期可能超过 20 年。在生产后期，可能需要修井来提高产能。页岩气最终采收率的预测主要是基于井生产数据的递减曲线分析。递减曲线分析已在第 13 章中介绍（图 22.6）。

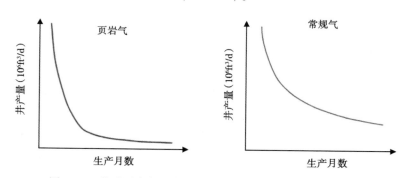

图 22.6　典型页岩气生产与常规天然气生产递减曲线的对比

利用水平井可以大幅度的提高页岩气的采收率。基于巴内特页岩在 20 世纪中期的生产数据所做的一项研究显示，水平井的预计最终可采储量约为 $(1.27～1.44) \times 10^8 ft^3$；而直井的最终可采储量约为 $(0.37～0.49) \times 10^8 ft^3$。

在不同的页岩气藏，每口井的产量差异很大。例如在马塞勒斯页岩，最初产量在 $5 \times 10^6 ft^3$ 以上，高产井的最终可采储量能达到 $7 \times 10^8 ft^3$。美国各页岩气藏的技术可采储量见表 22.4。随着科技的逐渐成熟和新技术的运用，页岩气藏的采收率有望进一步提高。

## 22.2.1.15 页岩气开发面临的挑战

非常规页岩气藏的开发中，主要有以下几点挑战：

（1）页岩的非均质性很强并呈层状分布。岩石性质在水平和垂直方向都变化很大。从宏观和微观的角度来看，在钻井、完井和采气方面都存在很大的不确定性。要想成功开采页岩气主要是依靠对"甜点"区的定向钻井。一口井的生产动态可能和相邻井存在很大差异。

（2）天然裂缝的存在及它的方向、导流能力增加了气藏的复杂性并会影响井的动态；此外，水力压裂的有效性很大程度上取决于岩石的力学性质。

（3）页岩气藏的渗透率非常低，通常为纳达西级。在常规油气藏中超低渗透率的岩石若在这个级别的话，常被认为是没有渗透性的。页岩气藏需要采用一些特殊的技术来开发，页岩气的开发存在大量的风险和不确定性。

（4）页岩气的开发和开采，包括多级压裂，需要充分考虑环境问题。在开发生产过程中，可能造成地下水的污染、诱发地震活动、产出的天然气从套管中漏失及空气和噪音污染等。

**实例分析：马塞勒斯页岩——一个超大非常规资源的开发[10-28]**

一、介绍

马塞勒斯页岩是美国的一个非常规天然气资源，延伸超过 100000 mile，跨越数个州，包括宾夕法尼亚州、纽约州、俄亥俄州、西弗吉尼亚州、马里兰州。目前，在仅仅 5 年的时间里，天然气产量从 $0.53 \times 10^8 ft^3/d$ 上升到了 $17.5 \times 10^8 ft^3/d$（图 22.7）。截至 2012 年在马塞勒斯页岩已钻了超过 6400 口井。超过 3600 口井的产量高于 $8 \times 10^8 ft^3/d$。在宾夕法尼亚州，生产井都聚集在东北部（生产干气）和西南部（生产天然气和凝析物）。

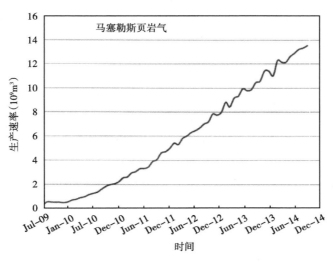

图 22.7  马塞勒斯页岩气产量（来源：能源信息部）

二、马塞勒斯页岩气的地质储量和采收率

近些年报道了各种对天然气总量的评估结果，包括已探明的和未探明的天然气资源。据估计资源量可达到 $2700 \times 10^{12} ft^3$。假设采收率为 10%～20%，单单马塞勒斯天然气的供应量就能满足整个美国今后的需求。据一份估计，马塞勒斯页岩气的技术可采储量为 $490 \times 10^{12} ft^3$，仅次于中东地区北方的南帕斯天然气田。马塞勒斯页岩的天然气一部分圈闭在孔隙中，另一部分吸附在岩石矿物质和有机质中。天然气也储藏在天然裂缝中。由于岩石的渗透率非常低，页岩层同时作为烃源岩、盖层和储层。

推动马塞勒斯页岩气开发和开采并产生巨大发展的技术包括水平钻井、多级压裂和微地震检测，部分产量也通过直井获得。

### 三、马塞勒斯页岩地质和地球化学

位于阿巴拉契亚盆地的马塞勒斯页岩属于海相沉积岩，形成于约 390 Ma 前的中泥盆世。在深海和缺氧条件下，细粒的沉积物伴随有机质沉积下来。

马尔赛路页岩的 TOC 值（总有机碳含量）在 1%~13% 之间。马尔赛路页岩位于地下 4000~8500 ft 深处。天然气从非常规沉积区块中开采出来。然而，在纽约州的中部地区，发现了马尔赛路地层的露头。地层厚度在 50~200 ft 之间。最厚的地层位于宾夕法尼亚东北部。在高温、高压的地层条件下，经历亿万年时间，岩石中的有机组分转变为天然气。气体聚集在微孔隙与微裂缝中，也有一部分以吸附态存在于在岩石的有机质组分中。由于页岩粒度小，所以页岩的孔隙度较低，一般小于 10%。页岩的渗透率极低，为纳达西级。一项研究表明，马塞勒斯页岩的渗透率为 100~450 nD。有意思的是，对于常规油藏，地层渗透率是纳达西级的储层被认为是无法开采出来的。马塞勒斯页岩的压力梯度大约是 0.4 psi/ft。

### 四、马塞勒斯的页岩气经济

对比非常规气藏，常规油藏中气体被封存在清晰的油藏边界中，而在马塞勒斯页岩的非常规资源连续分布在非常大的区域内。微孔隙的连通性有限使得该气藏的渗透率极低，无法依靠常规的开发手段进行采气。由于马塞勒斯地层物性以及埋深条件不佳，在水平井技术和多分段压裂技术引入以后，开采非常规资源才变得可行。大多数气体经由相互连通的水力压裂缝和天然裂缝产出。同其他非常规油气资源一样，马塞勒斯页岩气开发也取决于经济状况，比如，天然气价格的上涨。多项评估表明，水平井钻完井的成本在 400 万~700 万美金。马塞勒斯页岩气开发的盈亏平衡价格在 4 美元/$10^3 ft^3$。

### 五、裂缝特征

在马塞勒斯页岩中观察到两种主要的节理组。节理组使得地层中形成裂缝网络，气体通过它进入另外的致密岩石。第一种节理组，记作 J1，呈东北走向。与最大水平应力方向平行；另外一种节理组，记作 J2，呈西北走向。为了有效开发页岩气，利用 J1 节理是较好的选择；因为裂缝系统的走向与主水平应力方向平行；也因节理的间隔很接近。这两个因素都有利于气体从致密页岩中产出。在与主裂缝方向垂直的方向上钻水平分支井眼，能够沟通大量裂缝，因此他们使得气体从致密储层中的流动更加便利。

### 六、马塞勒斯页岩气勘探

在探测页岩气的过程中运用了地震技术来确定油藏地层状况。地下反射回来的地震波能显示地层边界，而气体含量可通过某些层的已知特征来判断。地球物理调查包括与页岩层序、孔隙度、岩石力学性质（包括裂缝性质和方向）有关的研究。测井（包括伽马射线测井）用于定位页岩地层，包括深度和厚度，这是由于页岩的放射性比砂岩和碳酸盐岩高。通过已有井中获取的测井信息对于发现经济可采的新储量有很大帮助。通过对比常规和非常规气藏发现，后者在自然界是连续分布的；在马塞勒斯页岩区和相似非常规气藏发现的天然气的规模远大于常规天然气藏，然而由于较差的气藏物性，页岩气藏可能难以持续生产。

### 七、非常规天然气钻井

在马塞勒斯页岩区既有直井也有水平井。虽然直井的成本较低，但直井所能接触的地层面积非常有限，并且只能连通有限数量的裂缝以供天然气流动。所以直井的产能远低于水平井的产能。目前马塞勒斯页岩区钻的水平井长约 5000~10000 ft。水力压裂级数为 30 级甚至更多，使得水平段产生尽可能多的裂缝。将主节理组记作 J1，由于其沿东—东北方向延伸，水平井水平段要垂直于节理的方向，即沿东北方向。此外一些裂缝是垂向延伸的，需要水平井与它们相交以获得最大产能。马塞勒斯页岩区水平井的最终可采储量可达到 $4×10^8 ft^3$。

水平井产能一般是直井的 3~5 倍。近些年来的一大进步是在一个平台能同时钻多口水平井，这减少了地下密集的井眼，对环境的影响降到最低（图 22.8）。

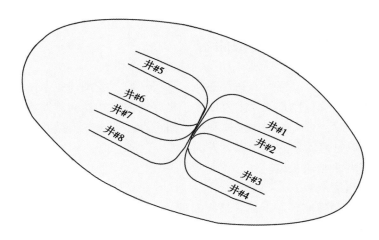

图 22.8　地表占地面积小的平台钻井
这样可以减少钻井时占地面积

### 22. 2. 1. 16　完井

下套管进行完井，然后在完井段射孔。在一口井中要使用以下 4 种套管：

（1）导管：最上一层套管，用来储存地面土壤。

（2）表层套管：用于隔离水层。

（3）中间套管：用于隔离油流。

（4）生产套管：下在完井段，要经过严格的射孔设计，使天然气能从完井段流动到地面设备中。

页岩储层最薄弱的区域是有利于裂缝的产生和发育的，因此这些部位常作为射孔的目标区。通常，目标区域作业长度为 2ft，每英尺射孔 3 次。

### 22. 2. 1. 17　页岩储层的水力压裂

超致密的马塞勒斯页岩需要通过水力压裂来保障持续生产。在水平层段的各个部分上，一般要压裂好多次，每次一小段进行作业，因此整个压裂作业也叫作多级压裂。一般水平层段有几百英尺长，带有添加剂的水在高压条件下注入到水平层段，用来产生新的裂缝。此外，水力压裂可使得那些已存在的裂缝进一步扩展，同时也能增加裂缝的密度。正如前面所说，马塞勒斯页岩气藏有一组记作 J1 的节理组，它平行于主应力方向，因此所钻的水平井要垂直于 J1，这样压裂时才会产生平行于 J1 方向的裂缝，从而增加采收潜力。压裂作业时，不关心是否压裂到目的层的上、下层，这可能会导致相邻层压裂液和页岩气的损失。但是位于马塞勒斯页岩下面的石灰岩储层（如奥嫩达加石灰岩），则不利于这类意外压裂的发现。

### 22.2.1.18 水处理

本节内容是关于与页岩气藏发展相关的水处理问题。

多级水力压裂作业需要大量的水（大约几百万加仑）。根据估计，压裂期间每天大约使用 $19 \times 10^6$ gal 的水量。60% 以上的用水都来源于地表水。压裂用水的 30%～70% 将会返排到地面，出于安全和环保考虑，就要对这部分水进行水处理。排出水包含有各种添加剂和地层溶解颗粒，这部分废水要么重新用于压裂，要么通过适当的处理除去污染物再排放到周围环境中。同时也可以注入到一个封闭的地层，目的是阻止它污染其他含水层。

## 22.3 页岩气生产建模和模拟研究

页岩气发展需要大量的投资，如钻水平井、多级压裂、管理气井生产等方面。此外高风险因素一般和井的经济可行性有关，主要依赖于良好的油藏物性和裂缝特性，包括缝长、裂缝条数及传导率。因此，页岩气生产建模和模拟研究在油藏设计、钻井、气井压裂中起着至关重要的作用。模拟研究的目的包括以下方面：

（1）优化水平井水平段长度。

（2）确定最优压裂级数。

（3）分别在最好和最坏条件下估算最终储量。

（4）根据模拟结果进行经济性评价。

下面是页岩气建模时需要考虑以下方面[29]：

（1）页岩气储存机理：页岩中储存的天然气，分为游离气和吸附气两种。游离气一般在孔隙和裂缝中，而有相当一部分吸附气吸附在页岩的有机固体颗粒上。当压力下降时，吸附气解析释放出大量的游离气，通常遵循 Langmuir 等温吸附规律，等温吸附曲线是压力和吸附量之间的关系。第 12 章中已讨论 Langmuir 等温吸附定律。对于不同组分的页岩气来说，通常采用多组分吸附模型。当考虑解析气的存在时，那么气体产量会增多。

（2）气体流动机理：在超低渗透页岩的基质中，天然气的移动主要是扩散和达西流动。气体扩散模型是应用菲克定律来建立的。扩散过程中涉及的扩散系数和迁曲度是给定的。在页岩的裂缝里，达西流动和非达西流动都会发生。

（3）水力压裂裂缝：水力压裂裂缝中流体的高速流动不符合达西定律。裂缝一般假设成 2 mm 宽，具有高导流能力。因此用 Forchheimer 方程作为模型来模拟流体在裂缝中的流动情况更为准确。非线性方程在第 3 章中提到。

（4）天然裂缝：天然生成的裂缝比压裂产生的裂缝的导流能力低得多，因此这些裂缝用相对简单的双渗模型描述。

（5）地层特性和模型表示：页岩由基质和裂缝组成。裂缝可能是天然裂缝，也可能是水力压裂产生的。气体流动模型采用双渗模型，用来刻画岩石和裂缝中流体的流动，其中的裂缝渗透率很大。但是，在页岩和其他超低渗透致密储层中，压力的瞬态响应相当低，传统的双渗模型是完全不够用的。因此必须采用改进的双渗模型来模拟水力裂缝中的流动，模型采用间距呈对数变化的局部加密技术。

（6）网格加密：间距呈对数变化的局部加密技术可以用于获得裂缝附近精细的流动特征。远离裂缝的网格逐渐变得稀疏，这样做有利于优化模型的资源需求。一个模型需要加密的层数至少为 5 层。通过网格敏感性分析来确定细分的程度大小。

图 22.9 给出了页岩气模型的工作流程。图 22.10 是页岩气生产历史，可以用来验证模拟模型的准确性。

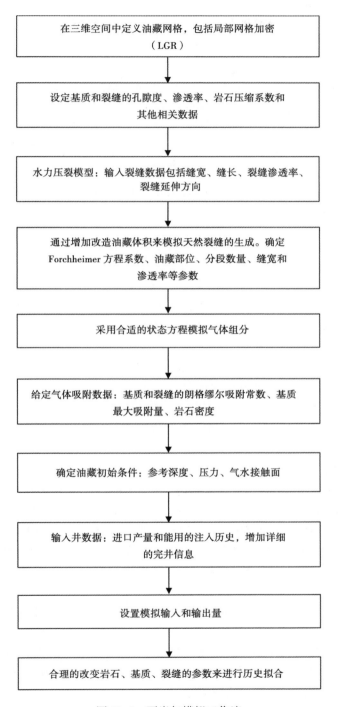

图 22.9 页岩气模拟工作流

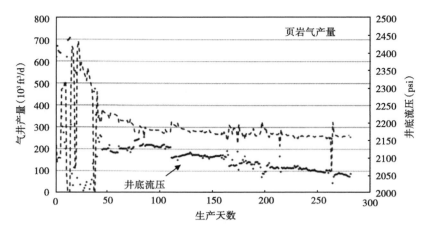

图 22.10　用井底流压作为拟合标准，对页岩气产量进行历史拟合

## 22.3.1　煤层气

### 22.3.1.1　介绍

煤层气（CBM）即天然气，主要成分是甲烷，储存在煤层的割理和微孔隙中[30,31]。割理是天然产生的裂缝，是主应力作用在地质构造上的形成的。煤层气是全球主要的非常规天然气资源。以甲烷为主的天然气埋藏在煤缝和煤层的微孔隙中，通过钻垂直井和水平井对其进行开采；大量的煤层气的沉积被发现，并进行商业化生产。全球大约有 60 个国家都发现了煤层气的沉积。根据估计，全球前 20 名的国家煤层气资源量是 $1800×10^{12}\,ft^3$。中国、印度、澳洲等国家相继开展了大型煤层气项目。

唯独在美国，很多盆地发现有煤层气的聚集（图 22.11）。天然气总储量相当巨大，煤层气探明储量也增加了天然气的总储量。非常规资源煤层气在美国占到了天然气总消费的 7% 左右。

### 22.3.1.2　煤层气发展历程

美国煤层气的开发要追溯到 20 世纪初期。在 20 世纪 20 年代末和 30 年代初，堪萨斯州的煤田钻了大量的气井，用于生产甲烷气，但是当时认为煤层气是从其他地质构造运移过来的，当时部分井深 1000 ft。到了 50 年代，第一口煤层气井通过压裂来增加产量。90 年代煤层气行业快速发展。1992—2000 年间，煤层气产量从 $1.5×10^8\,ft^3/d$ 增长到 $3.7×10^8\,ft^3/d$。生产井数量也在迅速增长，从原来的 5500 口增至 14000 口。

### 22.3.1.3　地质特征

煤层最初形成要追溯到几百万年前的原始地质时期，它是由潜水区的沼泽森林的植被沉积演变来的，沉积环境是无氧条件。又过了相当长的时间，沉积物继续沉积，后来在温度、压力及各种地质运动的综合作用下演变成了煤层。最终，由于强烈的热能存在，煤层里形成了甲烷气体。大部分煤炭都是在石炭纪形成的，距今有 300~360Ma。石炭纪地层中有丰富的炭沉积，属于密西西比纪和宾夕法尼亚纪。

### 22.3.1.4　煤层气藏的特征

煤层充当着烃源岩的作用，也是甲烷气体的生成地；还作为储层岩石，是天然气生产的场所。煤层气被看作是非常规资源，这因为地层特征很明显有别于常规天然气气藏，并且在

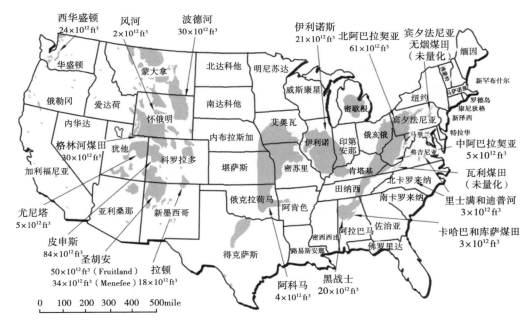

图 22.11　美国的煤层气沉积

图来源网址：http：//www.halliburton.com/public/pe/contents/Books_ and_ Catalogs/
web/CBM/CBM_ Book_ Intro.pdf［accessed 22.04.14］

生产煤层气时使用的是非传统的技术方法。煤层中储存的甲烷气体、流体的流动机理、岩石特性及油藏开发等方面对煤层气资源来说是独一无二的。煤层气气藏和常规气藏主要的不同如下所述：

（1）开发早期，煤层气气藏中的岩石就是烃源岩。相反地，在常规气藏中储层岩石和烃源岩是完全不同的两种岩石。常规气体从烃源岩运移到储集岩中并逐渐聚集，而这一过程发生的时间和运移的距离都相当长。

（2）在常规气藏中，天然气以游离态储存在孔隙和裂缝中，然而煤层气多数是以吸附态存在。煤的割理和裂缝中的游离气仅占所有气体总量的一小部分。研究显示煤层包含有98%的吸附气。因此在评价煤层气储量时，微孔隙中的吸附气量必须已知，这样才能通过直接测量或者统计法来完成。

（3）常规气藏含气量是应用真实气体定律来计算的，而且还需要含烃孔隙体积和气藏压力等参数辅助计算。在煤层气藏中要计算煤层气含量，不能简单地使用容积法来分析、确定天然气总量。煤层的吸附量也用于估算气体含量。煤层气藏所储存的气体含量要比常规气藏储集量多出数倍。

（4）在常规的砂岩气藏和石灰岩气藏，游离气存在在相对大的孔隙当中，而煤层气却储集在煤层的微孔隙当中。随着钻井的进行，煤层的割理和裂缝都可为气体流动提供通道。

（5）和常规砂岩气藏与碳酸盐岩气藏相比，煤层气藏孔隙体积小了好几个数量级。非常规煤层气的特点就是低孔、低渗透。

（6）煤层气在微孔隙中的扩散遵循菲克定律，而在裂缝与割理中的流动满足达西定律。相比之下，常规气藏的流动特点只有达西流动和非达西流动两种。

（7）煤层气独特的生产特点就是最初产出的是来自煤层割理的水。初始生产阶段割理和裂缝中的水以相对较大的速度流动。

（8）随着大量的水产出，水气比随时间降低；还会观察到气体流动随着时间增加。对于常规油藏来说刚好相反，来自附近水层的驱动力增大了水气比。

（9）生产一段时间，煤层气产量会达到峰值产量。然而，常规气藏的产量峰值通常会出现在初始生产阶段。

（10）煤层气气藏的渗透率和地应力有关，而常规气藏的渗透率与地应力几乎无关。

（11）煤层气井附近的气井有利于煤层气的生产，然而在常规气藏中，附近的气井会和该井产生井间干扰，影响产量，因此煤层气需要钻很多井来开发。

（12）大部分煤层气气藏通常都是渗透率低，需要水力压裂才进行商业化生产。然而在常规气藏中，天然气产量相当高，无需压裂，且气藏物性极好。

### 22.3.1.5　煤层的割理和孔隙

煤岩储层是典型的双孔系统，是由孔隙和割理组成。割理通常分为面割理和端割理。割理的形成演变，主要是因为地层的收缩和当地的应力引起的。面割理和端割理之间相差90°左右；割理缝大小约为几毫米。端割理比面割理短，且终止于面割理，此外，煤层中也发现了次生割理（图22.12）。

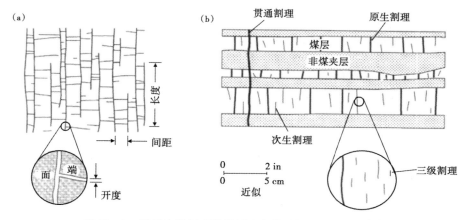

图 22.12　煤层中的割理提供了生产煤层气的流动通道[32]

水平井和水力压裂技术极大地促进了煤层气工业的发展

（a）割理长度，间隔大小，面割理，端割理，孔径大小；（b）长割理，短割理，煤层，夹层，二次割理，三次割理

割理和其他类型的天然裂缝储存了不到10%的天然气，研究显示煤层孔隙度很低。大孔隙和割理中都含有地层水。这么低的孔隙度也暗示着在生产煤层气时，必须处理这么部分水体。同时，有一部分气体在地层压力条件下溶解在地层水中。

不同于常规油气藏，常规油气藏中的游离气储存在岩石孔隙中，而煤层中大量吸附态甲烷吸附在微孔隙中。微孔隙的尺度是分子级别的，范围为 5~50A°。综上所述，煤层包含有大量的吸附态天然气。因此，实际的天然气体积是煤层孔隙体积的数倍。

### 22.3.1.6　煤层气的吸附特征

岩石微孔隙中吸附的天然气量可用朗格缪尔等温吸附定律进行估算。根据该定律，固体表面的吸附能力随压力的增大而增大，随压力的降低而降低。压力和吸附能力的关系反映出随着油气藏压力的降低，气体就会被解析出来。产量的变化是非线性的，一开始气体解析速度很慢，随着压力进一步降低，解析速度增快。页岩气和煤层气的朗格缪尔等温吸附规律已在第 12 章中介绍过，讨论了如何确定气体吸附量。

Langmuir 方程如下所示：

$$V_a = \frac{V_L p}{p_L + p}$$

式中　$V_a$——气体吸附量，$ft^3/t$；

　　　$V_L$——Langmuir 体积（在压力无穷大时的气体吸附量）；

　　　$p$——压力，psi；

　　　$p_L$——Langmuir 压力（吸附量为½ Langmuir 体积时对应的压力）。

这部分内容详见第 12 章。

吸附特征也和地层温度有关。据观察，随着温度升高，页岩气吸附量会降低。

### 22.3.1.7　气体地质储量的估算

煤层气储存在煤层的微孔隙、大孔隙、割理和裂缝中：

（1）微孔隙包含有大部分的吸附态甲烷。

（2）割理和天然裂缝包含有一小部分的水和气体。

（3）大孔隙包含有自由气和游离气。

现场通过灌气测试方法来确定煤层气成分。首先地层取心，然后带到地面上密封在和油气藏温度一样的密封桶里，以减少气体损失。解析气量、剩余气量、损失气量加起来就是岩心中的气体含量。以下是三部分气体的测量方法：

（1）解析气：测量气罐里的解析气量。气体解析的速率也需注意。

（2）剩余气：当在大气压下气体完全解析，压碎岩心，测量剩余在岩石孔隙中的气量，就是剩余气。

（3）损失气：通过外推时间的平方根与解析量的关系曲线来估计转移岩心过程时的损失气量，时间是指取出岩心和开始测试之间的间隔。

### 22.3.1.8　煤层渗透率

煤层气藏的开发很大程度上依赖于岩石的渗透率。气藏渗透率相对高时有利于煤层气的商业化开采。影响煤层渗透率的因素如下：

（1）地应力：地层的高应力会降低煤层的渗透率。

（2）油藏深度：埋深浅的煤层有很高的渗透率。通过研究 3 个盆地的煤层渗透率，结果发现随着深度的增加，渗透率逐渐降低。1000 ft 深处的地层岩石渗透率为几十或几百毫达西；但是 5000 ft 以下就可能降至 0.1 mD 以下，这是上覆岩层压力增加造成的。

（3）缝网特征：裂缝丰度和连通性会整体性地提高渗透率。

（4）煤层中的割理方向：割理的方向决定了渗透率的各向异性，同时渗透率的主方向应与割理方向平行。

（5）产出水：随着煤层产水，基质渗透率降低。这是由于割理中的压力降低，地应力增加，最终导致渗透率降低。

（6）气体解析导致基质体积收缩：基质体积的收缩改善了割理渗透率。

（7）滑脱效应：接近废弃压力时，气体快速解析，出现滑脱，明显改善了渗透率。由于临近煤层废弃，渗透率增大且仍有大量吸附态气体未开采出来，一个良好的油气藏管理要尽可能地设法延长煤层的生产寿命。

在煤层气生产期间，煤层渗透率会发生强烈的变化。油气藏压力下降对渗透率的净影响包括以下方面：

（1）在生产初期，割理和裂缝中的水大量产出，同时油气藏压力下降。压力下降导致地应力升高及割理闭合，根本的影响就是气相有效渗透率降低。岩石的膨胀和振动会降低岩相渗透率。

（2）然而，在随后的开发时期，可能会观察到岩相渗透率增大，原因是煤层基质的收缩和气相滑脱效应的影响。随着煤层气的不断产出，煤层基质体积下降，割理渗透率增加。滑脱效应源于相邻低压层的气体滑脱。尤其是在煤层气藏几近废弃和油藏压力下降时，滑脱效应特别明显（图 22.13）。

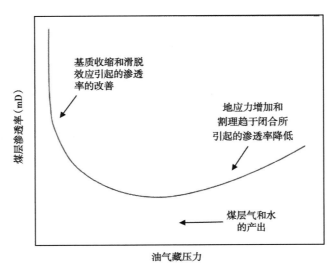

图 22.13　煤层渗透率随着压力的降低的变化

渗透率变化在初期受地应力改变、割理闭合的影响，后期受煤层基质岩石收缩、滑脱效应的影响

通常煤层渗透率具有各向异性。面割理垂直于端割理，且面割理的渗透率明显高于端割理。研究显示地层渗透率主方向比垂直于主方向的渗透率高 10 倍，甚至更高。

油田数据统计显示：大多数煤层气藏在 4000 ft 以下，渗透率范围为 1～100 mD。在一些盆地里的浅层，煤层渗透率可以达到几百毫达西，而经济性生产下限为 1 mD；若小于 0.1 mD，根本无法进行生产。因此，需要通过压裂来生产煤层气。

## 22.3.2　渗透率测量

由于煤层渗透率受应力影响，且岩心样本可能不含有地层的典型割理，因此实验室测量的渗透率并不准确，最终导致岩心的渗透率值偏小。钻杆测试、压力恢复测试、多井干扰测试等试井方法能更好地测量煤层的现场渗透率。开采初期，割理完全被水充填，气井只产水。这时候，在单相流动的基础上通过试井结果测量出绝对渗透率。然而，随着压力的降低，气体不断解析，会出现气水两相流动。一开始气相相对渗透率很低，随着产水量降低，气体相对渗透率快速增加。

最后，也是最重要的是，要定期进行油藏开发历史拟合，以确定非常规油气藏有效渗透率随产量的变化。

## 22.3.3 流动机理

如前所述，煤层中天然气的运移机理明显与常规油气藏的不同。这些机理包括解析、扩散、达西流动。下面是对三个机理的概述：

（1）随着油气藏压力的降低，煤层微孔隙解析的煤层气会越来越多。

（2）解析之后，煤层气在微孔隙之间扩散，气体扩散现象满足菲克定律。

（3）一旦解析气进入裂缝和割理网络，就会发生达西流动，并且向着井筒方向流动。

## 22.3.4 气藏特征

干扰试井在确定井间渗透率、储容性、气藏非均质性（渗透率非均质性）、优选井位及井距等方面非常有用。

## 22.3.5 煤层气生产特点

通过常规气藏和非常规气藏的对比可以发现煤层气的生产特点。在生产初期大部分常规气藏不会出现生产水。而对于煤层气藏来说，为了获得足够的气体产量，就必须要先采出煤层割理和裂缝内的水体。在获得最大产气量之前，一般要进行几个月的气体解析和脱水过程。最后，煤层气产量出现连续性下降，这一特征依赖于岩石性质、含水饱和度、煤层气成分等。研究发现很多煤层气藏会出现指数递减。一口煤层气生产井的生产周期短则几年多则20年，甚至更多（图22.14）。

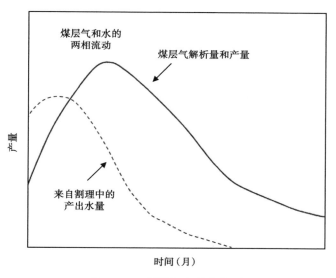

图 22.14　煤层气产量变化图

初期煤层气产量低；产量可随着时间增加，在后期会达到峰值产量，紧着持续生产几个月或几年，最终会出现产量下降

多孔介质中的气体达西流动已在第3章中有所介绍。

## 22.3.6 煤层气藏的经济价值

在美国，煤层气产量占天然气总量的7%左右。近些年来，水平井的广泛应用提高了非常规油气的产量。气藏的经济生产能力是由以下指标决定的：

（1）煤层渗透率：大于 1 mD。

（2）含气量：大于 150 ft³/t。

（3）煤层厚度。

（4）煤层深度：煤层越深，压力越高，储存的气体量可能相对越大。

（5）煤的等级，高挥发烟煤是煤层气良好的储层。

（6）该区域其他井的测井数据可用性。

（7）区域开发经验和油气藏特征，缺乏可用的信息可能会造成阻碍。

（8）煤层中水的量和体积。

（9）水处理问题。

（10）管线和市场途径。

## 22.4　其他的非常规气资源[33]

深层气资源一般都在 15000 ft 以下的地层，要在此处开采，成本和技术要求都很高。在过去的几十年间，美国在阿纳达科、墨西哥湾海岸和二叠系盆地钻了上千口井用于开发深层气，有些井深甚至超过了 30000 ft。深层气地层通常要比浅层碳氢化合物沉积时间更长，因此需要特殊的技术来进行开发。技术难点就在于深层钻井、300℃ 高温及酸气处理。深层气开发像其他非常规资源一样，很容易受市场环境的影响。20 世纪 80 年代初期，石油价格下滑，进一步开发深层气资源面临严峻的挑战，被视为高风险投资和资源商业冒险。甚至整个 80 年代的深层气开采成本都达到了几百万美元，且极端情况下，保本的气价在每 1000 ft³ 为 20 美元。根据一项研究表明，打中干井概率是浅层常规气井的 2 倍。然而在美国和其他国家，深层气在资源供应方面有着重要意义。据美国地质调查局估计，各地未发现及未勘探到的潜在深层气藏有很多，这些地方包括落基山脉、墨西哥湾岸区、阿拉斯加州等。成功开发深层气的关键在于：

（1）在发现深层资源时，钻深井要具有高的成功率。

（2）应用更少的资源改进深层钻井技术。

（3）更好的完井技术能够进行经济性生产。

（4）降低酸气产量同时要提高地面处理设备的效率。

## 22.5　总结

非常规气资源是指那些很难开采的油气藏。之所以难以开采，是因为技术不成熟，或者需要用到非传统方法。此外，开采成本要高于常规气藏。非常规气藏目前主要开采的有页岩气、致密气和煤层气。其他类型的非常规气如深层气，目前开发有限，主要是因为开采成本高、常出现打干井、存在酸气及其他各种技术难题。深海或在北极地区发现的甲烷水合物都没有进行大规模的商业化开采。然而，美国非常规气的生产量很大，2013 年占到了其全部产量的 65%，近年来这个数字还在不断增加。全球的非常规气资源超过了 $32 \times 10^{12}$ ft³，三大主要沉积区分别位于美国、原苏联及中国。全球页岩气储量估计有 $5.7 \times 10^{12}$ ft³。

## 22.5.1 页岩气技术

页岩气是当下最主要的非常规气资源。页岩属于烃源岩，可产生油气。可是页岩的渗透率相当低，通常仅有几十或几百纳达西。甚至在几年前，一些渗透率超低的常规油气储层，被认为是完全不能开采的。后来兴起的水平井技术和多级压裂技术（多级压裂有时也称水力压裂），使得页岩气商业化开采变成可能。微地震技术用于确定油气藏大小、特征、水利裂缝和天然裂缝的密度。

## 22.5.2 目标区域的开发

尽管页岩气藏绵延在很广的区域，但是页岩具有很强的非均质性；岩石性质各处差异巨大。为了能成功开发页岩气，新钻的井要寻找"甜点"区。"甜点"区的特点是高有机碳含量（有名的黑页岩）、相对渗透率高、生气窗具有合适的热成熟度、拥有天然裂缝簇等。此外，"甜点"区岩石的力学性质要有利于水力压裂，这包括相对高的杨氏模量、低的泊松比及合适的裂缝应力。

## 22.5.3 生产和采收率

第一口页岩气井要追溯到 19 世纪初期，位于阿巴拉契亚山脉盆地。美国近几年的页岩气产量增加了 14 倍。如前所述，水平井技术和多级压裂技术使得开发页岩气成为可能。随着技术的不断成熟，水平井的水平段更长，水力压裂的级数更高。为了优化商业化生产，水平段可长达 10000ft，同样的多级水力压裂可达到 30~40 级。典型的页岩气生产周期在一开始产量很高，在接下来的几个月或者一年，产量大幅度递减。随后递减速度减缓，递减趋势符合指数递减，这种递减可能会持续很多年，有时能长达 20 年甚至更长。页岩气井的平均可采储量变化范围广，在（1~3）$\times 10^8 ft^3$/井之间。采收率相当低，大多低于 20%。相比较之下，常规气藏在有利的条件下采收率可达到 80%。页岩气藏采收率大小很大程度上取决于裂缝的有效性。

## 22.5.4 页岩气数据

美国的页岩气藏有巴涅特、费耶特维尔、斯威尔博西尔、马塞勒斯、伍德福特、伊格福特等。其中马塞勒斯页岩气藏占地面积 100000 $m^2$，跨越了好几个州——纽约、宾夕法尼亚州、俄亥俄州、马里兰、西弗吉尼亚州。在表 22.4 中，列出了前面提到的页岩沉积的相关数据，比如地质、岩石力学、岩石物理、气井、气藏、经济等数据。页岩的孔隙度普遍偏低，为 4%~10%；渗透率仅为几百纳达西。水平井和垂直井数量有上千口。单单就马塞勒斯气田就钻了 90000 口井。就目前而言，每口水平井造价高达六百万美元。

## 22.5.5 页岩气埋存和运移机理

天然气以游离态和吸附态形式储存在页岩中。游离气主要在孔隙和裂缝中，吸附气主要吸附在页岩的有机物表面上。因此，评价页岩气储量时，需要考虑游离气与吸附气这两部分。吸附气量通过朗格缪尔等温吸附定律来计算（单位岩石的吸附量和压力的关系）。单位岩石的吸附量和压力之间呈非线性关系。随着气藏压力的下降，气体会慢慢解析，达到某一压力时，解析速度增加。每一个气藏都有相应的等温吸附规律。游离气运移为达西流动或者是非达西流动，后者通常出现在裂缝中气流速度很高的情况。岩石基质中的气体流动有扩散和达西流动两种。

## 22.5.6 开发策略

成功开发页岩气取决于以下方面：
（1）钻井的目的在于识别"甜点"区。
（2）岩石的有效裂缝特征。
（3）天然裂缝的存在。
（4）优化水平井水平段长度。
（5）优选压裂级数。
（6）水力压裂作业的优化设计。
（7）持续生产时裂缝打开的能力。
（8）最终可采储量带来的经济价值。
（9）环境和其他问题。

## 22.5.7 水力压裂

实施水力压裂作业是在高压和预先设定好的速度下，注入压裂液来撑开超致密页岩的裂缝，为气体流动提供通道。压裂液中98%的成分都是水，且流体中含有支撑砂砾，用于维持裂缝的打开状态。加入润滑剂的目的是帮助其他各种添加剂能够流动（故压裂液有时也称滑溜水）；还需要添加少量的化学添加剂。水力压裂设计是基于复杂的三维模型，同时要考虑深度、地层厚度、岩石学、裂缝应力和其他地层性质。该模型可以优化设计水力压裂的缝高、缝长、裂缝有效方向及经济可行性等。当前，水力压裂是每隔几百英尺实施一级压裂。例如，10000 ft长的水平段需要30~40级的压裂，这样可以为持续生产产生足够的气流通道。

## 22.5.8 页岩气生产特征

在生产初期，页岩气产量很高，几个月之后会出现明显的产量递减。高导流缝网中的气体首先被采出，这是达到峰值产量的原因。最后，低导流基质中的气体被采出，导致随后几年产量递减。许多案例中，初始气体生产遵循着双曲递减模式。

## 22.5.9 煤层气

储存在煤层微孔隙和割理中的煤层气是主要的非常规资源。割理是天然的裂缝，是主应力对地质层的作用造成的。许多盆地发现了大范围的煤沉积，并已进行了商业化开采。全球有60多个国家都发现了煤层气藏。据估计，前20位的国家煤层气总储量为 $1.8 \times 10^{12} ft^3$。中国、印度、澳洲等国家纷纷已经开展了大型煤层气项目。美国6%~7%的天然气供应来自于煤层气。

表22.6给出了煤层气和其他常规气藏的显著特征。

## 22.5.10 深层气

深层气资源一般都在地下15000 ft以下，开采和开发成本很高，同时还面临着严峻的技术挑战。过去的几十年间，美国在阿纳达科、墨西哥湾海岸和帕米亚盆地进行了深层气的开采。深层气在开发时存在高风险、投资巨大、酸气处理及技术挑战等问题。然而，据美国地质局的一项调查研究显示，阿纳达科州、墨西哥湾海岸、落基山脉有很大开发潜力。

表 22.6  煤层气藏和常规气藏的显著区别

| 特征 | 常规气藏 | 煤层气藏 | 备注 |
|---|---|---|---|
| 岩石类型 | 砂岩、石灰岩、白云岩 | 煤岩 | |
| 气体的生成和运移 | 气体在烃源岩中生成，接着运移、聚集在储集岩中 | 气体生成和生产都是来自烃源岩 | |
| 气藏深度 | 通常根据生气窗判断常规气位置 | 煤层气藏深度一般在浅层，小于等于 4000 ft | |
| 储存机理 | 气体以游离态形式储存在孔隙中 | 煤层气以吸附态形式储存在煤层中，含气量是煤层孔隙体积的好几倍 | |
| 渗透率 | 范围很广，1 mD 到几个达西 | 一般很低，为 1~25 mD | 煤层气开发一般需要钻水平井和水力压裂技术，这是因为储层渗透率低。 |
| 运移机理 | 气体运移包含达西流动和高速下的非达西流动 | 解析气一开始是通过扩散运移的 | 扩散过程可以用菲克定律来描述 |
| 气体储量评价 | 需要知道油气藏孔隙体积流体饱和度以及压力 | 需要了解单位岩石气体吸附特性，另外还要估算孔隙和裂缝中的游离气含量 | |
| 生产特点 | 开始生产产量很高，接着递减，如果气藏有充足的的含水层，后期阶段会产水 | 开始生产的是来自煤层割理和孔隙的水，随着产水的递减，煤层气产量逐渐增加，几个月或几年后达到峰值产量 | |

# 22.6  问题和练习

（1）非常规气资源主要有哪些？就当前的技术现状讨论每种潜在资源的价值。

（2）描述非常规储层的特点。所有类型的非常规气藏特点一样吗？

（3）详细描述近段时间以来出现的能使常规气产量增加的各类技术。

（4）常规储量和非常规储量确定气体储量的方法有什么不同？两者采收率有怎样的不同？用实例解释。

（5）描述页岩气藏性质、生产潜力及其在世界范围的作用。为什么页岩钻井和开发在一些气藏要比其他的气藏更成功呢？用实例解释。

（6）页岩气开发中哪些岩石性质很重要？页岩气钻井的"甜点"区是什么？怎样识别这些"甜点"区？

（7）页岩气井优化生产动态怎样设计？提供一个基于文献调研的研究实例。

（8）描述影响水力压裂设计的因素。为什么要模拟水力压裂？描述压裂液添加剂的作用。

（9）页岩气典型的生产特点是什么？根据页岩气井经济可行性，井的预期最终采收率是多少？描述经济性分析时所考虑的因素。

（10）描述页岩气在多孔介质之中的流动机理，和常规气藏有怎样的不同？

（11）某公司正在计划开发马塞勒斯页岩气藏的一个大区块。描述详细的开发方案，包括气藏特点、钻井位置、水平井设计、多级压裂、完井技术、修井作业等，并做出必要的假设；计划还要包括潜在的环境问题和相应的处理措施。

（12）煤层气是什么？它是怎样聚集和生产的？

（13）煤层气和常规气的特点有怎样的区别。描述这些区别对气藏开发和气井生产有怎样的影响？

（14）煤层气和页岩气解析特性的区别。

（15）煤层气生产和常规气生产有怎样的不同？要提高煤层气产量应该怎么做？

## 参 考 文 献

［1］ Modern shale gas development in the United States：an update. National Energy Technology Laboratory，2013.

［2］ Technically recoverable shale oil and shale gas resources：an assessment of 137 shale formations in 41 countries outside the United States；2013. Available from：http：//www. eia. gov/analysis/studies/worldshalegas/.

［3］ Modern shale gas development in the United States：a primer. National Energy Technology Laboratory；2009.

［4］ Baihly J，Altman R，Malpani R，et al. Study assesses shale decline rate. AOGR，2011.

［5］ Murray R. Shale gas reservoirs similar yet so different. Available from：https：//www. transformsw. com/wp-content/uploads/2013/05/Shale-Gas-Reservoirs-Similar-yet-sodifferent-2010-RMAG-DGS-3D-Symposium-Roth. pdf ［accessed 15. 01. 15］.

［6］ Navarette M. Unconventional workflow：a holistic approach to shale gas development. Available from：http：//www. seapex. org/im_images/pdf/Simon/7%20Mike%20Navarette_ %20Unconventional%20Workflow%20A%20Holistic%20Approach%to%20Shale%20Gas%20Development. pdf ［accessed 21. 01. 15］.

［7］ Steffen K. Techniques for assessment of shale gas and their applicability to plays from early exploration to production. Available from：http：//www. uschinaogf. org/Forum10/pdfs/11% 20 -% 20ExxonMobil% 20 -% 20Mericle%20-%20EN. pdf ［accessed 09. 10. 14］.

［8］ Barnett Shale Model-2 （conclusion）：Barnett study determines full-field reserves，production forecast. O & GJ，2013.

［9］ Kaufman P，Penny GS，Paktinat J. Critical evaluations additives used in shale slick waterfracs. 2008 SPE Shale Gas Production Conference. SPE 119900：Forth Worth （TX），2008.

［10］ Lee D S，Herman J D，Elsworth D，et al. A critical evaluation of unconventionalgas recovery from the Marcellus shale，northeastern United States. Energy Geotechnol. KSCE J. Civil Eng. 2011；15 （4）：679-687.

［11］ Milici R，Swezey C. Assessment of Appalachian basin oil and gas resources：Devonianshale - middle and upper Paleozoic total petroleum system. U. S. Geological Survey，Open-File Report，2006：2006-1237.

［12］ Harper J. The Marcellus shale：an old "new" gas reservoir in Pennsylvania. PennsylvaniaGeol. 2008，38 （1）：2-13.

［13］ Harper J. The Marcellus and other shale plays in Pennsylvania：are they really worth allthe fuss? State College，PA：PSU EarthTalks Series，2009.

［14］ Myers R. Marcellus shale update. Independent Oil & Gas Association of West Virginia；2008，Ottaviani W. Gas pains：technical and operational challenges in developing the Marcellus shale. PSU Earth Talks Series. State College，PA，2009.

［15］ Soeder D J. Porosity and permeability of eastern Devonian gas shale. Soc. Petrol. Eng. Form. Eval. 1988，3 （2）：116-24.

［16］ Engelder T，Lash G G. Marcellus shale play's vast resource potential creating stir in Appalachia. Am. Oil Gas Report. 2008，51 （6）：76-87.

[17] Gas pains: technical & operational challenges in developing the Marcellus shale. PSU Earth Talks Series. State College, PA, 2009.

[18] Agbaji A, Lee B, Kuma H, Guiadem S, et al. Sustaina bledevelopment and design of Marcellus shale play in Susquehanna, PA. Report of EME580. Penn State University, State College, PA, 2009.

[19] Arthur JD, Bohm B, Coughlin BJ, et al. Evaluating the environmental implications of hydraulic fracturing in shale gas reservoirs. 2009 SPE Americas E&P Environmental& Safety Conference; 2009, San Antonio, TX. SPE 121038.

[20] Beauduy T. Development of the Marcellus shale formation in the Susquehanna Riverbasin. State College, PA: PSU Earth Talks Series; 2009.

[21] Bell M R G, Hardesty J T, Clark N G. Reactive perforating: conventional and unconventional applications, learning and opportunities. 2009 SPE European Formation Damage Conference. SPE 122174; Scheveningen, The Netherlands, 2009.

[22] Ottaviani W. Gas pains: technical & operational challenges in developing the Marcellusshale. State College, PA: PSU EarthTalks Series; 2009.

[23] Kundert D, Mullen M. Proper evaluation of shale gas reservoirs leads to a more effective hydraulic-fracture stimulation. 2009 SPE Rocky Mountain Petroleum Technology Conference; 2009 Denver, CO. SPE 123586.

[24] Ozkan E, Brown M, Raghavan R, et al. Comparison of fractured horizontal-wellperformance in conventional and unconventional reservoirs. 2009 SPE Western Regional Meeting; 2009 San Jose, CA. SPE 121290.

[25] Engelder T. Geology and resource assessment of the Marcellus shale. State College, PA: PSU Earth Talks Series; 2009.

[26] Kaufman P, Penny G S, Paktinat J. Critical evaluations additives used in shale slickwaterfracs. 2008 SPE Shale Gas Production Conference; 2008 Forth Worth, TX. SPE 119900.

[27] Swistock B. Water quality impacts from natural gas drilling. State College, PA: PSU Earth Talks Series, 2009.

[28] Gaudlip A W, Paugh L O. Marcellus shale water management challenges in Pennsylvania. 2008 SPE Shale Gas Production Conference; 2008 Forth Worth, TX. SPE 119898.

[29] Soeder D J, Kappel W M. Water resources and natural gas production from the Marcellusshale. USGS Fact Sheet. U. S. Geological Survey, 2009: 2009-3032.

[30] Course notes: shale gas modeling, reservoir simulation of shale gas & tight oil reservoirsusing IMEX, GEM and CMOST. Computer Modelling Group, 2014.

[31] Coalbed methane: principles and practices. Available from: http://www.halliburton.com/public/pe/contents/Books_ and_ Catalogs/web/CBM/CBM_ Book_ Intro. pdf [accessed 25.06.15].

[32] Laubach SE, Marrett RA, Olson JE, Scott AR. Characteristics and origins of coal cleat: areview. Int. J. Coal Geol. 1998, 35: 175-207.

[33] Seidle J. Fundamentals of coalbed methane - reservoir engineering; Tulsa, OK: Pennwell, 2011.

[34] Reeves S R, Kuuskraa J A, Kuuskraa V A. Deep gas poses opportunities, challenges to U. S. operators.

# 第 23 章  常规油气储量和非常规油气储量的定义及世界展望

## 23.1  引言

油藏工程师在勘探和开发油气资源方面扮演着重要的角色。一般来说，油气储量指的是在满足当前技术和经济的条件下，从油气藏中可采的油气总量。技术方法必须用来开采地下油气。经济上考虑的是有利可图的资本投资，这包括发掘、开发、油田的基础设施建设、生产和运输等环节的成本。

这章着重于油气储量的相关主题，同时尝试解决以下问题：

（1）什么是油气储量？怎样定义油气储量？

（2）怎样区分各种类型的油气储量？

（3）技术革新、出现的概率以及经济可行性怎样影响储量的分类？

（4）怎样区分常规油气储量与非常规油气储量？

（5）什么是油气资源？油气资源如何分类？

（6）油气储量怎样估算和记录？

（7）油气储量随时间变化吗？如果变化，哪些因素引起这些变化？

（8）在评估油气储量时，是否存在固有的不确定性因素？

（9）在评估油气储量时产生错误的潜在因素？

## 23.2  油气储量和资源

从本质上讲，油气地质储量由储量、资源量、累计产油量、不可再生的石油资源四个部分组成。对于一个典型的油气藏，由于技术、经济、地质等因素限制，储量明显要小于油气地质资源总量。油气储量大多与估算的油藏最终采收率有关。

许多组织和机构对油气储量都有不同的定义，但是一些基本的要素都是一样的，包括以下因素但不仅限于此：

（1）油气储量和油气资源都是发生在地质时期地下沉积的碳氧化合物。

（2）油气储量要么已经被发现，要么可在将来被发现。

（3）合理评价提炼的碳氧化合物。

（4）现有的技术知识或者将来的技术知识必须能用于原油的开发。

（5）当前的或将来的经济可行性允许把原油和天然气带到市场。

（6）在油藏、油田、含油盆地、甚至全世界的范围内能公布油气储量。

（7）由于勘探和开发过程中的许多不确定因素，通常公布的油气储量不是一个准确的值而是一个大概的范围。

根据 SPE/WPC/AAPG/SPEE 发布的油气储量管理办法（PRMS），油气储量的标准包括：已知的油气累计产量、有商业开采价值的可采储量及基于油田发展方案的剩余储量。

从工程的角度来看，油气储量管理办法定义油气储量为在生产的、批准开发的、有理由开发的。再次强调，油气储量和地质储量是不相同的。此外，储量是全部油气资源的一个子集。

## 23.3　常规储量和非常规储量的对比

全球非常规油气资源比常规油气资源丰富得多，然而，前者在开发和开采过程中，经常会遇到很多挑战。以下为一些区分两者的方法：

（1）地质方面：常规油气在具有明确的界限区域内聚集。这些区域通过油水界面、气水界面、不渗透盖层、地质不连续性来描述。非常规油气在很大的区域内，多数情况下都没有可识别的油水界面或气水界面。此外，常规油气都是在储层中发现的，都是从生油岩生成再运移到储集岩聚集的。然而，页岩气、页岩油等非常规油气则是在生油岩中几百万年前形成的油气。

（2）技术方面：常规油气藏的钻井和开发生产采用的是传统技术。然而，出于经济角度考虑，非常规油气藏需要采用一些新技术和新方法。

（3）油气流动性：常规油气要么低黏度，要么聚集在流动相对较容易的岩石孔隙中。相比之下，非常规油气藏不是高黏度，就是岩石具有很多不利的特性，难以通过传统方法对其进行开采。

（4）生产成本：非常规油气的开采成本比常规油气高得多。这是因为受非常规开采现有技术的限制，还有就是缺乏对整个开采过程的详细了解，同时会伴随有相应的风险。

## 23.4　油气储量的分类

PRMS 在定义油气储量方面是受工业界广泛认可的。PRMS 将储量分为探明储量、概算储量、可能储量三大类。探明储量有 90% 可能性实现经济开采，也被称为证实储量。探明储量还可进一步分为证实已开采储量和证实未开采储量两类。前者是基于当前的正在生产的井计算得到，包括完井段和裸眼井段所生产的原油和天然气，同时还包括关井时停留在油管中的油气；后者指的是已开发但未开采的储量。另一方面，未来可能需要投资钻更多的井对证实未开采的储量进行开采。

概算储量和可能储量有时也被称为未探明储量，通常它们分别有 50%、10% 的可能性达到经济开采量。不过它们的评价都还是基于地质和工程数据，与探明储量的依据相似。但是存在限制因素使它们被探明却未开采，两个最普遍的说法就是缺乏可用的技术或有可用的技术却带来生产成本相当高昂。油田管理条例或者是政府规定可能也是其中的原因之一（图23.1）。

开发几近报废的油藏，未来采收率也几近为零，因此概算储量和可能储量近乎为零。

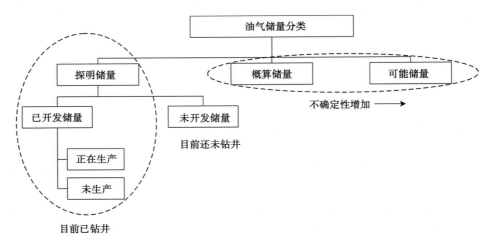

图 23.1　PRMS 的油气储量分类图

不同类型的储量和资源的定义是随着几十年来技术革新、工业实践、金融市场和管理监督逐步形成完善的

## 23.5　核算油气储量的方法

除了核算油气储量的概率方法外，PRMS 包含了许多确定性方法可以核算离散储量。在确定性方法中，用来分析的油藏、流体性质是最好的参数。此外，可以使用多场景方法，该方法是概率方法和确定性方法的综合。

## 23.6　油气成藏和资源

油气资源上至决策下至开井生产，过程中还需考虑经济价值。追寻油气资源要从成藏开始，油气成藏也可以说是油气的聚集。不管是假设的还是已知的油气聚集，它们都是在相似的地质条件下形成。地质条件包含生油岩、运移、地质年代埋藏机理等。油气资源可以是偶然的，也可以是预计的，两者之间的最大的不同在于是否发现油气资源。偶然油气资源有发现油气，但是这类油气资源的开发要么待定要么暂停甚至可能在现有的条件下不可行；后者是有待去发现，这类油气资源基于对成藏、砂矿、勘查区的研究学习和勘探发现的，但由于技术、经济及其他限制条件，使得某些资源没有被发现。

油气资源也根据技术、经济条件划分为技术上可开采资源（TRR）和经济上可开采资源（ERR）。TRR 指的是在不涉及任何经济可行性条件下，使用当前技术开发原油和天然气；ERR 指的是能经济开采 TRR 的那部分。随着科技进步和可实现经济效益条件的出现，ERR 将随着 TRR 的增加而增加。

有许多非常规油气资源通过现有的技术还不能很容易地转变成探明储量。非常规油气资源有页岩油、超稠油、油砂、沥青，这些很难实现经济性开采且成本很高。

## 23.7　储量评价方法

在评价储量的过程中，当无法获取相关数据时，最简单的方法就是类比。具有相似地质条件的油藏动态可作为评价储量的基准。但是，工业界通常采用体积法和递减曲线法来评价油气储量。物质守恒法也常用来评价油气储量。物质守恒法是基于油藏流体流入流出的"水箱模型"。体积法只依赖静态数据，而递减曲线法和物质守恒法是基于生产数据，这些实际生产数据在评价储量时能增加可信度。然而，在一些大的复杂油藏，需要强有力的油藏模型来评价储量，同时这类模型还要与生产历史相吻合。此外，有趣的是用许多评价方法进行结果的比较，这样可以提高预测储量的准确度。储量评价方法见表23.1。

表 23.1　储量评价方法

| 方法 | 所需数据类型 | 适用范围 | 可用性 | 可信度 |
| --- | --- | --- | --- | --- |
| 油藏类比法 | 相似地质条件下的已开发油藏的开采趋势 | 缺少"硬资料"的任何油藏 | 当许多数据无法获得时，在油藏生命周期的最早阶段，仅有此种方法可用 | 从低到中等 |
| 容积法 | 静态数据包括：油藏孔隙体积、岩石和流体性质、采收率 | 油藏性质有很大可信程度的任何油藏 | 油藏开发早期 | 从低到高 |
| 递减曲线法 | 油藏历史动态包括产量递减 | 最适用于小油田，这类油田递减趋势明显 | 用于具有初始生产数据的情况 | 使用合适的递减模型时，可信度从中等到高 |
| 物质守恒法 | 油藏历史动态 | 油藏复杂性不高的小中型油田 | 具有生产数据的情况 | 在相当简单的条件下从中等到高 |
| 油藏模拟 | 详细的油藏性质和生产历史 | 有许多注采井的复杂油藏 | 具有大量油藏和生产数据的情况 | 当模型与历史数据吻合时，可信度从中等到高 |

## 23.8　油气储量的可能分布

对于一个新发现的油藏，由于不知道其详细的油藏性质，在进行核算和评价油气储量时存在很多固有的不确定因素。那些迄今未被发现的油气资源，核算时会有更多的不确定性。在石油工业里，把探明储量又叫作1P，指的是能进行经济生产的概率是90%或者更高。探明和概算储量组合在一起被称为2P。探明、概算和可能储量合在一起被称为3P，指的是油田所有储量。很明显探明储量小于概算储量，概算储量小于可能储量（图23.2）。对于潜在资源量分别简称为1C、2C、3C。

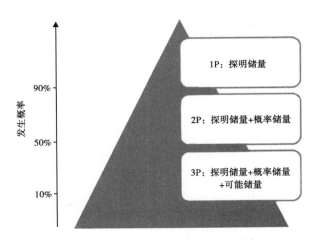

图 23.2　1P、2P、3P 储量的等级分布

1P 代表探明储量或证实储量，也包含在 2P 和 3P 评价储量中；
2P 指的是探明储量和概算储量，与可能储量组合成 3P

## 23.9　不确定性来源

下面列举了一些不确定性来源：

（1）地质构造具有不同程度的非均质性；

（2）仅在某些井，重要的岩石特性是确切已知的。

（3）对孔隙体积假设过高，导致估算的油气储量比实际值高。

（4）对岩石渗透性估计过高，使得采收率比可能值高。

（5）由于钻井数的限制，在很多情况下油藏实际范围难以确定。

（6）由于采收机理还未完全掌握，最终采收率可能会低于预期值。

（7）未知的非均质性可导致意想不到的油藏生产动态的递减。这些非均质性包括断层、裂缝、夹层、漏失层、相变和水侵。

（8）油水界面或气水界面的微小变化可能会给储量的评价带来巨大改变。

（9）至今未发现储量的预测主要依赖于地域构造、相同含油盆地已发现的储量，以及在缺少硬资料情况下地质学家的经验。

## 23.10　蒙特卡罗模拟法

油藏性质、岩石和流体性质、采收率等油藏特征具有不确定性，使得油气储量在估算时会得到一系列值，而不是只有一个值。估算油田的油气储量通常采用蒙特卡罗模拟法来完成。该方法是基于岩石特性、流体饱和度、采收效率的概率分布。上面提到的相关参数一般分布特征有正态分布、对数正态分布和三角分布。第 12 章提到的体积法计算油气储量的公式为：

$$OOIP = [7758Ah\phi(1 - S_{wi})]/B_{oi}$$

该公式的的面积、厚度、孔隙度、原始含水饱和度、原油体积系数等参数不采用平均值，用概率分布代替，这样更符合实际油藏、岩石、流体特性。这样可以得到原始原油地质储量的概率分布。蒙特卡罗模拟法通过对该公式进行数千次的迭代来得到最终结果。根据每次迭代随机生成的孔隙度、厚度、饱和度等参数计算出一个原油储量。图 23.3 孔隙度的正态分布和地层净毛比的三角分布。孔隙度的分布是通过分析不同井的岩心样本而获得的。蒙特卡罗模拟法的结果如图 23.4 所示，图中美

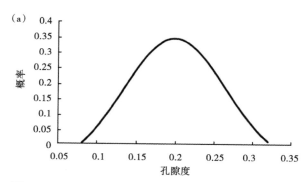

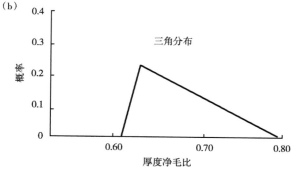

图 23.3　孔隙度的正态分布（a）
和地层净毛比的三角分布（b）

国储量反应的是可能储量。可以看出，蒙特卡罗模拟法所用到的参数如孔隙度和渗透率都是相互有关联的。例如，模拟迭代过程中孔隙度的增加会导致渗透率的增加。

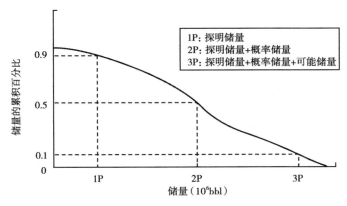

图 23.4　表示一个油田的探明储量、概算储量、可能储量分布（1P、2P、3P 储量也在图中显示）

# 23.11　储量评价中的误差来源

评价和合算储量时，存在很多因素会导致结果产生误差。下面列举了一些误差来源：
（1）分析主要考虑的是理想状况，如高质量油藏、高烃类空隙体积、高采收率。
（2）通过与产能极好的类似油田进行类比得到的储量估计过高。
（3）用一些不合理的假设进行体积法计算。
（4）地质构造、等高线、净毛比图及含烃孔隙分布图等存在误差。
（5）缺乏对油藏非均质性的了解及它们对油藏动态的影响。
（6）缺乏对一次采油、二次采油及三次采油机理的理解。
（7）油水界面、气水界面的假设存在误差。
（8）没有良好的技术支持，采收率期望值不切实际。
（9）经济评价和未来技术的不真实假设。

# 23.12　油气储量校正

随着时间的推进，科学技术不断革新和经济环境的变化必然会发生，基于所钻的新井和油藏的分析，对油藏或者含油盆地的了解会越来越多。如今的概算储量在不远的将来会变成探明储量。因此，一个油田或是一个国家的油气储量通常会定期地更新变化。北美地区乃至全世界的页岩油气储量评价就是一个典型的例子。尽管从古到今油气地质储量保持不变，但随着 21 世纪初水平井技术和多级压裂技术的应用，使得评估储量大幅度增加。当前的技术能够对渗透率极低的致密页岩油藏进行开采；同样值得注意的是当前天然气的市场价格维持页岩气提取工艺的使用。

研究表明随着钻井数的增加，获取的油藏数据越详细，外加采用新技术，在生产阶段可以向上修正油田的储量。

在某些油田，未知的非均质性和现象可能会减少评估储量。例如，断块油气藏只能在水驱期间实施地震勘探之后才能识别。另外有一些油田的许多生产井都存在注水一小段时间就会出现严重水侵的问题，这样会严重影响油井产能和提前废弃。

## 23.13　全球展望

图 23.5 给出石油和天然气杂志公布的全世界油气储量的增长曲线[2]。

油气储量随着时间会不断增长，这是因为世界各地均勘探出新油藏，油气工业采用新的技术，油田部署智能工具，甚至老油田储量也在不断更新。

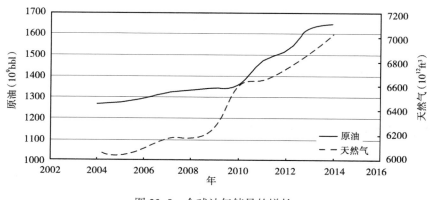

图 23.5　全球油气储量的增长

## 23.14　总结

油气储量的定义就是已知的可进行商业性开采的油气量。对于一个油田来说，它的全部储量就是已经产出的、正在生产的、未来预计能开采的产量。储能与采油的专业技术密切相关，还与油气走进市场的经济可行性密切相关。基于地质构造中的发生概率，油气储量分类见表 23.2。

油气储量从广义上被分为偶然的和预计的，它们最重要的区别在于偶然的储量已经被发现，而预计储量刚好相反；分类标准见表 23.3。

表 23.2　基于地质构造发现概率的油气储量

| 油气储量类型 | 储量要点 | 发生概率 | 备注 |
|---|---|---|---|
| 探明或证实储量 | 当前正在生产的，包括关井和滞留在油管中的油气，还有就是预计未来生产的储量 | 大于等于 90% | 记为 1P |
| 概算储量 | 已知的油气聚集，但是仍然存在中等程度的技术和经济挑战 | 大于等于 50% | 探明储量加概算储量记为 2P |
| 可能储量 | 已知的油气聚集，但是仍然存在高难度的技术和经济挑战 | 大于等于 10% | 探明储量加概算储量加可能储量记为 3P |

表 23.3　油气储量分类标准

| 储量类型 | 子类别 | 特征 | 商业价值 |
|---|---|---|---|
| 偶然储量 | 1C、2C、3C（分别类比 1P、2P、3P） | 已发现 | 无商业价值的 待定开发、暂停开发、甚至由于某些原因不可能开发 |
| 预计储量 | 低的、最好的、高的估计 | 未发现 | 无资料 |

石油工业在评价油气储量时，常用的两种方法有体积法和递减曲线分析法。其中体积法仅需要静态数据，然而递减曲线分析法适合那些单井或油田产量递减趋势明显的情况。在一些大而且注采井众多的复杂油藏，采用油藏数值模拟来预测油藏的最终采收率和可采储量。

许多因素会导致评价和核算油气储量时产生不确定性和不准确性，这些因素包括（但不限于此）不准确的地质构造、等高线及含烃孔隙分布图、不确切的油水界面或油气界面、缺乏对岩石非均质性和采收机理的了解、有限的井数、错误的类比、过高的假设等。

油田储量可以向上进行修正，这是由于新井钻在油藏的未知部分，以及新技术使得以前不能开采出的油气能够被开采。当发现未知的非均质性（如断层和断块）或发生不可预测的事（如注水期间过早见水），储量也有可能向下修正。

# 23.15　问题和练习

（1）油气储量的定义。要作为储量必须满足什么标准？

（2）探明储量与概算储量和可能储量有怎样的区别？

（3）怎样确定油气出现的概率？

（4）什么是 1P、2P、3P 储量？用文献中的提到的例子进行解释。

（5）所有类型的储量都能满足经济可行性吗？对于一个油田来说核算储量包括过去的产量吗？

（6）区别油气储量、资源量、成藏过程。所有的资源都被发现了吗？

（7）评价储量的常用方法是什么？解释每种方法，包括数据分析和数据收集、优缺点及所有相关分析的可信度。

（8）当发现了一个新油藏，怎样来评价储量？评价储量的可信度是多少？

（9）描述在哪种情况下不能采用体积法和递减曲线分析法来估算储量。

（10）油气储量为什么常说发生的概率？一般用什么工具和技术来确定概率的值？并给出解释。

（11）油气储量怎样随着时间变化？给出具体的实例。

（12）给出一个新发现油藏的评价储量的工作流程。评价常规油藏和非常规油藏储量的方法之间的区别，包括在分析过程中潜在的不确定性来源。

## 参 考 文 献

[1] Guidelines for Application of the Petroleum Resources Management System，http：//www.spe.org/industry/docs/PRMS_Guidelines_Nov2011.pdf.

[2] OGJ Worldwide Production Reports，http：//www.ogj.com/articles/print/volume-111/issue-12/special-report-worldwide-report/worldwide-reserves-oil-production-post-modest-rise.html.

# 第 24 章　油藏管理经济学、风险和不确定性

## 24.1　引言

从勘探到油藏开发再到一个成熟油田的建立的所有的油气项目，都需要资本的投入，这种投资是以创造收益为目标的。由于投资金额往往巨大，需要认真地进行详尽的经济研究。例如，建立一个大型的海上平台生产系统（包括勘探、开采、地面处理设备、集输及其他）的总投资可能会达到数十亿美元。油藏管理的目标是使一个项目的经济效益最大化。一旦投入了资本，在经济分析中作出的错误推测将无可挽回。作出合理的商业决策要求这个项目在经济上必须是可行的，即创造的收益要等于或超过企业的经济目标。近几十年来，油藏管理部门认为一个油藏团队不仅是资产管理小组，还要创造更多的价值；他们认为油藏团队所有技术上的方案都必须与总体上的资产管理目标相结合。

本章回顾了普遍使用的经济指标及分析项目经济性的实用知识，并回答了以下问题：

（1）对一个油气项目进行经济分析的目标有哪些？

（2）应考虑哪些经济决策指标？

（3）综合经济模型是什么？

（4）石油工业中存在哪些风险和不确定性？

（5）怎样进行经济性分析？

（6）进行经济性分析需要哪些数据？

本章的最后对阿拉斯加的未来油气藏潜力进行了经济性分析，考虑了原油价格因素。

## 24.2　经济分析的目标

在石油工业界，一个大型的商业项目包括但不限于以下方面：（1）油气藏勘探。（2）油气田开发。（3）通过加密钻井或提高原油采收率来提高产量。

油气项目的经济最优化（包括具有竞争性的油气开采成本），是油藏管理的最终目标。它包括建立多种假设情景或多个可选方法，以获得最优的方案。一种得出最优方案的方法是在一定的限制条件下投入最少的成本且得到最高的油气采收率。油田开发工程中潜在的问题包括但不仅限于以下方面：

（1）勘探方案：在一个新区块中探井的最优数量。当一口探井没有产量或无法达到经济产量时应该怎么办。

（2）采收率预测：注水提高天然能量法和提高采收率技术，以及实施提采技术的设计和时机。

（3）布井设计：井数和海上平台；钻单井眼还是多分支水平井？

（4）考虑采取高密度的加密钻井还是进行提高采收率措施或者两者兼顾？

（5）最好和最坏情况下的投资利润率。

（6）当新油藏发现时资本投入和油田规模的相关性。

（7）有关规定，即后勤和税务的影响。

经济分析的结果和对假设方案的对比评价能够为作出最优商业决策提供解决方案。在现有的技术条件、油藏情况、预期产能和市场条件下使油气藏的价值最大化。

## 24.3 综合经济模型

开发和管理油气田的综合性方法要求对技术和经济的各个有关方面进行评价[1]。这些方面包括但不限于以下几点：

（1）基于油藏模拟、经济性分析和合同要求，进行油井和油田的最优化布置。

（2）对所需设施建设的最优化规划：海上平台、地面设施和管线。

（3）技术、操作、经济和其他与油田开发有关的限制条件，例如：

①评价油气藏的过程中的不确定性。

②未知的油藏非均质性导致未来油藏产能的不确定性。

③一个海上平台所能钻的井数。

④后勤服务和天气情况，因许多油田位于荒无人烟的地区。

⑤不可避免的原因引起的工程延期。

⑥合同中与输送油气有关的条款。

⑦政府处罚。

⑧地缘政治的不稳定性和区域冲突。

可靠的经济分析取决于稳健的油藏模拟模型。这些模型需要以地质、地震、油层物理和其他知识为基础，从而能够充分地描述油藏内部结构的不确定性和岩石非均质性，这些因素都对油藏的产能有影响；同时也需要收集从井下测量仪器和传感器获得的实时数据并用于模型中。这些数据包括但不限于油、气、水的流速、压力、温度。一个综合经济模型的示意图如图 24.1 所示。

图 24.1  综合经济模型

优化一个综合模型时，寻求的解可以有多种形式。与海上平台建设、基础设备和管线有关的模型解只有正确或错误两种。需钻井数需为整数，而其他解为连续数，例如油井最优配产。此外，以上这些因素之间也存在复杂的非线性关系，这需要用综合模型进行分析。这种分析要贯穿油藏的整个开发历程，包括钻井、建设油气处理设施、注水设计、提高采收率措施和最终油藏的废弃。通过分析可以使在合同要求和市场条件下的油藏收益最大化。一个综合经济模型的优化需要多学科间的合作，对尽可能多的假设情况进行评价，同时需要在建模过程中考虑各种因素的不确定性，后者在下面的章节中进行了讨论。

## 24.4　石油工业中的风险和不确定性

与油藏勘探开发有关的活动都存在风险和不确定性[2]。有些约束条件包括不确定性在上文已经提到过。在预测油气投资成功与否时要考虑以下几个方面：

（1）石油行业中最大的风险主要与油藏勘探有关。在一个新的盆地或区域钻探井不一定能够获得可采储量。

（2）在油气田的开发初期不一定能获得预期的收益。这可能是由于油藏物性较差或者地质条件比较复杂导致的。

（3）在如今供求关系变化较快的时代，未来油气价格的走势难以预测。

（4）一些无法预料的情况如政治动荡、地区争端、自然灾害可能对油气需求、生产和运输造成不利影响。

（5）新的政策、规章制度和税收政策会极大地影响石油公司的经营方式。

（6）未来通货膨胀及其他经济指标具有不确定性。

（7）当油气价格因需求增加而增长时，其他替代能源可能在价格上更有吸引力。

（8）出于环保的考虑，一些行业和地区可能会选择其他的能源。

显然，一个石油企业的经济分析需要对各个方面的风险和不确定性有所认知并进行评估。总而言之，油田开发的可行性取决于很多因素；大部分因素对于油藏工程师们来说是不可控的。

### 24.4.1　进行综合经济分析的工作流程

在油藏开发和管理的大部分方面，进行合理的经济分析需要整个团队的协作。工作流程主要分为以下步骤：

（1）选取经济性目标：第一步要设置经济指标和标准，在一定时间范围内与企业的目标保持一致。经济指标包括投资回收期和收益率；后面还会提到一些行业中常用的经济指标。

（2）制订工程发展计划：包括制订一个指导方案和规划来有效开发、管理和开采油藏，并获得收益。

（3）收集数据用于分析：进行经济分析所需要收集的数据包括很多方面（表24.1）。这些数据包括估计储量、油气产量、未来油气价格、通货膨胀率、税费、有关条例、生产利润分配等。

（4）进行经济计算：包括现金流分析、投资回收期、收益率和其他评估指标。分析根据需要，可以是概率性或确定性的。可运用各种软件建立各种假设方案。

（5）进行敏感性分析：在这一步中，要分析各种影响经济的因素。例如管线建设中的延期和石油价格的影响。在本章有一个有关未来油藏开发的实例计算。敏感性分析一般包括需要钻的井数、井网设计（单分支还是多分支）、注水时间或三次采油方案等。需要一个拥有工程师、地质师和操作人员的综合的油藏团队作出决策来优化整个方案。

本质上来说，对油气储量、油井产能预测、资本投入和操作成本进行评估在任何经济分析中都是至关重要的。进行综合经济分析的工作流程如图 24.2 所示。

表 24.1　所需数据

| 数　　据 | 数据源 |
| --- | --- |
| 估计储量；油气产量变化 | 油藏模拟和生产数据 |
| 预计油气价格 | 金融和经济分析人员 |
| 资本投入和操作成本 | 金融、工程和设备人员 |
| 税/生产利润分配 | 政府和合同人员 |
| 贴现率和通货膨胀率 | 金融和经济分析人员 |
| 国家和地方税（生产、补偿金、关税等） | 金融和经济分析人员；战略规划解释 |
| 联邦收入税、资源衰竭和摊销表 | 会计师 |

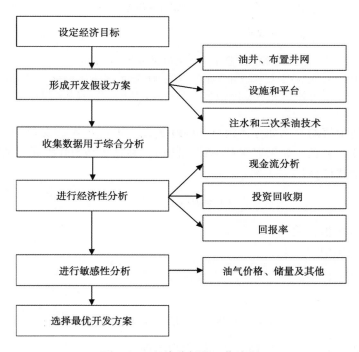

图 24.2　经济分析的工作流程

## 24.4.2　经济决策指标

在评价商业风险包括在油气项目上的投资时要运用各种经济标准。企业根据下列衡量因素建立评价标准，用于判断工程的可行性。用于经济性分析的主要标准有折算现金流的投资回报率、利润净现值、投资回收期及利润投资比。

### 24.4.2.1　现金流和折现现金流

任何与油藏有关的经济分析都要从现金流开始。现金流的定义如下：

现金流＝油气所得收益–钻井和建设基础设施的投资–经营油藏的操作成本　（24.1）

在方程（24.1）中所有的取值都以美元或其他货币为单位。

在工程初期，由于越来越多的钱用于勘探和钻井、基础建设、平台和管线，现金流为负值。当油井开始生产后，随着油气的产出，逐渐获得收益，现金流变为正值（图24.3）。产量在一段时间后会达到一个顶峰，然后逐渐下降。

然而未来形成的现金流总量会小于当前的同等数额的钱，原因有时间成本、通货膨胀及石油行业的不确定性。

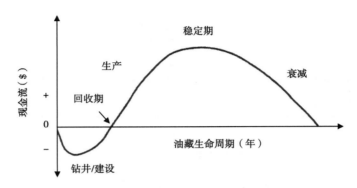

图24.3　整个油藏生命期的折现现金流

在初期，由于钻井和基础建设，现金流为负值；随着油井开始生产并产生收益，现金流变为正值；

在中期现金流可能达到峰值；最后，随着油井衰竭，现金流下降

货币是有时间价值的。例如存入银行10000美元，银行每年会支付5%的利率，一年后能取出存入的钱外加利息。如果以年利率计算的话，利息将是500美元。从数学的角度，将来价值可用以下公式计算：

$$FV = PV(1 + i)^n \tag{24.2}$$

式中　$FV$——将来价值，美元；

　　　$PV$——当前价值，美元；

　　　$i$——年利率；

　　　$n$——年数。

$$FV = 10000(1.05)^1 = \$10500$$

类似的，将来的现金流可以用以下公式折算成当前现金流：

$$DCF = CF(1 + i)^{-n} \tag{24.3}$$

式中　$DCF$——折现现金流，美元；

　　　$i$——折算因子。

方程（24.2）表示越往后得到的总数，越是打折扣的。举个例子，一个商业项目的现金流是20000美元，持续了5年。那么这五年的总折现现金流为：

第一年：20000（1+0.05）$^{-1}$ = \$19047.63；

第二年：20000（1+0.05）$^{-2}$ = \$18140.59；

第三年：20000（1+0.05）$^{-3}$ = \$17276.75；

第四年：20000（1+0.05）$^{-4}$ = \$16454.05；

第五年：20000（1+0.05）$^{-5}$ = \$15670.52；

总计：\$86589.53。

当收益到年中获得时，方程（24.3）需要修正成如下方程来计算折现现金流：

$$DCF = CF(1 + i)^{-(n-0.5)} \tag{24.4}$$

在石油行业中，油气销售中的折现现金流按以下方式计算：

（1）用油气产量和单位销售价格来计算年收益。

（2）计算资本投入、钻井、完井、设备、支出、操作费用和销售税等成本。

（3）年未折现现金流利用公式（24.1）计算，即从总收益中减去总成本。

（4）最终的年折现现金流用公式（24.4）计算。

以上的步骤反映的是未交联邦收入所得税之前的总资金。

除了利息之外，这个总金额还会因通货膨胀和石油项目的相关风险而有所下降。在这种情况下，总折现现金流会比之前计算出来的值还要更小。

#### 24.4.2.2 利润净现值

整个油藏生命周期内所有的折现现金流的综合就是商业投资的利润净现值。以前面的例子为例，商业投资产生的收入为每年 20000 美元，共 5 年。如果最初的投资为 60000 美元，那么利润净现值为：

$$PWNP = -\ \$60000 +\ \$86589.53 = \$26589.53$$

当利润净现值为零或者负值，说明花费超过预期收益，从而项目变得没有吸引力。

#### 24.4.2.3 投资回收期

收回投资成本所需的时间叫作投资回收期。投资回收期越短，这个项目越具吸引力。在投资回收期之前，现金流是负值；达到投资回收期之后，现金流变为正值（图 24.4）。然

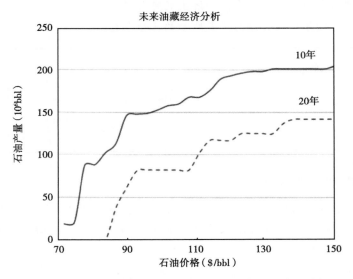

图 24.4　根据石油价格对两个油藏开发方案的经济性分析

方案包括通过 10 年或 20 年开发管道和液化天然气设施

而投资回收期并不是选择一个项目的唯一指标，因为它并不能代表油藏整个生命周期的总现金流。

### 24.4.2.4 投资的折现现金流回报

投资的折现现金流回报是能使净现值为零的最大贴现率。由于一个利润更大的项目产生的净现值更高，所以需要一个更高的折现率才能使净现值为零。因此，投资的折现现金流回报越高，越是更好的选择。投资的折现现金流回报也称内部收益率（IRR）。

在数学上，投资的折现现金流回报可用以下公式表示：

$$0 = -C + CF_1(1+i)^{0.5} + CF_2(1+i)^{1.5} + CF_3(1+i)^{2.5} \cdots CF_n(1+i)^{(n-0.5)} \quad (24.5)$$

式中  $C$——最初投资，美元；

$CF_n$——第 $n$ 年的现金流，美元；

$i$——内部收益率，小数。

在上个例子中，最初投资为 60000 美元，年收益达到了 20000 美元。假设预期在半年时间获得收益。那么内部收益率 IRR 通过公式（24.5）计算得到：

$$0 = -60000 + 2000(1+i)^{0.5} + 20000(1+i)^{1.5} + 20000(1+i)^{2.5} + 20000(1+i)^{3.5} + 20000(1+i)^{4.5}$$

IRR = 0.211 （试差法得到）

### 24.4.2.5 利润投资比

利润投资比是总未折现现金流与总投资之比，但未折现现金流不包括资本投资。

**实例分析：对阿拉斯加常规油气藏的经济分析**

美国地质调查局对阿拉斯加的未来油气藏进行了详细的经济研究。阿拉斯加的这片地区超过 $2400 \times 10^6$ acre，包括联邦、州和地方的土地及海上区块[3]。在研究的第一部分，基于区域发展趋势、地质特征（包括地层深度和厚度、油气藏早期发现）确定了未探明储量和技术上可采储量的可能性分布。需要注意的是，技术上可采储量是指用现有的技术可以进行开发的储量，然而对储量的评价没有考虑经济上的可行性。

油气资源的可能性分布报告分为下表所示的三个部分：

| 技术上可采储量 | 可能值 | | |
|---|---|---|---|
| | 95%* | 平均值 | 5%** |
| 油（$10^6$bbl） | 336 | 895 | 1707 |
| 伴生气（$10^8$ft³） | 348 | 840 | 1327 |
| 非伴生气（$10^8$ft³） | 43042 | 52821 | 61985 |

*95%表示储量高于表格值的可能性为95%。

**5%表示储量高于表格值的可能性为5%。

经济分析着眼于经济可采储量，它是技术可采储量的一部分。经济分析是为了将油气勘探、开发、开采、运输等成本及资本收益要能够从产品收益中补偿回来。基于现有的软件，该研究考虑了以下经济因素：

（1）勘探成本。

（2）油气藏开发成本。

（3）注入井和生产井的钻完井成本。

（4）油气生产成本。

（5）运输成本，包括管线建设。

（6）基础设施建设成本。

（7）油气价格可能在大范围波动。

阿拉斯加恶劣的气候、荒凉的环境和基础设施的欠缺增加了经济分析的成本和不确定性。由于缺少管线，将产出的天然气投入市场会延误。所以该研究还包括管线和液化天然气设备待建的情况分析。该研究对两种方案进行了评估。两个方案分别通过 10 年和 20 年建设管线等设备（图 24.4）。假设直井泄油面积为 160 acre。该研究中也结合了水平井来提高油井产量，以获得更好的经济效益的情况。

## 24.5  总结

所有的油气项目，从油藏勘探到成熟油田的建立，都需要以获得收益为目的的资本投资，且这种投资往往金额巨大。投资一个海上油田的开发可能需要上亿美元。因此，详细的经济分析对于油气项目来说是非常重要的。

经济最优化是一个合理油藏经营管理的最终目标。这包括制订多种假设方案或备选方法来找到最优的方案。在油藏开发和经营过程中需要进行详细经济分析的问题包括但不限于以下几点：

（1）勘探手段。

（2）开采方案。

（3）布置井网。

（4）加密钻井或启动一个提采工程。

（5）最好和最坏情况下的投资回报或投资回报率。

（6）当新储量被发现时资本投资和油田规模的相关性。

综合的开发和经营油气田需要对技术和经济的各个方面进行评价。这些方面包括但不仅限于以下几点：

（1）基于经济分析和合同要求优化井网和油田。

（2）优化必要的基础设施建设，包括地面设备和管线。

（3）油田开发中技术、操作和经济上的限制。

（4）设计决策。

（5）操作决策。

（6）物理系统中的非线性。

与油气勘探和开采有关的活动不可避免地会存在各种风险和不确定性。主要的风险和不确定性包括：

（1）探井没有发现储量。

（2）井钻在油藏性质差的地层时产量很低。

（3）未来油气价格的走势难以预测。

（4）高通货膨胀。

（5）地区争端。

（6）新的法律和规定可能对油藏的效益产生不利影响。

（7）替代能源带来变革。

（8）难以预测的环境因素。

完成综合经济分析的任务需要团队协作，如下所示：

（1）设定经济性目标要与企业的短期和长期目标相相一致。

（2）收集数据生产、操作和经济数据。油藏的资产管理团队，包括油藏工程师，需要对经济合理性负责。团队要基于所有可用的信息、经验和合理的判断进行评估。

（3）基于综合油藏模型进行经济分析。

（4）建立各种假设方案，要涵盖钻井、开发油藏的设施建设等方面。

（5）进行敏感性分析，选择最优方案。最优化要基于现有的资源和最终油气采收率。

进行经济分析所需的数据包括：

（1）整个油藏生命周期里油气产量。

（2）预计的油气价格。

（3）资本投入（实体的和非实体的）和操作成本。

（4）税/生产利润分配。

（5）贴现率和通货膨胀率。

（6）国家、州和地方税。

作出一个合理的商业决策需要一些标准来衡量投资和商业项目的经济价值。每个公司都有自己的经济手段来实现盈利。评估一个商业项目（包括油气项目）的主要标准有以下几种：

（1）投资的折现现金流回报：投资的折现现金流回报也叫内部收益率，是指能使所有净现值变为零的最大贴现率。资本投资和操作成本为负现金流。通过销售获得的收益为正现金流。未来的所有现金流都要经过折现或者下调来体现时间价值、通货膨胀和不确定性。一般来说内部收益率反映的是未来一段时间里投资所能获得的总回报率。一个更高的回报率往往会使投资更有吸引力。

（2）投资回收期：一个商业项目中收回所有投入资本所需的时间叫作投资回收期。投资回收期越短，项目越有吸引力。

（3）利润净现值：油藏整个生命周期的所有折现现金流之和为利润净现值。

（4）利润投资比：利润投资比是总未折现现金流除以总投资，但未折现现金流不包括资本投资。

## 24.6 问题和练习

（1）为什么在油气项目中综合经济分析很重要？

（2）综合经济分析需要哪些数据？

（3）经济分析中确定是否接受一个提案的常用的标准有哪些？

（4）为什么要对现金流进行折现？折现现金流如何影响利润净现值？

（5）投资的折现现金流回报的定义？

（6）石油经济学中涉及哪些不确定性？

（7）对一个偏远油田进行经济性分析有哪些关键因素？

（8）查阅文献，说明对陆上和海上油田进行经济性分析有哪些不同点？

（9）某公司打算钻几口水平井来开发低渗透油藏。水平井布井和设计（单井眼还是多分支）尚未确定。建立一个综合经济分析的工作流程。

（10）建立一个试算表，已知资本投资、年油气销售额、油气价格、操作成本及油藏寿命来计算投资回收期和内部收益率。

油气价格的增长、产量高峰期后产量递减和操作成本可能随时间变化。

## 参 考 文 献

[1] Satter A, Iqbal G M, Buchwalter J A. Practical enhanced reservoir engineering: assisted with simulation software. Tulsa, OK: Pennwell, 2008.

[2] Iqbal G. Course notes, Petrobangla Workshop on Reservoir Economics, Dhaka: 2002.

[3] Attanasi E D, Freeman P A. Economic analysis of the 2010 U. S. Geological Survey Assessment of undiscovered oil and gas in the National Petroleum Reserve in Alaska, US Department of Interior and US Geological Survey, Open File Report, 2011: 1103.

# 附录　单位换算表

## 一、长度换算

| 厘米（cm） | 米（m） | 英寸（in） | 英尺（ft） |
| --- | --- | --- | --- |
| 1 | 0.01 | 0.3937 | 0.03281 |
| 100 | 1 | 39.37 | 3.281 |
| 2.54 | 0.0254 | 1 | 0.0833 |
| 30.48 | 0.3048 | 12 | 1 |

## 二、面积换算

| 平方厘米（cm²） | 平方米（m²） | 平方英寸（in²） | 平方英尺（ft²） | 英亩（acre） |
| --- | --- | --- | --- | --- |
| 1 | $10^{-4}$ | 0.155 | $1.076 \times 10^{-3}$ | $2.471 \times 10^{-8}$ |
| $10^4$ | 1 | $1.55 \times 10^3$ | 10.76 | $2.4711 \times 10^{-4}$ |
| 6.452 | $6.452 \times 10^{-4}$ | 1 | $6.944 \times 10^{-3}$ | $1.594 \times 10^{-7}$ |
| $9.29 \times 10^2$ | $9.29 \times 10^{-2}$ | 144 | 1 | $2.2965 \times 10^{-5}$ |
| $4.047 \times 10^7$ | 4046.856 | $6.273 \times 10^6$ | $4.354 \times 10^4$ | 1 |

## 三、体积换算

| 升（L） | 立方米（m³） | 立方英寸（in³） | 立方英尺（ft³） | 加仑（美）（Usgal） | 桶（bbl） | 英亩-英尺（arce-ft） |
| --- | --- | --- | --- | --- | --- | --- |
| 1 | $10^{-3}$ | 61.03 | $3.53 \times 10^{-2}$ | 0.264 | $6.29 \times 10^{-3}$ | $8.107 \times 10^{-7}$ |
| $10^3$ | 1 | $6.1 \times 10^4$ | 35.32 | $2.64 \times 10^2$ | 6.29 | $8.107 \times 10^{-4}$ |
| $1.64 \times 10^{-2}$ | $1.64 \times 10^{-5}$ | 1 | $5.79 \times 10^{-4}$ | $4.33 \times 10^{-3}$ | $1.03 \times 10^{-4}$ | $1.329 \times 10^{-8}$ |
| 28.32 | $2.83 \times 10^{-2}$ | 1728 | 1 | 7.48 | 0.178 | $2.295 \times 10^{-5}$ |
| 3.785 | $3.79 \times 10^{-3}$ | 231 | 0.134 | 1 | $2.38 \times 10^{-2}$ | $3.071 \times 10^{-6}$ |
| 159 | 0.159 | $9.71 \times 10^3$ | 5.615 | 42 | 1 | $1.289 \times 10^{-4}$ |
| $1.2335 \times 10^6$ | $1.2335 \times 10^3$ | $7.524 \times 10^7$ | $4.357 \times 10^4$ | $3.255 \times 10^5$ | $7.759 \times 10^3$ | 1 |

## 四、质量换算

| 克（g） | 千克（kg） | 磅（lbm） | 吨（t） |
| --- | --- | --- | --- |
| 1 | $10^{-3}$ | $2.205 \times 10^{-3}$ | $10^{-6}$ |
| $10^3$ | 1 | 2.205 | $10^{-3}$ |
| 453.6 | 0.4536 | 1 | $4.536 \times 10^{-4}$ |
| $10^6$ | $10^3$ | $2.205 \times 10^3$ | 1 |

## 五、密度换算

| 克/厘米³<br>（g/cm³） | 千克/米³<br>（kg/m³） | 磅/英寸³<br>（lbm/in³） | 磅/英寸³<br>（lbm/ft³） | 磅/加仑（美）<br>（lbm/Usgal） |
|---|---|---|---|---|
| 1 | $10^3$ | $3.613×10^{-2}$ | 62.43 | 8.345 |
| $10^{-3}$ | 1 | $3.613×10^{-5}$ | $6.243×10^{-2}$ | $8.345×10^{-3}$ |
| 27.68 | $2.768×10^4$ | 1 | $1.728×10^3$ | $2.31×10^2$ |
| $1.602×10^{-2}$ | 16.02 | $5.787×10^{-4}$ | 1 | 0.1337 |
| 0.1198 | 119.8 | $4.329×10^{-3}$ | 7.48 | 1 |

## 六、压力换算

| 千帕斯卡<br>（kPa） | 公斤/厘米²<br>（kgf/cm²） | 磅/英寸²<br>（psi） | 大气压<br>（atm） | 水银柱（0℃） | | 水柱（15℃） | |
|---|---|---|---|---|---|---|---|
| | | | | 毫米<br>（mm） | 英寸<br>（in） | 米<br>（m） | 英寸<br>（in） |
| 1 | $1.019×10^{-2}$ | 0.145 | $9.86×10^{-3}$ | 7.498 | 0.29522 | 0.102 | 4.0165 |
| $9.814×10$ | 1 | 14.22 | 0.9678 | 733.5 | 28.96 | 10.01 | $3.94×10^2$ |
| 6.8948 | $7.03×10^{-2}$ | 1 | $6.8×10^{-2}$ | 51.71 | 2.036 | 0.7037 | 27.7 |
| $1.014×10^2$ | 1.0333 | 14.70 | 1 | 0.76 | 29.92 | 10.34 | $4.072×10^2$ |
| 0.1334 | $1.360×10^{-3}$ | 0.01934 | $1.316×10^{-3}$ | 1 | 0.0394 | 0.01361 | 0.5358 |
| 3.3873 | $3.453×10^{-2}$ | 0.4912 | $3.34×10^{-2}$ | 25.4 | 1 | 0.3456 | 13.61 |
| 9.8039 | $9.99×10^{-2}$ | 1.421 | $9.67×10^{-2}$ | 73.49 | 2.892 | 1 | 39.37 |
| 0.2490 | $2.538×10^{-3}$ | $3.61×10^{-2}$ | $2.456×10^{-3}$ | 1.87 | $7.35×10^{-2}$ | $2.54×10^{-2}$ | 1 |

## 七、速度换算

| 米/秒（m/s） | 千米/时（km/h） | 英尺/秒（ft/s） |
|---|---|---|
| 1 | 3.6 | 3.2808 |
| 0.2778 | 1 | 0.91135 |
| 0.30480 | 1.09728 | 1 |

## 八、体积流量换算

| 升/分<br>（L/min） | 米³/分<br>（m³/min） | 米³/秒<br>（m³/s） | 英尺³/分<br>（ft³/min） | 加仑（美）/分<br>（Usgal/min） |
|---|---|---|---|---|
| 1 | $10^{-3}$ | $1.6667×10^{-5}$ | $3.532×10^{-2}$ | 0.2642 |
| $10^3$ | 1 | $1.6667×10^{-2}$ | 35.3147 | $2.6413×10^2$ |
| $6×10^4$ | 60 | 1 | $2.119×10^3$ | $1.5851×10^4$ |
| 28.3168 | $2.8317×10^{-2}$ | $4.7195×10^{-4}$ | 1 | 7.4805 |
| 3.7853 | $3.7853×10^{-3}$ | $6.3089×10^{-5}$ | 0.1337 | 1 |

## 九、质量流量换算

| 千克/时（kg/h） | 磅/时（lbm/h） | 吨/时（t/h） | 克/秒（g/s） |
|---|---|---|---|
| 1 | 2.2046 | $10^{-3}$ | 0.2778 |
| 0.4536 | 1 | $4.5359\times10^{-4}$ | 0.1260 |
| $10^3$ | $2.2046\times10^3$ | 1 | $2.7778\times10^2$ |
| 3.6 | 7.9366 | $3.6\times10^{-3}$ | 1 |

## 十、热扩散系数换算

| 英尺²/时（ft²/h） | 米²/时（m²/h） |
|---|---|
| 1 | 0.0927 |
| 10.7636 | 1 |

## 十一、能量换算

| 千焦<br>（kJ） | 焦耳<br>（J） | 千卡<br>（kcal） | 英热单位<br>（Btu） | 千瓦·小时<br>（kW·h） |
|---|---|---|---|---|
| 1 | $10^3$ | $2.39\times10^{-1}$ | $9.48\times10^{-1}$ | $2.778\times10^{-4}$ |
| $10^{-3}$ | 1 | $2.39\times10^{-4}$ | $9.48\times10^{-4}$ | $2.778\times10^{-4}$ |
| 4.1841 | 4183 | 1 | 3.968 | $1.163\times10^{-3}$ |
| 1.0549 | 1055 | 0.252 | 1 | $2.93\times10^{-4}$ |
| $3.6\times10^3$ | $3.6\times10^6$ | 860 | 3412 | 1 |

## 十二、比热换算

| 焦耳/（克·℃）<br>[J/（g·℃）] | 卡/（克·℃）<br>[cal/（g·℃）] | 英热单位/（磅·℉）<br>[Btu/（lbm·℉）] |
|---|---|---|
| 1 | 0.2391 | 0.2389 |
| 4.186 | 1 | 0.9994 |
| 4.18676 | 1.0007 | 1 |

## 十三、热容量换算

| 英热单位/（英尺³·℉）<br>[Btu/（ft³·℉）] | 千焦/（米³·℃）<br>[kJ/（m³·℃）] | 千卡/（米³·℃）<br>[kcal/（m³·℃）] |
|---|---|---|
| 1 | 67.27 | 16.07 |
| 0.01486 | 1 | 0.2389 |
| 0.06223 | 4.186 | 1 |

## 十四、功率换算

| 千克力·米/秒<br>（kgf·m/s） | 瓦（W） | 千卡/时<br>（kcal/h） | 英尺·磅力/秒<br>（ft·lbf/s） | 马力<br>（hp） | 英热单位/时<br>（Btu/h） |
|---|---|---|---|---|---|
| 1 | 9.8048 | 8.4322 | 7.2330 | $1.3151\times10^{-2}$ | 33.462 |
| 0.10199 | 1 | 0.8600 | 0.7377 | $1.3413\times10^{-3}$ | 3.4127 |
| 0.11859 | 1.1628 | 1 | 0.85778 | $1.5596\times10^{-3}$ | 3.9683 |
| 0.13826 | 1.3556 | 1.1658 | 1 | $1.8181\times10^{-3}$ | 4.6262 |
| 76.040 | $7.4556\times10^{2}$ | $6.4119\times10^{2}$ | $5.50\times10^{2}$ | 1 | $2.5444\times10^{3}$ |
| $2.9885\times10^{-2}$ | 0.29302 | 0.2520 | 0.21616 | $3.9302\times10^{-4}$ | 1 |

## 十五、传热系数换算

| 千卡/（米²·时·℃）<br>[kcal/（m²·h·℃）] | 卡/（厘米²·秒·℃）<br>[cal/（cm²·s·℃）] | 英热单位/（英尺²·时·℉）<br>[Btu/（ft²·h·℉）] |
|---|---|---|
| 1 | $2.778\times10^{-5}$ | 0.2048 |
| $3.6\times10^{4}$ | 1 | 7374 |
| 4.883 | $1.356\times10^{-4}$ | 1 |

## 十六、导热系数换算

| 瓦/（米·℃）<br>[W/（m·℃）] | 千卡/（米·时·℃）<br>[kcal/（m·h·℃）] | 卡/（厘米·秒·℃）<br>[cal/（cm·s·℃）] | 英热单位/（英尺·时·℉）<br>[Btu/（ft²·h·℉）] |
|---|---|---|---|
| 1 | 0.8598 | $2.389\times10^{-3}$ | 0.5778 |
| 1.163 | 1 | $2.778\times10^{-3}$ | 0.672 |
| $4.186\times10^{2}$ | 360 | 1 | 241.9 |
| 1.73 | 1.48819 | $4.136\times10^{-3}$ | 1 |

## 十七、动力黏度换算

| 泊[克/（厘米·秒）]<br>[g/（cm·s）] | 毫帕·秒<br>（mPa·s） | 千克/（米·秒）<br>[kg/（m·s）] | 千克力·秒/米²<br>（kgf·s/m²） | 克力·秒/厘米²<br>（gf·s/cm²） | 磅/（英尺·秒）<br>[lbm/（ft·s）] |
|---|---|---|---|---|---|
| 1 | $1\times10^{2}$ | 0.1 | $1.02\times10^{-2}$ | $1.02\times10^{-3}$ | $6.72\times10^{-2}$ |
| $1\times10^{-2}$ | 1 | $1\times10^{-3}$ | $1.02\times10^{-4}$ | $1.02\times10^{-5}$ | $6.72\times10^{-4}$ |
| 10 | $1\times10^{3}$ | 1 | 0.102 | $1.02\times10^{-2}$ | 0.672 |
| 98.1 | $9.81\times10^{3}$ | 9.81 | 1 | 0.1 | 6.592 |
| $9.81\times10^{2}$ | $9.81\times10^{4}$ | 98.1 | 10 | 1 | 65.92 |
| 14.882 | $1.4882\times10^{3}$ | 1.4882 | 0.1517 | $1.517\times10^{-2}$ | 1 |

## 十八、温度换算

$$t_1(℃) = \frac{5}{9}\left[t_2(℉) - 32\right];$$

$$t_2(℉) = \frac{9}{5}\left[t_1(℃) + 32\right];$$

$$t_1(\text{℃}) = \frac{5}{9}\left[t_2(\text{°R}) + 32\right];$$

$$T(K) = t_1(\text{℃}) + 273;$$

式中　℃——摄氏温度；

　　　　°F——华氏温度；

　　　　K——绝对温度；

　　　　°R——兰氏温度。

### 十九、重度与相对密度的关系

$$API = \frac{141.5}{\gamma_\circ} - 131.5$$

式中　API——60°F时的重度。